Python與物聯網

程式開發終極實戰寶典

貢獻者

作者

Gary Smart 是一名資深的軟體工程師與物聯網整合專家。Gary 的 IT 職涯起點正好是 WWW 崛起之際，並與隨後的網路科技一同成長，包含行動手機與平板電腦的崛起、嵌入式科技、SaaS 與企業往雲端遷移，以及近年來的物聯網革命。Gary 的實務經驗體現在不同規模的技術職與管理職，包含 HP、澳洲迪肯大學、Pacific Hydro-Tango、小型顧問公司與許多互聯網與物聯網新創公司。

由衷感謝我的太太，*Kylie*。如果沒有妳的鼓勵與支持，本書將無法問世，我也不會有機會與他人分享自身的熱情與知識。另外也要感謝許多好友與同事，它們同樣對我所寫的內容給予諸多鼓勵與關心。因為有你們，我才了解原來我有這麼多有意義的東西能與眾人分享！

謝謝大家！

編審

Federico Gonzalez 是一位住在阿根廷的開發者與講師。他在 UTN 主修資訊系統工程學位，主攻開發。他和其他夥伴創辦了 Devecoop，這家公司所承接的專案涵蓋了各種不同的技術，目前則是專注在軟體開發與 React.js 教學。他也是許多開放原始碼的貢獻者，例如 Lelylan（一套具備微服務架構的物聯網雲端平台）、EventoL（研討會與 InstallFest 管理軟體），以及部分時間投入 Docker、Python 與 JavaScript 等相關專案。他也常在阿根廷的許多大學、研討會與公司舉辦專攻 React.js、Python、Docker、開放原始碼自由軟體與協同工作坊。

> *Devecoop* 是我的公司，它讓我能投入許多有趣的專案並資助我參加許多研討會、舉辦工作坊或演講，使我得以累積許多教學技巧。我從許多自由軟體社群（*USLA, GNUTN, CAFELUG* 等）的貢獻者身上獲益良多，我也因此投入其中。

前言

歡迎閱讀本書！這本書聚焦於 Raspberry Pi、電子電路、電腦網路、Python 程式設計，以及如何把這些好料結合起來，做出各種複雜且多面向的物聯網專案。

我們會從很多角度來看這些事情、比較各種不同的選項，並討論所製作的電路背後的所蘊含的做法與原因。

當你看完本書時，你將擁有一套強大的工具組，包含了許多電子元件互動範例程式、網路通訊範例程式，還有樣板電路，你將可根據自身專案需求來借鏡、沿用與再造。

期待在這趟物聯網旅程上與你同行。

本書是為誰所寫

本書是針對應用程式開發者、物聯網專業人士，以及對於有興趣透過 Python 程式語言製作物聯網專題的玩家們。目標讀者群是已有桌面、網路與行動裝置程式開發經驗，但還不太熟悉電子電路、實體運算與物聯網的軟體工程師們。

本書內容

- 第 1 章「設定開發環境」

  透過 Raspberry Pi 單板電腦的作業系統來介紹 Python 的生態系，並示範如何正確設定 Python 專案的開發環境。你也會學到執行 Python 程式以及設定 Raspberry Pi GPIO 腳位的各種方法。

- 第 2 章「認識 Python 與物聯網」

  開始介紹電子電路的基礎，並透過 Python 來控制 GPIO 腳位。你會製作一些簡易的電子電路，並透過 Python 來控制它們，再透過 dweet.io 平台把兩者結合起來，從頭做出一個雖然簡單但可透過網路來完整控制的物聯網應用。

- 第 3 章「使用 Flask 搭配 RESTful API 與 Web Socket 進行網路通訊」

  示範了兩種使用 Python 建立網路伺服器的方法 – RESTful API 與 Web Socket。你會學到如何將這些伺服器搭配 Python 與 HTML/JavaScript 使用者介面，並由網路瀏覽器來控制各種電子電路。

- 第 4 章「MQTT、Python 與 Mosquitto MQTT Broker 之連網應用」

  介紹 訊息序列遙測傳輸（Message Queue Telemetry Transport，簡稱 MQTT）通訊方式，這常用於各種分散式物聯網應用。你將知道如何使用 MQT 搭配 Python 與 HTML/JavaScript 使用者介面，並由網路瀏覽器來控制各種電子電路。

- 第 5 章「Raspberry Pi 連接真實世界」

  探討透過 Raspberry Pi 的 GPIO 腳位來控制電子電路的各種 Python 軟體方案與技術。你也會知道如何使用 ADS1115 類比 - 數位轉換模組來擴充 Raspberry Pi 本身的互動選項， 最後還會談到脈衝頻寬調變（PWM）技術，後續章節就會用到這個重要的電子元件操作技術。

- 第 6 章「給軟體工程師的電子學入門課」

  說明關於電子電路的基本重要觀念。你將了解常見電子電路所蘊含的做法與原因，以及如何讓 Raspberry Pi 正確又安全地介接各種感測器與致動器。另外也會談到數位電子元件與類比電子元件的差異、應用方式以及對於電路需求的影響。本章所學到的這些重要觀念，到了後續章節操作各種電子元件與模組時就會派上用場了。

- 第 7 章「開關各種裝置」

  介紹如何使用光耦合器、MOSFET 電晶體以及繼電器，讓 Raspberry Pi 能夠去開啟或關閉其他電路。你也會學到什麼是電路負載、如何測量電路狀態以及這些因素如何影響你的抉擇。最後則是介紹光耦合器、MOSFET 電晶體與繼電器在電路中所扮演的角色。

- 第 8 章「燈光、指示與顯示資訊」

  說明如何使用 APA102 LED 燈條、RGB LED、OLED 小螢幕與蜂鳴器搭配 Python 來產生具備視覺與聽覺效果的電路專題。

- 第 9 章「測量溫度、濕度與亮度」

  內容是關於如何使用 Raspberry Pi 搭配 Python 來量測常見的環境狀態。你會製作一個包含 DHT11/22 溫濕度感測器的電路，並學會如何使用光敏電阻（LDR）來偵測周遭的亮暗變化。本章會加強你對於類比電子元件的理解與實務經驗，並運用這些基本原理來製作一個濕度偵測小專題。

- 第 10 章「伺服機、馬達與步進馬達之運動」

  說明如何使用 Raspberry Pi 搭配 Python 讓常見的機械裝置動起來。你會學到如何透過 PWM 技術讓伺服機轉動，以及使用 H 橋晶片來控制馬達的轉速與轉向。對於需要更精密控制的專題來說，你還會知道如何使用 H 橋晶片電路來控制步進馬達。

- 第 11 章「測量距離與動作偵測」

  說明如何使用 HC-SR04 超音波距離感測器來測距，以及使用 HC-SR501 PIR 感測器來偵測小範圍動作所蘊含的相關原理。你也會知道如何使用比例型與開關型的霍爾效應感測器來偵測動作與測量小範圍的相對距離。

- 第 12 章「進階 IoT 程式設計概念－執行緒、AsyncIO 和事件迴圈」

  這算是相當進階的一個章節，談到了各種用於建構更複雜 Python 程式的做法。你將以控制電子元件為情境來學習關於 Python 執行緒、非同步 I/O、常用的事件迴圈，以及發佈 - 訂閱架構。本章最後則會示範四種以完全不同方式來做到相同功能的程式範例。

- 第 13 章「物聯網資料視覺與自動化平台」

  介紹各種跟物聯網相關的線上整合服務。你將運用第 9 章的 DHT11/22 溫溼度感測電路來製作兩個環境監控小程式。第一個範例會運用第 4 章中關於 MQTT 的知識在 ThingSpeak 網站上建立一個儀表板，顯示溫度與濕度相關的資料與圖表。另一個範例，一樣會運用第 4 章的內容，只是換成 RESTful API 來製作一個「如果這樣，就那樣」（IFTTT.com）Applet，只要溫度高於或低於所指定的條件，就會發送電子郵件給你。

- 第 14 章「融會貫通－物聯網聖誕樹」

  這是本書的最後一章。將透過一顆可連上網路的聖誕樹的多面向範例來結合先前章節所學的諸多情境與觀念。從電子電路的角度來說，你會再次用到第 8 章的 APA102 LED 燈條（讓聖誕樹發光）、第 10 章的伺服機（讓聖誕樹晃動或搖動）。從網路的角度來說，就會用到第 2 章與第 3 章登場過的 dweet.io，以及第 4 章的 MQTT，並學會如何整合這些技術來介接各種不同類型的應用科技。最後，你會再次用到第 13 章介紹的 IFTTT，並製作兩個 applet 來透過網路控制小樹的燈光效果，還可以讓它搖晃嗨起來。這些 applet 可透過電子郵件以及 Google Assistant 來聲控這棵聖誕樹喔！

充分運用本書

本段將簡述完成本書範例所需的軟硬體清單、各種電子元件與周邊裝置。

- 軟硬體需求：本書所有範例與程式碼皆是根據以下軟硬體清單來設計與測試：
  - Raspberry Pi 4 Model B
  - Raspbian OS Buster（桌面環境與建議軟體）
  - Python 3.5 版本或以上

  我假設你會使用與本書相同的環境設定；但可合理預期，只要你的 Python 版本為 3.5 或更高版本，這些範例程式碼應該不需要修改就能在 Raspberry Pi 3 Model B 或其他版本的 Raspbian OS 中執行才對。

  如果不確定所用的 Python 是什麼版本的話，別擔心。第 1 章的首要任務之一就是認識 Raspberry Pi 上的 Python 環境，並看看有哪些版本可用。

- 電子零件與設備：本書會用到各式各樣的電子元件。每章開頭都列出了該章範例所需的指定零件與數量。除了清單上的東西之外，還會用到麵包板與杜邦線來連接各個元件。

  為了讓你更方便參考，下表整理了本書所需的所有電子零件、在哪一章會用到，以及所需的最低數量。如果還不熟悉如何購買電子零件的話，我也在表格下方列出了一些幫助你上手的小技巧：

零件名稱	最低數量	描述 / 注意事項	哪一章會用到
紅光 LED	2 *	5mm 紅光 LED。不同顏色的 LED 其電氣特性都不盡相同。本書範例都預設使用紅光 LED。	2, 3, 4, 5, 6, 7, 9, 12, 13
15Ω 電阻	2 *	色環（4 環電阻）為：棕、綠、黑、銀 / 金	8

零件名稱	最低數量	描述 / 注意事項	哪一章會用到
200Ω 電阻	2 *	色環（4 環電阻）為：紅、黑、棕、銀 / 金	2, 3, 4, 5, 6, 8, 9, 12, 13
1kΩ 電阻	2 *	色環（4 環電阻）為：棕、棕、紅、銀 / 金	6, 7, 9, 8, 11
2kΩ 電阻	2 *	色環（4 環電阻）為：紅、黑、紅、銀 / 金	6, 11
10kΩ 電阻	1 *	色環（4 環電阻）為：棕、黑、橘、銀 / 金	9, 13
51kΩ 電阻	1 *	色環（4 環電阻）為：綠、棕、橘、銀 / 金	6
100kΩ 電阻	1 *	色環（4 環電阻）為：棕、黑、黃、銀 / 金	7, 8, 9
瞬時型按鈕開關	1	請選擇方便搭配麵包板使用的按鈕開關，試試看搜尋「大型接觸開關（large tactile switch）」	1, 6, 12
10kΩ 線性電位計	2	較大型的電位計可直接用手指轉動，這樣在操作本書範例時會比較方便，而較小型的電位計就需要用螺絲起子才能調整。請確認你選用的是線性電位計，而非對數型。	5, 6, 12
2N7000 MOSFET	1 *	邏輯準位相容的 MOSFET 電晶體。	7, 8
FQP30N06L Power MOSFET	1 *	非必要。購買時，請確認型號最後一碼為 L，代表這是邏輯準位相容的 MOSFET（否則 Raspberry Pi 將無法順利操作它）。	7

零件名稱	最低數量	描述 / 注意事項	哪一章會用到
PC817 光耦合器	1 *	也稱為光隔離器。	7
SDR-5VDC-SL-C 繼電器	1	這類繼電器相當常見也容易取得；但無法直接插上麵包板。你需要對其焊接端子或電線才能接上麵包板。	7
1N4001 二極體	1 *	這個二極體會作為返馳式抑制二極體來使用，目的是保護其他電子元件不受電壓突波損壞。	7, 8
R130 型 - 5V 直流業餘馬達	2	R130 只是建議。只要選用相容 5V 電壓的直流馬達即可，其堵轉電流最好能小於 800 mA。這類馬達在各種拍賣網站上很容易買到，但通常其相關資料都很不清楚，所以到底買到什麼就可能碰運氣了。第 7 章會透過範例教你如何量測馬達的運作電流。	7, 10
RGB LED，共陰型	1 *	這種 LED 可以產生多種顏色。	8
無源蜂鳴器	1	可於 5V 運作的無源蜂鳴器。	8
SSD1306 OLED 顯示模組	1	小型的單色顯示模組。	8

零件名稱	最低數量	描述 / 注意事項	哪一章會用到
APA102 RGB LED 燈條	1	一串由可定址 APA102 RGB LED 所組成的燈條。本書只需要燈條，其餘電源或遙控器都用不到。請注意你所購買的型號必須為 APA102 LED，因為市面上有許多不同（不相容）型號的可定址 LED。	8, 14
DHT11 或 DHT22 溫溼度感測器	1	DHT11 與 DHT22 都可使用。DHT22 稍微貴一點，但準確度更高，也可以量測零度以下的溫度。	9, 13
LDR	1 *	光敏電阻	9
MG90S 業餘伺服機	1	型號只是建議。任何三線的 5V（+、GND、訊號）業餘伺服機應該都可使用。	10, 14
L293D H 橋 IC	1 *	購買時，請確認型號最後一碼為 D，代表 IC 已內建返馳式抑制二極體。	10
28BYJ-48 步進馬達	1	請確認所購買的為 5V 步進馬達，齒輪比為 1:64。	10
HC-SR501 PIR 感測器	1	PIR 感測器可偵測動作，其運作方式為熱感應，所以可以偵測前方有無人或動物。	11
HC-SR04 超音波距離感測器	1	發射音波來測量距離。	11

零件名稱	最低數量	描述 / 注意事項	哪一章會用到
A3144 霍爾效應感測器	1 *	非栓鎖型霍爾效應感測器，當靠近磁場時會被觸發。	11
AH3503 霍爾效應感測器	1 *	比例型霍爾效應感測器，可偵測與磁場的相對接近程度。	11
小塊磁鐵	1	與霍爾效應感測器搭配使用。	11
ADS1115 類比 - 數位（ADC）轉換分接模組	1	本模組可讓 Raspberry Pi 得以介接各種類比元件。	5, 9, 12
邏輯準位轉換 / 位移分接模組	1	本模組可讓 Raspberry Pi 得以介接各種 5V 電子元件。請搜尋「邏輯準位轉換 / 位移分接模組」，並找到 4 或 8 通道的雙向（推薦！）模組。	6, 8, 14
麵包板	1	本書所有範例都會用到麵包板。我推薦購買兩個全尺寸的麵包板，並把他們拼起來 – 麵包板空間大一點，製作電路也會比較方便。	2 - 14
杜邦跳線	3 組(包)*	這些線材是用來連接麵包板上的各個元件，建議公 / 公、公 / 母、母 / 母 等款式都各買一批。	2 - 14
Raspberry Pi GPIO 麵包板分接板	1	本項非必要，不過它能讓 Raspberry Pi GPIO 腳位在連接麵包板的相關作業輕鬆不少。	2 - 14

零件名稱	最低數量	描述 / 注意事項	哪一章會用到
數位三用電表	1	$30-50 美金左右的數位三用電表應該就很夠用了。請避免使用太便宜的款式。	6, 7
外部電源	2	本書某些範例所需的電力超過 Raspberry Pi 可負擔。 最低限度來說，可運作於 3.3/5V 且相容於麵包板配置的電源，只要能提供 1A 以上的電流應該都適用。你也可以研究一下電源供應器，是更穩定且更泛用的方案。	7, 8, 9, 10,14
焊槍與焊料		部分情況下，你需要對元件焊接電線或端子 – 例如很有可能需要透過焊接把排針焊上所購買的 ADS1115 與邏輯準位轉換 / 位移模組。你還需要對 SDR-5VDC-SL-C 繼電器焊接端子或電線，不然就沒辦法接上麵包板。	

* 建議多準備一點這些零件。這些元件很容易因為連接 / 供電錯誤而毀損，或被外力弄壞（例如腳位斷掉）。

之所以選用這些零件當然是因為它們比較便宜，以及在蝦皮、露天這類網路商城或各電子經銷通路上都很容易買到。

購買之前，請考量以下狀況：

- 最低數量這一欄代表要完成本書範例所需的指定零件數量，不過我強烈建議要購買備料，尤其是 LED、電阻與 MOSFET，因為這些都是很容易壞掉的元件。
- 你會發現許多元件都需要一次購買多個，或一整包。
- 搜尋「電子元件套件包」或「新手包」，比較一下與上表所列的差異。許多零件說不定可以一次（也可能更優惠）買齊。
- 許多現成的隨插即用的感測器模組套件包，多數都與本書的電路程式範例不相容。這些範例一定要操作最核心的電子元件才能明瞭其深度。讀完本書之後，你就會知道這些隨插即用的感測器模組的製作方式與運作原理。

Tips

如果有選購上的疑問，也可洽詢機器人國王商城：
https://robotkingdom.com.tw/?s=raspberry

下載範例程式碼

本書程式可以自以下網址取得，日後如果程式碼有更新的話，就會更新在這個 GitHub 上。

https://github.com/PacktPublishing/Practical-Python-Programming-for-IoT

範例執行影片

本書各範例程式的實際執行影片請參考：https://bit.ly/316OvNu

下載彩色圖片

請由以下網址取得本書圖片的彩色 PDF 檔：

https://static.packt-cdn.com/downloads/9781838982461_ColorImages.pdf

慣用標示與圖例

本書運用了不同的字體來代表不同的慣用訊息。

CodeInText：文字、資料庫表單名稱、資料夾名稱、檔案名稱、副檔名稱、路徑名稱、假的 URL，使用者輸入和推特用戶名稱都會這樣顯示。例如：「請用 gpio_pkg_check.py 與 pip 來檢查可用的 GPIO 套件。」

以下是一段程式碼：

```
# Global Variables
...
BROKER_HOST = "localhost" # （2）
BROKER_PORT = 1883
CLIENT_ID = "LEDClient"    # （3）
TOPIC = "led"              # （4）
client = None # MQTT client instance. See init_mqtt（） # （5）
...
```

要強調某一段程式碼時，會把這一段設為粗體：

```
# Global Variables
...
BROKER_HOST = "localhost" # （2）
BROKER_PORT = 1883
CLIENT_ID = "LEDClient"    # （3）
TOPIC = "led"              # （4）
client = None # MQTT client instance. See init_mqtt（） # （5）
...
```

命令列 / 終端機的輸入輸出訊息會這樣表示：

```
$ python --version
Python 2.7.16
```

粗體：代表新名詞、重要字詞或在畫面上的文字會以粗體來表示。例如，在選單或對話窗中的文字就會以粗體來表示。例如：「請由 **Raspbian** 作業系統的桌面，進入 **Raspberry | Preferences | Raspberry Pi Configuration** 選單。」

Tips

警告與重要訊息。

info

提示與小技巧。

目錄

02 認識 Python 與物聯網 27

Part II 可與真實世界互動的實用電子元件

Part III 物聯網遊樂場－與真實世界互動的實例

07 開關各種裝置 225

08 燈光、指示與顯示資訊 257

12 進階 IoT 程式設計概念－執行緒、AsyncIO 和事件迴圈 387

13 物聯網資料視覺與自動化平台 417

I Part

在 Raspberry Pi 上使用 Python 來開發

本書第 I 篇要談的是物聯網的「網」。

我們會從如何正確設定 Python 開發環境開始，接著就會透過 Pyhthon 來實際操作各種網路通訊技術來製作物聯網服務與程式。我們會製作簡易網頁介面來操作所要學習的技術與範例。

不過啦，我相信你在閱讀本書時一定迫不及待，想要趕快學會如何製作與操作各種電子元件，對吧？我自己就是這樣！所以第 2 章就會告訴你如何從頭製作簡易的物聯網專案（包含電路與所有必要內容）。這樣到了後續章節就有很多範例可以參考了（也會有很多東西可以改！）

現在就開始吧！

本篇包含以下章節：

Chapter 01

設定開發環境

Python 程式設計中一項重要但也經常被忽視的一環，就是如何正確地設定和維護 Python 專案與其執行階段環境。經常被忽視的原因是它之於整個 Python 生態系來說並非必要的步驟。儘管這件事對於還在打基礎時可能還不錯，然而對於需要維護多份獨立函式庫和相依套件來確保專案不會彼此干擾的複雜專案時，這很快就會變成大問題了；更糟糕的是可能會損壞作業系統的一些工具與公用程式，後續都會談到。

因此，在進入後面章節的物聯網範例之前，一個必要的重要步驟就是好好帶你做一遍設定 Python 專案與其執行階段環境所需的步驟。

本章主題如下：

- 了解你的 Python 安裝
- 設定 Python 虛擬環境
- 用 pip 安裝 Python GPIO 套件
- 執行 Python 腳本的替代方法
- Raspberry Pi GPIO 介面設定

1.1 技術要求

你需要下列項目來執行本章的範例：

- Raspberry Pi 4 Model B
- Raspbian OS Buster（桌面環境與建議軟體都要安裝）
- Python，最低版本 3.5

這些都是本書範例程式碼的基礎。合理預期，只要你的 Python 為 3.5 以上版本，這些範例程式碼應該不需要修改就能在 Raspberry Pi 3 Model B 或其他版本的 Raspbian OS 中執行才對。

本章範例程式碼可以透過以下網址取得，到了 1.3 節時就會用到這些資料。

https://github.com/PacktPublishing/Practical-Python-Programming-for-IoT

1.2 認識你的 Python

本節將介紹你的 Raspberry Pi 已安裝了哪些版本的 Python。我們會發現，Raspbian OS 已經預先安裝了兩個版本的 Python。Unix 作業系統（如 Raspbian OS）通常已預裝了 Python 2 版及 3 版，因為有一些作業系統的公用程式是用 Python 來建置的。

請根據以下步驟在你的 Raspberry Pi 上檢查已安裝了哪些 Python 版本：

01 新開一個終端機，執行 `python --version` 指令：

```
$ python --version
Python 2.7.16
```

由上可知，已安裝了 Python 2.7.16 版。

02 接下來，輸入 python3 --version 指令：

```
$ python3 —version
Python 3.7.3
```

由上可知，我的系統上安裝的第二種 Python（亦即，帶有 3 的 python3）是 3.7.3 版。

不用擔心副版號（2 之後的 .7.16 和 3 之後的 .7.3）是否相同；要注意的是主要版本是 2 或 3。Python 2 為舊版的 Python，而 Python 3 是本書撰寫時的最新支援版本。在開發新的 Python 專案時，除非有非處理不可的舊版問題，否則請一律使用 Python 3。

info

Python 2 已於 2020 年 1 月正式停用。它已經不再維護，後續也不會有任何進一步的改版、錯誤修復或安全補強。

如果你是經驗豐富的 Python 程式設計師，應該能夠辨別腳本是用 Python 2 還是 3 寫的，但是光看一段程式碼可能無法那麼確定。許多 Python 開發新手都因為不同版本的 Python 的各種程式碼的混淆不清而苦惱。一定要記住：Python 2 的程式碼無法保證在不修改的前提下就能直接向上相容 Python 3。

我可以分享一個快速判定這段程式碼是由哪個 Python 版本所寫（如果程式設計師未在程式碼明確說明）的小建議：找到 print 語法。

以下例子可看到兩個 print 語法。沒有括號的第一個 print 語法代表它只能用於 Python 2：

```
print "Hello"  # 沒有括號 - 僅適用於 Python 2，代表這段指令絕對是針對 Python 2
print("Hello") # 有括號 - 在 Python 2 與 Python 3 中都有效。
```

當然，你都可以用 Python 2 和 3 來跑跑看程式碼，看看會有什麼結果。

我們現在已看到，在預設情況下，Raspbian OS 有兩個 Python 版本可用，且提到有用針對這兩個版本之 Python 寫成的系統層級公用程式。作為 Python 開發者，請注意不要去更動 Python 的全域性安裝，因為這可能會破壞系統級的公用程式。

現在，我們將注意力轉向一個非常重要的 Python 概念，即 Python 虛擬環境，這是使 Python 專案與全域性安裝隔離，或稱沙箱化（sandbox）的方式。

1.3 設定 Python 虛擬環境

本節將介紹 Python 如何與你的作業系統互動、所需的設定步驟，以及設定 Python 開發環境。另外在設定過程中，也需要取得包含本書所有程式碼（依章節排序）的 Github 檔案庫。

預設情況下，Python 與其 `pip` 套件管理工具可在系統層級全域運作，但這可能會給 Python 初學者帶來一些困擾，因為這個全域預設設定與其他許多程式語言不太一樣，後者在預設情況下是在專案資料夾層級來局部運作。草率應付與修改 Python 全域環境可能損壞一些基於 Python 的系統層級工具，而且要根除這種情形相當令人頭痛。

作為 Python 開發者，在此將使用 Python 虛擬環境來沙箱化 Python 專案，讓它們不會去干擾到系統層級 Python 公用程式或其他 Python 專案。

本書將使用稱為 venv 的虛擬環境工具，它是與 Python 3.3 以上的版本綁在一起的內建模組。也有其他的虛擬環境工具，它們都有相對的優點和缺點，但是它們都有一個共同的目標，就是使 Python 相依套件與專案彼此隔離。

Tips

virtualenv 與 pipenv 為提供比 venv 更多功能的兩個替代虛擬環境工具選項。這些替代方案非常適合用於複雜的 Python 專案及部署。在本章結尾的「延伸閱讀」可找到相關連結。

就從取得 GitHub 檔案庫開始，並建立新的 Python 虛擬環境來用於本章的原始程式碼。新開一個終端機視窗，並根據以下步驟來操作：

01 進入或建立資料夾，這裡會放置本書的原始程式碼且執行下列指令。請注意最後一個指令，它把複製的資料夾重新命名為 pyiot。這樣做有助於讓整本書的終端機指令更簡短：

```
$ cd ~
$ git clone https://github.com/PacktPublishing/Practical-Python-Programming-for
-IoT
$ mv Practical-Python-Programming-for-IoT pyiot
```

02 接下來，進入 chapter01 資料夾，其中包含了與此章有關的程式碼：

```
$ cd ~/pyiot/chapter01
```

03 執行以下指令，使用 venv 工具來建立新的 Python 虛擬環境。請務必輸入 python3（帶有 3），並記住 venv 只適用於 Python 3.3 及更高版本中，這一點很重要：

```
$ python3 -m venv venv
```

傳遞給 python3 的選項包括 -m venv，這是告訴 Python 直譯器我們要執行名為 venv 的模組。venv 參數代表包含虛擬環境的資料夾名稱。

Tips

上述指令第一眼看起來可能不太好懂，但常見做法是把虛擬環境的資料夾命名為 venv。1.4.1 節將說明剛才所建立的 venv 資料夾中有什麼。

04 要使用 Python 虛擬環境，必須用 activate 指令啟用：

```
# 請先切換到本資料夾 ~/pyiot/chapter01
$ source venv/bin/activate
(venv) $
```

當透過終端機啟動 Python 虛擬環境之後，所有與 Python 有關的活動都會被沙箱化到該虛擬環境中。

info

注意在上述程式碼中，虛擬環境的名稱 venv 會在啟動後顯示於終端機提示中，也就是 (venv)$。在本書中只要看到提示為 (venv)$ 的終端機範例時，就是在提醒你，必須先啟動 Python 虛擬環境再執行指令。

05 接下來，在終端機中執行 `which python`（沒有 3），且注意，可執行 Python 的位置是在你的 venv 資料夾之下，檢查一下版本，應該是 Python 3：

```
(venv) $ which python /home/pi/pyiot/chapter01/venv/bin/python
(venv) $ python —version
Python 3.7.3
```

06 請用 deactivate 指令來退出已啟動的虛擬環境，如以下所示：

```
(venv) $ deactivate $
```

請注意，虛擬環境被關閉之後，終端機提示文字就不會再看到 (venv)$。

Tips

退出虛擬環境的指令是 deactivate 而不是 exit。如果在虛擬環境中輸入 exit，它會退出終端機。

07 好的，現在已經退出 Python 虛擬環境了。如果再次執行 `which python`（不帶 3）和 `python --version`，別忘了現在已經回到預設的系統層級 Python 直譯器，就會看到 Python 2：

```
$ which python
/usr/bin/python

$ python --version
Python 2.7.13
```

如上述範例所示，在一個已啟動的虛擬環境中執行 `python --version` 指令時，可看到它是 Python 版本 3；然而在本章開頭的最後一個範例，在系統層級下執行 `python --version` 指令的結果為版本 2，需要輸入 `python3 --version` 的才可用於 Python3。實務上，`python`（不帶數字）代表 Python 的預設版本。在全域範圍下應為 Python 2。在你的虛擬環境中，我們只有一個 Python 版本，也就是 Python3，因此它才會變成預設值。

Tips

用 venv 建立的虛擬環境繼承了（經由符號所連結）被呼叫的全域 Python 直譯器版本（我們來說為 Python 3，因為指令為 `python3 -m venv venv`）。如果日後需要選定某個不同於全域版本的 Python 版本時，建議你改用 `thevirtualenv` 及 `pipenv` 虛擬環境作為替代方案。

現在我們已經看到如何建立、啟動與關閉 Python 虛擬環境，以及為什麼需要使用虛擬環境來沙箱化 Python 專案。沙箱化代表可把範例本身的 Python 專案與其函式庫相依套件互相隔離，且避免任何可能打亂 Python 的系統層級安裝以及破壞依賴它們的任何系統層級工具和公用程式的機會。

接下來，我們將看到如何使用 `pip` 在虛擬環境中安裝及管理 Python 套件。

1.4 用 pip 安裝 Python GPIO 套件

本節將介紹如何在上一節所建立的 Python 虛擬環境中安裝及管理 Python 套件。Python 套件（或函式庫，如果你喜歡用這個用語的話）讓我們可在原本的 Python 核心上加入更多新功能。

我們在本書中需要安裝許多不同套件，並學習與套件安裝及管理有關的基本概念，然而，針對啟動器，本節將安裝在本書中會用到的兩個共用 GPIO 相關套件，如下：

- GPIOZero 函式庫，屬於入門級且方便操作的 GPIO 函式庫，可控制簡單的電子產品
- PiGPIO 函式庫，為有許多功能的進階 GPIO 函式庫，可用於更複雜的電子產品

Python 生態系可用 pip 指令（pip 代表 Python installs packages）來管理各個套件。pip 會去查詢的官方公開套件庫稱為 Python Package Index，或簡稱 PyPi，套件清單可由其網頁瀏覽：https://pypi.org

Tips

退出虛擬環境的指令是 deactivate 而不是 exit。如果在虛擬環境中輸入 exit，它會退出終端機。

本書提供了與 Raspberry Pi 之 GPIO 接腳互動的範例程式碼，因此我們需要安裝 Python 套件（或兩個）讓你的 Python 程式碼可用 Raspberry Pi 的 GPIO 接腳工作。現在只檢查並安裝兩個與 GPIO 相關的套件，在第 2 章與第 5 章，會更詳細地介紹 GPIO 套件及其他替代方案。

在 chapter01 原始程式碼資料夾中，可找到名為 gpio_pkg_check.py 的檔案，以下再貼一次為其版本。我們將使用這個檔案作為在 Python 虛擬環境中操作 pip 與套件管理的基礎。以下小程式會根據 import 成功還是丟出錯誤例外來代表指定 Python 套件是否可用：

```
"""
Source File: chapter01/gpio_pkg_check.py
"""
try:
    import gpiozero
    print('GPIOZero Available') except:
    print('GPIOZero Unavailable. Install with "pip install gpiozero"')
try:
    import pigpio
    print('pigpio Available') except:
    print('pigpio Unavailable. Install with "pip install pigpio"')
```

讓我們使用 gpio_pkg_check.py 以及 pip 來檢查 GPIO 套件是否可用。以下說明就能解答你的困惑：它們在你剛新建立的虛擬環境中還無法使用。不過，現在就來安裝吧！

info

注意：這些套件已安裝於系統層級，如果想要親自確認的話，請在虛擬環境之外再次執行上述程式。

請根據以下步驟來升級 pip、了解各選項以及如何使用它來安裝套件：

01 首先要升級 pip 工具。請在終端機視窗中執行以下指令。請注意，後續所有指令都必須在啟動的虛擬環境中進行，意指你應在終端機提示中看到文字 (venv) 才對：

```
    (venv) $ pip install --upgrade pip
...output truncated...
```

upgrade 指令可能要花一兩分鐘完成，你應該會在終端機中看到相當多的訊息。

Tips

使用 pip 碰到問題了嗎？如果你在試圖用 pip 安裝套件時遇到很多紅色錯誤及例外，第一步試試看使用 pip install –upgrade pip 來升級 pip 版本。這是在新建 Python 虛擬環境之後建議要做的第一件事：升級 pip。

02 pip 升級完成後，使用 pip list 指令來看看這個虛擬環境中已安裝哪些 Python 套件。

```
(venv) $ pip list
pip (9.0.1)
pkg-resources (0.0.0)
setuptools (33.1.1)
```

之前看到的是在新建虛擬環境中的預設 Python 套件。如果你執行時所看到的套件清單或版本號碼與上述不完全一樣，先別擔心。

03 請用 python gpio_pkg_check.py 指令來執行這個程式，會發現 GPIO 套件還沒裝好：

```
(venv) $ python gpio_pkg_check.py
GPIOZero Unavailable. Install with "pip install gpiozero" pigpio Unavailable.
Install with "pip install pigpio"
```

04 請用 pip install 指令來安裝這兩個必要的 GPIO 套件，如下：

```
(venv) $ pip install gpiozero pigpio
Collecting gpiozero...
...output truncated ...
```

05 現在，再次執行 pip list 指令；會看到虛擬環境已安裝了這些新套件：

```
(venv) $ pip list
colorzero (1.1)
gpiozero (1.5.0)    # GPIOZero
pigpio (1.42)       # PiGPIO
pip (9.0.1)
pkg-resources (0.0.0) setuptools (33.1.1)
```

你可能發現了，有一個叫做 colorzero（這是用於控制顏色的函式庫）的套件，雖然我們沒有安裝這個，但 gpiozero（版本 1.5.0）會一併要求 colorzero 作為相依套件，因此 pip 會自動幫我們裝好。

06 再度執行 python gpio_pkg_check.py，這時可看到這些 Python 模組都匯入成功了：

```
(venv) $ python gpio_pkg_check.py
GPIOZero Available
pigpio Available
```

很好！這個虛擬環境現在已裝好這兩個 GPIO 套件了。在開發 Python 專案時，免不了會安裝越來越多的套件，且希望能有效管理它們。

07 用 `pip freeze` 指令對已安裝的套件進行快照：

```
(venv) $ pip freeze > requirements.txt
```

本指令會把安裝好的所有套件「凍結」到一個名為 `requirements.txt` 的檔案中，這個指令常常用這個檔名。

08 開啟 `requirements.txt` 檔，其中會看到所有 Python 套件與其版本號碼：

```
(venv) $ cat requirements.txt colorzero==1.1
gpiozero==1.5.0
pigpio==1.42
pkg-resources==0.0.0
```

日後如果要把你的 Python 專案移到另一台機器或新虛擬環境，就可透過這個 `requirements.txt` 檔，並搭配 `pip install -r requirements.txt` 指令一次安裝好所有要用到的套件。

info

從上述 requirements.txt 檔中可知，我們已安裝了 GPIOZero 1.5.0 版，這是本書寫作時所用的版本。此版本的相依套件為 ColorZero 1.1 版。不同（新或舊）版本的 GPIOZero 可能會用到與本範例不同的相依套件，因此你自行練習時所產生的 requirements.txt 檔可能與上面不太一樣。

現在已使用 pip 完成 Python 套件的基本安裝生命週期。請注意，每次使用 `pip install` 安裝新的套件時，你也需要重新執行 `pip freeze > requirements.txt` 來管理這些新套件與其相依套件。

pip 與套件管理差不多介紹完了，以下是其他常用的 pip 指令：

```
# 移除套件
(venv) $ pip uninstall < package name>

# 在 PyPi 中找套件 ( 或將網路瀏覽器指向 https://pypi.org)
(venv) $ pip search <query text>

# 查看所有的 pip 指令及選項（另請參閱本章最後的「延伸閱讀」）。
(venv) $ pip -help
```

恭喜！我們已經達到了一個里程碑，並介紹了適用於任何 Python 專案的基本虛擬環境原則，甚至與 Raspberry Pi 無關的也適用！

> **info**
>
> 在探索 Python 的旅程上，你還會遇到名為 easy_install 與 setuptools 這兩款套件安裝工具。兩者各有妙用；但是，大多數情況下使用 pip 就好。

了解如何建立虛擬環境和安裝套件之後，接著來看看 ~/pyiot/chapter01 這樣常見的 Python 專案資料夾結構，並討論一下 venv 資料夾中有什麼玄機。

1.4.1 深入了解虛擬環境

本節要談談本章的重要角色 venv，並將其應用於 virtualenv，而非被我們視為替代性虛擬環境工具的 pipenv。本範例是特別針對 Raspbian OS，且對於以標準 Unix 為基礎之作業系統來說相當常見。重要的是，因為我們會把自行開發的 Python 程式與構成虛擬環境的檔案與資料夾混在一起，所以至少要對虛擬環境佈署的基本結構有一定的了解才行。

> **info**
>
> Python 3.3 與後續 Python 版本中附帶的 venv，是屬於 virtualenv 子集的輕量級工具。

虛擬環境的資料夾結構如下。沒錯，這是 Mac 的螢幕畫面。這樣一來，我馬上就能在畫面上看到所有內容：

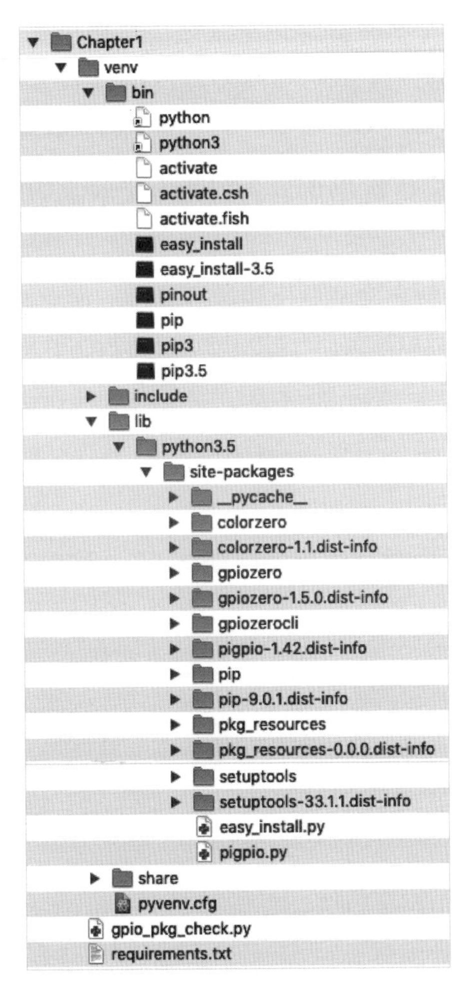

▲ 圖 1-1 venv 虛擬環境資料夾的常見內容

在執行 python3 -m venv venv 以及使用 pip 裝好套件後，可在 ~/pyiot/chapter01 資料夾內看到幾個重要子資料夾，依序說明如下：

- venv 資料夾包含了所有的 Python 虛擬環境檔案。本資料夾內容不需要去改動，讓工具去做就好。記得該資料夾之所以叫做 venv，因為這是我們在建立它時所命名的。
- venv/bin 資料夾包含 Python 直譯器（在 venv 的情形下，會透過符號來指向系統直譯器）以及其他像是 pip 的核心 Python 工具。
- 在 venv/lib 資料夾之下是用於虛擬環境的所有沙箱化 Python 套件，包括使用 pip install 裝上的 GPIOZero 及 PiGPIO 套件。
- 我們的 Python 原始檔 gpio_pkg_check.py 是在最上層資料夾 ~/pyiot/chapter01 中；不過，你可自由在此建立子資料夾來管理各個程式碼及非程式碼檔案。
- 最後，requirements.txt 照慣例會放在最上層專案資料夾中。

venv 虛擬環境資料夾實際上不需要放在專案資料夾中；但通常都會這麼做，以便用 activate 指令啟動。

Tips

不要把你的 venv 資料夾與其中的任何內容加入原始碼版本控制系統，但是 requirements.txt 則要加入。只要有最新的 requirements.txt 檔，就能隨時重建你的虛擬環境以及讓套件回復到指定狀態。

身為 Python 開發者要了解的一個重點是，你自己的程式碼會與構成虛擬環境系統的檔案與資料夾混在一起，且在選擇哪些檔案與資料夾要加入版本控制系統（不管怎樣都應該使用）時，應該要有相對務實的做法。

最後一點很重要，因為虛擬環境系統的大小可能達到好幾 MB（通常比你的程式碼大好幾倍以上），且不需要版本控制（只要有 requirements.txt 檔就能隨時重建虛擬環境）。再者，虛擬環境會與主機平台有關（亦即

Windows、Mac 及 Linux 之間會有差異），加上不同虛擬環境工具（例如，venv 與 pipenv）在操作上也有差異。因此，如果專案是涉及在不同電腦上工作的多位開發者的話，虛擬環境通常無法移植。

現在，已經簡單談過檔案與資料夾結構，你也知道了解此結構為何如此重要了。我們將繼續研究針對已在虛擬環境中被沙箱化之腳本的替代執行方法。

1.5 執行 Python 腳本的替代方法

現在把注意力轉到執行 Python 腳本的替代方法。你將知道所謂合適的方法完全取決於你打算如何以及從何處來啟動程式，以及你的程式碼是否需要更高的權限才能執行。

執行 Python 腳本的最常見方法是在虛擬環境中搭配當前登入使用者的權限來執行。但有時候我們也需要以 root 使用者的身分或從已啟動的虛擬環境之外來執行腳本。

要介紹的方法如下：

- 在虛擬環境內使用 sudo
- 在虛擬環境外執行 Python 腳本
- 開機時執行 Python 腳本

現在來看看如何用 root 使用者權限來執行 Python 腳本。

1.5.1 在虛擬環境內使用 sudo

我確定在使用 Raspberry Pi 時，需要在終端機指令前加入 sudo，因為它們都需要 root 權限。如果你需要以 root 身分執行在虛擬環境中的 Python 腳本，就需要指定虛擬環境的 Python 直譯器的完整路徑。

如以下範例，單純在 python 指令前加上 sudo，在大部分的情況下沒有用，即使在虛擬環境中也一樣。sudo 會使用 root 使用者可用的預設 Python，如以下範例的第二段。

```
# 如你所料，無效！
(venv) $ sudo python my_script.py

# 在此是 root 使用者所用的 'python'（實際上是 Python 2 版）。
(venv) $ sudo which python
/usr/bin/python
```

以 root 身分執行腳本的正確方式是把絕對路徑傳給虛擬環境的 Python 直譯器。在已啟動虛擬環境中使用 which python 指令就可找到絕對路徑：

```
(venv) $ which python
/home/pi/pyiot/chapter01/venv/bin/python
```

現在要在虛擬環境的 Python 直譯器中執行 sudo，這樣其中的腳本就會以 root 使用者的身分並在虛擬環境中來執行。

```
(venv) $ sudo /home/pi/pyiot/chapter01/venv/bin/python my_script.py
```

接下來要看看，如何從虛擬環境外執行在其中被沙箱化的 Python 腳本。

1.5.2 在虛擬環境外執行 Python 腳本

以上關於 sudo 的討論，很自然就會導到這個話題：如何從虛擬環境外執行 Python 腳本？答案跟上一節一樣：確保你使用的是指向虛擬環境之 Python 直譯器的絕對路徑。

info

注意：以下兩個範例都不在虛擬環境中，提示前不會有 $(venv)。如果你還是需要退出 Python 虛擬環境的話，請輸入 deactivate。

以下指令會以當前已登入使用者的身分來執行腳本（預設情況下為帳號 pi）：

```
# 以登入使用者的身分執行腳本
$ /home/pi/pyiot/chapter01/venv/bin/python gpio_pkg_check.py
```

或以 root 的身分執行腳本，前面要加 sudo：

```
# 加入 sudo 來以 root 使用者的身分執行腳本
$ sudo /home/pi/pyiot/chapter01/venv/bin/python gpio_pkg_check.py
```

由於使用了虛擬環境的 Python 直譯器，因此仍會被沙箱化到虛擬環境中，並可運用任何已安裝的 Python 套件。

接下來，將告訴你如何在每次啟動 Raspberry Pi 時就自動執行 Python 腳本。

1.5.3 開機時執行 Python 腳本

如果你開發出一個超讚的 IoT 專案，想要在 Raspberry Pi 啟動時自動執行這個專案，最簡單的做法就是使用 cron，它是一個 Unix 排程器。如果你對於 cron 的運作還不太熟，請上網找找資料。我在「延伸閱讀」中也提供了幾個參考連結給你參考。

請根據以下步驟來設定 cron，系統一開機就能執行指定的腳本：

01 在你的專案資料夾中，建立取名為 run_on_boot.sh 的 bash 腳本：

```
#!/bin/bash

# 指向虛擬環境 python 直譯器的絕對路徑
PYTHON=/home/pi/pyiot/chapter01/venv/bin/python

# 指向 Python 腳本的絕對路徑
SCRIPT=/home/pi/pyiot/chapter01/gpio_pkg_check.py

# 指向輸出 log 檔案的絕對路徑
LOG=/home/pi/pyiot/chapter01/gpio_pkg_check.log
```

```
echo -e "\n####### STARTUP $(date) ######\n" >> $LOG
$PYTHON $SCRIPT >> $LOG 2>&1
```

這個 bash 腳本會使用自身與其 Python 直譯器的絕對路徑來執行 Python 腳本。再者，它還會擷取所有的輸出訊息並存入 log 檔。以此範例而言，開機時只會執行和記錄 gpio_pkg_check.py 的輸出。最後一行是把所有內容綁在一起，好執行和記錄 Python 腳本。最後的 2>&1 是確保除了標準輸出以外，也會一併把錯誤記錄起來。

02 標示 run_on_boot.sh 檔為可執行檔：

```
$ chmod u+x run_on_boot.sh
```

如果你不熟悉 chmod 指令（代表改變模式），上述指令所做的是賦予作業系統權限執行 run_on_boot.sh 檔所需的權限。u+x 參數代表針對目前使用者 (U)，將檔案設定為可執行 (X)。在終端機中輸入 chmod -help 或 man chmod 就能看到更多 chmod 有關的內容。

03 編輯 crontab 檔，它儲存了 cron 的排程規則：

```
$ crontab -e
```

04 在 crontab 檔加入以下項目，就是步驟 1 所建立之 run_on_boot.sh bash 腳本的絕對路徑：

```
@reboot /home/pi/pyiot/chapter01/run_on_boot.sh &
```

別忘了最後的 & 字元，它是用來確保腳本可在背景執行。

05 在終端機中手動執行 run_on_boot.sh 檔，確保它正確運作。此時，gpio_pkg_check.log 檔應被建立，其中包含了 Python 腳本的輸出結果。

```
$ ./run_on_boot.sh
$ cat gpio_pkg_check.log
####### STARTUP Fri 13 Sep 2019 03:59:58 PM AEST ######
GPIOZero Available
PiGPIO Available
```

06 讓你的 Raspberry Pi 重新開機：

```
$ sudo reboot
```

07 一旦 Raspberry Pi 重新啟動之後，gpio_pkg_check.log 檔現在應又多了幾行，代表該腳本確實在開機時就執行了：

```
$ cd ~/pyiot/chapter01
$ cat gpio_pkg_check.log

####### STARTUP Fri 13 Sep 2019 03:59:58 PM AEST ######
GPIOZero Available
PiGPIO Available

####### STARTUP Fri 13 Sep 2019 04:06:12 PM AEST ######

GPIOZero Available
PiGPIO Available
```

如果在重開機後沒有看到 gpio_pkg_check.log 檔中有額外輸出的話，請再次檢查 crontab 中所輸入絕對路徑是否正確，並再次執行步驟 5。再者，也請檢查 /var/log/syslog 系統紀錄檔，並搜尋以下文字：run_on_boot.sh。

Tips

透過 cron 在開機時執行腳本，這在 Raspbian 等 Unix 作業系統還有其他的作法。另一個常見的進階作法是使用 systemd，請參考 Raspberry Pi 網站的說明。無論你喜歡哪一個，重點是要確保 Python 腳本是在其虛擬環境中執行。https://www.raspberrypi.org/documentation/linux/usage/systemd.md。

現在我們已學會執行 Python 腳本的替代方法了，這有助於日後完成 Python 物聯網專案之後，或在 Raspberry Pi 開機時正確啟動它們。

接下來，我們要進一步確保你的 Raspberry Pi 已正確設定可透過 GPIO 腳位來介接各種電子產品。我們將從第 2 章開始深入探討。

1.6 Raspberry Pi 的 GPIO 介面

在開始使用 Python GPIO 函式庫及控制電子產品之前，首先要完成的任務是啟動 Raspberry Pi 上的 GPIO 介面。即使用於 GPIO 控制的 Python 套件已經裝好了，但是還沒告訴 Raspbian OS 要把 Raspberry Pi 的 GPIO 腳位用於哪些用途。現在就開始吧！

請根據以下步驟來操作：

01 從你的 Raspbian 作業系統桌面找到 **Raspberry Menu | Preferences | Raspberry Pi Configuration**，如圖 1-2 所示：

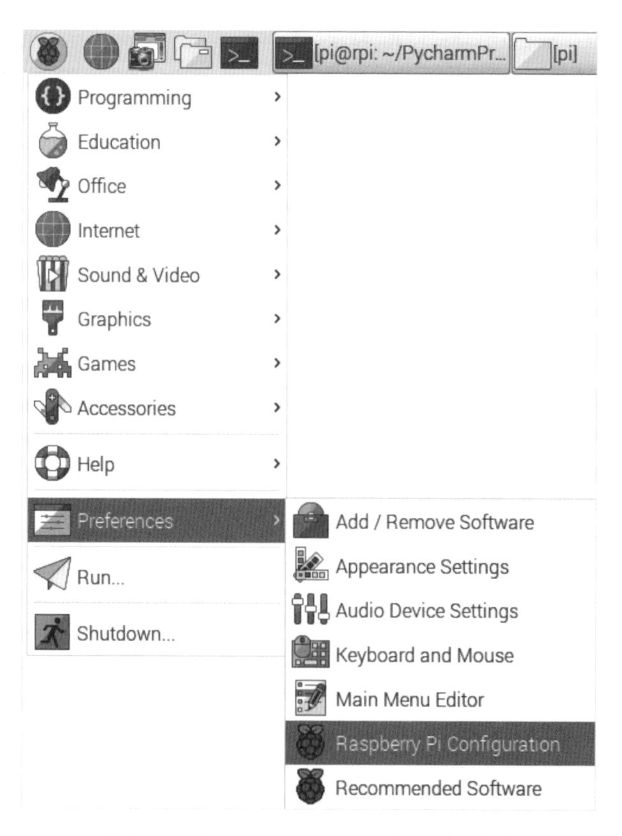

▲ 圖 1-2 Raspberry Pi 的組態設定路徑

Tips

你也可以在終端機中輸入 `sudo raspi-config` 指令進入系統管理介面，並找到 Interfacing Options 選單。

02 啟動所有介面，如以下畫面所示：

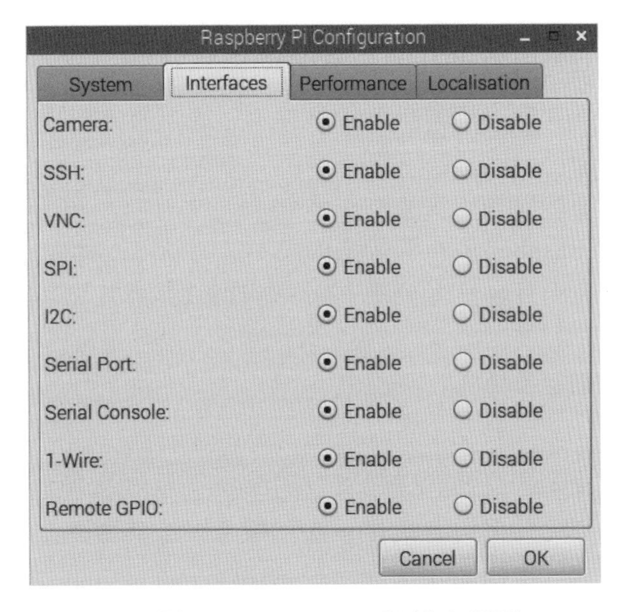

▲ 圖 1-3 Raspberry Pi 設定畫面

03 點擊 OK 按鈕。

在點擊 OK 按鈕後，系統可能要求重新啟動 Raspberry Pi。不過，先不要重開機，因為還有另一件事要做，請繼續看下去。

1.6.1 設定 PiGPIO 常駐程式

接著需要啟動 PiGPIO 常駐程式，它是一個需要先被執行的系統服務，這樣我們才能使用 PiGPIO GPIO 客戶端函式庫，第 2 章馬上就會用到了。

info

架構上來說，PiGPIO 函式庫包含兩個部分：伺服器服務，以及透過本地管線或 socket 來與伺服器通訊的客戶端。第 5 章會深入介紹這個基礎基本架構。

在終端機中輸入以下指令，這會啟動 PiGPIO 常駐程式並確保 Raspberry Pi 開機之後會自動啟動 PiGPIO 常駐程式：

```
$ sudo systemctl enable pigpiod
$ sudo systemctl start pigpiod
```

現在可以讓 Raspberry Pi 重新開機啦！這時候可以休息一下。你的確可以好好喘口氣，因為我們真的講了很多東西呢！

1.7 總結

本章介紹了 Python 生態系統，它是 Raspbian OS 這類典型的 Unix 作業系統的一部分，另外也知道 Python 是作業系統工具的核心元件。然後，討論如何建立並設定 Python 虛擬環境，使得我們的 Python 專案得以沙箱化，這樣它們才不會互相干擾或影響到系統層級的 Python 生態系統。

接下來，我們學會了如何使用 `pip` 這個 Python 套件管理工具，可在虛擬環境中安裝及管理 Python 函式庫相依套件，本章是用 GPIOZero 與 PiGPIO 函式庫來示範。當需要以 root 使用者的身分從虛擬環境外或在開機時執行 Python 腳本時，我們也討論了各種實作的方法。

預設情況下，Raspbian 並未啟動所有的 GPIO 介面，為此需要進入系統設定介面來啟用這些功能，這樣後續章節才能順利操作。我們也學會了如何設定 PiGPIO 常駐程式服務，使得它每次 Raspberry Pi 開機之後就能自動啟動。

本章獲得的核心知識有助於你正確設定已沙箱化的 Python 開發環境，以便後續開發你的物聯網（以及非物聯網）專案；也知道如何正確安裝函式庫相依套件使得它們不會干擾其他 Python 專案或系統層級的 Python 安裝。理解各種執行 Python 程式的方式，對於需要以更高的使用者權限來執行專案或在開機時自動執行專案（亦即，以 root 使用者的身分）時，也是很有用的。

下一章，我們將直接進入 Python 與電子產品的世界，並製作一個端對端的聯網程式，可透過網際網路來控制 LED 亮暗。在使用 dweet.io 線上服務做為網路連結層來控制 LED 之前，我們會先介紹兩種讓 LED 閃爍的方法：GPIOZero 與 PiGPIO GPIO 函式庫。

1.8 問題

在結束本章之前，歡迎挑戰以下問題來驗證你在本章所學到的知識。在本書最後面的「附錄」可找到評量解答。

1. 應該使用虛擬環境來開發 Python 專案的主要理由為何？
2. 是否需要或是否應該把虛擬環境資料夾（亦即，venv）納入版本控制之下？
3. 為什麼要建立 `requirements.txt` 檔？
4. 需要以 root 使用者的身分執行 Python 腳本時，必須採取什麼步驟來確保原本預期在虛擬環境中執行的腳本能順利執行？
5. `source venv/bin/activate` 指令的功能為何？
6. 在已啟動的虛擬環境中，什麼指令可離開虛擬環境且回到 host shell ？
7. 你已在 PyCharm 中建立 Python 專案與虛擬環境，可以在終端機中處理並執行該專案的 Python 腳本嗎？

8. 你希望在 Raspberry Pi 透過 GUI 工具來編輯及測試 Python 程式碼，但尚未安裝 PyCharm。有哪些 Python 與 Raspbian 預先裝好的安裝工具可以使用呢？

9. 你已經具備 Python 和電子學方面的進階知識，並試圖將一個 I2C 裝置接上 Raspberry Pi，但它卻無法正常運作。可能是什麼問題？該如何解決？

1.9 延伸閱讀

本章介紹了 venv 虛擬環境工具，以下為其官方文件連結：

- venv 文件：https://docs.python.org/3/library/venv.html
- venv 教學：https://docs.python.org/3/tutorial/venv.html

如果你想了解 virtualenv 與 pipenv 等替代虛擬環境工具，可以參考官方文件：

- virtualenv 主頁：https://virtualenv.pypa.io/en/latest
- pipenv 主頁：https://docs.pipenv.org/en/latest

以下為 Python Packaging Guide 的連結。在此可找到關於 Python 套件管理的綜合指南，包括 pip 與其替代方案 easy-install/setup 工具：

- Python Packaging 使用者指南：https://packaging.python.org

如果想要學習更多排程與 cron 的話，請參考以下資源：

- cron 語法概述（和 GUI 工具）：https://www.raspberrypi.org/documentation/linux/usage/cron.md
- cron 語法詳細教學：https://opensource.com/article/17/11/how-use-cron-linux

Chapter 02

認識 Python 與物聯網

在上一章，我們了解了 Python 生態系統、虛擬環境與套件管理的重點，以及設定 Raspberry Pi 的 GPIO 介面。本章將開始進行 Python 與物聯網的旅程。

本章內容將為你打好基礎，並為後續章節的進階內容提供參考。我們將學習如何製作有按鈕、電阻與 LED（或發光二極體）的簡單電路，並介紹各種使用 Python 來與按鈕與 LED 互動的方法。然後，我們將繼續製作與討論完整的端對端物聯網程式，能透過網際網路來控制 LED。並在本章最後介紹還有哪些擴充程式的方法。

本章主題如下：

- 建立麵包板原型電路
- 理解電子產品電路圖
- 介紹兩種使用 Python 讓 LED 閃爍的方法
- 介紹兩種使用操作按鈕的方法
- 製作第一個物聯網程式
- 延伸你的物聯網程式

2.1 技術要求

你需要下列項目來執行本章的範例：

- Raspberry Pi 4 Model B。1 GB RAM 的版本應該就足以運行本章範例了。但如果你是直接把 Raspberry Pi 當作獨立電腦來操作，則相較於 SSH 來說，建議改用大一點的 RAM 來改善 Raspbian 桌面的操作體驗與回應速度。
- Raspbian OS Buster（桌面環境與建議軟體都要安裝）
- Python，最低版本 3.5

這些都是本書範例程式碼的基礎。合理預期，只要你的 Python 為 3.5 以上版本，這些範例程式碼應該不需要修改就能在 Raspberry Pi 3 Model B、Raspberry Pi Zero W 或其他版本的 Raspbian OS 中執行才對。

本章範例程式碼請由本書 GitHub 的 `chapter02` 資料夾中取得：`https://github.com/PacktPublishing/Practical-Python-Programming-for-IoT`

請在終端機中執行以下指令來設定虛擬環境和安裝本章程式碼所需的 Python 函式庫：

```
$ cd chapter02                          # 進入本章的資料夾
$ python3 -m venv venv                  # 建立 Python 虛擬環境
$ source venv/bin/activate              # 啟動 Python 虛擬環境 (venv)
(venv) $ pip install pip --upgrade      # 升級 pip
(venv) $ pip install -r requirements.txt # 安裝相依套件
```

以下相依套件都是由 `requirements.txt` 所安裝：

- GPIOZero：GPIOZero GPIO 函式庫（`https://pypi.org/project/gpiozero`）
- PiGPIO：PiGPIO GPIO 函式庫（`https://pypi.org/project/pigpio`）
- Requests：用於 HTTP 請求的高階 Python 函式庫（`https://pypi.org/project/requests`）

以下是本章所需的電子元件：

- 5 mm 紅光 LED，1 個
- 200 Ω 電阻，1 個，其色環為紅色、黑色、棕色、然後是金色或銀色
- 瞬時按鈕（單刀單擲型—SPST）
- 麵包板，1 個
- 公／母與公／公跳線（或稱杜邦線）

info

本書前言中可找到每一章所需的電子元件清單。

找齊這些電子元件之後，接著要把它們插上麵包板。

2.2 建立麵包板原型電路

本書將帶你透過麵包板來完成許多電路。在前幾章中，會用類似圖 2-7 所示的麵包板配置，並以圖 2-8 這樣的電路圖來介紹電路。

隨著本書的進展，你對於製作麵包板電路會更熟練，簡易電路就不會再使用麵包板來說明。不過，更複雜的電路仍會用麵包板來介紹，方便比較你的作法。

info

請注意，後續的電路範例及討論只是簡介。在本書的這個階段會製作簡單的電子電路作為本章和第 3 章和第 4 章的 Python 範例基礎。

第 5 章會詳細介紹 Raspberry Pi 及接腳編號，並接續在第 6 章詳細解說電路及電子學基礎。除了專題以外，還會學到 Raspberry Pi 如何與按鈕互動，以及 LED 為何要搭配一個 200 Ω 電阻背後的運作原理。

開始製作第一個電路吧！我將帶你一步步完成麵包板的製作，並在操作時簡介各元件。現在就從認識麵包板以及它如何運作開始！

2.2.1 了解麵包板

圖 2-1 的電子麵包板屬於原型製作板，可讓各元件電氣性連接，接線也快速又方便。本節將討論麵包板的一般性質，後面的實作會利用它來連接各種元件與配線。

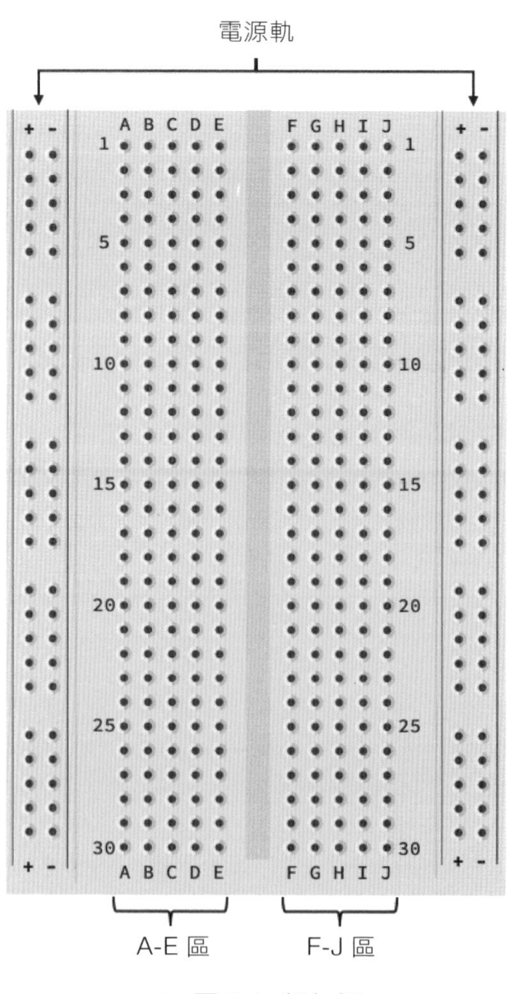

▲ 圖 2-1 麵包板

麵包板有許多不同尺寸，上圖為 1/2 大小的麵包板。不過不論尺寸為何，基本配置與電氣連接方式都是差不多的，除了後續會談到的一個例外。

info

實體麵包板上可能有行號和列號標記，但也可能沒有。我已將這些標記放在插圖中來幫助後續的討論和說明。

麵包板上的洞，可用來插入各種電子元件與接線，藉此使它們電氣性連接。各個洞的連接方式如下：

- 外側兩排的洞通常稱為電源軌。在麵包板兩側有正極（+）軌與負極（-）軌。軌上的各孔彼此都是連接的，且延伸到整個麵包板。因此，此麵包板上有四排獨立的供電軌：在麵包板左側的 +/- 軌與右側的 +/- 軌。

  電源軌是用來把電力分配給麵包板上的諸多元件。請注意，它們本身不會提供電力！因此它們需要連接電源供應器或電池等電源才能供電。

- 麵包板的中央有兩個佈滿洞的區塊，標示為區塊 A-E 與區塊 F-J。區塊中每個橫列都彼此連接。例如，A1 到 E1 的所有孔都是連接的，F1 到 J1 也一樣。不過，在此要注意的是，A1-E1 這一區塊與 F1-J1 區塊並未連接，因為它們在不同的區塊。

Tips

把俗稱晶片的積體電路（IC）接到麵包板時，可以讓它們跨越兩個區塊的間隙。在第 10 章使用 IC 來控制馬達時，就會說明怎麼做。

以下是一些有助於你理解實作範例：

- B5 與 C5 是彼此連接的（它們在同一橫列上）。
- H25 與 J25 是彼此連接的（它們在同一橫列上）。
- A2 與 B2 彼此未連接（它們不在同一橫列上）。

- E30 與 F30 彼此未連接（它們在不同的區塊）。
- 左側電源軌上的第三個 + 孔（從麵包板上往下算）與左側電源軌上的最後一個 + 孔（它們在同一個直行）是彼此連接的。
- 左側電源軌上的第三個 + 孔（從麵包板頂部）與右側電源軌上的第三個 + 孔彼此未連接（它們位於不同的電源軌上）。

本節開頭有提到，所有麵包板基本上是一樣的，但是有一個小例外就是電源軌。有些全尺寸的麵包板可把電源軌拆成兩個獨立的直排（因此，在同一軌中的孔並非全部相連）。一下子可能看不太出來電源軌是有間隔的，因此需要根據你實際採用的麵包板型號來看看。之所以提到這一點是為了防止你在使用全尺寸麵包板的電源軌時碰到接線的問題。

介紹了麵包板，也了解各個孔彼此如何連接之後，現在可以把元件和電線插入麵包板來建立第一個電路。我們就從按鈕開始。

2.2.2 安裝按鈕與接線

在此使用簡單的開關按鈕，也稱為單刀單擲（Single Pole, Single Throw / SPST）瞬時型開關，如圖 2-2：

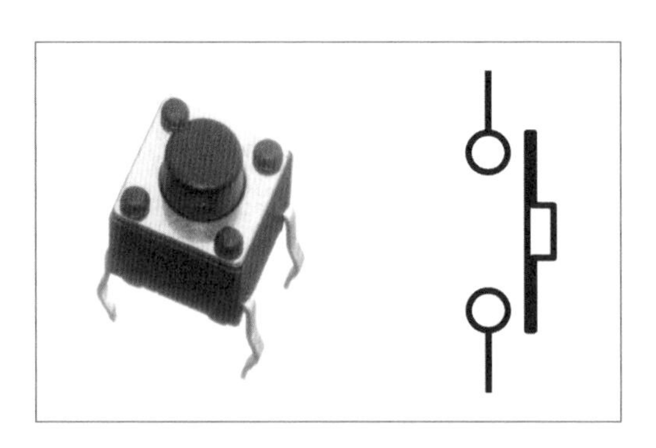

▲ 圖 2-2 按鈕與其電路符號

圖 2-2 左側為瞬時型按鈕的實體照片，而右側則為其電路符號。下一節會常常看到這個符號並深入討論。

按鈕有多種形狀和尺寸，不過操作方式基本上是相同的。上圖左側這樣的按鈕稱為觸碰式按鈕，它們體積很小，很適合與麵包板搭配使用。

圖 2-3 是在麵包板上的按鈕與接線。在進行以下步驟時，請參考下圖：

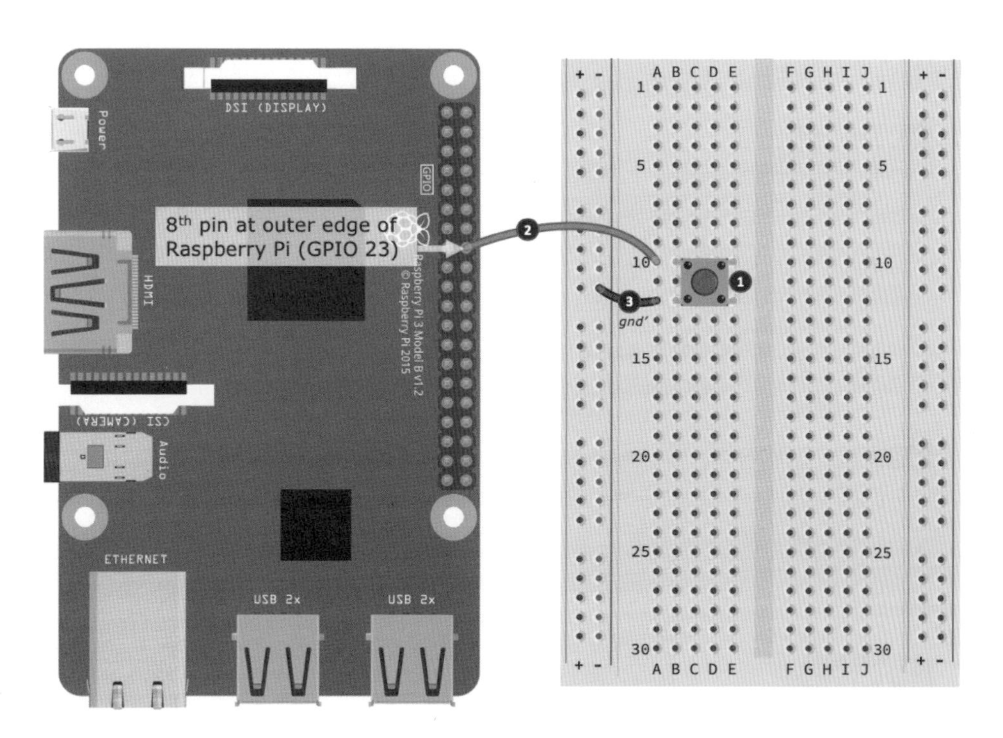

▲ 圖 2-3 按鈕插上麵包板與接線

以下是把按鈕接到麵包板與 Raspberry Pi 的步驟，步驟編號對應於圖 2-3 中的黑色圓圈號碼：

01 如上圖，把按鈕插上麵包板。按鈕接在哪一列上並不重要，差不多就好。圖 2-3 可看到按鈕的左上腳接在 B10。

02 接下來，接一條線連到與按鈕最上方腳的同一列（圖中為 A10）。將這條線的另一端接到 Raspberry Pi 外側由上往下的第 8 支 GPIO 腳位，也就是 GPIO 23。

Tips

你可取得腳位標籤及麵包板相容模組以便識別 Raspberry Pi 腳位和進行連線。以下連結是可列印的文件版本，第 5 章會詳細解說 GPIO 腳位與編號的意義。

`https://github.com/splitbrain/rpibplusleaf`

03 最後，使用另一條線（上圖標示 gnd' 的那條線）來連接按鈕的另一邊（B2 腳）到麵包板上的共地軌。由上圖可知，gnd' 這條線是從 A12 孔接到左側共地軌上的任一個孔。縮寫 gnd 代表接地，2.3.3 節會更詳細地討論這個用語。

Tips

SPST 開關基本上可以用任何方式來安裝。如果你選用了 4 支腳的按鈕（兩兩彼此連接），而以下電路無法運作的話，後續在 2.5 節會示範把按鈕旋轉 90 度再插回麵包板來試試看。

現在按鈕已經插在在麵包板上，電線也接好了，接下來要處理 LED。

2.2.3 安裝 LED 與接線

LED 是一種體積小巧但亮度很高的照明裝置。它由微小的晶體構成，通電之後會發出特定的顏色。

圖 2-4 是常見的 LED，左側為實體照片，右側為其電路符號：

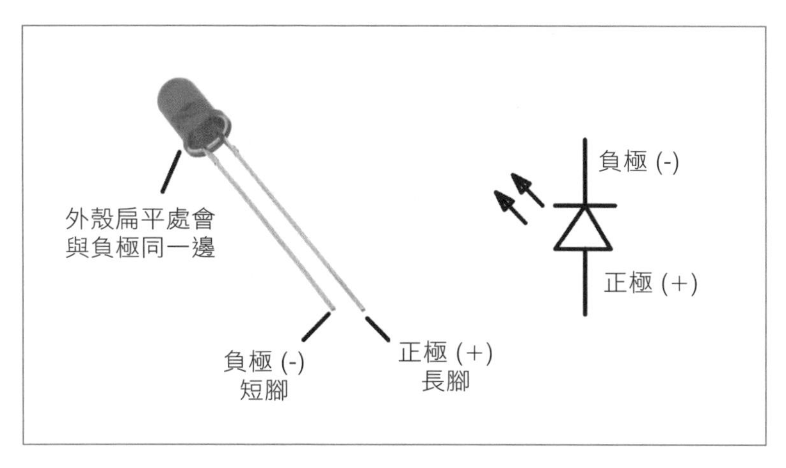

▲ 圖 2-4 LED 與其電路符號

LED 一定要以正確的方式連接，否則無法運作。仔細看一下 LED，你會發現到 LED 外殼的有一側是平的。在這一側的腳為負極，要接到電源負極（接地）。負極腳位也是 LED 兩支腳中較短的。另一支腳稱為正極，並要接到電源正極。請看一下 LED 的電路符號，你會發現到 LED 負極那一側有一條橫過三角形頂點的線─如果你能把這條線看成一個超大負號，這有助於你記住符號的哪一邊是負極。

圖 2-5 是在麵包板上插上 LED 的結果。執行後續步驟時，請參考此圖：

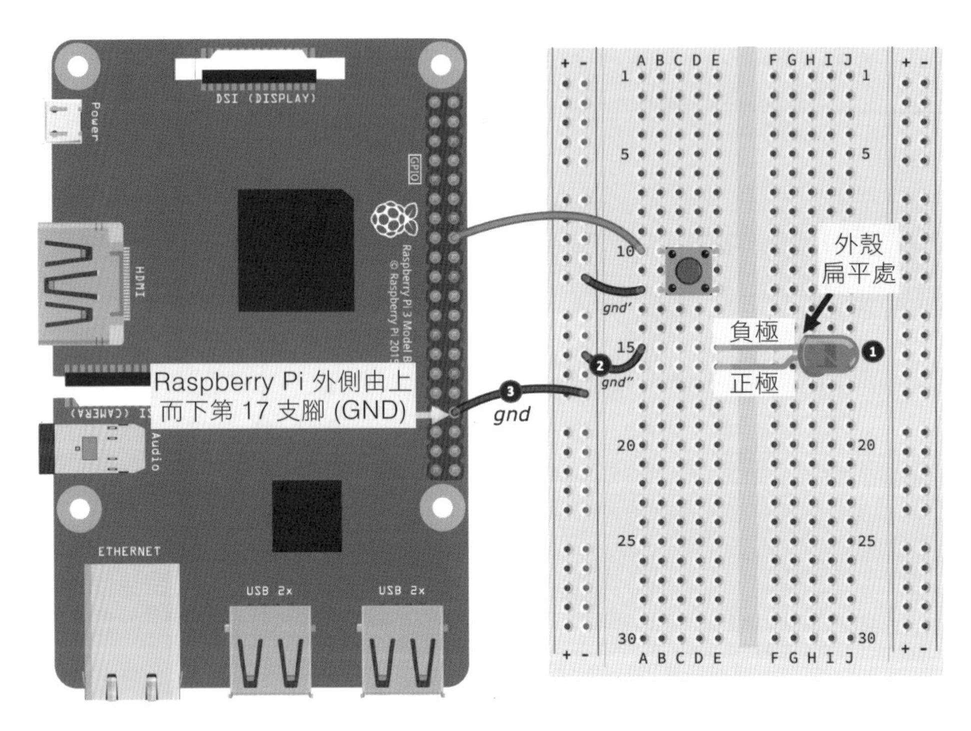

▲ 圖 2-5 將 LED 接上麵包板

以下是把 LED 接到麵包板與 Raspberry Pi 的步驟，步驟編號對應於圖 2-5 中的黑色圓圈號碼：

01 如上圖，把 LED 插上麵包板，特別注意 LED 不要裝錯。圖中負極腳位於 E15 孔中，正極腳則是在 E16 孔。

Tips

有時可能需要折彎 LED 的腳會更好連接。在安裝 LED 時，注意兩支腳不要碰到！如果碰到的話，會導致所謂的電氣短路，電路中的 LED 就會無法運作或損壞。

02 接下來，使用一條線（上圖標示為 gnd" 的那條線）將 LED 的負極腳接到按鈕所接的同一個共地軌。這條 gnd" 的一端是接到 A15 孔，另一端則是接到麵包板左側的負極（-）共地軌。

03 最後，使用另一跳線（上圖中的 gnd），從共地軌接到 Raspberry Pi 外側由上往下數的第 17 支腳位，這是 Raspberry Pi 的其中一支接地（GND）腳位。

做得好！ LED 接好了。接下來再加入電阻，電路就完成了。

2.2.4 安裝電阻與接線

電阻是用來限制（也就是阻擋）電流流動以及切分電壓的常見電子元件。

圖 2-6 左側是電阻的實體照片，右側則是兩個電路符號。兩個電路符號沒有實際差別，只是不同的文件慣例而已，而且你會發現繪圖者只會選用一種符號。本書將使用鋸齒符號。

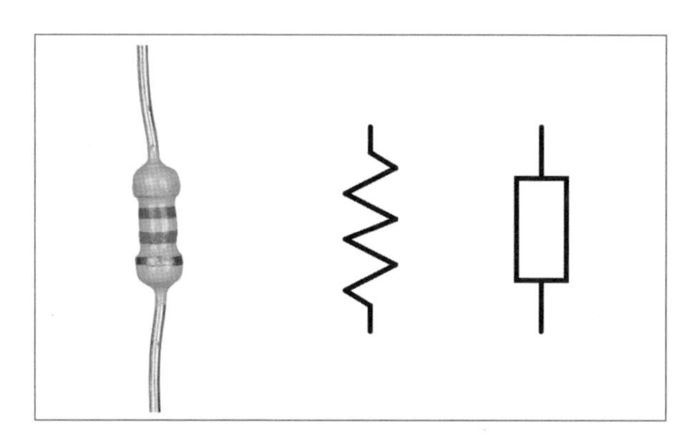

▲ 圖 2-6 電阻與其電路符號

電阻有許多形狀、大小及顏色。一般來說，其實際形狀及大小與其物理性質與功能有關，但至少就性質來說，外殼的顏色通常不太重要。不過，電阻上的色環就很重要了，因為它們是用來判讀電阻的電阻值。值得一提的是，小型通用電阻（就是後續要用到的）會用色環來判讀其電阻值，然而高功率的較大型電阻則會把電阻值印在外殼上。

電阻屬於無極性元件，意指在電路中可用任何方向安裝。不過，它們的數值需要正確選擇，否則電路可能無法如預期運作，或者更糟的狀況是電阻與 / 或其他元件（包括 Raspberry Pi）可能損壞。

Tips

當開始學習電路時，強烈建議你遵守電路所指定的電阻值，這也是最安全的方法。在無法取得正確數值時，請避免使用不同規格的電阻來替代，這可能導致元件甚至是 Raspberry Pi 的損壞。

本書使用電阻有實務上的考量，在第 6 章會有詳盡的解釋。如果你不熟悉電阻，「延伸閱讀」中有兩個連結，你可在此了解更多有關電阻的資訊，包括如何判讀其電阻值。

圖 2-7 是本節所要建立的電路。執行後續步驟時，請參考此圖：

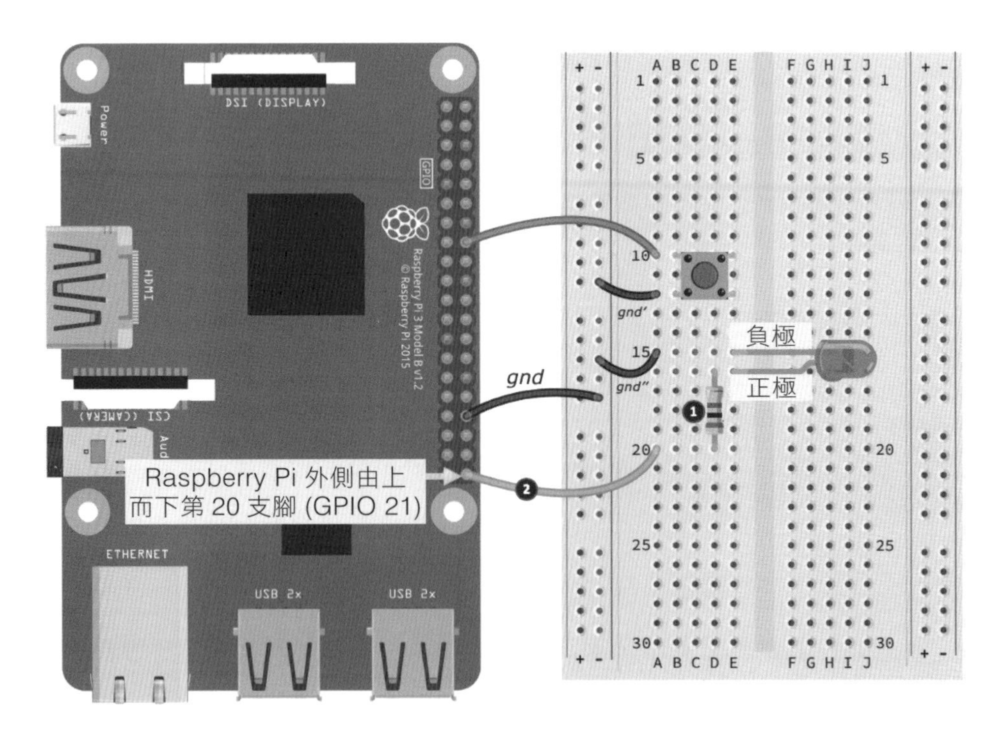

▲ 圖 2-7 按鈕與 LED 之麵包板電路

以下是把電阻接到麵包板的步驟，步驟編號對應於圖 2-7 中的黑色圓圈號碼：

01 將電阻的一支腳（哪一支都沒關係）接到與 LED 正極腳位同一列的的孔，如上圖的 D16 孔。將電阻的另一支腳插入一個尚未被使用的列，如上圖的 D20（在後續接線之前，本列請不要接其他元件或電線）。

02 使用跳線（如上圖的 A20 孔），把電阻的另一支腳接到 Raspberry Pi 外側的第 20 支 GPIO 腳位，也就是 GPIO 21。

做得好！接好線之後，第一個電路就完成啦。本章後續與之後的第 3 章和第 4 章都會用到這個基本電路來示範。第 5 章開始將探索一系列的其他類型電路。

麵包板電路已經完成了，也知道元件與配線如何連接到麵包板，接著要來談談一種用來描述電路的圖示法。

2.3 閱讀電路電路圖

在上一節中我們根據一系列步驟在麵包板上建立了第一個電路。本節要學會如何判讀電路電路圖，它是描述電路與建立文件的正式方法，這些是在電子產品說明書與資料表中可找到的圖表。

我們將學習如何判讀簡單的電路圖，以及它如何對應到先前所建立的麵包板電路。了解兩者的關聯性之後，尤其是希望看了電路圖就能直接建立麵包板電路的話，這是日後你在電子電路與物聯網旅程時所需要的重要技能。

本書中所用到以及實際操作的電路與電路圖就目前所看到的電路圖來看相對簡單。我們將根據具體情況來點出重要的概念和元件符號。對於後續內容來說，不太需要對電路圖的來龍去脈進行過分詳細的說明，這已經超出本書的範圍啦。不過，我鼓勵你閱讀「延伸閱讀」中的 SparkFun 教學。它提供了閱讀電路圖的簡短但相當完整的概述，可為你提供這類電路圖與內容的良好基礎。

就從剛剛建立的圖 2-7 麵包板電路的電路圖開始：

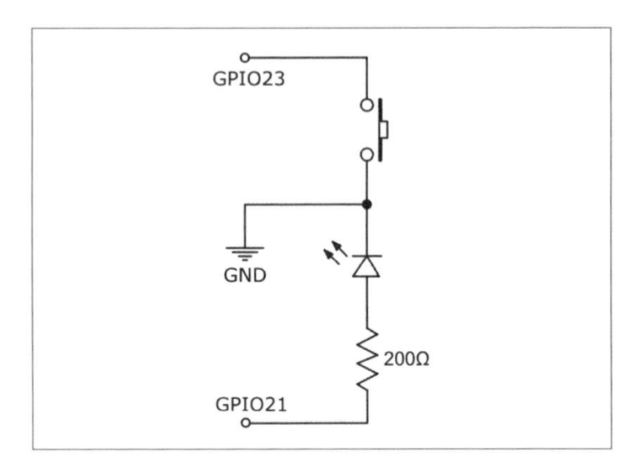

▲ 圖 2-8 對應圖 2-7 之麵包板電路的電路圖

電路圖有多種繪製方式；不過，我之所以用這張圖（本書適當的地方也會這樣做）是為了盡量貼近其麵包板配置，希望有助於說明並讓你理解。

首先從按鈕的連接方式與佈線來學習如何判讀這個電路圖。

2.3.1 判讀按鈕接線電路電路圖

麵包板配置與電路圖的組合（帶有一些其他標籤）如下：

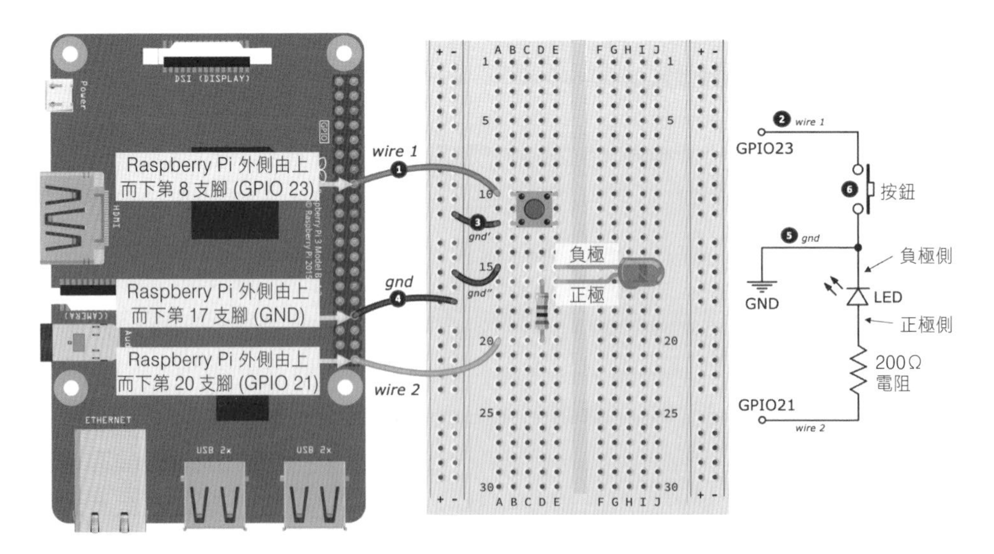

▲ 圖 2-9 結合麵包板與電路圖，進度 1/2

以下是按鈕接線的步驟，步驟編號對應於圖 2-9 中的黑色圓圈號碼：

01 從麵包版上標示為 wire 1 的那條線開始。看看這條線的兩端，有一端是接到 Raspberry Pi 上的 GPIO 23，同時另一端（A10 孔）接到與按鈕的同一列。

02 瞧瞧電路圖，這裡也有一條名為 wire 1 的線段。你會注意到線的一端標示為 GPIO23，同時另一端接到按鈕符號的一側。

Tips

配線外皮的顏色沒有特殊含義。顏色只是視覺輔助以便區分不同的連接。不過，有一些常見的慣例，例如紅線用於正電，黑線則用於負電（也就是接地）。

03 接下來，從按鈕在麵包板孔（A12）上的另一側開始，注意這條線標示為 gnd' 的配線。這條線是把按鈕接到麵包板外側的共地軌。

04 從上一步往下數 5 個孔，這是第二條接地線（標示為 gnd），從麵包板接到 Raspberry Pi 之 GND 接腳。

05 麵包板上的 gnd 與 gnd' 這兩條線在電路圖中被標示為 gnd 這條線，它從按鈕拉出並在標註 GND 的向下箭頭符號結束（記住 gnd 與 gnd' 在麵包板上實際上是彼此連接的，因此它們在邏輯上就是一條線）。這個符號代表接地，後續的電路電路圖會一直看到這個符號。後續 2.3.3 節還會更深入介紹。

06 看看電路圖中的按鈕符號，且你會發現到 wire 1 與 gnd 這兩條線並未連接，反而是結束在按鈕符號（小圓圈）。這被稱為常開連接，或以這個特定情況來說，稱為常開開關。常開代表線斷了（別忘了圖中的一條線代表一條電線）。現在，想像按鈕被按下，則按鈕會碰到兩端圓點並把 blue 線與 gnd 線連起來，這會產生一個閉路連接並完成 GPIO 23 與 GND 之間的電路。我們將在第 6 章深入討論這件事。

了解麵包板上的按鈕連接與電路圖的按鈕部分如何對應之後，我們就能進一步討論 LED 與電阻是如何連接的了。

2.3.2 判讀 LED 與電阻電路電路圖

上一節學到了如何判讀並理解按鈕在電路圖中是怎麼回事，接下來要討論 LED 與電阻的連線以完成本範例：

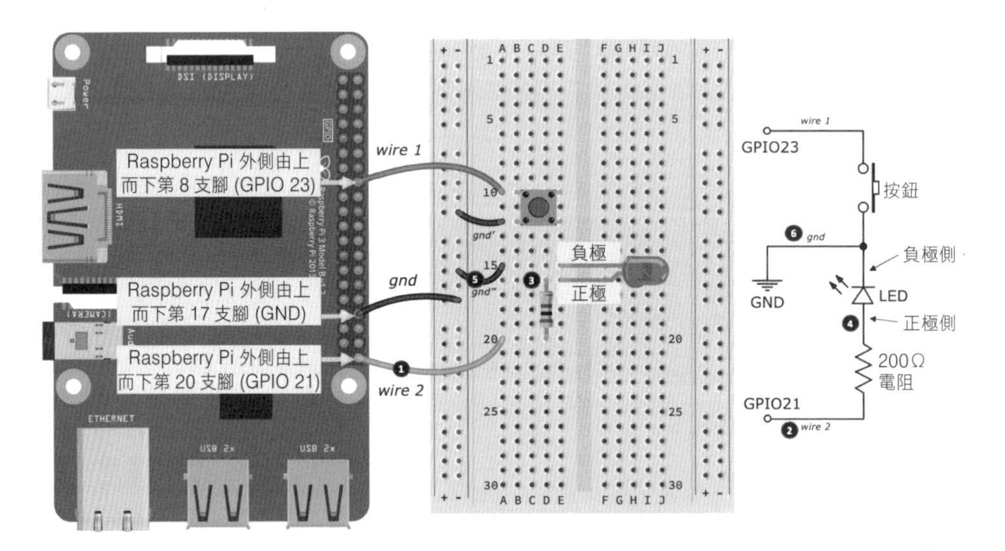

▲ 圖 2-10 結合麵包板與電路圖，進度 1/2

以下是 LED 與電阻連接的步驟，步驟編號對應於圖 2-10 中的黑色圓圈號碼：

01 以麵包板上標示為 wire 2 的線開始，它會把 Raspberry Pi 的 GPIO 21 腳位接到與電阻一端（A25）的同一列上。

02 wire 2 這條線在電路圖上也是標註為 wire 2 的。

03 在麵包板上，電阻的另一端連接到 LED 的正極腳（E15）。記住，電阻與 LED 的正極腳之所以相接，因為它們是在麵包板上同一側的同一排上。

04 瞧瞧電路圖中的電阻 /LED 連接，在此電阻符號與 LED 符號是碰在一起的。由於我們已經知道電阻是接到 LED 的正極，在此也是這樣表示。

05 接下來，在麵包板上，LED 的另一支腳（E15），也就是負極腳位，要與 gnd"（A15 孔）相接，然後再接到外側的共地軌，也就是按鈕的 gnd' 這條線所連接處（然後，透過 gnd 這條線接回 Raspberry Pi 的 GND 腳位）。

06 最後在電路圖上，連接 LED 負極到 GND 的這條線標示為 gnd（與按鈕所用的是同一條線）。

電路圖說明完畢。覺得如何？我希望你能夠逐步拆解電路圖，並理解它是如何對應到麵包板電路。

最後一節是電子電路的一個重要概念：共接地。接下來會做詳細的說明。

2.3.3 介紹接地連接與符號

所有的電路都需要一個共用的電氣參考點，且我們稱此點為接地（ground）。這就是不論在麵包板及電路圖上，都能看到按鈕與 LED 共用一個接點的原因（提醒一下，參考圖 2-10）。

對於通用於本書的所有簡易電路以及在操作 Raspberry Pi 的 GPIO 接腳時，可以把負極（negative）與接地（ground）視為同義詞。這是因為電源的負極端將可扮演共用的電氣參考點（是的，GPIO 接腳可做為電力來源，在第 6 章會詳盡說明）。

如先前 2.3.1 節所述，步驟 4 使用了箭頭符號來代表接地點。由多條線段所組成的接地符號也很常見，兩者如圖 2-11：

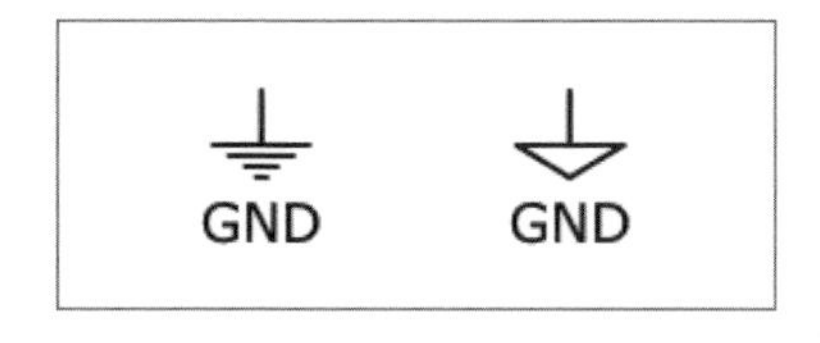

▲ 圖 2-11 共接地之電路符號

所有接地點都是彼此連接的，且常見的作法是在電路圖中多次重複這個符號來簡化。使用一個接地符號代表共接地，就不必再用多條彼此相連的線來註明所有的接地線路（對於大型或更複雜的電路，這將變得非常混亂）。

本書所用到的簡易電路當然談不上大型或複雜，不過，為了呈現共接地的概念，我把圖 2-8 的電路圖重新繪製如下，然而這次使用多個接地符號：

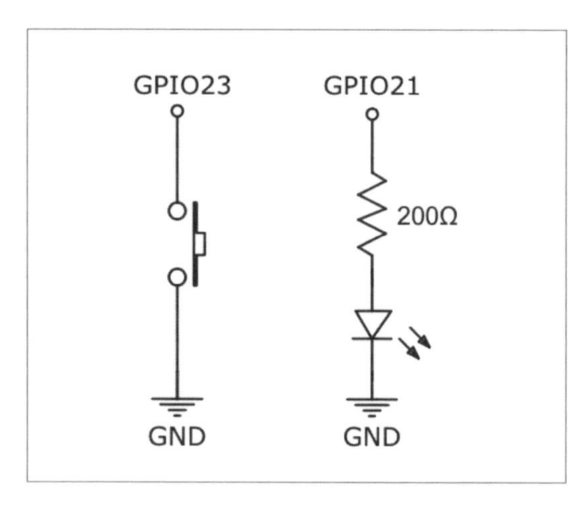

▲ 圖 2-12 圖 2-7 麵包板電路的替代電路圖

儘管上圖看起來像是兩個獨立的電路，然而它們的連接效果與圖 2-8 原本的電路圖完全一樣。

請花點時間比對圖 2-8 與圖 2-12，看看你是否理解為什麼這兩個圖在電氣上是一樣的。

這裡只是把線段（圖 2-8 的 gnd）切開，並以不同方向重新繪製按鈕子電路與 LED/ 電阻子電路，再針對不同子電路使用獨立的接地符號而已。

如前述，本書到目前為止還不會討論這個電路如何運作、為何這樣運作，或者如何與 Raspberry Pi 上的 GPIO 接腳電氣互動。到了第 6 章，會透過許多實用的經典範例來討論這些主題以及更多內容。

現在你已看過如何用電路圖來呈現麵包板電路，以及兩者之間的關聯性。我們終於準備好來寫程式，你將學會兩種使用 Python 讓 LED 閃爍的方法！

2.4 探索用 Python 使 LED 閃爍的兩個方法

本節要介紹兩種 GPIO 函式庫以及透過 Python 讓 LED 閃爍的方法：

- GPIOZero 函式庫：入門版的 GPIO 函式庫
- PiGPIO 函式庫：進階版的 GPIO 函式庫

在學習這兩個函式庫時，我們將理解它們如何以不同的方式處理 GPIO 控制並探討兩者的優缺點。

完成本節（以及 2.5 節）之後，你就能理解到這兩種非常不同的 GPIO 控制方法：高階（使用 GPIOZero）與較低階（使用 PiGPIO）。後續在編寫與電子元件介接的程式，這將有助於你掌握了何時以及如何使用這兩者之一。

先從使用 GPIOZero 讓 LED 閃爍開始。

2.4.1 透過 GPIOZero 控制 LED 閃爍

現在要介紹使用 GPIOZero 函式庫來控制 LED 閃爍，檔案為 `chapter02/led_gpiozero.py`。請先看看程式碼再繼續。

> **info**
>
> 本章的「延伸閱讀」整理了一些關於 GPIOZero API 文件的連結，其中也提到了本節用到的部分功能。

從執行範例程式碼開始吧！使用以下指令來執行程式，別忘了要先啟動虛擬環境（需要複習的話，回頭翻翻第 1 章）：

```
(venv) $ python led_gpiozero.py
```

如果 LED 連接正確的話，它應該會開始閃爍。

Tips

如果在執行程式時收到有關 PiGPIO 的錯誤，確保你已根據第 1 章內容完成了 pigpio 常駐程式設定。第 5 章將更深入討論 PiGPIO 和 PiGPIO 常駐程式。

範例程式碼執行起來，也看到 LED 閃爍之後，該仔細研究一下程式碼的內容囉！

◉ 匯入函式庫

就從匯入到 Python 程式中的外部函式庫開始說起。它們出現在原始檔案的最前段，如下：

```
from gpiozero import Device, LED                # (1)
from gpiozero.pins.pigpio import PiGPIOFactory # (2)
from time import sleep
```

說明如下：

- #1 處，從 GPIOZero 套件匯入了 Device 與 LED 類別。
- #2 處，匯入了 GPIOZero 的 Pin Factory 套件。後續就會介紹到，它要與 Device 類別搭配使用。

接下來要看看如何設定 GPIOZero 的 Pin Factory 套件。

◉ Pin Factory 設定

Pin Factory 在 GPIOZero 中是用來指定 GPIOZero 要用哪一個 GPIO 函式庫來操作 GPIO 腳位。2.4.3 節會比較 GPIOZero 與 PiGPIO 範例，並深入討論 Pin Factory：

```
Device.pin_factory = PiGPIOFactory() # (3)
```

#3 處使用了已匯入的 `Device` 與 `PiGPIOFactory` 告訴 GPIOZero，使用 PiGPIO 作為它的 Pin Factory。

理解如何設定 Pin Factory 之後，來看看讓 LED 閃爍的程式碼。

◉ 使 LED 閃爍

#4 處建立 LED 類別，後續並指派給 `led` 變數。LED 的參數是根據圖 2-1 麵包板中實體 LED 所連接的 GPIO 腳位編號而定：

```
GPIO_PIN = 21
led = LED(GPIO_PIN)          # (4)
led.blink(background=False) # (5)
```

#5 處開始讓 LED 閃爍。需要對 `blink()` 指定 `background=False` 參數，這樣才能在主執行緒中運行 LED，程式也不會退出（`background=True` 的替代方案需使用 `signal.pause()`，下一節就會介紹）。

GPIOZero 讓 LED 這類常見電子元件的介接變得很簡單。接下來要改用 PiGPIO 函式庫來操作同一個範例。

2.4.2 透過 PiGPIO 控制 LED 閃爍

知道如何使用 GPIOZero 函式庫讓 LED 閃爍之後，現在看看使用 PiGPIO 函式庫的做法。

現在要進行的範例為 `chapter02/led_pigpio.py` 檔。前一個範例如果還在執行，請將其停止再執行 `led_pigpio.py`，LED 應會再次閃爍起來。

> **info**
>
> 本章的「延伸閱讀」整理了一些關於 PiGPIO API 文件的連結，其中也提到了本節所用到的部分功能。

來看看 PiGPIO 版的 LED 閃爍程式碼。

◉ 匯入

檔案一開始，也就是原始檔案的 import 段落：

```
import pigpio # (1)
from time import sleep
```

如 #1 處，這次只要匯入 PiGPIO 模組就好。

接下來要介紹如何設定 PiGPIO 以及 LED 所連接之 GPIO 接腳的 I/O 模式。

◉ PiGPIO 與接腳組態

用於設定 PiGPIO 與 LED 所連接之 GPIO 接腳的程式碼：

```
GPIO_PIN = 21
pi = pigpio.pi()                     # (2)
pi.set_mode(GPIO_PIN, pigpio.OUTPUT) # (3)
```

#2 處建立了一個 PiGPIO 實例並分派給 pi 變數。程式碼從現在起就會用這個變數來與 PiGPIO 函式庫互動。

#3 處把 GPIO 21 腳位設定為輸出腳位。把腳位設定為輸出，代表我們想透過 Python 程式碼使用該接腳來控制與其連接的某個元件，以本範例來說就是 LED。本章後續就會介紹偵測按鈕是否被按下的輸入腳位範例。

現在已匯入必要的函式庫，PiGPIO 函式庫與 GPIO 腳位也都設定好了，來看看如何使 LED 閃爍。

◉ 使 LED 閃爍

讓 LED 閃爍：

```
while True:
    pi.write(GPIO_PIN, 1) # 1 = High = On # (4)
    sleep(1) # 1 second
    pi.write(GPIO_PIN, 0) # 0 = Low = Off  # (5)
    sleep(1) # 1 second
```

在此使用 `while` 迴圈搭配 PiGPIO 來讓 LED 閃爍。迴圈執行時會不斷把 GPIO 21 腳位（先前設定的輸出腳位）在開與關（#4 與 #5 處）狀態之間切換，兩者間加入了 `sleep()` 函式進行延遲，好讓 LED 有閃爍的效果。

接下來要比較這兩個函式庫以及它們讓 LED 閃爍的方法。

2.4.3 比較 GPIOZero 與 PiGPIO 的範例

仔細看看 GPIOZero 範例的程式碼，很容易看出與 LED 閃爍有關，程式碼也不言自明。但是 PiGPIO 範例呢？沒有提到 LED 或閃爍。實際上，它可能在做任何事情，知道 GPIO 21 腳位上接了一顆 LED 的人只有我們而已。

這兩個範例帶出了 GPIOZero 與 PiGPIO 的重要觀念：

- GPIOZero 為較高階的函式庫。它在最上層把 LED 這類常用電子元件抽象化為簡單易用的類別，同時在其下把實際的介接工作委派給指定的 GPIO 函式庫。
- PiGPIO 為較低階的 GPIO 函式庫，可直接處理、控制與存取 GPIO 腳位。

Tips

GPIOZero 的「zero」代表零樣板碼（zero boilerplate code）函式庫，其中所有複雜的內部結構都已被抽象化，讓初學者更容易上手。

GPIOZero 使用 Pin Factory 來指派給外部 GPIO 函式庫。在先前範例中，使用 `Device.pin_factory = PiGPIOFactory()` 來指派給 PiGPIO。在第 5 章會再度談到 GPIOZero 與指派等主題。

GPIOZero 與 PiGPIO 兩者在本書後續都會用到。GPIOZero 會在適當情況下用於簡化與濃縮程式碼，但同時也會在較進階的範例中使用 PiGPIO 來告訴你 GPIO 的核心觀念，這些觀念在 GPIOZero 中都已被抽象化了。

接下來要在 LED 閃爍範例加入一顆按鈕來互動。

2.5 探討用 Python 整合按鈕的兩個方法

上一節介紹了兩種讓 LED 閃爍的方法，一個使用 GPIOZero 函式庫，而另一個使用 PiGPIO 函式庫。本節將使用 Python 來整合圖 2-10 電路中的按鈕，還要介紹 GPIOZero 與 PiGPIO 函式庫兩者處理按鈕的方式。

首先，將使用 GPIOZero 來做到根據按鈕狀態來控制 LED 亮暗。

2.5.1 用 GPIOZero 對應至按鈕按下

現在要進行的範例為 chapter02/button_gpiozero.py。請查看並執行這份程式。當你操作按鈕時，LED 會隨之亮暗。根據圖 2-10 的電路，LED 是接到 GPIO 21 腳位，按鈕則是接到 GPIO 23 腳位。

Tips

如先前 2.2 節所述，如果按鈕有 4 支腳（兩兩一組彼此相連）而你的電路無法運作的話，試著把按鈕轉 90 度再插上麵包板試試看。

來看看程式碼的重要部分，請注意，之前已討論過的程式碼就不再介紹囉！

◉ 匯入

原始碼開頭就可看到匯入了外部函式庫，如下：

```
from gpiozero import Device, LED, Button                      # (1)
from gpiozero.pins.pigpio import PiGPIOFactory import signal # (2)
```

本範例也會用到 GPIOZero 的 Button 類別（#1）和 Python 的 signal 模組（2）。

匯入 Button 類別之後，來看看當按下按鈕時會呼叫的處理器函式。

◉ 按鈕按下的處理器

使用回呼處理器來回應定義於 pressed() 函式的按鈕按下狀況：

```
def pressed():
    led.toggle()                                # (3)
    state = 'on' if led.value == 1 else 'off'   # (4)
    print("Button pressed: LED is " + state)    # (5)
```

在 #3 處，每次只要呼叫 pressed() 時，就會透過 led 的 toggle() 方法來控制 LED 亮或暗。在 #4，查詢 led 的 value 屬性來判斷 LED 是點亮（value == 1）還是熄滅（value == 0）並把結果存入 state 變數中，最後將其顯示於終端機訊息中（#5 處）。

Tips

led.on()、led.off() 與 led.blink() 等方法也可用於控制 LED。或者設定 led.value 來直接指定 LED 亮暗狀態，例如 led.value = 1 會讓 LED 亮起來。

接下來要談談如何建立與設定 Button 類別實例，並註冊 pressed() 函式。只要按下實體按鈕時就會呼叫這個函式。

◉ 按鈕設定

以下是用於設定按鈕的程式碼。在 #6 處，我們使用的類別為 Button。在 GPIOZero 中，我們使用可打開或者是關閉任何輸入裝置的 Button 類別，例如按鈕與開關：

```
button = Button(BUTTON_GPIO_PIN, pull_up=True, bounce_time=0.1)        # (6)
button.when_pressed = pressed           # (7)
```

#7 處，使用 button 實例註冊了 pressed() 回呼處理器。以下為 #6 處 Button 建構子的參數說明：

- 第一個參數為按鈕的 GPIO 腳位編號（BUTTON_GPIO_PIN == 23）。
- 第二個參數 pull_up=True，代表啟用 GPIO 23 的內部上拉電阻。上拉及下拉電阻為數位電子產品的重要概念。在此先省略不談，但第 6 章會更詳細地討論上拉及下拉電阻的重要性及用途。
- 第三個參數 bounce_time=0.1（0.1 秒），用來抵銷開關或接點的彈跳問題。

彈跳是一種實體按鈕或開關中金屬接點相碰時所產生的電子雜訊。這類雜訊可視為數位輸入腳位不斷地快速開關（或高低電位）的狀態變化。這不是我們要的，因為我們希望實際按下一次按鈕或開關的切換）可剛好被視為輸入接腳上的一次狀態變化。程式的做法通常是用解彈跳閾值（debounce threshold）或逾時（timeout）的方法來達成，以我們的情形來說就是 Raspberry Pi 在初始狀態變化之後所忽略連續接腳狀態的一段時間。

把設定 bounce_time=0（不解彈跳）試試看。你應該發現按鈕變得很奇怪。再改用較高的數值看看，例如 bounce_time=5（5 秒），你會發現在第一次按壓後，按鈕在這段時間之後都沒有反應。

Tips

當談到按鈕時，選擇適當的解彈跳臨界值取決於使用者在快速按下按鈕（需要較低的臨界值）與按鈕既有的彈跳（需要較高的臨界值）兩者之間的平衡問題。0.1 秒是一個很好的起點，可以試試看。

最後，要介紹一種用來防止 Python 程式在介接電子元件時突然退出的常用技術。

◉ 防止主執行緒終止

在許多 GPIO 範例程式中經常看到使用 `signal.pause()` 或類似的作法：

```
signal.pause() # Stops program from exiting. # (8)
```

#8 處是用來防止主程式執行緒自動結束，程式會在正常情況下會在此終止。

Tips

編寫介接 GPIO 的 Python 程式時，忘了在程式最後加入 `signal.pause()` 是在新手常見且經常混淆的錯誤。如果程式在啟動後立即退出，試著先在程式最後末尾加入 `signal.pause()`。

前述 LED 閃爍範例不需要 `signal.pause()` 的原因如下：

- GPIOZero 範例（`chapter02/led_gpiozero.py`）在 LED 建構子中使用了 `background=False`，這會把 LED 執行緒保持在前景，藉此防止程式退出。
- 在 PiGPIO 範例（`chapter02/led_pigpio.py`）中，有一個防止程式退出的 `while` 迴圈。

如果還抓不到方向，別擔心！如何防止程式異常退出全都取決於經驗、實作，還有了解 Python 及 GPIO 函式庫如何工作。

接下來要如何使用 PiGPIO 來操作按鈕。

2.5.2 用 PiGPIO 回應按鈕按壓

現在要在做一次與前述 GPIOZero 範例相同的功能，也就是根據按鈕按壓來控制 LED 亮暗，只在這次要改用 PiGPIO 函式庫來做。本節的程式碼為 `chapter02/button_pigpio.py`，現在請查看並執行這個檔案，看看 LED 是否隨著你操作按鈕來亮暗。

來看看程式碼一些有趣的地方，先從按鈕所需的 GPIO 腳位設定開始（再說一次，先前已討論過就不再贅述囉）。

◉ 按鈕腳位設定

#1 處設定 GPIO 腳位 23(BUTTON_GPIO_PIN==23) 作為輸入接腳：

```
pi.set_mode(BUTTON_GPIO_PIN, pigpio.INPUT)           # (1)
pi.set_pull_up_down(BUTTON_GPIO_PIN, pigpio.PUD_UP)  # (2)
pi.set_glitch_filter(BUTTON_GPIO_PIN, 10000)          # (3)
```

接下來，#2 處啟用了接腳 23 的內部上拉電阻。而 #3 處，是 PiGPIO 採用 pi.set_glitch_filter() 方法來讓按鈕解彈跳。此方法的參數為毫秒時間。

請注意在 PiGPIO 中，按鈕的每個性質（接腳輸入模式、上拉電阻與解彈跳）以個別方法來呼叫，然而在前述 GPIOZero 範例中，這全都在建立 GPIOZero LED 類別實例中的同一行搞定。

◉ 按鈕按下處理器

按鈕回呼處理器定義從 #4 開始，不難看出比先前的 GPIOZero 處理器更複雜：

```
def pressed(gpio_pin, level, tick):   #(4)
   # 取得 LED 腳位當下狀態
   led_state = pi.read(LED_GPIO_PIN)  #(5)

   if led_state == 1:                 #(6)
       # LED 點亮中，所以熄滅它
       pi.write(LED_GPIO_PIN, 0) # 0 = Pin Low = Led Off
       print("Button pressed: Led is off")
   else: # 0
       # LED 熄滅，所以點亮它
       pi.write(LED_GPIO_PIN, 1) # 1 = Pin High = Led On
       print("Button pressed: Led is on")

# 註冊按鈕處理器
pi.callback(BUTTON_GPIO_PIN, pigpio.FALLING_EDGE, pressed)  # (7)
```

請注意 pressed(gpio_pin, level, tick) 這一行。前述 GPIOZero 版本沒有參數，然而 PiGPIO 卻有 3 個必填參數。雖然我們的單一按鈕的小範例不會用到這些參數；但為了完整起見，說明如下：

- gpio_pin：呼叫回呼函式的腳位編號，以本範例來說為 23。
- level：接腳狀態。對本範例來說為 pigpio.FALLlNG_EDGE（很快會說明）。
- tick：開機之後所經過的時間，單位為微秒。

#5 處，使用 led_state = pi.read() 讀取 GPIO 21（我們的 LED）的當前狀態並儲存於變數中。然後從 #6 處開始，根據 LED 當前是否點亮（led_state == 1）或關閉（led_state == 0），使用 pi.write() 把 GPIO 21 腳位設為高或低電位，這樣就可以把 LED 切換到反向的狀態。

最後在 #7 處註冊回呼處理器。參數值 pigpio.FALLING_EDGE 代表每當 GPIO 接腳 BUTTON_GPIO_PIN（也就是 23）從數位高電位過渡到數位低電位，因此處理器為 pressed()。這比單純測試腳位是高電位還是低電位更直觀；不過為求簡化，請參考以下的 pi.callback() 參數選項，請修改參數並看看在按下按鈕時會發生什麼事。

- pigpio.FALLING_EDGE：這是低電位（想成往下跌）。按下按鈕時才呼叫 pressed()。
- pigpio.RAISING_EDGE：這是高電位（想成往上升）。放開按鈕時才呼叫 pressed()。
- pigpio.EITHER_EDGE：這可為高電位或低電位。按下與放開按鈕時都會呼叫 pressed()，代表只有在按住按鈕時，LED 才會亮。

操作 PiGPIO 範例時，有沒有注意到或想到，當按鈕被按下，也就是觸發按鈕 GPIO 接腳 23 變為低電位（#7 處的 pigpio.FALLING_EDGE 參數），結果使得 pressed() 被呼叫？從程式的角度來看，這樣做似乎本末倒置或根本是錯的？在第 6 章將重新討論這個想法及其背後原因。

到目前為止，就 GPIO 函式庫與電子產品而言應該充分說明了。我們已介紹如何用 GPIOZero 及 PiGPIO 函式庫來回應按鈕按壓。特別是相較於涉及更多程式碼與設定的 PiGPIO 做法，GPIOZero 顯然更為簡單直覺。這與在 2.4 節所發現的結果相同，亦即，GPIOZero 確實是比較簡易的做法。

這種辦法真的比另一種好嗎？答案取決於你要實現的目標，以及對於電子介接需要多少低階控制來實現該目標。在本書的這個階段，我只是想給你關於 GPIO 函式庫以及如何介接電子產品的對比選項。第 5 章會再次討論 Python 的常用 GPIO 函式庫，也會再次深入討論這個主題。

接著要繼續前進，建立一個能透過網際網路來控制 LED 的物聯網程式。

2.6 建立第一個物聯網程式

我們將建立一個 Python 程式來整合 dweet.io 服務。它們的網站是這樣形容這項服務的：「就像機器界的 Twitter」。

藉由把一個 URL 貼到網路瀏覽器中來建立一個 dweet，這相當於一則推特推文（tweet）。

我們的程式會藉由輪詢資料的 dweet.io RESTful API 端點來監視及接收許多 dweet。在接收到資料時，程式會解析這筆資料來找到是否點亮、關閉 LED 或使其閃爍的指令。接著再根據這個指令來使用 GPIOZero 函式庫來改變 LED 狀態。在說明 2.6.2 節的相關程式碼之後，我們就會聊聊來自 dweet.io 的資料格式。

info

我們使用免費且公開的 dweet.io 服務，其中所有資訊皆為公開存取，因此請勿發布任何敏感資料。dweetpro.io 為其專業版服務，其提供資料隱私、安全性、dweet 保留與其他進階功能。

本範例的程式碼為 chapter02/dweet_led.py。在繼續之前，請先看一遍原始程式碼，以對正在發生的事情有初步了解。

2.6.1 執行與測試 Python 伺服器

本節將執行 Python 伺服器程式並與其互動，此程式可讓我們在網路瀏覽器上複製貼上一個連結來控制 LED。使用這個程式來控制 LED 之後，下一節就會深入研究這份程式碼以及其運作原理。

請根據以下步驟來操作：

01 執行 chapter02/dweet_led.py 程式，應可看到類似以下的輸出：

```
(venv) $ python dweet_led.py
INFO:main:Created new thing name a8e38712             # (1)
LED Control URLs - Try them in your web browser:
 On    : https://dweet.io/dweet/for/a8e38712?state=on # (2)
 Off    : https://dweet.io/dweet/for/a8e38712?state=off
 Blink : https://dweet.io/dweet/for/a8e38712?state=blink

INFO:main:LED off
Waiting for dweets. Press Control+C to exit.
```

#1 處，程式為我們的物（thing）建立了用於 dweet.io 的唯一名稱。你會發現這個名稱出現在 #2 處的網址中。在此建立的名稱會與上個範例不同。

Tips

dweet.io 中的 thing 名稱相當於 Twitter 上的 @handle。

02 把從 #2 處開始的網址複製並貼上到網路瀏覽器（Raspberry Pi 以外的另一台電腦）。在短暫的延遲後，LED 就會根據我們所貼上的網址來改變它的狀態（開、關或閃爍）。

確定可透過網址來控制 LED 之後，來看看程式碼。

2.6.2 了解伺服器程式碼

本節要逐步介紹 dweet_led.py 的重點，並討論其運作原理。先從匯入了哪些東西開始。

◉ 匯入

首先，在原始程式碼的一開始看到了 Python 的 import 匯入語法：

```
... 省略 ...
import requests# (1)
```

這邊請注意一個特殊的匯入。在 #1 處匯入了 request 模組（本章先前已透過 pip install -r requirements.txt 來安裝完成）。request 是一個在 Python 中用於 HTTP 請求的高階函式庫。我們的程式會運用這個模組來與 dweet.io API 溝通。

了解如何匯入 requests 函式庫與後續用途之後，接著要說明程式中的全域變數。

◉ 變數定義

接下來定義了數個全域變數，其用途請參考註解。繼續看下去就能知道它們的用處了：

```
LED_GPIO_PIN = 21                   # LED GPIO Pin
THING_NAME_FILE = 'thing_name.txt'  # Thing 名稱檔
URL = 'https://dweet.io'            # Dweet.io service API
last_led_state = None               # "on", "off", "blinking"
thing_name = None                   # Thing 名稱
led = None                          # GPIOZero LED 實例
```

定義變數之後，你也會注意到，我們使用了 Python 的 log 而非 print() 語法。

```
logging.basicConfig(level=logging.WARNING)
logger = logging.getLogger('main') # Logger for this module
logger.setLevel(logging.INFO) # Debugging for this file. # (2)
```

如果你需要啟動偵錯模式來診斷問題，或只是想看看程式與 dweet.io 服務之間所交換的原始 JSON 資料，請把 #2 處改為 `logger.setLevel(logging.DEBUG)`。

接下來要逐步介紹程式中的重要方法，並看看它們做了什麼。

◉ resolve_thing_name() 方法

`resolve_thing_name()` 方法負責載入或建立與 dweet.io 溝通時的唯一 thing 名稱。

使用此方法的目的是重複使用同一個名稱，這樣當程式重新啟動之後，用於控制 LED 的 dweet 網址就不需要再修改：

```
def resolve_thing_name(thing_file):
   """ 取得既有事物名稱，或建立新事物名稱 """
   if os.path.exists(thing_file): # (3)
       with open(thing_file, 'r') as file_handle:
           name = file_handle.read()
           logger.info('Thing name ' + name + ' loaded from ' + thing_file)
           return name.strip()
   else:
        name = str(uuid1())[:8] # (4)
        logger.info('Created new thing name ' + name)
        with open(thing_file, 'w') as f: # (5)
            f.write(name)

   return name
```

#3 處載入先前儲存於 `thing_file` 中的名稱（如果該檔存在的話）；否則，就使用 #4 處 Python 的 UUID 模組方法 `uuid1()` 來建立長度為 8 字元的唯一識別符，並將其作為 thing 的名稱。接著在 #5 處把這個新建的識別符名稱儲存於 `thing_file` 中。

接下來要介紹的函式，是用來取得對我們的 thing 所做之最新一筆 dweet 的內容。

◉ get_lastest_dweet() 方法

get_lastest_dweet() 可查詢 dweet.io 服務，以便取得對我們的 thing 所做的最新一筆 dweet（如果有的話）內容。以下是一筆預設會收到的 JSON 回應，其中 #1 處就是我們最感興趣也最需要的 content.state 屬性：

```
{
   this: "succeeded",
   by: "getting",
   the: "dweets",
   with: [
       {
           thing: "a8e38712-9886-11e9-a545-68a3c4974cd4",
           created: "2019-09-16T05:16:59.676Z",
           content: {
               state: "on" # (1)
           }
       }
   ]
}
```

瞧瞧以下程式碼，#6 是用來查詢 dweet.io 服務的 URL。呼叫這個 URL 就會回傳一筆與上述類似的 JSON。完整的 dweet.io API 參考資料連結請參考本章的「延伸閱讀」。

接下來到了 #7 處，使用 request 模組產生一個 HTTP GET 請求來取得最新一筆 dweet：

```
def get_lastest_dweet():
   """ 取得事物的最後一筆 dweet"""
   resource = URL + '/get/latest/dweet/for/' + thing_name # (6)
   logger.debug('Getting last dweet from url %s', resource)

   r = requests.get(resource) # (7)
```

#8 處檢查方才發出的請求在 HTTP 通訊協定階段是否成功。如果成功的話，就在 #9 處進一步解析 JSON 回應並在 #10 處回傳 content 屬性：

```
if r.status_code == 200: # (8)
   dweet = r.json() # return a Python dict.
   logger.debug('Last dweet for thing was %s', dweet)

   dweet_content = None

   if dweet['this'] == 'succeeded': # (9)
       # 取得 dweet content 屬性內容
       dweet_content = dweet['with'][0]['content'] # (10)

   return dweet_content
else:
   logger.error('Getting last dweet failed with http status %s', r.status_code)
   return {}
```

下一個要介紹的方法是 poll_dweets_forever()，其中也會用到 get_lastest_dweet()。

◉ poll_dweets_forever() 方法

poll_dweets_forever() 屬於長期運行函式，會在 #11 處經由剛剛提到的 get_lastest_dweet() 方法來定期呼叫。當有一筆可用的 dweet 時，就會透過 #12 處的 process_dweet() 來處理，後續就會介紹：

```
def poll_dweets_forever(delay_secs=2):
   """對 dweet.io 輪詢我們所建立事物的 dweet"""
   while True:
      dweet = get_last_dweet()  # (11)
      if dweet is not None:
          process_dweet(dweet) # (12)

   sleep(delay_secs)           # (13)
```

在繼續進行迴圈之前，讓程式休眠 2 秒（預設值）。實際上，在使用兩個 dweeting 網址其中之一來請求 LED 狀態變化以及 LED 確實改變其狀態，這裡的延遲也差不多是 2 秒鐘。

info

主程式中在此會看到一個名為 stream_dweets_forever() 的函式。這是使用 HTTP 串流來即時存取 dweet 的另一種更有效率的方法。

為求簡化，在此選用基於輪詢法的 poll_dweets_forever() 方法。後續討論到另一種做法的時候，你就會更清楚了。

下一節要談談用來控制 LED 的方法。

◉ process_dweet() 方法

如先前使用 poll_dweets_forever()（類似 stream_dweets_forever()）來取得 dweet，它是由 dweet 的 JSON 解析出 content 屬性。接著再傳送給 process_dweet() 來處理，在此就能從 content 屬性取得 state 子屬性：

```
def process_dweet(dweet):
    """ 解析 dweet 並據此設定 LED 狀態 """
    global last_led_state

    if not 'state' in dweet:
        return
    led_state = dweet['state']       # (14)

    if led_state == last_led_state: # (15)
        return; # LED 已處於被請求狀態
```

在 #15 處以及下一段的 #17 處，我們測試並保留 LED 的最後已知狀態，且 LED 如果已經處於被請求的狀態的話，要避免與其互動。這樣可以避免在 LED 閃爍時，還讓它重複地進入閃爍狀態可能會發生的潛在 LED 故障。

process_dweet() 的功能是存取 dweet 的 state 屬性並改變 LED 狀態，從 #16 處開始：

```
if led_state == 'on':      # (16)
   led_state = 'on'
   led.on()
elif led_state == 'blink':
   led_state = 'blink'
   led.blink()
else: # 熄滅和所有未包括狀態
   led_state = 'off'
   led.off()

last_led_state = led_state # (17)
logger.info('LED ' + led_state)
```

#16 處根據 dweet 內容（別忘了 led 變數是一個 GPIOZero LED 實例）來設定 LED 狀態，接著把新狀態（#17 處）儲存起來，這是針對 #15 處呼叫 process_dweet() 時的後續測試。

多虧了 GPIOZero 的簡潔性，LED 控制程式碼只佔了小小篇幅而已！

最後，我們要介紹程式的主進入點。

◉ 程式主進入點

原始檔最後可看到：

```
# 主進入點
if __name__ == '__main__':
   signal.signal(signal.SIGINT, signal_handler) # Capture CTRL + C
   print_instructions()              # (18)

   # 由上一筆 dweet 來初始化 LED
   latest_dweet = get_latest_dweet() # (19)
   if (latest_dweet):
       process_dweet(latest_dweet)
   print('Waiting for dweets. Press Control+C to exit.')
   # 兩者擇一使用
   #stream_dweets_forever() # 即時處理 dweet
   poll_dweets_forever() # 輪詢以取得 dweet   # (20)
```

在 #8 處，print_instructions() 負責把 dweet 網址顯示於終端機，但 #19 處則改為呼叫 get_latest_dweet()。這個呼叫會在程式啟動時根據最新一筆的 dweet 狀態來初始化 LED。最後在 #20 處，我們開始輪詢 dweet.io 服務來取得最新的 dweet。也正是在此把 dweet 輪詢方法改為串流方法。

dweet_led.py 到此介紹完畢。透過此討論，我們已經知道如何利用 dweet.io 服務來建立簡單而功能強大的物聯網程式。在完成本章前，我想要多介紹兩個可用來擴充物聯網的程式碼。

2.7 擴充你的物聯網程式功能

以下兩個檔案位於 chapter02 資料夾中，可結合我們所學到的概念來補充本章所介紹的內容。由於整體程式碼與做法與先前介紹過的相似，在此就不贅述了：

- dweet_button.py：示範如何使用按鈕對 dweet.io 服務發送 dweet，可藉由操作按鈕來改變 LED 狀態。
- pigpio_led_class.py：以程式碼來說明 PiGPIO 低階函式庫與 GPIOZero 高階函式庫之間的相關性。

從 dweet_button.py 開始吧！

2.7.1 實作 dweeting 按鈕

dweet_button.py 整合了 dweet.io 與 GPIOZero 按鈕範例。在 2.6.1 節中，我們是把網址複製貼上網路瀏覽器來控制 LED。

執行 dweet_button.py 時，每次按下按鈕，程式就會根據 dweet.io 網址來改變 LED 的狀態。為了設定此程式，請找到以下這一行，並修改 thing 名稱：

```
thing_name = '**** ADD YOUR THING NAME HERE ****'
```

記得要在終端機中先執行 **dweet_led.py** 程式，否則，LED 就無法回應按鈕按壓。

接下來要介紹如何使用 PiGPIO 與 Python 類別來模擬 GPIOZero。

2.7.2 PiGPIO LED 作為類別

pigpio_led_class.py 檔中有一個 Python 類別，它重新實作了 PiGPIO LED 範例並將其包裝為一個類別來模擬 GPIOZero 的 LED 類別。它示範了 GPIOZero 如何藉由抽象化去掉低階 GPIO 複雜度。這個類別可直接用在本章的 GPIOZero LED 範例中。**pigpio_led_class.py** 的註釋可看到更多資訊，如下所示：

```
""" chapter02/dweet_led.py """
...
# from gpiozero import LED # 註解掉原本的匯入項
from pigpio_led_class import PiGPIOLED as LED # 加入新的匯入項
```

希望你覺得這兩個額外檔案很有趣。藉由 PiGPIO LED 類別這個範例，就能更清楚較高階的 GPIOZero 函式庫與較低階的 PiGPIO 函式庫之間的關聯性。

到目前為止，如果你不清楚 **pigpio_led_class.py** 在做什麼，也不用擔心。我只是想給出一個 GPIO 函式庫互動的簡短範例，供你在端對端應用程式的脈絡中進行思考，因為它是你繼續閱讀本書時的一個參考。我們將在第 5 章詳細地討論 GPIOPZero 與 PiGPIO 函式庫（還有其他函式庫），而到了第 12 章會討論更進階的概念，例如電子產品介接程式的執行續（類似在 **pigpio_led_class.py** 的執行緒使用方法）。

2.8 總結

完成本章之後，你已經使用 Raspberry Pi 和 Python 建立一個真正功能強大的物聯網應用程式。我們介紹了兩種在 Python 中使用 GPIOZero 與 PiGPIO GPIO 函式庫來控制 LED 閃爍以及讀取按鈕狀態的替代方法。我們也比較了這些函式庫的用法，並示範 GPIOZero 如何透過更高階也更抽象的辦法來實作 GPIO 控制，藉此做到與較低階 PiGPIO 函式庫相同的效果。另外，我們也運用了 dweet.io 服務把 LED 連接到網際網路。只要準備好正確格式的網址，並透過網路瀏覽器訪問該網址，就能控制 LED 亮暗且使其閃爍。

在繼續閱讀本書的後續章節時，我們將以在本章所學的核心知識為基礎，繼續深入 GPIO 介接、電子電路，以及透過網際網路來控制電路。我們將學習實作本章範例的其他方法，並探索關於 GPIO 控制與電子產品介接有關的核心原理。具備這些深入知識之後，你在讀完本書之後就能做出更厲害、規模更大的物聯網專案了！

到了下一章，我們要來談談流行的 Flask 微服務架構，也會製作兩個 Python 網路伺服器並搭配網頁，這樣就能透過區域網路或網際網路來控制 LED。

2.9 問題

在結束本章之前，歡迎挑戰以下問題來驗證你在本章所學到的知識。在本書後面的「附錄」中可找到評量解答。

1. 你不知道正確的電阻數值，可以用手邊現有的其他規格的電阻替代嗎？
2. GPIOZero 套件為完整的 GPIO 函式庫，它可以滿足你日後的所有需求嗎？
3. 只要有可能，是否應該盡量使用內建的 Python 套件來連網？
4. 是非題：LED 無極性，代表它可用任何方式插入電路並能正常運作。

5. 你正在製作一個能與其他現有網路裝置互動的物聯網應用程式，但是逾時無法連上。可能是什麼問題呢？

6. 哪些 Python 模組與函式可避免程式退出？

2.10 延伸閱讀

我們使用 dweet.io 服務並呼叫了其 RESTful API 將 LED 連接到網際網路，請參考以下文件：

- Dweet.io API 文件：`https://dweet.io`

如果你想要快速看一下 GPIOZero 函式庫來了解其功能。文件中有大量的範例，以下連結對應於本書到目前為止已介紹的 API 文件：

- GPIOZero 主頁：`https://gpiozero.readthedocs.io`
- 輸出裝置（LED）：`https://gpiozero.readthedocs.io/en/stable/api_output.html`
- 輸入裝置（按鈕）：`https://gpiozero.readthedocs.io/en/stable/api_input.html`

關於 PiGPIO，以下為與本書相關的 API 文件。不難發現，PiGPIO 確實為更進階的 GPIO 函式庫，文件也較為簡潔。

- PiGPIO Python 主頁：`http://abyz.me.uk/rpi/pigpio/python.html`
- `read()` 方法：`http://abyz.me.uk/rpi/pigpio/python.html#read`
- `write()` 方法：`http://abyz.me.uk/rpi/pigpio/python.html#write`
- `callback()` 方法：`http://abyz.me.uk/rpi/pigpio/python.html#callback`
- `set_glitch_filter()` 方法：`https://abyz.me.uk/rpi/pigpio/python.html#set_glitch_filter`

電阻為很常見的電子產品元件。以下連結是關於電阻的簡介以及如何判讀色環來得知其電阻值：

- 電阻簡介：https://www.electronics-tutorials.ws/resistor/res_1.html
- 判讀色環：https://www.electronics-tutorials.ws/resistor/res_2.html

以下是 SparkFun 所提供關於如何判讀電路圖的優質入門教學：

- How to Read a Schematic Diagram：https://learn.sparkfun.com/tutorials/how-to-read-a-schematic/all

Chapter 03

使用 Flask 搭配 RESTful API 與 Web Socket 進行網路通訊

上一章，我們製作了一個基於 dweet.io 的物聯網應用，透過網際網路控制接在 Raspberry Pi 的 LED。這個物聯網專案單純是透過 API 請求來驅動。

本章將探討如何用 Python 建立一個不論客戶端是否為 Python 都可存取之網路服務的替代辦法。我們將研究如何用 Python 製作 RESTful API 伺服器和 Web Socket 伺服器，並應用前一章學到的電子產品介接技術使它們與我們的 LED 互動。

在完成本章後，你將知道兩種使用 Python 建造伺服器的方法，並搭配隨附網頁來與伺服器互動。這兩個伺服器等於是一個端對端參考實作，你可將其作為後續物聯網專案的起點。

由於本章重點在於聯網技術，為求簡單扼要將繼續使用上一章的 GPIOZero LED 實作，這樣範例才能切中要點且聚焦於網路，不會有太多 GPIO 程式碼來搶版面。

本章主題如下：

- 簡介 Flask 微服務架構
- 使用 Flask 建立 RESTful API 服務
- 加入 RESTful API 客戶端網頁
- 使用 Flask-SocketIO 建立 Web Socket 服務
- 加入 Web Socket 客戶端網頁
- 比較 RESTful API 與 Web Socket 伺服器

3.1 技術要求

你需要下列項目來執行本章的範例：

- Raspberry Pi 4 Model B
- Raspbian OS Buster（桌面環境與建議軟體都要安裝）
- Python，最低版本 3.5

這些都是本書範例程式碼的基礎。基本上，只要你的 Python 為 3.5 以上版本，這些範例程式碼應該可以直接在 Raspberry Pi 3 Model B 或其他版本的 Raspbian OS 中執行才對。

本章範例程式碼請由本書 GitHub 的 chapter03 資料夾中取得：https://github.com/PacktPublishing/Practical-Python-Programming-for-IoT

請在終端機中執行以下指令來設定虛擬環境和安裝本章程式碼所需的 Python 函式庫：

```
$ cd chapter03                              # 進入本章的資料夾
$ python3 -m venv venv                      # 建立 Python 虛擬環境
$ source venv/bin/activate                  # 啟動 Python 虛擬環境 (venv)
$ pip install pip —upgrade                  # 升級 pip
(venv) $ pip install -r requirements.txt    # 安裝相依套件
```

以下相依套件都是由 `requirements.txt` 所安裝：

- GPIOZero：GPIOZero GPIO 函式庫（`https://pypi.org/project/gpiozero`）
- PiGPIO：PiGPIO GPIO 函式庫（`https://pypi.org/project/pigpio`）
- Flask：Flask 微服務核心架構（`https://pypi.org/project/Flask`）
- Flask-RESTful：用於建立 RESTful API 服務的 Flask 擴充套件（`https://pypi.org/project/Flask-RESTful`）
- Flask-SocketIO：用於建立 Web Socket 服務的 Flask 擴充套件（`https://pypi.org/project/Flask-SocketIO`）

我們會用第 2 章的圖 2-7 麵包板電路來完成本章範例。

3.2 介紹 Flask 微服務架構

Flask 是一個用於 Python 的熱門且成熟的微服務架構，可用來建立 API、網站和你幾乎可想到的任何其他網路服務。Flask 當然不是 Python 可用的唯一選項，但它的成熟度、擴充套件眾多，加上豐富的教學文件，種種原因讓它成為絕佳的選擇。

可以想像，我們只要使用核心 Flask 框架就能完成本章所有的範例程式；不過，還有許多能讓我們的生活更加輕鬆的超優擴充套件，例如用來建立 RESTful API 服務的 Flask-RESTful 和用於建立 Web Socket 服務的 Flask-SocketIO。

info

Flask-RESTful 與 Flask-SocketIO（或針對這個問題的任何 Flask 擴充套件）的官方 API 文件通常假定讀者對於核心 Flask 框架、類別與術語已不陌生。如果你在文件中找不到答案，記得回頭看看核心 Flask API 文件。在「延伸閱讀」中可看到相關連結。

接下來，就開始用 Flask-RESTful，在 Python 中建立 RESTful API 服務。

3.3 用 Flask-RESTful 建立 RESTful API 服務

本節將介紹我們第一個基於 Python 的伺服器，它是使用用於 Python 之 Flask-RESTful 架構實作的 RESTful API 伺服器。

RESTful API（REST 為 REpresentational State Transfer 的縮寫）是用於製作網路服務 API 的軟體設計模式。它是獨立於技術與通訊協定的彈性模式。它的技術獨立性有助於促進不同技術與包括不同程式語言系統之間的互通性。儘管它確實促進了通訊協定獨立性，它確實常常且幾乎總是預設為（至少我假設是這樣）建造於網路伺服器與瀏覽器所使用的 HTTP 協定之上。

RESTful API 為當今用於建造網站服務與 API 的最常見技術。事實上，許多人不了解它到底是什麼之前，就去學習也運用了設計模式，這很常見！如果你不熟悉 RESTful API，請參考「延伸閱讀」中的連結，我鼓勵你在繼續之前當作入門先快速看一下。

本節的重點是用 RESTful API 來控制 LED 與了解使用 Python 與 Flask-RESTful 架構之實作方式。看完這一節之後，你將能夠利用這個 RESTful API 伺服器作為後續物聯網專案的起點，並整合其他電子產品整合，特別是從本書第 III 篇「物聯網遊樂場」開始，你會學到更多有關電子產品致動器與感測器。

info

本章範例會假設你所操作的是一個執行於 Raspberry Pi 上的 Flask 伺服器。只要透過 Raspberry Pi 的 IP 位址或主機名稱，在區域網路中的其他裝置也可存取這個伺服器。如果想讓伺服器在網際網路中被存取的話，就需要設定特定防火牆與 / 或路由器，這已超出本書的範圍了。為了把想法轉換成原型並示範，設定防火牆與路由器的簡單替代方案是使用 Local Tunnels（`https://localtunnel.github.io/www`）或 Ngrok（`https://ngrok.com`）這類服務，這樣就能讓 Raspberry Pi 的 Flask 伺服器可透過網際網路來存取。

在介紹伺服器的原始程式碼之前，先從執行並操作 RESTful API 來與 LED 互動開始。

3.3.1 執行與測試 Python 伺服器

本節的範例程式碼為 chapter03/flask_api_server.py。請先看看程式碼，有助於你對於其內容有個整體觀念。

info

在此將使用 Flask 內建的 HTTP 伺服器來執行 Flask 範例。這在開發階段已綽綽有餘；不過到了產品階段就不建議這麼做了。請參閱官方文件來了解如何用產品級的網路伺服器來部署 Flask 應用程式。在「延伸閱讀」中可找到官方 Flask 官方網站與相關文件的連結。

請根據以下步驟來測試 Python 伺服器：

01 輸入以下指令來執行 RESTful API 伺服器：

```
(venv) $ python flask_api_server.py
... 省略 ...
NFO:werkzeug: * Running on http://0.0.0.0:5000/ (Press CTRL+C to quit)
... 省略 ...
```

上述程式碼的第二行開始代表伺服器已成功啟動。我們的伺服器預設是以除錯模式來執行，因此會看到相當大量的日誌輸出，且如果修改了 flask_api_server.py 或其他資源檔的話，伺服器會自動重啟。

info

如果 flask_api_server.py 在除錯模式下發生錯誤的話，請清除檔案的執行位元。這個問題會發生在 Unix 系統上，並與 Flask 隨附的開發網路伺服器有關。以下為清除執行位元的指令：

```
$ chmod -x flask_api_server.py
```

02 我們要建立一個不透過 API 也可與其互動的網頁：不過，現在用網路瀏覽器開啟 `http://localhost:5000`，看看可否操作網頁上的滑桿來改變 LED 的亮度。

Tips

示範網址為 `http://localhost:5000`，如果把網址由 localhost 改為你的 Raspberry Pi 的 IP 位址，就能從區域網路中的其他裝置來存取這個網頁。

下圖就是你會看到的網頁：

▲ 圖 3-1 RESTful API 客戶端網頁

03 我們也可使用 `curl` 命令列工具來與 API 互動。現在將執行相關指令來觀察來自 API 伺服器請求的輸入與輸出 JSON。

以下為第一個 `curl` 指令，它執行了一個 HTTP GET 請求，並可在終端機看到以 JSON 格式來呈現的 LED 的亮度等級（0 到 100 的數字），如（#1）處。伺服器啟動時的預設 LED 亮度為 50（50% 亮度）：

```
$ curl -X GET http://localhost:5000/led
        {
          "level": 50           # (1)
        }
```

curl 的選項如下：

- -X GET：用來提出請求的 HTTP 方法
- <url>：請求網址

04 以下指令執行了一次 HTTP POST 請求，並把亮度等級設為最大值 100（#2 處），它以 JSON 的形式回傳並題示於終端機（#3）：

```
$ curl -X POST -d '{"level": 100}' \    # (2)
  -H "Content-Type: application/json" \
  http://localhost:5000/led
{
  "level": 100    # (3)
}
```

curl 的選項如下：

- -X POST：用於執行 POST 請求的 HTTP 方法。
- -d <data>：要 POST 給伺服器的資料，在此為一個 JSON 字串。
- -H <HTTP headers>：與請求一起被送出的 HTTP 標頭。在此透過 -d 讓伺服器知道發送的資料為 JSON。
- <url>：請求網址。

Tips

curl 命令列工具的替代方案為 Postman（getpostman.com）。如果你不熟悉 Postman，它是一個免費的 API 開發、查詢和測試工具，在開發和測試 RESTful API 服務時非常有用。

試試看，把上一個 curl POST 範例的等級數值改成超出 0 到 100 範圍之外的數字，看看收到了哪些錯誤訊息。我們很快就會看到 Flask-RESTful 如何實現這個驗證邏輯。

接著要看看伺服器原始程式碼。

3.2.2 了解伺服器程式碼

本節要介紹 RESTful API 伺服器的原始程式碼，並介紹相關重點幫助你了解伺服器的程式設計與操作方式。請記住，我們將討論針對 Flask 與 Flask-RESTful 框架的許多程式技巧。因此如果一開始還摸不著頭緒的話，不用擔心。

了解伺服器的運作基礎和整體概念之後，就可以看看更多資料（在「延伸閱讀」可找到連結）來加強你對 Flask 及 FlaskRESTful 的理解。此外，你將擁有一個可靠的 RESTful API 伺服器，你可以自由修改並作為日後專案的起點。

請注意後續在討論程式碼時，前幾章討論過的內容，例如 GPIOZero，就不會再提到了。

先來看看匯入了哪些東西。

◉ 匯入

程式原始碼開頭匯入了相關的函式庫與套件：

```
import logging
from flask import Flask, request, render_template              # (1)
from flask_restful import Resource, Api, reqparse, inputs   # (2)
from gpiozero import PWMLED, Device                           # (3)
from gpiozero.pins.pigpio import PiGPIOFactory
```

在 #1 與 #2 處為 Flask 相關的匯入，這些都是本專案伺服器所需的 Flask 與 Flask-RESTful 類別與函式。請注意 #3 處所匯入的是 PWMLED 而非前幾章的 LED。本範例將可控制 LED 的亮度，而不是只單純亮或不亮。本章後續會深入介紹 PWM 技術與 PWMLED。

接下來在程式原始碼中，將開始操作 Flask 與 Flask-RESTful 擴充套件。

◉ Flask 與 Flask-RESTful API 實例變數

以下 #4 處建立一個核心 Flask app 實例，並將其指派 app 變數裡。參數名稱就是這個 Flask 應用程式名稱，常用慣例是對 root Flask app 採用 __name__（本範例中只有 root Flask app）。之後每次要用到核心 Flask 框架時都會使用 app 變數：

```
app = Flask(__name__) # Core Flask app.        # (4)
api = Api(app) # Flask-RESTful 擴充套件包裝     # (5)
```

#5 處使用了 Flask-RESTful 擴充套件來包裝核心 Flask app，並將其指派它到 api 變數中。後續將談到，每次要操作 Flask-RESTful 擴充套件時都會用到這個變數。除了 app 與 api 這兩個變數之外，還要定義其他的全域變數。

◉ 全域變數

以下是伺服器會用到的全域變數。首先定義了 GPIO 接腳編號與 led 變數，後續會將它指派給一個用於控制 LED 的 GPIOZero PWMLED 實例：

```
# 全域變數
LED_GPIO_PIN = 21
led = None # PWMLED 實例，請參考 init_led()
state = {                                        # (6)
    'level': 50 # LED 的亮度
}
```

#6 處的 state 字典是用來追蹤 LED 的亮度。雖然只要用一個變數就能搞定，但在此選擇字典結構，因為它是一個更為彈性好用的做法，只要把它編碼為 JSON 就可以回傳給客戶端，後續就會介紹到。

接下來要初始化 led 實例。

◉ init_led() 方法

init_led() 方法用於建立 GPIOZero PWMLED 實例，並將其指派到先前看到全域 led 變數：

```
def init_led():
    """建立並初始化 PWMLED 物件"""
    global led
    led = PWMLED(LED_GPIO_PIN)
    led.value=state['level'] / 100    # (7)
```

#7 處將 LED 亮度指定為伺服器的亮度狀態數值，藉此確保兩者在伺服器啟動時是同步的。之所以要除以 100 是因為 `led.value` 只能接受 0-1 之間的浮點數，而我們的 API 卻是使用 0-100 之間的整數。

接下來要看看定義伺服器與其服務端點的程式碼，先從之前訪問過的網頁程式碼開始。

◉ 提供網頁

從 #8 開始，使用了 Flask 的 `@app.route()` 裝飾子來定義一個回呼方法，它會在伺服器從客戶端收到對 root URL / 的 HTTP GET 請求時被呼叫。也就是對 `http://localhost:5000` 的請求：

```
# @app.route 是應用於 core Flask 實例 (app).
# 在此會產生一個簡易網頁
@app.route('/',methods=['GET'])    # (8)
    def index():
    """確保 index_api_client.html 相對於這個 Python 檔是在模板資料夾中"""
    return render_template('index_api_client.html', pin=LED_GPIO_PIN)    # (9)
```

#9 的 `render_template('index_api_client.html', pin=LED_GPIO_PIN)` 是用來把模板化網頁回傳給請求客戶端的 Flask 方法。

`pin=LED_GPIO_PIN` 參數示範如何從 Python 端把變數發送給用於彩現之 HTML 網頁模板。本章後續就會介紹到這個 HTML 檔的內容。

Tips

請注意上述程式碼 #8 處的 `@app.route(...)`。app 變數代表在此要使用並設定核心 Flask 架構。

本書唯一會介紹到的核心 Flask 功能就是回傳 HTML 網頁給客戶端，但本著的「延伸閱讀」整理了額外資源，方便你進一步探索 Flask 的核心概念。

接著要來看看 LEDController 類別，在此要透過 GPIOZero 來操作 LED。

◉ LEDControl 類別

在 Flask-RESTful 中，API 資源已被建模為延伸自 Resource 類別的 Python 類別，而在以下的 #10 可看到已包含 LED 控制邏輯的 LEDControl(Resource) 類別。稍後就會介紹如何用 Flask-RESTful 來註冊這個類別，讓它可以回應客戶端請求：

```
class LEDControl(Resource):                                        # (10)
    def __init__(self):
        self.args_parser = reqparse.RequestParser()                # (11)
        self.args_parser.add_argument(
            name='level',                   # 引數名稱
            required=True,                  # 引數為必要
            type=inputs.int_range(0, 100), # 引數範圍 0..100        # (12)
            help='Set LED brightness level {error_msg}',
            default=None)
```

在 #11 處建立 RequestParser() 的實例，並在使用 add_argument() 設定解析器之前，把它指派到 args_parser 變數裡。我們使用了 Flask-RESTful 的 RequestParser() 實例來定義 LEDControl 類別所需處理的參數驗證規則。

在此定義了名為 level 的強制參數，必須是一個介於在 0 到 100 之間的整數，如 #12 所示。另外還設定了當 level 參數未提供或範圍不正確時所顯示的幫助訊息。

之後在討論 post() 方法時也會看到 args_parser 的用法，但是先來介紹 get() 方法吧！

◉ get() 類別方法

get() 類別方法是用來處理對於 LEDControl 資源的 HTTP GET 請求。先前用在使用以下指令測試 API 時，就是它負責處理 URL 請求：

```
$ curl -X GET http://localhost:5000/led
```

如 #13，get() 方法只單純回傳 state 全域變數：

```
def get(self):
    """ 處理 HTTP GET 請求以回傳當前 LED 狀態 """
    return state   # (13)
```

Flask-RESTful 會回傳一個 JSON 回應給客戶端，這就是我們回傳 state 變數的原因。在 Python 中，state 正是一個可直接映射成 JSON 格式的字典結構。以下就是之前使用 curl 執行 GET 請求時所回傳的 JSON：

```
{ "level": 50 }
```

這個將類別即資源（如 LEDControl），還有方法 -HTTP 方法之映射（如 LEDControl.get()）都是 Flask-RESTful 擴充套件讓 RESTful API 開發更為簡便的絕佳實例。

另外也有保留給其他 HTTP 請求方法的方法名稱，包括下一節要介紹的 POST。

◉ post() 類別方法

post() 類別方法是用來處理對 LEDControl 資源的 HTTP POST 請求。之前在測試伺服器時執行了以下請求，就是這個 post() 方法負責接收並處理我們所發出的 curl POST 請求：

```
curl -X POST -d '{"level": 100}' \
     -H "Content-Type: applic ation/json" \
     http://localhost:5000/led
```

post() 比 get() 方法複雜多了，也正是在此來調整 LED 的亮度來回應請求客戶端的輸入：

```
def post(self):
    """ 處理 HTTP POST 請求以設定 LED 亮度等級 """
    global state                              # (14)

    args = self.args_parser.parse_args()      # (15)

    # 設定 PWM 工作週期以調整亮度等級
    state['level'] = args.level               # (16)
    led.value=state['level'] / 100            # (17)

    logger.info("LED 亮度等級為 " + str（state['level'])) return state  # (18)
```

#14 處使用 Python 的 global 關鍵字，代表所要修改的是 state 全域變數。

#15 再次看到先前討論過的 args_parser。在此呼叫了 args_parser.parse_args() 來剖析與驗證呼叫者的輸入（記住，level 為必要引數，且數值必須在 0-100 之間）。如果違反了之前所定義的驗證規則，則使用者會收到錯誤訊息，post() 也會在此終止。

如果引數有效，其數值會存入 args 變數。程式碼會繼續進行到 #16，在此會根據最新請求得到的亮度等級來更新 state 全域變數。到了 #17，我們使用了 led 這個 GPIOZero PWMLED 實例來調整真實的 LED 亮度，可用的數值是在 0.0（全暗）到 1.0（全亮）之間，因此要把 0-100 的 level 輸入範圍映射到 0-1 之間。最後在 #18 把 state 變數數回傳到客戶端。

最終任務是要用 Flask-RESTful 註冊 LEDController 來啟動伺服器。

◉ LEDController 註冊與啟動伺服器

在呼叫 init_led() 方法來初始化並根據預設值來輸出 GPIOZero led 實例之後，#19 就看到了如何用 api.add_resource() 註冊 LEDControl 資源。在此會把 URL 端點，/led，映射到控制器。

Tips

請注意上述程式碼 #19 處的 @app.route(...)。api 變數代表在此要使用並設定 Flask-RESTful 擴充套件架構。

最後在 #20，以除錯模式來啟動伺服器並以準備好接收客戶端請求。請注意，app 變數中使用了核心 Flask 實例來啟動伺服器：

```
# 初始化模組。
init_led()
api.add_resource(LEDControl, '/led')    # (19)

if __name__ == '__main__':
    app.run(host="0.0.0.0", debug=True) # (20)
```

做得好！到此已經介紹了如何用 Python 建造簡單又功能強大的 RESTful API 伺服器。你可以在「延伸閱讀」找到 Flask-RESTful 官方文件連結，好讓自己的知識更進一步。

如前所述，這個伺服器用到了 PWMLED。在近一步看看 RESTful API 伺服器的隨附網頁之前，先來介紹什麼是 PWM。

3.2.3 介紹 PWM

接下來的範例會用到 GPIOZero 的 PWMLED，而非 LED。PWMLED 可透過脈衝頻寬調變（Pulse Width Modulation，通常簡寫為 PWM）這項技術來控制 LED 的亮度。

PWM 這項技術可由來源訊號（例如 3.3V GPIO 腳位）產生低於平均值的電壓。第 6 章會針對 PWM 和 GPIO 腳位電壓做詳盡的解說。

以本章範例來簡述（可能有點簡述過頭），PWM 脈衝會讓 LED 快速（真的很快）亮暗；且人類肉眼會把觀察到的不同脈衝持續時間（會產生不同的電壓）視為不同的 LED 亮度。我們會修改 PWMLED 實例的 value 屬性來修改這個脈衝持續時間（也稱為工作週期），也就是 `LEDControl.post()` 中的 `led.value=state["level"]`。第 5 章會進一步介紹 PWM。

我們現在已介紹過基於 Python 的 Flask-RESTful API 伺服器，也知道如何實作簡單卻又功能強大的 RESTful API 伺服器，它能夠處理 GET 及 POST 請求兩者，這是與 RESTful API 伺服器互動的兩個最流行方式。另外，我們也知道如何使用 Flask-RESTful 做為簡單有效的方式來實現資料驗證，藉此保護伺服器不被無效輸入資料所騷擾。

我們也學會了 `curl` 命令列工具，可用於伺服器互動與測試。在建造、測試與除錯 RESTful API 伺服器時，你會發現 `curl` 真的是開發套件中的一項利器。接下來要看看網頁中與 API 互動的程式碼。

3.4 加入 RESTful API 客戶端網頁

在此要介紹的網頁就是先前透過網路瀏覽器訪問 `http://localhost:5000`，那個用來與 LED 互動並改變其亮度的網頁。該網頁的螢幕畫面如圖 3-1。

在進行本節時，我們會學到如何使用 HTML 及 JavaScript 來製作這個小網頁。也會談到如何讓 HTML 範圍元件與上一節的 Flask-RESTful API 伺服器互動，每當範圍控制器（也就是拉動滑桿）發生變化時，LED 的亮度也改變。

網頁程式碼為 `chapter03/templates/index_api_client.html`，請先快速看看，好對其內容有整體觀念。

`templates` 資料夾是用於為保存模板檔於其中的特殊 Flask 資料夾。HTML 網頁在 Flask 生態系統中被視為樣板。你也會看到名為 `static` 的資料夾，也就是存放靜態檔的地方。以本範例來說就是 jQuery JavaScript 函式庫的副本所在位置。

Tips

由 Flask 提供之網頁所引用的所有檔案與資源都會參考到伺服器的根目錄，以本範例來說就是 chapter03 資料夾。

來看看網頁程式碼吧！

3.4.1 了解客戶端程式碼

本節的程式碼為 JavaScript，其中還會用到 jQuery JavaScript 函式庫。對於 JavaScript 及 jQuery 有基本理解的話，對於進入後續的範例程式碼很重要。如果你不熟悉 jQuery，請到 jQuery.com 找找學習資源。

◉ 匯入 JavaScript

以下 #1 匯入了放在 static 資料夾中的 jQuery 函式庫：

```
<!— chapter03/templates/index_api_client.html —>
<!DOCTYPE html>
<html>
<head>
    <title>Flask Restful API Example</title>
    <script src="/static/jquery.min.js"></script> <!—(1)—>
    <script type="text/javascript">
```

接下來要看到檔案中的 JavaScript 函式。

◉ getState() 函式

getState() 函式的主要目的是從伺服器取得 LED 的當前狀態。它使用 JQuery 的 get() 方法以向 API 伺服器的 /led 資源提出一個 HTTP GET 請求。在上一節中的 URL 路徑，也就是 /led，是被映射到 LEDControl 這個 Python 類別，也因為所提出的請求為 GET，因此是由 LEDControl.get() 來接收與處理這個請求：

```
// 對伺服器發送 GET 請求來取得 LED 狀態
function getState() {
    $.get("/led", function(serverResponse, status) { // (2)
        console.log(serverResponse)
        updateControls(serverResponse)                // (3)
    });
}
```

#2 處，伺服器的回應是包含在 `serverResponse` 參數中，它在 #3 被傳送給 `updateControls()` 函式來更新網頁控制元件。後續就會介紹這個方法。

正如 `getState()` 是由 Python 伺服器取得資料，下一個方法 `postUpdate()` 就是把資料傳送（也就是 post）給伺服器。

◉ postUpdate() 函式

`postUpdate()` 會對伺服器執行一次 HTTP POST 請求來改變 LED 的亮度。這次是由 API 伺服器的 `LEDControl.post()` 方法來處理請求。

```
// 對伺服器發送 POST 請求來設定 LED 狀態
function postUpdate(payload) {          // (4)
    $.post("/led", payload, function(serverResponse, status) {
        console.log(serverResponse)
        updateControls(serverResponse); // (5)
    });
}
```

在 #4 處接收並剖析了（回想一下來自 `LEDControl` 的 `arg_parser`）`payload` 參數中的資料。`payload` 是一個具備 `state` 子屬性的 JavaScript 物件。後續會在網頁滑桿的變化事件處理器中看到這個物件。

為了一致性，我們會在 #5 也一併更新控制器，雖然就本範例來說，`serverResponse` 變數值所代表的亮度值永遠等於 `payload` 參數值。

接下來你會在 #5 看到 `updateControls()` 做了哪些事情。

◉ updateControls() 函式

updateControls() 函式用於改變網頁控制器的視覺外觀。本函式會透過 data 參數來接收 JSON 格式的輸入，例如 {"level":50}。#6 用到了 jQuery 選擇器，我們更新了網頁的滑桿控制器與文字來呈現新的亮度值。

```
function updateControls(data) {
    $("input[type=range].brightnessLevel").val(data.level); // (6)
    $("#brightnessLevel").html(data.level);
}
```

接下來要介紹如何使用 JQuery 來建立事件處理器，當我們或其他使用者在操作網頁上的滑桿元件時可以做出回應。

◉ 用 jQuery 註冊事件處理器

我們根據 jQuery 最佳的最佳實作方式，並使用 jQuery 的文件備妥函式（也就是 $(document).ready(...)）來註冊用於網頁滑桿控制的事件處理器，並初始化網頁元件。

```
$(document).ready(function() {
    // 滑桿數值變化的事件監聽器
        $("input[type=range].brightnessLevel")
            .on('input', function() {                    // (7)
                brightness_level = $(this).val();        // (8)
                payload = { "level": brightness_level }  // (9)
                postUpdate(payload);
            });

        // 使用伺服器數值來初始化滑桿
        getState()                                       // (10)
    });
    </script>
</head>
```

在 #7 處，註冊了滑桿控制輸入事件的事件處理器。當使用者操作網頁上的滑桿時就會呼叫這個處理器函式。

從 #8 開始，在使用者移動滑桿時使用 `val()` 來取得滑桿的最新數值（數值會介於 0 到 100 之間，後續介紹 HTML 網頁時就會知道）。

在 #9 處建立了一個 JSON 物件，其中包含在發送給 `postUpdate()` 之前的新亮度值，該函式會呼叫 RESTful API 來改變實體 LED 的亮度。

最後在 #10 呼叫 `getState()` 函式，它會對伺服器發出一個 HTTP 請求以取得 LED 的當前亮度。如先前所見，`getState()` 會接續委託給 `updateControls()`，這樣就能更新滑桿與網頁文字來呈現 LED 的亮度值。

本節最後要來看看構成網頁的 HTML 內容。

◉ 網頁 HTML

先前的 Python 伺服器程式碼中有一段是 `render_template('index_rest_api.html', pin=LED_GPIO_PIN)`。被呈現在網頁（#11 處）中的就是該方法的 pin 參數，由暫存變數 `{{pin}}` 所代表：

```
<body>
    <h1>Flask RESTful API Example</h1>
    LED is connected to GPIO {{pin}}<br>              <!--(11)-->
    Brightness: <span id="brightnessLevel"></span>%<br>
    <input type="range" min="0" max="100"             <!--(12)-->
        value="0" class="brightnessLevel">
</body>
</html>
```

最後在 #12，我們看到 HTML 滑桿元件的範圍為 0-100 之間。如前所述，在文件備妥處理器在網頁完成載入後呼叫了 `getState()`，藉此更新滑桿數值屬性以對應儲存在伺服器端的亮度值。

恭喜！又達到了一個里程碑，完成了一個基於 RESTful API 的完整端對端伺服器及客戶端範例。對於 Flask 及 Flask-RESTful 的學習到目前為止，我們已學會這個最流行也是功能最齊全的 Python 函式庫來建立各種網路服務。再者，學會如何建立 RESTful API 伺服器來對應客戶端，代表我們已實作過目前客戶端 - 伺服器通訊的最常見辦法。

對於 Flask、Flask-RESTful 與 RESTful API 可做到哪些事情，我們只不過略懂皮毛而已呢！它們還有更多的東西可以探索。想要進一步了解這些主題的話，請參考本章的「延伸閱讀」。

接下來，要做一個與本節相同的客戶端 - 伺服器情境，只是這次在傳輸層會改用 Web Socket。

3.5 用 Flask-SocketIO 建立 Web Socket 服務

本節要實作第二個 Python 伺服器。最後的整體結果與上一節的 RESTful API 伺服器及客戶端類似，也就是可由網路瀏覽器來控制 LED。不過，這次的目標要改用另一種作法：使用 Web Socket 作為傳輸層。

Web Socket 是一種全雙工的通訊協定，也是即時客戶端 / 伺服器互動的常見技術選項。以我的意見及經驗而言，Web Socket 最好的學習方式是實作而不是閱讀，尤其是當你不太熟悉伺服器開發的話。本章範圍無法深入討論 Web Socket；不過你可在本章的「延伸閱讀」中可找到兩個介紹其基本觀念的連結。

如果你才剛接觸 Web Socket，我強烈建議你閱讀以上兩個連結做為後續深入時的基礎。如果一開始搞不懂也不用擔心，一旦你操作並了解如何實作 Python Web Socket 伺服器以及隨附的 Web Socket 網頁之後，我有信心這些 Web Socket 拼圖會漸漸成形。

關於製作 Web Socket 伺服器，我們將使用 `Flask-SocketIO` 函式庫，它誕生於 Socket.IO（`https://socket.io`）這款 JavaScript 函式庫之後並與其相容。

在看看伺服器的原始程式碼之前，我們要先執行並操作 Web Socket 伺服器來與 LED 互動。

3.5.1 執行與測試 Python 伺服器

先快速瀏覽一下 Python Web Socket 伺服器程式碼，並且執行伺服器來操作它。在詳細討論之前，這麼做將可使我們對程式碼有個大致的了解，對於程式碼運作方式也能實際示範。

本節的 Web Socket 伺服器程式碼為 chapter03/flask_ws_server.py。在繼續之前，請先快速看看其內容。

看完程式碼後就要執行伺服器了，請根據以下步驟操作：

01 用以下指令執行 Web Socket 伺服器：

```
(venv) $ python flask_ws_server.py
... 省略 ...
NFO:werkzeug: * Running on http://0.0.0.0:5000/ (Press CTRL+C to quit)
... 省略 ...
```

上述輸出與先前執行 RESTful API 伺服器時看到的類似；不過，你可期待在此伺服器的終端機上有更多輸出訊息。這些額外輸出因版面關係已刪除。

info

如果 flask_ws_server.py 在除錯模式下啟動時發生錯誤的話，就需要清除檔案的執行位元。這個問題會發生在 Unix 等系統，且是與具備 Flask 的開發網路伺服器有關。以下為清除執行位元的指令：

```
$ chmod -x flask_ws_server.py
```

02 用網路瀏覽器開啟網址 http://localhost:5000，會看到一個如圖 3-2 的網頁。儘管該網頁的外觀類似於先前的 RESTful API 伺服器網頁，然而底層的 JavaScipt 卻完全不同：

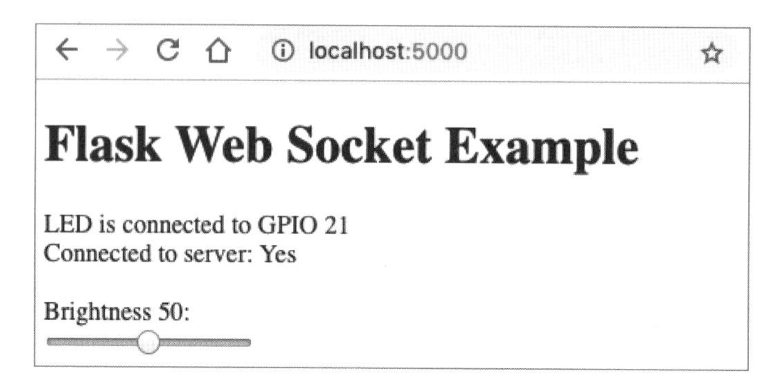

▲ 圖 3-2 Web Socket 客戶端網頁

確認可否使用網頁上的滑桿來改變 LED 的亮度。

Tips

開啟另一個網路瀏覽器並開啟 `http://localhost:5000`，現在打開兩個網頁，拉動滑桿，你可以看到這兩個網頁即時同步了！相信你很快就知道 Web Socket 相較於 RESTful API 的獨特優點。

03 在網頁上找到 **Connected to server: Yes** 這一行，然後做以下動作：

- 在終端機中按下 Ctrl + C 來終止伺服器，你會發現這行變成了 **Connected to server: No**
- 再度重啟伺服器，這行訊息又會變回 **Connected to server: Yes**

這展示了 Web Sockets 的雙向性質。後續看到其 JavaScript 內容時就會知道，我們將看到如何在網頁上實作這件事，但首先要來看看構成 Web Socket 伺服器的 Python 程式碼。

3.5.2 伺服器程式碼

本節要介紹 Python 伺服器的原始程式碼並討論一些重要的地方，在此同樣會跳過在先前章節所提過的程式碼與概念。首先來看看匯入了哪些東西。

◉ 匯入

在原始碼一開始匯入了以下項目：

```
from flask import Flask, request, render_template
from flask_socketio import SocketIO, send, emit # (1)
```

以上匯入項目與先前 RESTful API 的主要差異在 #1，在此由 Flask-SocketIO 匯入了一些類別與函式。

接下來，要開始處理 Flask 與 Flask-SocketIO 擴充套件了。

◉ Flask 與 Flask-RESTful API 實例變數

#2 處建立了 SocketIO 與 Flask-SocketIO 擴充套件的實例，並將其指派到 socketio 變數中。伺服器會使用這個變數來存取與設定 Web Socket 服務。

```
# Flask & Flask Restful 全域變數
app = Flask(__name__) # Core Flask app.
socketio = SocketIO(app) # Flask-SocketIO extension wrapper # (2)
```

建立 SocketIO 實例之後，我們會再次提供來自預設網址端點 "/" 的網頁。

◉ 提供網頁

與 RESTful API 範例類似，我們要設定核心 Flask 架構並使用 @app.route() 提供來自 root URL 的網頁：

```
@app.route('/', methods=['GET'])
def index():
    """ 確認 index_web_socket_html 位於與本 Python 檔相同的
    templates 資料夾中 """
    return render_template('index_web_sockets.html', pin=LED_GPIO_PIN)  # (3)
```

至於 Web Socket 伺服器，這次是提供 index_web_sockets.html 檔案，後續會在 3.6 節說明。

接下來要看看設置及處理 Web Socket 事件訊息的程式碼。

◉ 處理器連線與斷線

從本節開始要來看看 RESTful API 伺服器與這個 Web Socket 伺服器的主要程式差異：

```
# Flask-SocketIO 回呼處理器
@socketio.on('connect')                                  # (4)
def handle_connect():
  logger.info("Client {} connected.".format(request.sid)) # (5)

  # 對新連入的客戶端發送初始化資料
  emit("led", state)                                     # (6)
```

在 #4，我們看到如何使用 Python 裝飾子符號來註冊訊息或事件處理器。每個 @socketio.on(<event_name>) 的參數就是伺服器要監聽的事件名稱。connect 與 disconnect 事件為保留事件。每當客戶端與伺服器連線或斷線時都會呼叫這些處理器。

請注意在 #5，每當客戶端搭配經由 request.sid 存取的唯一識別符來連線時，都會被記錄起來。每個客戶端連線都會由伺服器端收到一個唯一的 SID。當訪問 http://localhost:5000 時，都會看到伺服器記錄了這筆連接訊息。如果用兩個以上的網路瀏覽器（或標籤）來開啟相同網址的話，你會發現到每個連線都有一個唯一的 SID。

在 #6 把當前的 LED 狀態回傳給連線客戶端，使得它可以根據需求順利初始化：

```
@socketio.on('disconnect') # (7)
def handle_disconnect():
  """Called with a client disconnects from this server"""
  logger.info("Client {} disconnected.".format(request.sid))
```

#7 的斷線處理器只負責記錄客戶端是否斷線。當離開 http://localhost:5000 時，你會發現伺服器把這個訊息以及斷線的客戶端 sid 都記錄下來了。

接下來要介紹控制 LED 的事件處理器。

◉ LED 處理器

以下的 #8 有另一個訊息處理器，這次使用自訂名稱為 led。也請看到 #9，這個事件處理器有一個 data 參數，但是上一節的連線與斷線處理器卻沒有參數。data 參數包含了從客戶端送出的資料，也就是 data 的 level 子屬性（#10 處）。客戶端發送的所有資料皆為字串格式，在此需要驗證該資料並在下一行將它轉換為整數。Flask-SocketIO 沒有內建的引數驗證與剖析公用程式，因此必須手動檢查，如 #11：

```
@socketio.on('led')      # (8)
def handle_state(data): # (9)
   """ 處理用來控制實體 LED 的 'led' 訊息 """
   global state
   logger.info("Update LED from client {}: {} ".format(request.sid, data))
   if 'level' in data and data['level'].isdigit(): # (10)
      new_level = int(data['level'])
      # 範圍檢查和設定上下限                          # (11)
      if new_level < 0:
         new_level = 0
      elif new_level > 100:
         new_level = 100
```

以下程式碼區塊中的 #12 處設定了 LED 的亮度。到了 #13，可看到伺服器端使用了 emit() 方法。此方法會把訊息發送給一或多個客戶端。"led" 參數為會被客戶端取用之事件名稱。我們已呼叫了客戶端與伺服器端中各自和 LED 控制相關的事件，名稱皆為 led。state 參數為傳遞給客戶端的資料。與 RESTful API 伺服器類似，該參數為 Python 字典物件。

broadcast=True 參數代表這個 led 訊息會被發送到所有已連線客戶端，而不是只有在伺服器上發起 led 訊息的那個客戶端。這個事件的廣播就是在開啟多個網頁並操作其中一個網頁上的滑桿時，其他網頁也會保持同步的原因：

```
    led.value= new_level / 100                  # (12)
    logger.info("LED brightness level is " + str(new_level))

    state['level'] = new_level

# 把新的狀態廣播給所有已連線裝置（藉此保持同步）
emit("led", state, broadcast=True)              # (13)
```

最後，就是說明如何啟動 Web Socket 伺服器。

◎ 啟動伺服器

最後，我們在 #14 啟動了伺服器。這次我們使用了 socketio 這個 Flask-SocketIO 實例，而非先前 RESTful API 伺服器的核心 Flask app 實例：

```
if __name__ == '__main__':
    socketio.run(app, host="0.0.0.0", debug=True) # (14)
```

做得好！我們的 Web Socket 伺服器完成了。

現在我們已經看到如何使用 Python 與 Flask-SocketIO 攜手製作一個 Web Socket 伺服器。儘管 Web Socket 伺服器控制 LED 的整體結果類似 RESTful API 伺服器，但也學到了另一個能夠達到相同結果的辦法。不過，除此以外，我們還示範了一個 Web Socket 辦法獨有的功能：可以讓多個網頁保持同步！

info

「延伸閱讀」準備了 Flask-SocketIO 的文件連結，可讓你進一步了解。

明白了 Web Socket 伺服器的 Python 伺服器實作之後，接下來要來看看上述網頁的 Web Socket 版本。

3.6 加入 Web Socket 客戶端網頁

本節將介紹可用來控制 LED 的 Web Socket 伺服器之 HTML 網頁。該網頁的範例如圖 3-2 所示。

在此將說明如何讓網頁搭配 Socket.IO JavaScript 函式庫，好對 Flask-SocketIO Web Socket 伺服器收發訊息（當談到 Web Socket 環境時，我們常把資料稱為訊息）。再者，在探索與 JavaScript 與 Socket.IO 相關的程式碼時，就會知道客戶端的 JavaScript 程式碼如何與 Python 伺服器端程式碼之間的關聯性。

在此用到的網頁為 `chapter03/templates/index_ws_client.html`，你會看到以下的網頁程式碼，請先看看這個檔案的內容以對它的內容有基礎的了解。

看過 HTML 檔內容之後，就要繼續討論這個檔案的關鍵部分了。

3.6.1 了解客戶端程式碼

看過 `chapter03/templates/index_ws_client.html` 內容之後，是時候討論這個檔案的結構以及它要做哪些事情。我們將從支援 Web Socket 所需的 JavaScript 匯入項目來開始說明這支程式。

◉ 匯入

Web Socket 客戶端會用到 Socket.IO JavaScript 函式庫，匯入方式如以下的 #1。想深入學習這個函式庫與其運作方式，請參考「延伸閱讀」中關於 Socket.IO JavaScript 函式庫的連結：

```
<!— chapter03/templates/index_ws_client.html —>
<!DOCTYPE html>
<html>
<head>
    <title>Flask Web Socket Example</title>
    <script src="/static/jquery.min.js"></script>
    <script src="/static/socket.io.js"></script> <!— (1) —>
    <script type="text/javascript">
```

匯入完成後，接下來要看看用於整合 Python Web Socket 伺服器整合的 JavaScript 程式碼。

◉ Socket.IO 連接與斷線處理器

在檔案的 `<script>` 段落中（#2），建立了一個來自 `socket.io` JavaScript 函式庫的 `io()` 類別實例，並將其指派它到 socket 變數中：

```
var socket = io();                          // (2)

socket.on('connect', function() {           // (3)
   console.log("Connected to server");
   $("#connected").html("Yes");
});

socket.on('disconnect', function() {        // (4)
   console.log("Disconnected from the server");
   $("#connected").html("No");
});
```

在 #3 的 `socket.on('connect', ...)` 處註冊了連線事件監聽器。每當網頁客戶端成功連接到 Python 伺服器時，就會呼叫這個處理器。這個客戶端做法相當於 Python 伺服器端透過 `@socketio.on('connect')` 所定義的連線處理器。

每當客戶端網頁中斷與伺服器的連線時，就會呼叫 #4 的 `disconnect` 處理器。這個客戶端做法相當於 Python 伺服器端的 `@socketio.on('disconnect')` 處理器。

請注意在這兩個處理器中，我們都會更新網頁來檢查是否能順利連回伺服器。先前在終止與重啟伺服器時已經看過這個做法了。

接下來要看看與 LED 相關的處理器。

◉ on LED 處理器

看到 #5 處的 led 訊息處理器，會根據 LED 的當前亮度來更新 HTML 網頁上的控制元件：

```
socket.on('led', function(dataFromserver) {                // (5)
   console.log(dataFromserver)
   if (dataFromserver.level !== undefined) {
      $(input[type=range].brightnessLevel").val(dataFromserver.level);
      $("#brightnessLevel").html(dataFromserver.level);
   }
});
```

回顧一下 Python 伺服器的 @socketio.on('connect') 處理器，你會發現其中有 emit("led", state) 這一行。每當有新的客戶端連接到伺服器時，它會把一條包含了 LED 當前狀態的訊息回送給連線客戶端，也就是上述 #5 處取用該訊息的 JavaScript socket.on('led', ...) 這一段。

接下來要看看 jQuery 的文件備妥回呼函式。

◉ 文件備妥函式

jQuery 文件備妥回呼函式中設定了 HTML 滑桿的事件處理器：

```
        $(document).ready(function(){
          // 滑桿數值變化的事件監聽器
          $(input[type=range].brightnessLevel")
             .on( 'input' , function(){
                level = $(this).val();
                payload = {"level": level};
                socket.emit('led', payload); // (6)
            });
        });
    </script>
</head>
```

#6 處透過 JavaScript 來發送訊息。呼叫 socket.emit('led', payload) 會把包含了要施加於 LED 的亮度值訊息發送給 Python 伺服器。

Python 的 @socketio.on('led') 處理器負責接收這個訊息，並據此改變 LED 的亮度。

看看這個 Python 處理器，你會發現 emit("led", state, broadcast=True) 這一行，會把帶有新 LED 狀態的訊息廣播給所有連線客戶端。每個客戶端的 socket.on('led', ...) 處理器會取用這筆訊息並同步修改對應的滑桿狀態。

最後要看看網頁的 HTML 內容。

◉ 網頁 HTML

在此與 RESTful API 網頁的唯一差異是 #7，包含了一筆代表是否已連線到 Python 伺服器的訊息：

```
<body>
   <h1>Flask Web Socket Example< / h1>
   LED is connected to GPIO {{pin}}<br>
   Connected to server: <span id="connected">No</span> <!— (7) —>
   <br><br>
   Brightness <span id="brightnessLevel"></span>:<br>
   <input type="range" min="0" max="100"
          value="0" class="brightnessLevel">
</body>
</html>
```

恭喜！你剛剛完成了使用兩種不同傳輸層的兩個 Python 伺服器與網頁客戶端了。

我們已知道如何以基於 RESTful API 的辦法，還有基於 Web Socket 的辦法來實作同一個 LED 亮度控制專案。這些是用於實作網路服務以及把網頁（或針對這個問題的任何客戶端）整合到後端伺服器的兩個常見選項，因此在試著去理解某個既有應用程式的實作方式時，了解與活用這兩種技術將有助於你找到並選擇最適合的技術。

現在來比較一下這兩種做法來回顧先前內容，針對各個做法所適用的情境來更進一步學習。

3.7 比較 RESTful API 與 Web Socket 伺服器

基於 RESTful 的 API 在概念上類似於設計、開發和測試，並且常見於需要單向請求 / 回應資料交換的網際網路應用。

這個辦法的一些定義特性如下：

- 通訊協定是以 HTTP 方法為基礎，其中以 GET、POST、PUT 及 DELETE 最為常見。
- 通訊協定在形式上屬於請求 / 回應的半雙工。客戶端提出請求，伺服器再回應。伺服器無法向客戶端發起請求。
- 可使用 `curl` 這類命令列工具和 Postman 這類 GUI 工具來測試與開發 RESTful API。
- 可使用一般的網路瀏覽器來測試 HTTP GET API 端點。
- 在 Python 中可使用 Flask-RESTful 擴充套件來協助製作 RESTful API 伺服器。端點可建模為 Python 類別，並包含 `.get()` 與 `.post()` 這類對應於 HTTP 請求方法的類別方法。
- 關於網頁客戶端，我們可用 jQuery 之類的函式庫向 Python 伺服器提出 HTTP 請求。

另一方面，Web Socket 常出現在聊天與遊戲應用程式中，因為會有許多客戶端需要同時進行即時的雙向資料交換。

這個辦法的一些定義特性如下：

- 通訊協定是基於訊息的發布和訂閱。
- 通訊協定為全雙工，客戶端與伺服器兩端都可向對方發起請求。
- 在 Python 中可使用 Flask-SocketIO 擴充套件來建立 Web Socket 服務。在此會建立多個方法，在把定它們指定為訊息事件的回呼處理器。
- 網頁客戶端會用到 `socket.io` JavaScript 函式庫。類似 Python，我們建立 JavaScript 公用函式，再透過 `socket.io` 將它們註冊為訊息事件的回呼處理器。

哪個方法比較好？沒有最好的或一刀切的方法。這樣一來，你的物聯網專案選擇哪種連網辦法，大部分便取決於你所建立的內容，還有客戶端要如何連接並使用你的應用。如果整體來說，你還不熟悉如何建造聯網應用與網路服務的話，使用具備 Flask-RESTful 的 RESTful API 在學習各種概念與多方試驗時是一個很好的起點。這是一種很常見和廣泛使用的辦法，加上如果你在開發時使用 Postman（getpostman.com）這類工具作為 API 客戶端的話，就可具備強大又快速的方式來操作和測試你所建立的 API。

3.8 總結

本章介紹了兩種透過 Python 來建造網路服務的常用方法—RESTful API 與 Web Socket 服務。我們在 Python 中使用 Flask 微服務架構和 Flask-RESTful 及 Flask-SocketIO 擴充套件來建造這些服務。在建立各個伺服器後，隨後也建立了網頁客戶端。我們學到如何使用 JavaScript jQuery 函式庫來製作 RESTful API 請求，以及使用 Socket.IO JavaScript 函式庫來進行 Web Socket 訊息傳遞及訂閱。

運用這種新知識之後，現在你已具備使用 Python、HTML、JavaScript 及 jQuery 的基礎了，也完成了一個簡易的端對端客戶端伺服器架構，後續可以藉由擴充與實驗來建立更強大的物聯網應用。例如當進入本書的第 III 篇並學習操作各種電子感測器與致動器時，你就能運用不同的電子產品元件來擴充與製作本章的各個範例。到了第 14 章，就會看到 Flask-RESTful 與 RESTful API 的另一個範例，其中就有一個能與 LED 燈條還有伺服機互動的網頁。

下一章，我們要介紹簡稱為 MQTT 的通訊協定，這是針對製作物聯網應用網路層的另一種更先進且用途更廣的作法。

3.9 問題

在結束本章之前，歡迎挑戰以下問題來驗證你在本章所學到的知識。在本書後面的「附錄」中可找到評量解答。

1. Flask-RESTful 擴充套件的哪一項功能可用來協助驗證客戶端的輸入資料？
2. 哪一種通訊協定可提供客戶端與伺服器之間的即時全雙工通訊？
3. 如何使用 Flask-SocketIO 來進行請求資料驗證？
4. Flask 的 `template` 資料夾的用途為何？
5. 當使用 jQuery 時，應在哪裡建立元件的事件監聽器以及初始化網頁內容？
6. 哪一項命令列工具可用來向 RESTful API 服務提出請求？
7. 當修改 `PWMLED` 實例的 `value` 屬性時，實體 LED 會發生什麼事？

3.10 延伸閱讀

本章中多次提到了“RESTful”這個詞，不過並沒有對其確切含義進行任何深入討論。如果想知道更多的話，SitePoint.com 上有一個很棒的教學：

- SitePoint.com 上的 REST：`https://www.sitepoint.com/developers-rest-api`

本章的 RESTful API 範例只能說碰到一點 Flask 與 Flask-RESTful 的皮毛而已，但至少提供了一個堪用的可運作範例。我鼓勵你先看一點 Flask Quick Start Guide，接著是 Flask RESTful Quick Start Guide，這樣就能對這兩個架構有很好的基礎和理解：

- Flask Quick Start：`https://flask.palletsprojects.com/en/1.1.x/quickstart`
- Flask-RESTful Quick Start：`https://flask-restful.readthedocs.io/en/latest/quickstart.html`

如 3.2 節所述，如果你在使用 Flask-RESTful 時遇到困難，在文件中也找不到答案的話，請務必參閱其官方的核心 Flask 文件：

- Flask 文件：`https://flask.palletsprojects.com`

我們也只用 Flask-SocketIO 和 Socket.IO 介紹了 Web Socket 的最淺顯易懂的部分。以下連結指向官方 Flask-SocketIO 及 Socket.IO 函式庫。我也整理了兩個連結是關於 Web Socket 的簡單整體介紹。提醒一下，Web Socket 這項技術最好的學習方式是透過實作而不是看文件，特別是你還不熟悉伺服器開發的話。因此，在閱讀 Web Socket 的入門材料時，除了本章所用的 Flask-SocketIO 和 Socket.IO 函式庫之外，我們還希望透過各種不同的範例程式碼和函式庫來說明底層的核心概念：

- Flask-SocketIO：`https://flask-socketio.readthedocs.io`
- Socket.IO（JavaScript 函式庫）：`https://socket.io`
- Web Socket 基本知識：`https://www.html5rocks.com/en/tutorials/websockets/basics`
- Web Socket 基本知識：`https://medium.com/@dominik.t/what-are-web-sockets-what-about-rest-apis-b9c15fd72aac`

Chapter 04

MQTT、Python 與 Mosquitto MQTT Broker 之連網應用

上一章使用了 RESTful API 及 Web Socket 兩種方法來建立 Python 伺服器並搭配網頁進行連網應用。本章要介紹另一種物聯網領域常見的聯網拓樸，稱為 MQTT 或訊息佇列遙測傳輸（Message Queue Telemetry Transport）。

我們將從設定開發環境以及在 Raspberry Pi 上安裝 Mosquitto MQTT broker 服務開始。接著就要使用 Mosquitto 附帶的命令列工具來學習 MQTT 功能，好讓你了解重要的核心概念。之後就會製作一個用到 MQTT 訊息傳遞層的 Python 物聯網應用，沒錯，又要控制 LED ！

本章主題如下：

- 安裝 Mosquitto MQTT broker
- 用範例學習 MQTT
- 介紹 Python Paho-MQTT 客戶端函式庫
- 用 Python 及 MQTT 來控制 LED
- 建造基於網路的 MQTT 客戶端

4.1 技術要求

你需要下列項目來執行本章的範例：

- Raspberry Pi 4 Model B
- Raspbian OS Buster（桌面環境與建議軟體都要安裝）
- Python，最低版本 3.5

這些都是本書範例程式碼的基礎。合理預期，只要你的 Python 為 3.5 以上版本，這些範例程式碼應該不需要修改就能在 Raspberry Pi 3 Model B 或其他版本的 Raspbian OS 中執行才對。

本章範例程式碼請由本書 GitHub 的 chapter04 資料夾中取得：https://github.com/PacktPublishing/Practical-Python-Programming-for-IoT

請在終端機中執行以下指令來設定虛擬環境和安裝本章程式碼所需的 Python 函式庫：

```
$ cd chapter04                          # 進入本章資料夾
$ python3 -m venv venv                  # 建立 Python 虛擬環境
$ source venv/bin/activate              # 啟動 Python 虛擬環境
(venv) $ pip install pip —upgrade       # 升級 pip
(venv) $ pip install -r requirements.txt  # 安裝相依套件
```

以下相依套件都是由 requirements.txt 所安裝：

- GPIOZero：GPIOZero GPIO 函式庫（https://pypi.org/project/gpiozero）
- PiGPIO：PiGPIO GPIO 函式庫（https://pypi.org/project/pigpio）
- Paho-MQTT client：Paho-MQTT client 函式庫（https://pypi.org/project/paho-mqtt）

我們將用第 2 章的圖 2-7 麵包板電路來示範。

4.2 安裝 Mosquitto MQTT broker

MQTT 為一款專門用於物聯網應用的簡易輕量級的訊息通訊協定。儘管 Raspberry Pi 的效能已足以執行更複雜的訊息通訊協定，但如果你把 Pi 用於分散式物聯網專案中的話，就很有可能會遇到 MQTT；因此學會它就很重要啦。此外，它的簡潔性與開放性也使其更易學易用。

我們會在 Raspberry Pi 安裝 Mosquitto 這款常用的開放原始碼 MQTT broker 小程式來介紹 MQTT。

info

本章範例是用 Mosquitto 代理端與客戶端的 1.5.7 版來實作，它們相容於 MQTT 通訊協定 3.1.1 版。只要相容於 MQTT 協定 3.1.x 版，也可以使用其他版本的代理端或客戶端工具。

請根據以下步驟來安裝 Mosquitto MQTT 代理服務與客戶端工具：

01 打開新的終端機視窗並執行以下 apt-get 指令，記得要用 sudo 來做：

```
$ sudo apt-get --yes install mosquito mosquitto-clients
... 省略 ...
```

02 請執行以下指令檢查 Mosquitto MQTT 代理服務是否已啟動：

```
$ sudo systemctl start mosquitto
```

03 使用 service 指令來檢查 Mosquitto 服務是否已啟動，應可在終端機看到 active(running) 這段訊息：

```
$ systemctlstatus mosquitto
... 省略 ...
Active: active (running)
... 省略 ...
```

04 使用 mosquitto-h 指令檢查 Mosquitto 與 MQTT 通訊協定的版本，如以下訊息代表 Mosquitto 代理採用了 MQTT 3.1.1 版：

```
$ mosquitto-h
mosquito version 1.5.7 mosquittois an MQTT v3.1.1 broker
... 省略 ...
```

05 接下來要設定 Mosquitto。使得它可作為網頁伺服器並處理 Web Socket 請求。後續在製作網頁客戶端時就會用到這些功能。

在 chapter4 資料夾中有一個 mosquitto_pyiot.conf 檔案，在此會說明其部分內容。其中有一行需要檢查：

```
# File: chapter04/mosquitto_pyiot.conf
... 省略 ...
http_dir /home/pi/pyiot/chapter04/mosquitto_www
```

為了執行本章範例，你需要更新在最後一行的 http_dir 設定，將其絕對路徑指向 Raspberry Pi 上的 chapter04/mosquitto_www 資料夾。如果你是照著第 1 章的說明複製本書 Github，直接採用建議資料夾 /home/pi/pyiot 的話，則先前所列出的路徑就會是正確的。

06 使用 cp 指令把 mosquitto_pyiot.conf 中的設定值複製到適當的資料夾中，讓 Mosquitto 可以載入它：

```
$ sudo cp mosquitto_pyiot.conf /etc mosquittoconf.d/
```

07 重新啟動 Mosquitto 服務來載入設定檔：

```
$ sudo systemctl restart mosquitto
```

08 檢查設定檔是否正確運作，請用 Raspberry Pi 上的網路瀏覽器開啟以下網址：http://localhost:8083，應可看到類似以下畫面的網頁：

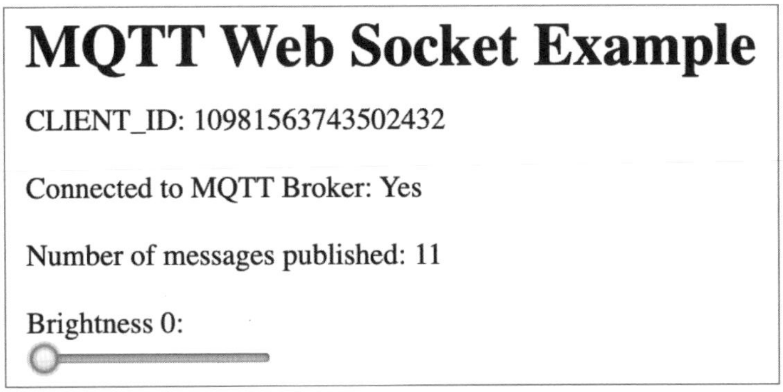

MQTT Web Socket Example

CLIENT_ID: 10981563743502432

Connected to MQTT Broker: Yes

Number of messages published: 11

Brightness 0:

▲ 圖 4-1 由 Mosquitto MQTT broker 提供的網頁

透露一點本章之後要做的事情！這時雖然可以操作滑桿，但它還無法影響 LED 的亮度，因為 Python 端沒有執行任何程式。後續會在適當時機會討論這一點。

如果 Mosquitto MQTT Broker 在啟動時遇到問題，請試試看以下辦法：

- 在終端機中執行 `sudo mosquitto -v -c /etc mosquito mosquitto.conf`。這會在前景啟動 Mosquitto，任何啟動或組態設定錯誤都會顯示於終端機上。
- 閱讀 `mosquitto_pyiot.conf` 中的除錯註釋，找看看有沒有更好的做法。

info

Mosquitto 在安裝之後的預設組態設定會建立一個未加密且未認證的 MQTT 代理服務。Mosquitto 文件中詳細說明了相關設定以及啟用認證與加密的作法。本章最後的「延伸閱讀」中也整理了相關連結。

安裝好 Mosquitto 並順利執行之後，接著可以探索 MQTT 概念以及相關範例來看看其運作效果。

4.3 以範例來學習 MQTT

MQTT 是以代理（broker）為基礎的訊息通訊協定，可以發佈與訂閱訊息（常改寫為 pub/sub），而所謂 MQTT 代理（如同上一節所安裝的 Mosquitto MQTT 代理）就是一台實作 MQTT 通訊協定的伺服器。利用基於 MQTT 的架構，你的應用大致上就能把所有複雜的訊息傳遞處理和路由邏輯都交給代理去負責，讓應用能專注於自身的主要功能。

MQTT 客戶端（例如之後要用到的 Python 程式與命令列工具）會與代理建立訂閱關係，並訂閱他們感興趣的訊息主題。客戶端會發佈訊息給某個主題，而代理負責所有的訊息路由與運送保證。任何客戶端都可作為訂閱端、發佈方，或兩者兼具。

圖 4-2 是一個包含了泵浦、水箱與控制器的 MQTT 的簡易概念系統。

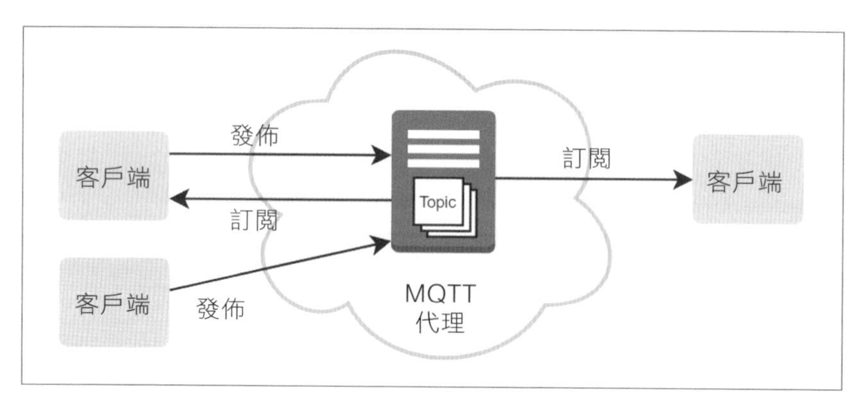

▲ 圖 4-2 MQTT 範例

以下是系統元件的高階描述：

- 把水位感測器 MQTT 客戶端視為連接到水箱中之水位感測器的軟體。此客戶端在 MQTT 範例中是作為發佈方。它會定期發送（也就是發佈）關於水箱有多滿的訊息給 MQTT 代理。
- 把泵浦 MQTT 客戶端視為能夠啟動或關閉水泵浦的軟體驅動器。此客戶端在範例中同時作為發佈方與訂閱端。

    - 作為訂閱端，它可接收（經由訂閱）訊息來指示它啟動或關閉泵浦。
    - 作為發佈方，它可送出一個包含了泵浦為啟動還是關閉的訊息。

- 把控制器 MQTT 客戶端視為存放所有控制邏輯的應用。此客戶端也是扮演發佈方和訂閱端兩者的角色。
    - 作為發佈方，此客戶端可送出一筆訊息來要求泵浦去啟動或關閉。
    - 作為訂閱端，此客戶端可接收來自水箱水位感測器與泵浦的訊息。

舉例說明，可將控制器 MQTT 客戶端應用可被設定為當水箱水位低於 50% 時啟動泵浦，並在水位達到 100% 時關閉泵浦。此控制器應用也可加入儀表板使用者介面，用於顯示水箱當前水位以及用於代表泵浦開關狀態的指示燈。

關於我們的 MQTT 系統有一個重點，就是每個客戶端都不需要去注意其他客戶端。單一客戶端只需連接到 MQTT 代理並與其互動，MQTT 代理隨後根據需要將訊息路由到其他客戶端。路由方式是透過訊息主題來達成，後續會在 4.3.2 節中討論。

泵浦需要接收訊息來判斷它究竟要啟動或關閉，這個還不難理解，但是泵浦為什麼也需要送出訊息來說明它已經啟動或關閉呢？如果你曾經感到疑惑的話，現在就說明為什麼。MQTT 訊息的特性為送出即忘，意謂客戶端不會取得關於它所發佈之訊息的應用層級回應。因此在本範例中，雖然控制器客戶端可在泵浦未發佈其狀況的情形下發佈一個訊息去要求泵浦啟動，但其實控制器無法得知泵浦是否真正啟動了。

實務上，泵浦每次啟動或關閉時都會發佈自身的開 / 關狀況。這使得控制器的儀表板可以即時更新泵浦的狀況指示器。此外，泵浦也會定期發布自身狀況（作法如同水位感測器），這無關於它所收到要求啟動或關閉的任何請求。這樣，控制器應用就能監控泵浦的連線狀況與可用性，還能偵測泵浦是否離線。

掌握了上述範例所呈現的基本想法之後，你就能更進一步深入 MQTT 的核心概念了，這將是本章後續的重點。完成之後，你將對於如何操作與設計基於 MQTT 的應用有相當扎實的理解了。

接下來要學習如何發佈和訂閱訊息。

4.3.1 發佈和訂閱 MQTT 訊息

請根據以下步驟來學習如何使用 MQTT 來送出（發佈）和接收（訂閱）訊息。

01 請在終端機中執行以下指令。mosquitto_sub（代表 Mosquitto subscribe）是負責訂閱訊息的命令列工具。

```
# Terminal #1 (Subscriber)
$ mosquitto_sub -v -h localhost -t 'pyiot'
```

參數說明如下：

- -v (--verbose)：指定要把指定主題訊息與負載訊息都顯示於終端機中。
- -h (--host)：localhost 是所要連線之代理的主機；在此為方才所剛剛安裝的。預設埠號為 1883。
- -t (-topic)：pyiot 為我們想要訂閱與監聽的主題。

Tips

本章範例會用到兩個終端機連線，有時候甚至要三個。後續程式碼的第一列會指出要在哪個終端機執行指令；例如先前是 Terminal #1，而下一節則是 Terminal #2。

02 打開第二個終端機並執行以下指令。mosquitto_pub（代表 Mosquitto publish）是負責發布訊息的命令列工具。

```
# Terminal #2 (Publisher)
$ mosquitto_pub -h localhost -t 'pyiot' -m 'hello
```

參數說明如下：

- -h 與 -t 功能和上一節的訂閱指令是一樣的。
- -m 'hello!' (--message)：為所要發佈的訊息。MQTT 中的訊息就是一個字串，如果你不是很熟悉 JSON 格式，只需要序列化 / 反序列化為字串即可。

03 在 Terminal #1 中可看到主題與訊息 hello!：

```
# Terminal #1 (Subscriber)
$ mosquitto_sub -v -h localhost -t 'pyiot' pyiot hello!
```

最後一行的格式為 <topic> <message payload>。

Tips

hello! 訊息是接在主題名稱 pyiot 之後，這是因為 mosquitto_sub 中使用了 -v 選項。如果沒有 -v 選項又訂閱多個主題的話，就無法判斷訊息屬於哪個主題了。

現在已經學會了用簡單的主題來發佈與訂閱訊息。但是有沒有更好的方法來管理這些訊息呢？我們繼續往下看。

4.3.2 探索 MQTT 專題和通配字元

MQTT 的主題是以階層格式對訊息進行分類或分組。上一個命令列範例已經看過一些主題，但不是以階層的方式。另一方面，通配字元（wildcard）為訂閱端用來彈性建立主題對應模式的特殊字元。

假設有一個具備多個感測器的虛擬建築物，其階層式主題範例如下，階層是用 / 來區分：

- level1/lounge/temperature/sensor1
- level1/lounge/temperature/sensor2

- `level1/lounge/lighting/sensor1`
- `level2/bedroom1/temperature/sensor1`
- `level2/bedroom1/lighting/sensor1`

不需要先在 MQTT 代理上建立主題，只要使用預設的代理設定（我們就是這樣做）就能隨意發佈和訂閱主題。

Tips

當 Mosquitto 代理被設定為需使用認證時，就可以根據客戶端 ID 與 / 或使用者帳號密碼來限制存取主題。

訊息一定要發佈給特定的主題，例如 pyiot，並利用通配字元 + 與 # 來訂閱特定或多個主題：

- + 用來對應階層的單一元素。
- # 用來對應階層中的所有其餘元素（只能用在主題查詢的最後）。

訂閱主題與通配字元用範例來說明是最好的。使用先前虛擬建築物中的感測器，可參考下表的範例：

表 4-1 MQTT 通配專題範例

我們想要訂閱 ...	通配字元主題	主題對應
各處的所有溫度感測器	+/+/**temperature**/+	level1/lounge/**temperature**/sensor1 level1/lounge/**temperature**/sensor2 level2/bedroom1/**temperature**/sensor1
各處的所有光感測器	+/+/**lighting**/+	level1/lounge/**lighting**/sensor1 level2/bedroom1/**lighting**/sensor1

我們想要訂閱 ...	通配字元主題	主題對應
level 2 上的每個感測器	Level2/+/+/+	level2/bedroom1/**temperature**/sensor1 level2/bedroom1/**lighting**/sensor1
level 2 上的每個感測器（# 匹配每個其餘子節點的較簡單方式）	**level2/#**	**level2**/bedroom1/**temperature**/sensor1 **level2**/bedroom1/**lighting**/sensor 1
只有各處的感測器 1	+/+/+/**sensor1**	level1/lounge/temperature/**sensor1** level1/lounge/lighting/**sensor1** level2/bedroom1/temperature/**sensor1** level2/bedroom1/lighting/**sensor1**
只有各處的感測器 1（# 匹配每個其餘子節點的較簡單方式）	#/**sensor1**	不正確，因為 # 只能用於主題查詢的最後
每個專題	#	對應所有內容
代理資訊	$SYS/#	這是代理發佈資訊及運行時間統計的特別保留專題

從以上範例可明顯看出，在設計應用的主題階層時要特別仔細，這樣透過通配字元來訂閱多個主題時才能一致、合乎邏輯又簡單。

Tips

如果你在 mosquitto_sub 中使用 + 或 # 通配字元來訂閱，記得使用 -v (--verbose) 選項來一併顯示主題名稱，例如 `mosquitto_sub -h localhost -v -t '#'`。

親自在命令列操作看看，試著去混合並對應上述主題和通配字元，這樣就能更完整理解主題和通配字元的工作原理。以下範例中的 mosquitto_sub 會去訂閱 temperature 節點（位於根主題的下兩級）下的所有子主題，請根據以下步驟來操作：

01 在終端機中啟動一個訂閱通配字元所對應之主題的訂閱端：

```
# Terminal #1 (Subscriber)
mosquitto_sub -h localhost -v -t '+ / + temperature+'
```

02 使用表 4-1 中的主題，在此用到了兩個 mosquitto_pub 指令來發佈訊息，且會被 **Terminal #1** 的 mosquitto_sub 指令接收到：

```
# Terminal #2 (Publisher)
$ mosquitto_pub -h localhost -t 'level1/lounge/temperature/sensor1' -m '20'
$ mosquitto_pub -h localhost -t 'level2/bedroom1/temperature/sensor1' -m '22'
```

剛剛已看到如何使用通配字元 + 和 # 來訂閱主題階層。根據資料流動方式，並預先設想這些資料會如何被客戶端發佈並訂閱，你需要根據各個專案來設計如何使用主題和通配字元。打造出高度一致又靈活的基於通配字元之主題階層必然耗費心神，但一定有助於製作出更簡單且再用性更高的客戶端應用程式。

接下來要介紹訊息服務品質，以及它對於如何影響你透過 MQTT 代理所送出的訊息。

4.3.3 訊息的服務品質

MQTT 針對個別訊息傳輸提供了三種服務品質（Quality of Service, QoS）等級，之所以強調“個別”訊息傳輸是因為 QoS 等級是應用於個別訊息而不是主題。後續進到範例就會更清楚啦。

身為開發人員並針對訊息訂定 QoS 時，是由代理負責確保訊息輸送是遵循了 QoS。以下是可應用於訊息的 QoS 以及它們之於傳輸的意義：

表 4-2 訊息 QoS 等級

QoS 等級	意思	傳輸訊息個數
Level 0	訊息最多傳輸一次，也可能根本不傳輸。	0 或 1 次
Level 1	訊息至少傳輸一次，也可能更多次。	1 或多次
Level 2	訊息只傳輸一次。	1 次

你可能會問：Level 0 與 1 看起來有點隨機，那為什麼不永遠使用 Level 2 ？答案是「資源」。來看看為什麼 ...

相較於較低階的 QoS 訊息，代理及客戶端會消耗更多資源來處理較高階的 QoS 訊息，例如，代理會需要更多時間及記憶體來儲存及處理訊息，這是因為代理和客戶端兩者為了做到應答確認與連線握手的情形下，勢必會用掉更多時間及網路頻寬。

就包括本章範例的許多情境來說，QoS 等級 1、2 沒什麼差別，也無法實際呈現這些差異（Level 0 有充分的理由被省略，稍後會在討論訊息保留和持久性連線時說明）。不過如果換成是具備數千個感測器的分散式物聯網系統，且每分鐘會發佈數千個以上的訊息時，如何以 QoS 為中心來設計就更形重要了。

訊息訂閱和訊息發佈兩者都適用 QoS 等級，第一次聽到時可能會覺得有點奇怪。例如，客戶端可發佈 QoS 為 1 的訊息給某個主題，同時另一客戶端卻可能以 QoS 2 訂閱該主題（我知道之前說過 QoS 是與訊息相關而非主題，但訊息確實是「流過」了與 QoS 相關的主題）。好吧，這個訊息的 QoS 是 1 還是 2 ？就訂閱端而言，它是 1 —— 原因請聽我說。

訂閱客戶端選擇了想要接收之訊息的最高 QoS，但是它事實上可能比較低。因此在實務上，這代表客戶端收到的輸送 QoS 會被降級到發佈或訂閱的最低 QoS。

以下為給你參考的一些範例：

表 4-3 發佈方與訂閱端 QoS 範例

發佈方發佈訊息之等級	訂閱端訂閱訊息之等級	訂閱端得到什麼
QoS 2	QoS 0	傳輸遵循 QoS 0 的訊息（訂閱端得到訊息 0 或 1 次）
QoS 2	QoS 2	傳輸遵循 QoS 2 的訊息（訂閱端只得到訊息 1 次）
QoS 0	QoS 1	傳輸遵循 QoS 0 的訊息（訂閱端得到訊息 0 或 1 次）
QoS 1	QoS 2	傳輸遵循 QoS 1 的訊息（訂閱端得到訊息 1 或更多次）
QoS 2	QoS 1	傳輸遵循 QoS 1 的訊息（訂閱端得到訊息 1 或更多次）

從這些範例中得出的結論是，實務上在設計或整合物聯網解決方案時，你需要留意在主題兩端之發佈方與訂閱端採用了何種等級的 QoS，而非單獨從某一端來解釋。

請根據以下步驟來操作 QoS 情境，並看看客戶端與代理的即時互動：

01 在終端機中執行以下指令來啟動訂閱端：

```
# Terminal 1 (Subscriber)
$ mosquitto_sub -d -v -q 2 -h localhost -t 'pyiot'
```

02 在第二終端機中執行以下指令來發佈訊息：

```
# Terminal 2 (Publisher)
$ mosquitto_pub -d -q 1 -h localhost -t 'pyiot' -m 'hello!'
```

在此再度在 Terminal #1 上訂閱，並在 Terminal #2 上發佈。

以下為操作 mosquitto_sub 與 mosquitto_pub 的新選項：

- -d：打開除錯訊息
- -q <level>：QoS 等級

在啟用除錯（-d）下，修改兩端的 -q 參數（為 0、1 或 2）再發佈新訊息。

03 觀察 **Terminal #1** 及 **Terminal #2** 中的記錄訊息。

在 **Terminal #1** 與 **Terminal #2** 的除錯訊息中，你會觀察到訂閱端的 QoS 降級了（找找看 q0、q1、或 q2），同時你會也在兩端看到不同的除錯訊息，這取決於在客戶端與代理進行握手與交換應答時所指定的 QoS 等級：

```
# Terminal 1 (Subscriber)
$ mosquitto_sub -d -v -q 2 -h localhost -t 'pyiot' # (1)
Client mosqsub|25112-rpi4 sending CONNECT
Client mosqsub|25112-rpi4 received CONNACK (0)
Client mosqsub|25112-rpi4 sending SUBSCRIBE (Mid: 1, Topic: pyiot,
QoS: 2) # (2)
Client mosqsub|25112-rpi4 received SUBACK
Subscribed (mid: 1): 2
Client mosqsub|25112-rpi4 received PUBLISH (d0, q1, r0, m1,
'pyiot', ... (6 bytes)) # (3)
Client mosqsub|25112-rpi4 sending PUBACK (Mid: 1)
pyiot hello!
```

注意 **Terminal #1** 訂閱端的除錯輸出，有幾點要說明：

- #1 使用了 QoS 2 來訂閱（-q 2），這對應到 #2 處的除錯輸出 QoS: 2
- #3 看到 QoS 被降級了。收到的訊息為 QoS 1（q1），它是從 **Terminal #1** 發佈訊息的 QoS。

QoS 是一個你必須掌握的進階 MQTT 概念。如果想更深入地了解 QoS 等級以及發生於發佈方、訂閱端與代理之間的低階通訊的畫，請參考「延伸閱讀」裡的相關連結。

訊息 QoS 等級介紹完畢之後，接下來要學習兩個 MQTT 功能，可讓離線客戶端在恢復連線時可收到過去的訊息。另外也會看看 QoS 等級對於這些功能的影響。

4.3.4 保留訊息以便後續傳輸

我們可要求 MQTT 代理去保留已發佈給主題的訊息，分別為保留訊息與持久性連線兩種做法：

- 保留訊息：代理會把發佈於主題上的最後一條訊息保留起來，這也常被稱為最後已知正確訊息，並且訂閱該主題的任何客戶端都會自動得到這個訊息。
- 持久性連線是另一種保留訊息的做法。如果客戶端告訴代理：它想要持久性連線，則代理會在客戶端離線時保留 QoS 1 與 2 的訊息。

Tips

除非特別設定，否則 Mosquitto 不會保留伺服器重啟前後的訊息或連線。為了保留重開機前後的資訊，Mosquitto 設定檔必須包含 `persistence true` 這一項。Mosquitto 在 Raspberry Pi 上的預設安裝應該已包含此項，若不放心，也可到之前安裝的 **mosquitto_pyiot.conf** 中找找看。請參考 Mosquitto 官方文件中關於持久性的更多資訊與設定，本章最後的「延伸閱讀」中也整理了相關連結。

接下來要學習保留訊息與持久性連線。

◉ 發佈保留後的訊息

發佈方可要求代理去保留一則訊息，作為主題的最後已知正確訊息。任何新連接的訂閱端都會立即收到這個最後一條保留訊息。

讓我們逐步介紹以下的保留訊息範例：

01 執行以下指令，請注意這次由的 **Terminal #2** 的發佈方開始：

```
# Terminal 2 (Publisher)
$ mosquitto_pub -r -q 2 -h localhost -t 'pyiot' -m 'hello, I have been retained!'
```

在此多了一個新選項：-r(--retain)，告訴代理要針對該主題保留這筆訊息。

一個主題只能保存一條保留訊息。如果你使用 -r 選項發佈另一訊息，則前一保留訊息會被取代。

02 在另一終端機中啟動訂閱端，會立刻收到保留訊息。

```
# Terminal 1 (Subscriber)
$ mosquitto_sub -v -q 2 -h localhost -t 'pyiot' pyiot hello, I have been retained!
```

03 在 **Terminal #1** 中按下 Ctrl + C 來終止 mosquitto_sub。

04 使用與步驟 2 相同的指令再度啟動 mosquitto_sub，可發現在 **Terminal #1** 中會再度收到保留訊息。

Tips

你還是可發佈一般的訊息（也就是不使用 -r 選項），不過 -r 選項是用來指出新連線的訂閱端會收到的最後一條保留訊息。

05 最後一個指令是用於清除上一個保留訊息：

```
# Terminal 2 (Publisher)
$ mosquitto_pub -r -q 2 -h localhost -t 'pyiot' -m ''
```

在此用 -m '' 發佈了（帶有 -r）一則空白訊息，注意，也可使用 -n 來取代 -m '' 來代表空白訊息。保留一個空白訊息，實際上就等於清除保留訊息。

Tips

對主題發送空白訊息來移除保留訊息時，當前訂閱該主題的任何客戶端（當然也包括具備持久性連線的離線客戶端，請參考下一節）都會收到這個空白訊息，因此你的應用程式必須針對空白訊息進行測試並有合適的處理。

知道如何使用保留訊息之後，接著要介紹 MQTT 所提供的另一種訊息保留方式：持久性連線。

◉ 建立持久性連線

訂閱主題的客戶端可要求代理在它離線時保留訊息或把它放入佇列。這在 MQTT 術語中稱為持久性連線。為了讓持久性連線與傳輸有效，進行訂閱的客戶端需要進行設定並用以下其中一種方式來訂閱：

- 客戶端在連接時必須提供一個唯一的客戶端 ID 給代理。
- 客戶端必須用 QoS 1 或 2 訂閱（等級 1 與 2 會保證傳輸，但是等級 0 不會）。
- 客戶端只保證能取得用 QoS 1 或 2 發佈的訊息。

最後兩點正好說明了理解主題的發佈端與訂閱端兩者 QoS 對於物聯網應用設計的重要性。

Tips

MQTT 代理（Mosquitto 在 Raspberry Pi 上的預設設定已是如此）可在代理重啟之間保留持久性連線的訊息。

用以下範例來說明吧：

01 啟動訂閱端，然後馬上用 Ctrl + C 終止它來斷線：

```
# Terminal #1 (Subscriber)
$ mosquitto_sub -q 1 -h localhost -t 'pyiot' -c -i myClient Id123
$ # MAKE SURE YOU PRESS CONTROL+C TO TERMINATE mosquitto_sub
```

新選項說明如下：

- `-i <client id>` (-id <client id>) 為唯一的客戶端 ID（也就是代理識別客戶端的方式）。
- `-c` (--disable-clean-session) 用於指示代理即使在客戶端斷線時，也會保留已抵達訂閱主題的任何 QoS 1 與 2 的訊息（也就是保留訊息）。

這邊用詞有點拗口，但使用 `-c` 選項啟動訂閱端的話，我們就已要求代理在不清除連線時所儲存訊息之前提下，為客戶端建立一個持久性連線。

Tips

如果你使用通配字元（例如 pyiot/#）並請求持久性連線來訂閱多個主題的話，則在通配字元階層中所有專題的所有訊息都會保留給你的客戶端。

02 發佈一些訊息（**Terminal #1** 的訂閱端仍然離線）：

```
# Terminal #2 (Publisher)
$ mosquitto_pub -q 2 -h localhost -t 'pyiot' -m 'hello 1'
$ mosquitto_pub -q 2 -h localhost -t 'pyiot' -m 'hello 2'
$ mosquitto_pub -q 2 -h localhost -t 'pyiot' -m 'hello 3
```

03 讓 **Terminal #1** 的訂閱端恢復連線，就能看到上一步所發佈的訊息：：

```
# Terminal 1 (Subscriber)
       $ mosquitto_sub -v -q 1 -h localhost -t 'pyiot' -c -i myClientId123
       pyiot hello 1
       pyiot hello 2
       pyiot hello 3
```

再做一次步驟 1 到 3，但這次省略步驟 1 與 3 中訂閱端的 -c 選項，你會發現沒有保留任何訊息。再者，當在沒有 -c 旗標來連接時但同時又有已保留的訊息要被傳輸的話，則所有已保留的訊息都會被清除（這個方法可用來清除某個客戶端的保留訊息）。

Tips

如果針對同一個主題使用保留訊息（也就是最後已知正確訊息）與持久性連線，並且重新連接已離線的訂閱端，你會收到兩次保留訊息，一個是已保留的訊息，另一個則是來自持久性連線。

在製作以 MQTT 為中心的解決方案時，掌握了多少關於保留訊息與持久性連線的知識，對於能否完成一個彈性又可靠的系統來說非常關鍵，尤其是需要處理離線客戶端時。已保留（最後已知正確）的訊息非常適合在客戶端重新上線時對其進行初始化，而持久性連線將有助於讓任何離線客戶端批量保留與傳輸訊息，使其可順利取得所訂閱主題之所有訊息。

做得好！我們已介紹了很多內容，你現在也認識了許多在製作基於 MQTT 之物聯網解決方案時會用到的 MQTT 核心功能了。但還有最後一個功能要介紹，就是 Will。

4.3.5 用 Will 說再見

在此要介紹的最後一個 MQTT 功能為 Will。客戶端（發佈端或訂閱端）可向代理註冊一個特殊的 Will 訊息，如果客戶端突然死亡且與代理斷線（例如網路斷線或電池沒電），代表該客戶端的代理會送出一則關於裝置死亡的 Will 訊息發送給訂閱端。

Will 事實上只是訊息與主題的組合，與先前所用的類似。

來看看 Will 的運作方式，為此需要 3 個終端機：

01 開啟終端機，使用以下指令來啟動訂閱端：

```
# Terminal #1 (Subscriber with Will)
$ mosquitto_sub -h localhost -t 'pyiot' --will-topic 'pyiot' --will-payload 'Good
Bye' --will-qos 2 --will-retain
```

新選項說明如下：

- `--will-payload`：Will 訊息。
- `--will-topic`：Will 訊息所要發佈於其上的主題。在此使用與所訂閱相同的主題，但是也可為不同的主題。
- `--will-qos`：Will 訊息的 QoS 等級
- `--will-retain`：使用這個選項時，當客戶端突然斷線，Will 訊息會被代理保留作為 Will 主題的保留（最後已知正確）訊息。

02 開啟第二個終端機，使用以下指令啟動訂閱端：

```
# Terminal #2 (Subscriber listening to Will topic).
$ mosquitto_sub -h localhost -t 'pyiot'
```

03 在第三個終端機中，用以下指令發佈訊息：

```
# Terminal #3 (Publisher)
$ mosquitto_pub -h localhost -t 'pyiot' -m 'hello'
```

04 一旦在 **Terminal #3** 上執行步驟 3 的 `mosquitto_pub` 指令後，應可在 **Terminal #1** 與 **#2** 兩者的訂閱端上看到 `hello`。

05 在 **Terminal #1** 中，按下 Ctrl + C 以終止向代理註冊 Will 的訂閱端。Ctrl + C 可視為對於代理的非正常或突然斷線。

06 在 **Terminal #2** 中可看到 Will 的 `Good Bye` 訊息

```
# Terminal #2 (Subscriber listening to Will topic).
$ mosquitto_sub -h localhost -t 'pyiot' 'Good Bye'
```

那麼，怎樣才會是訂閱端與代理正確且優雅地斷線呢？我們可用 mosquitto_sub 搭配 -C 選項來說明。

07 輸入以下指令在 **Terminal #1** 中重啟訂閱端：

```
# Terminal #1 (Subscriber with Will)
$ mosquitto_sub -h localhost -t 'pyiot' —will-topic 'pyiot' — will-payload
'Good Bye, Again' --will-qos 2 --will-retain -C 2
```

新的 -C <count> 選項會要求 mosquitto_sub 優雅地斷線，並在收到指定數量的訊息後退出。

你會注意到 Good Bye 訊息馬上就顯示出來了。這是因為先前在 **Terminal #1** 中已經指定了 --retain-will 選項。這個選項會把 Will 訊息轉為該主題的保留（或最後已知正確）訊息，因此新連進來的客戶端就會收到這個訊息。

08 在 **Terminal #3** 中發佈新訊息，而 **Terminal #1** 的訂閱端會退出。注意，在 **Terminal #3** 中並未收到 Good Bye, Again 這則 Will 訊息。這是因為 **Terminal #1** 訂閱端已透過 -C 選項而與代理優雅地斷線了，如果想知道 -C 2 中的 2 是什麼意思的話，它代表把所保留的 Will 訊息會被視為第一則訊息。

做得好！如果上述每個 MQTT 範例都操作過的話，則你已經知道使用 MQTT 和 Mosquitto 代理的核心概念了。別忘了 MQTT 是一種開放標準，這些原理全部都適用於任何 MQTT 代理或客戶端。

到目前為止，我們已經了解了訊息訂閱及發佈、如何使用主題來區隔訊息、以及如何利用包括 QoS、訊息保留、持久性連線與 Will 等功能來控制訊息的管理與傳輸。當要使用 MQTT 來製作複雜又靈活的分散式物聯網系統時，這些知識就是你最堅實的基礎。

在此給你最後一個提示，這在我剛開始玩 MQTT 時讓我印象深刻。

Tips

如果即時、保留或在佇列中的持久性連線訊息好像消失在黑洞中的話，請檢查訂閱與發佈客戶端兩端的 QoS 等級。為了監控所有訊息，請在終端機以 QoS 2 來啟動一個訂閱端，並啟用 verbose 與 debug 選項來傾聽 # 主題，例如 `mosquitto_sub -q 2 -v -d -h localhost -t '#'`。

我們現在已完成 MQTT-by-example 的所有範例且學到如何從命令列與 MQTT 代理互動。接下來，我想簡單地介紹提一下公共代理服務。在此之後，我們將進入程式碼並了解如何將 MQTT 與 Python 結合使用。

4.3.6 使用 MQTT 代理服務

如果不想自行託管 MQTT 代理的話，網路上有蠻多個 MQTT 代理服務供應商，可用來建立基於 MQTT 的訊息傳遞應用。也有一些免費公開的 MQTT 代理，方便你測試與快速概念驗證，但也因為它們是免費公開的服務，因此不要發佈任何敏感資訊上去！

如果在使用免費的公開代理服務時遇到挫折、斷線或任何意外行為，請改用本機端代理來測試與驗證你的應用程式。這些開放的公用代理在流量擁塞、主題用量與設定細節，以及這些因素會對你的應用程式有怎樣的影響，其實沒有可靠的驗證方法。

你可以玩玩看下列的免費公用代理。只要把上述範例的 `-h localhost` 選項換成代理的 IP 即可。更多資訊與教學請直接點選網頁：

- `https://test.mosquitto.org`
- `http://broker.mqtt-dashboard.com`
- `https://ot.eclipse.org/getting-started`

接下來要更上一層樓，我們終於要進入 MQTT 的 Python 部分啦！請放心，剛剛介紹的所有內容在開發 MQTT 物聯網應用程式時都將是無價之寶，因為前述的命令列工具與範例會變成 MQTT 開發與除錯工具的重要部分。我們會運用已學到的核心 MQTT 概念，但這次會改用 Python 與 Paho-MQTT 客戶端函式庫。

4.4 介紹 Python Paho-MQTT 客戶端函式庫

在進入 Python 程式碼之前，首先要安裝 Python 的 MQTT 客戶端函式庫。本章一開始的技術要求中已透過 `requirements.txt` 來安裝 Paho-MQTT 客戶端函式庫。

info

如果你是 MQTT 新手且還沒看過 4.3 節的話，建議稍微停下腳步把它讀一遍，你會了解後續 Python 範例中的 MQTT 概念與術語。

Paho-MQTT 客戶端函式庫來自 Eclipse 基金會，它也負責維護 Mosquitto MQTT 代理。在本章的「延伸閱讀」可找到 Paho-MQTT 客戶端函式庫 API 文件的官方連結。完成本章之後，如果你想進一步認識這個函式庫與其功能的話，建議把官方文件與相關範例都看一遍喔！

Python Paho-MQTT 函式庫有三個核心模組：

- 客戶端：可完整管理 Python 應用中的 MQTT 生命週期。
- 發佈端：發佈訊息的輔助模組。
- 訂閱端：訂閱訊息的輔助模組。

如果你打算製作更複雜和長時間運行的物聯網應用的話，這款客戶端模組是理想的選擇，但發佈端與訂閱端輔助模組只適用於短期應用以及不需要保證完整生命週期管理的情況。

Tips

以下 Python 範例會連接到先前在 4.2 節所安裝的本機端 Mosquitto MQTT 代理。

我們將使用 Paho 客戶端模組來建立更完整的 MQTT 範例。不過，一旦你確實了解客戶端模組之後，使用輔助模組來建立替代方案也是很簡單的。

info

提醒一下，接下來會用到第 2 章的圖 2-7 麵包板電路。

大致了解了 Paho-MQTT 函式庫之後，接下來要簡述 Python 程式碼、隨附網頁客戶端，並看看 Paho-MQTT 的實際運作方式。

4.5 用 Python 和 MQTT 來控制 LED

在 4.2 節中，我們藉由訪問 `http://localhost:8083` 網址來測試安裝是否成功，成功的話會看到一個有滑桿元件的網頁。不過，那時還無法改變 LED 的亮度。當你操作滑桿時，網頁確實有發佈 MQTT 訊息給 Mosquitto 代理，但是沒有負責接收訊息的程式來改變 LED 的亮度。

本節會介紹一份 Python 程式碼，它會訂閱名為 `led` 的主題並處理滑桿所產生的訊息。接著會執行 Python 程式碼並確保可以改變 LED 的亮度。

4.5.1 運行 LED MQTT 範例

本節範例為 `chapter04/mqtt_led.py`。在繼續之前，先看看檔案以大致了解其內容。請根據以下步驟來操作：

01 在終端機中輸入以下指令來執行程式：

```
# Terminal #1
(venv) $ python mqtt_led.py
INFO:main: Listening for messages on topic 'led'. Press Control + C to exit.
INFO:main:Connected to MQTT Broker
```

02 現在，打開第二個終端機視窗並輸入以下，LED 應該會亮起來（注意 JSON 格式是否正確）：

```
# Terminal #2
$ mosquitto_pub -q 2 -h localhost -t 'led' -r -m '{"level": "100"}'
```

03 有注意到步驟 2 中的 `-r(--retain)` 選項嗎？終止並再次啟動 `mqtt_led.py`，查看 Terminal #1 的輸出和 LED 狀態。應注意到當 `mqtt_led.py` 啟動時，會從主題的保留訊息收到 LED 的亮度數值並以此來初始化 LED 的亮度。

04 開啟 `http://localhost:8083` 網址，看看 LED 亮度是否隨著你拉動滑桿而改變。

Tips

讓網頁保持開啟並再度執行步驟 2 的指令，看看滑桿發生了什麼事，它應該會與你指定的新亮度數值保持同步。

05 接下來要看看運作中的持久性連線。請再度終止 `mqtt_led.py` 並進行以下步驟：

- 隨機拉動網頁滑桿約 5 秒。在操作滑桿時，訊息會被發佈給 `led` 主題的代理。這些訊息會被排入佇列，後續重新上線時會傳送給 `mqtt_led.py`。
- 重啟 `mqtt_led.py`，觀察終端機輸出訊息與 LED 狀態。你會發現終端機湧出了大量訊息，LED 會在 `mqtt_led.py` 傳送與處理佇列訊息時閃爍。

Tips

Mosquitto 預設可對每一個使用持久性連線的客戶端保留 100 條訊息。在連接到代理時，客戶端是透過所提供的客戶端 ID 來進行識別。

操作過也看過 mqtt_led.py 的運作方式之後，來看看它的程式碼。

4.5.2 了解程式碼

在討論 chapter04/mqtt_led.py 程式碼內容時，請特別注意如何連接到 MQTT 代理和連線生命週期的管理方式。此外，在介紹程式碼如何接收和處理訊息時，請參閱上一節中與發佈訊息的命令列範例有關的程式流程。

一旦了解 Python 程式碼以及與 MQTT 代理的整合方式之後，你等於擁有了一個以 MQTT 訊息傳遞為中心的端對端參考解決方案了，後續可根據實際專案需求來調整。

首先來看看匯入了哪些東西。像往常一樣，前幾章中已經介紹過的東西就不再談了，包括紀錄設定與 GPIOZero 相關的程式碼。

◉ 匯入

本範例只有一個新的匯入項目，就是 Paho-MQTT 客戶端套件：

```
import paho.mqtt.client  as mqtt # (1)
```

#1 處匯入了 Paho-MQTT 的 client 類別並將其別名設為 mqtt。如前所述，這個 client 類別可用於建立一個完整生命週期的 MQTT 客戶端。

接下來要介紹全域變數。

◉ 全域變數

#2 處的 BROKER_HOST 與 bBROKER_POST 變數指向本地安裝的 Mosquitto MQTT 代理。埠號 1883 為標準的預設 MQTT 埠號。

```
# 全域變數
...
BROKER_HOST = "localhost" # (2)
BROKER_PORT = 1883
CLIENT_ID = "LEDClient"   # (3)
TOPIC = "led"             # (4)
client = None # MQTT client instance. See init_mqtt() # (5)
...
```

#3 處定義了 CLIENT_ID 作為客戶端的唯一識別碼，用來識別誰在使用 Mosquitto MQTT 代理，在此必須提供一個唯一 ID 給代理才能使用持久性連線。

#4 處定義了程式所要訂閱的 MQTT 主題，而 #5 的 client 變數是一個會被分派 Paho-MQTT 客戶端實例的佔位符，後續就會介紹到它。

◉ set_led_level(data) 方法

#6 處的 set_led_level(data) 中整合了 GPIOZero 來改變 LED 亮度，且該方法類於在第 3 章提到的對應方法，因此內部就不再贅述：

```
def set_led_level(data): #(6)
   ...
```

data 參數預期是一個格式為 {"level": 50} 的 Python 字典，其中介於 0 至 100 之間的整數是代表亮度百分比。

接下來要看看 MQTT 的回呼函式，先從 on_connect() 和 on_disconnect() 開始。

◎ on_connect() 與 on_disconnect() MQTT 回呼方法

on_connect() 與 on_disconnect() 回呼處理函式為使用 Paho 的 client 類別可取得之完整生命週期的範例。後續在討論 init_mqtt() 方法時就會介紹如何建立 Paho 的 client 實例且隨後註冊這些回呼函式。

在以下程式碼中，我們對於 #7 處 on_connect() 感興趣的參數是作為 Paho client 類別參考的 client，另外還有用於描述連線結果之整數 result_code。#8 處看到了 result_code 被用於測試連線是否成功。另外也請注意 connack_string() 方法，在連線失敗時負責把 result_code 轉換為人類可讀的字串。

Tips

當談到 MQTT 客戶端與以下程式碼中 #7 處的 client 參數時，記得這是指 Python 客戶端對代理的連線，而不是例如網頁這樣的客戶端程式。這個客戶端參數的意義不同於第 3 章中用於 Flask-SocketIO Web Socket 伺服器之回呼處理函式的客戶端參數。

作為參考，user_data 參數可用來在 Paho 客戶端的回呼方法之間傳遞私人資料，其中的 flags 是一個包含了來自 MQTT 代理之回應與設定提示的 Python 字典：

```
def on_connect(client, user_data, flags, result_code): # (7)

    if connection_result_code == 0:                    # (8)
        logger.info("Connected to MQTT Broker")
    else:
        logger.error("Failed to connect to MQTT Broker: " +
                     mqtt.connack_string(result_code))

    client.subscribe(TOPIC, qos=2)                     # (9)
```

#9 處看到了 subscribe() 這個 Paho 客戶端實例方法，會用到先前定義的 TOPIC 全域變數來訂閱 led 主題。我們也向代理指定訂閱的 QoS 等級為 2。

Tips

務必都在 on_connect() 處理函式中來訂閱主題。這樣，如果客戶端與代理斷線時，它在後續再次連上線時就可重新建立訂閱。

接下來看到以下 #10 處的 on_disconnect() 處理函式，其中只用於記錄所有斷線狀況。該方法的參數定義與 on_connect() 處理函式是一樣的：

```
def on_disconnect(client, user_data, result_code): # (10)
    logger.error("Disconnected from MQTT Broker")
```

現在要繼續介紹用於處理 led 主題傳入訊息的回呼方法，該主題已在 #9 處的 on_connect() 中被訂閱了。

◉ on_message() MQTT 回呼方法

每當程式收到來自訂閱主題的新訊息時，就會呼叫 #11 處的 on_message() 處理函式。訊息可由作為 MQTTMessage 實例的 msg 參數來取得。

#12 處取得了 msg 的 payload 屬性並將其解碼為字串。資料的預期格式為 JSON 字串（例如 { "level": 100 }），因此可用 json.loads() 將字串解析為 Python 字典並把結果丟給 data。如果訊息內容並非正確的 JSON 格式，就會透過例外來記錄錯誤：

```
def on_message(client, userdata, msg):                   # (11)
    data = None
    try:
        data = json.loads(msg.payload.decode("UTF-8")) # (12)
    except json.JSONDecodeError as e:
        logger.error("JSON Decode Error: " + msg.payload.decode("UTF-8"))
    if msg.topic == TOPIC:                               # (13)
        set_led_level(data)                              # (14)
    else:
        logger.error("Unhandled message topic {} with payload "
                     + str(msg.topic, msg.payload)))
```

#13 處用到了 msg 的 topic 屬性，在此需要檢查它是否符合預期的 led 主題，以本範例來說只訂閱了這個主題。不過，在此可作為訂閱多個主題的程式要如何執行條件邏輯與路由處理的參考點。

最後是 #14，把解析後的訊息傳給 set_led_level() 方法來改變 LED 的亮度。

接下來要看看如何建立與設定 Paho 客戶端。

◉ init_mqtt() 方法

#15 處建立了一個 Paho-MQTT client 實例，並被指派給 client 全域變數的。此物件的參考是先前在 on_connect()、on_disconnect() 與 on_message() 方法中看到的 client 參數。

client_id 參數被設定為先前定義於 CLIENT_ID 的客戶端名稱，同時 clean_session=False 是告訴代理在連線時不可清除客戶端的任何已儲存訊息。如先前的命令列範例，在要求持久性連線好讓離線時發佈給 Led 主題的任何訊息都可為客戶端儲存起來時，這算是本末倒置的做法：

```
def init_mqtt():
    global client
    client = mqtt.Client(                          # (15)
        client_id=CLIENT_ID,
        clean_session=False)

    # 把 Paho 登入導向到 Python 登入
    client.enable_logger()                         # (16)

    # 設定各回呼函式
    client.on_connect = on_connect                 # (17)
    client.on_disconnect = on_disconnect
    client.on_message = on_message

    # 連線到代理
    client.connect(BROKER_HOST, BROKER_PORT) # (18)
```

有個需要注意的重點在 #16。我們的程式使用標準 Python 紀錄套件，因此需要呼叫 `client.enable_logger()` 才能取得所有 Paho-MQTT 客戶端的紀錄訊息。沒有呼叫的話就無法紀錄有用的診斷資訊。

最後在 #18 連接 Mosquitto MQTT 代理，並在成功建立連線之後呼叫 `on_connect()` 處理函式。

接下來要說明如何啟動程式。

◉ 主進入點

在初始化 LED 與客戶端實例後，終於來到程式的主進入點。

#19 處註冊了訊號處理函式來取得 Ctrl + C 按鍵組合。`signal_handler` 方法（未列出）只負責熄滅 LED 並優雅地與代理斷線。

```
# 初始化模組
init_led()
init_mqtt()

if __name__ == "__main__":
    signal.signal(signal.SIGINT, signal_handler) # (19)
    logger.info("Listening for messages on topic '"
        + TOPIC + "'. Press Control + C to exit.")

    client.loop_start()                          # (20)
    signal.pause()
```

#20 處呼叫 `client.loop_start()` 允許客戶端啟動、連接到代理和接收訊息。

Tips

有沒有注意到 LED 程式是無狀態的？在此沒有在程式碼或磁碟中儲存或保留任何 LED 亮度等級。程式所做就是訂閱代理的主題，並使用 GPIOZero 來改變 LED 的亮度。我們是透過 MQTT 的保留訊息（或稱為最後已知的良好訊息）功能來有效地將所有的狀態管理移交給 MQTT 代理。

用來與 LED 以及 MQTT 代理互動的 Python 程式碼到此介紹完畢。我們已學會如何使用 Python Paho-MQTT 函式庫來連接 MQTT 代理並訂閱 MQTT 主題。在收到訂閱主題的訊息時，也知道如何處理它們且根據訊息內容來改變 LED 的亮度。

希望本書所介紹的 Python 與 Paho-MQTT 框架與範例能讓你在開發基於 MQTT 的物聯網專案時具備扎實的基礎。

接下來要看看使用 MQTT 和 Web Socket 的網頁客戶端。這個網頁客戶端會連上 Mosquitto MQTT 代理並發佈訊息來控制 LED。

4.6 製作以網頁為基礎的 MQTT 客戶端

第 3 章介紹了使用包括 HTML 檔案與 JavaScript 網頁客戶端之 Web Socket 的範例。本節也會介紹使用 HTML 和 JavaScript 製作的 Web Socket 的網頁客戶端。不過，這次會運用 Mosquitto MQTT 代理內建的 Web Socket 功能，以及相容於 JavaScript Paho-JavaScript 的 Web Socket 函式庫（本章「延伸閱讀」有提供相關連結）。

info

比較一下，第 3 章使用 Python 並搭配 Flask-SocketIO 自己做了一個 Web Socket 伺服器，而網頁客戶端則是使用 Socket.io JavaScript Web socket 函式庫。

現在要介紹先前用來控制 LED 的網頁客戶端，這顆 LED 是先前在 4.2 節的步驟 7 所安裝的。你可以快速回顧步驟 7 並操作網頁客戶端好重新熟悉它，以及如何用網路瀏覽器來存取它。

網頁客戶端程式為 `chapter04/mosquitto_www/index.html`，在繼續之前請查看此檔。

4.6.1 了解程式碼

儘管本範例所用的 JavaScript 函式庫不同，然而你會發現整體結構與 JavsScript 程式碼使用方式與第 3 章的 socket.io 網頁客戶端相當類似。同樣，先從匯入項開始說明。

◉ 匯入

#1 處，網頁客戶端匯入了 Paho-MQTT JavaScript 客戶端函式庫：

```
<title>MQTT Web Socket Example< / title>
<script src="./jquery.min.js"></script>
<script src="./paho-mqtt.js"></script> <!— (1) —>
```

`paho-mqtt.js` 的檔案路徑為 `chapter04/mosquitto_www` 資料夾中。

Paho-MQTT JavaScript 函式庫的官方文件網頁為 `https://www.eclipse.org/paho/clients/js`，而其官方 GitHub 網頁為：

`https://github.com/eclipse/paho.mqtt.javascrip`

Tips

想要進一步探索 Paho-MQTT JavaScript API 時，請從它的 GitHub 網站開始，並留意上頭提到的任何重大變更。官方文件網頁中的程式碼已確認與 GitHub 不一致。

接著介紹全域變數。

◉ 全域變數

#2 處宣告了 `CLIENT_ID` 常數，用於讓代理識別 JavaScript 客戶端。

每個 Paho JavaScript MQTT 客戶端在連線到代理時，都必須提供唯一的主機名稱、埠號與客戶端 ID。為了確認這件事，可在同一台電腦上執行多個網頁來測試及示範，在此使用隨機數為每個網頁建立一個準唯一客戶端 ID：

```
<script type="text/javascript" charset="utf-8">
    messagePubCount = 0;
    const CLIENT_ID = String(Math.floor(Math.random() * 10e16)) // (2)
    const TOPIC = "led";                                        // (3)
```

#3 把 TOPIC 常數定義為 "led"，就是所要訂閱與發佈的 MQTT 主題名稱。接著要建立客戶端實例。

◉ Paho JavaScript MQTT client

#4 建立了 Paho-MQTT 客戶端實例且將它分派給 client 變數。

Paho.MQTT.client() 的參數為代理的主機位址與埠號。我們使用 Mosquitto 來提供這個網頁，因此代理的主機位址與埠號會與網頁相同。

```
const client = new Paho.Client(location.hostname, // (4)
                               Number(location.port),
                               CLIENT_ID);
```

發現了嗎？ http://localhost:8083 的埠號為 8083，但在 Python 中的埠號卻是 1883：

- 埠 1883 為代理的 MQTT 通訊協定埠號，Python 程式是透過這個埠號與代理連線。
- 先前已把埠號 8083 設定為 Mosquitto 代理的 Web Socket 埠。網頁所支援的通訊協定為 HTTP 與 Web Socket，而非 MQTT。

這裡是重點。儘管我們在 JavaScript 程式碼的情境中談到了 MQTT 一詞，然而實際上還是透過 Web Socket 來與代理互動，藉此達到 MQTT 的概念。

Tips

談到 MQTT 客戶端並在 #4 建立 client 實例時，別忘了這實際上是 JavaScript 程式碼所實作的客戶端，用於連線到代理。

接下來要說明如何連線到代理，並註冊 onConnect 處理函式。

◉ 連接到代理

#5 處定義了 onConnectionSuccess() 處理函式，當 client 成功連接代理時就會呼叫它。連線成功時就更新網頁來顯示相關訊息並啟用滑桿：

```
onConnectionSuccess = function(data) {                     // (5)
     console.log("Connected to MQTT Broker");
     $("#connected").html("Yes");
     $("input[type=range].brightnessLevel")
            .attr("disabled", null); client.subscribe(TOPIC); // (6)
};

client.connect({                                           // (7)
     onSuccess: onConnectionSuccess,
     reconnect: true
});
```

接下來在 #6 訂閱了 led 主題，並在 #7 連接到代理。請注意，我們註冊 onConnectionSuccess 函式作為 onSuccess 選項。

Tips

類似 Python 範例，別忘了都要在 onSuccess 處理函式中去訂閱主題。這樣當客戶端與代理斷線時，後續重新連線時就能重新建立訂閱。

另外也指定了 reconnect: true 選項，這可讓客戶端在斷線之後可以自動重新連回代理。

info

經實際觀察，JavaScript Paho-MQTT 客戶端在斷線之後大概要 1 分鐘才能重新連回，請耐心等待。相較於 Python Paho-MQTT 客戶端的話，後者可說是立即重連。

接下來說明另外兩個處理函式。

◉ onConnectionLost 與 onMessageArrived 處理函式方法

在 #8 與 #9 處可看到如何用 Paho-MQTT 的 `client` 實例來註冊 `onConnectionLost` 與 `onMessageArrived` 處理函式：

```
client.onConnectionLost = function onConnectionLost(data) {    // (8)
    ...
}

client.onMessageArrived = function onMessageArrived(message) { // (9)
    ...
}
```

這兩個函式基本上與第 3 章的 socket.io 範例中對應函式類似，因為它們都是根據各自的 `data` 與 `message` 參數中的資料來更新滑桿與網頁文字。

接下來要介紹文件備妥函式。

◉ JQuery 的文件備妥函式

最後請看到 #10 的文件備妥函式，在此會初始化網頁內容並註冊滑桿的事件監聽器：

```
$(document).ready(function() {                    // (10)
    $("#clientId").html(CLIENT_ID);

    // 滑桿數值改變的事件監聽器
    $("input[type=range].brightnessLevel").on('input', function() {
        level = $(this).val();

        payload = {
            "level": level
        };

        // 發佈 LED 亮度
        var message = new Paho.Message( // (11)
           JSON.stringify(payload)
        );

        message.destinationName = TOPIC;    // (12)
        message.qos = 2;
```

```
            message.retained = true;            // (13)
            client.send(message);
        });
    });
```

在 #11 處的滑桿事件處理函式中可以看到 MQTT 訊息的建立方式。請注意 `JSON.stringify(payload)` 的用法。`Paho.Message` 建構子只接受 `String` 參數而不是 `Object`，因此要把 `payload` 變數（它是 `Object`）轉換成字串。

#12 處，在把 QoS 等級設為 2 之前，要先透過 `message.destinationName = TOPIC` 來把訊息發佈主題設定為 `led`。

接下來看到 #13 的 `message.retained = true`，這代表我們想要保留這個訊息，當有新客戶端訂閱 `led` 主題時會自動發送這筆訊息。保留這筆訊息就能讓 `mqtt_led.py` 程式在多次重啟之間能夠取得 LED 的先前亮度並初始化。

做得好！這個 MQTT 小範例的 Python 與 JavaScript 兩個面向都介紹完畢了。

4.7 總結

本章介紹並實作了 MQTT 的核心概念。在 Raspberry Pi 單板電腦上安裝與設定 Mosquitto MQTT 代理之後，就直接在命令列中操作一系列範例。我們學會了如何發布和訂閱 MQTT 訊息、主題的建立方式與命名階層，還有對訊息附加 QoS 等級的作法。

接著說明了由 MQTT 代理所提供的兩個機制，可把後續才要傳輸的訊息儲存起來：持久性連線與保留訊息。在此藉由一個稱為 Will 的特殊訊息和主題類型來作為 MQTT 觀念的總結。客戶端可透過 Will 來註冊代理的某個訊息，當客戶端突然斷線時能夠自動把訊息發佈給主題。

接著是一個 Python 程式範例，它使用 Paho Python MQTT 函式庫來訂閱 MQTT 主題，並藉此控制 LED 的亮度來回應所收到的訊息。然後再介紹用 Paho JavaScript MQTT 函式庫製作的網頁，可以把 Python 程式所取得的訊息發佈出去。

現在你已具備 MQTT 的扎實知識以及實用程式碼框架了，可以用在許多物聯網應用程式中了。這是對在前幾章介紹過的其他連網辦法與程式碼框架的補充，例如 dweet.io 服務、Flask-RESTful、與 Flask-SocketIO。你的專案要使用哪種作法完全取決於你的目標，當然還有你的個人喜好。對於大型專案和需要與外部系統整合的專案，你可能會發現需要同時整合多種作法，甚至需要研究和探索其他技術。我深信這對於目前為止所涵蓋的替代聯網方式的學習和理解是很有幫助的，並有助於理解過程中遇到的其他作法。

下一章會介紹讓 Raspberry Pi 連接實體世界的一系列專題。除了 GPIOZero 和 PiGPIO 以外，還會介紹一些熱門的 Python GPIO 函式庫，並看看 Raspberry Pi 可用的各種類型電子產品介接選項與設定方式。我們也準備了一個整合性範例，會在 Raspberry Pi 加裝一個類比 - 數位轉換器，並寫一個小程式來探索 PWM 技術和概念。

4.8 問題

在結束本章之前，歡迎挑戰以下問題來驗證你在本章所學到的知識。在本書後面的「附錄」中可找到評量解答。

1. 什麼是 MQTT？
2. 如果已保留的 MQTT 訊息一直沒有被送出的話，要檢查哪些地方？
3. MQTT 代理會在什麼情形下發佈 Will 訊息？

4. 你的物聯網專案選擇 MQTT 作為訊息傳遞層，且必須確保訊息可確實被送出與接收。這樣的話，所需的最低 QoS 等級為何？
5. 你使用 MQTT 並使用 Mosquitto 代理來開發應用程式，但是現在必須改用另一個代理。這對你的程式碼與部署設定會有什麼影響？
6. 應該在程式碼的何處（提示：哪個處理函式）來訂閱 MQTT 主題？為什麼？

4.9 延伸閱讀

本章從操作層級介紹了 MQTT 的基礎知識。如果想要從通訊協定與資料層級來深入了解 MQTT 的話，HiveMQ（一款 MQTT 代理和服務提供者）有一系列共計 11 篇關於 MQTT 通訊協定的詳細教學：https://www.hivemq.com/blog/mqtt-essentials-part-1-introducing-mqtt

Mosquitto MQTT 的代理與客戶端工具的主頁請由以下網址取得：

- Mosquitto MQTT broker：https://mosquitto.org

本章 Paho-MQTT 函式庫的文件與 API 參考資料請由以下網址取得：

- Paho-MQTT Python 函式庫：https://www.eclipse.org/paho/clients/python
- Paho-MQTT JavaSctipt 函式庫：https://www.eclipse.org/paho/clients/js

除了 MQTT、HTTP RESTful API 和 Web Socket 以外，還有一些特別針對資源有限裝置所設計的通訊協定，例如 CoRA 與 MQTT-NS。Eclipse 基金會針對這些通訊協定的整理結果請參考：https://www.eclipse.org/community/eclipse_newsletter/2014/february/article2.php

Part

可與真實世界互動的實用電子元件

這一篇將介紹如何讓 Raspberry Pi 透過各種電子元件來連接真實世界的相關概念，這會用到它的 P1 排針，就是板子上的那兩大排腳位，通常簡稱為 GPIO 腳位。

本篇是銜接軟體世界與電子世界的重要橋樑。我們的目標是讓你了解介接簡易與複雜電子元件的關鍵術語與實用觀念。本篇結束之後，你將具備所需的知識來完成把各種電子裝置接到 Raspberry Pi 的挑戰，並根據你的用途與興趣需求做出正確決定來進一步研究。

本篇包含以下章節：

Chapter 05

Raspberry Pi 連接真實世界

本章要介紹讓 Raspberry Pi 連接真實世界相關的軟硬體概念。我們將介紹 GPIO 函式庫用來參照 Raspberry Pi 之 GPIO 腳位的常用編號格式，還會簡單介紹除了前幾章介紹的 GPIOZero 與 PiGPIO 函式庫以外的常用 GPIO 函式庫。正如所要學習的，GPIO 編號格式的掌握度對於操作 GPIO 函式庫來搭配 GPIO 腳位可說是非常關鍵。

本章還整理了多種讓 Raspberry Pi 介接電子元件的多種方式，接著才會進入兩個重要電子概念的詳細練習和實作：脈衝頻寬調變（PWM)）與類比 - 數位轉換。

本章主題如下：

- 了解 Raspberry Pi 腳位編號
- 認識常用的 Python GPIO 函式庫
- 認識 Raspberry Pi 與電子元件介接方式
- 介接類比 - 數位轉換器

5.1 技術要求

你需要下列項目來執行本章的範例：

- Raspberry Pi 4 Model B
- Raspbian OS Buster（桌面環境與建議軟體都要安裝）
- Python，最低版本 3.5

這些都是本書範例程式碼的基礎。合理預期，只要你的 Python 為 3.5 以上版本，這些範例程式碼應該不需要修改就能在 Raspberry Pi 3 Model B 或其他版本的 Raspbian OS 中執行才對。

本章範例程式碼請由本書 GitHub 的 chapter05 資料夾中取得：https://github.com/PacktPublishing/Practical-Python-Programming-for-IoT

請在終端機中執行以下指令來設定虛擬環境和安裝本章程式碼所需的 Python 函式庫：

```
$ cd chapter05                              # 進入本章資料夾
$ python3 -m venv venv                      # 建立 Python 虛擬環境
$ source venv/bin/activate                  # 啟動 Python 虛擬環境
(venv) $ pip install pip —upgrade           # 升級 pip
(venv) $ pip install -r requirements.txt    # 安裝相依套件
```

以下相依套件都是由 requirements.txt 所安裝：

- GPIOZero：GPIOZero GPIO 函式庫（https://pypi.org/project/gpiozero）
- PiGPIO：PiGPIO GPIO 函式庫（https://pypi.org/project/pigpio）
- RPi.GPIO：RPi.GPIO 函式庫（https://sourceforge.net/p/raspberry-gpio-python/wiki/Home）
- ADS1X15：ADS11x5 ADC 函式庫（https://pypi.org/project/adafruit-circuitpython-ads1x15）

除了上述軟體之外，本章範例還需要以下實體電子元件：

- 5 mm 紅光 LED，1 個
- 200 Ω 電阻，一個。色環為紅、黑、棕，然後是金色或銀色
- ADS1115 ADC 轉接模組，1 個（例如，https://www.adafruit.com/product/1085）
- 10 kΩ 電位計，2 個（10KΩ - 100KΩ 之間的任何數值都適用）
- 麵包板，1 個
- 公對母和公對公跨接線，1 批（也稱為杜邦線）

5.2 了解 Raspberry Pi 腳位編號

注意到 Raspberry Pi 那些伸出的腳位了嗎？自第 2 章開始，我們已知道如何透過像是 GPIO Pin 23 的說法來引用這些腳位，但這是什麼意思？現在是詳細說明的時候了。

有三種常用方式來引用 Raspberry Pi 的 GPIO 腳位，如圖 5-1 所示：

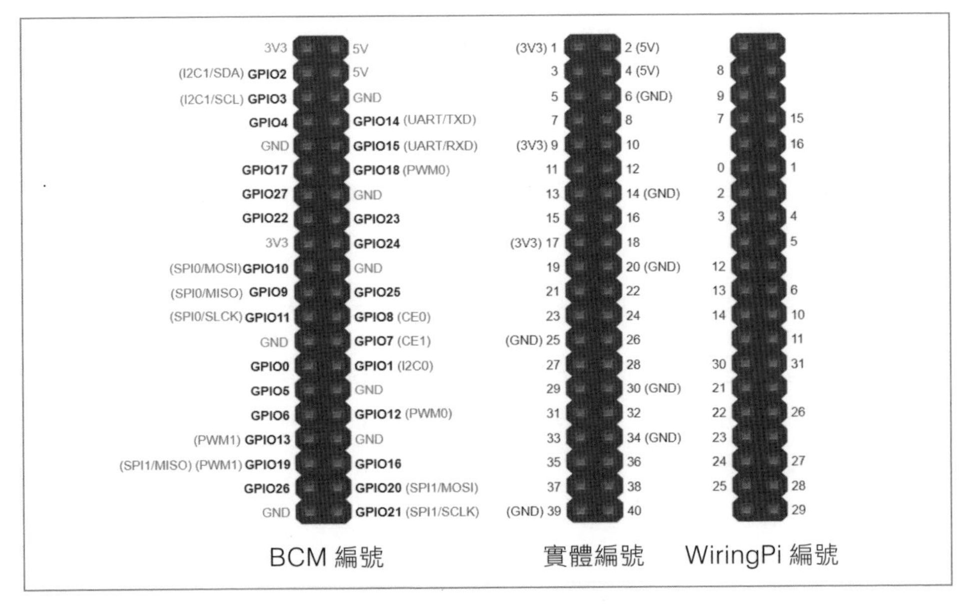

▲ 圖 5-1 GPIO 腳位編號方案

之前的所有章節都是從 PiGPIO 的角度來討論 GPIO 腳位，它正是使用了 Broadcom（也稱為 BCM）編號方案。對於基於 Python 之 GPIO 函式庫來說，BCM 是最常用的方案，而且後續要介紹的 GPIO 函式庫全部都只能使用或預設使用 BCM。不過，知道還有哪些其他方案也是很有用的，因為這在閱讀網路或其他資源的程式碼或抓錯時很有幫助。

Tips

GPIO 與腳位這兩個詞在識別腳位時常常混雜出現。在判讀 GPIO 23 或 23 號腳位時需要考慮上下文以及採用的腳位編號格式。

來看看上圖 5-1 中的這些替代方案：

- Broadcom/BCM 編號：這是指 Raspberry Pi 的 Broadcom 晶片 GPIO 編號。如採用 BCM 編號，當說到 GPIO 23 時，意思是如圖 5-1 左側之 BCM 腳位圖的 GPIO 23。這是本書的 GPIOZero 與 PiGPIO 範例所採用的編號格式。
- Physical/Board/Pl Header：本腳位編號方案中是採用 P1 腳位的實體腳位編號，例如 BCM GPIO 23 = Physical Pin 16。
- WiringPi：WiringPi 是一款常用的 C GPIO 函式庫，使用自己專屬的腳位對應編號。由於 WiringPi 已算是相當成熟（具備 Python 埠），你日後也會常常碰到它的。以本範例來說，BCM GPIO 23 = Physical Pin 16 = WiringPi Pin 4。

還有一些腳位參照與互動和介面的方法和命名值得一提，如下：

- 虛擬檔案系統：有掛載於 `/sys` 的虛擬檔案系統用於一般 GPIO 存取、`/dev/*i2c` 用於 I2C、`/dev/*spi*` 用於 SPI，以及 `/sys/bus/w1/devices/*` 用於單線裝置。

- 替代腳位功能：圖 5-1 中的 BCM 區塊已列出了 GPIO 腳位編號，和用括號表示的 PWM0、I2C0 及 SPI0 的替代腳位功能，代表這些腳位可以在基本數位 I/O 之外還能做到的額外功能。
- 匯流排 / 通道編號：用於 SPI 與 I2C 介面與硬體 PWM，常用的函式庫作法為使用匯流排或通道編號。例如，我們可使用 BCM GPIO 18 作為一般的通用數位輸入及輸出，也可在替代功能模式中將其視為 PWM channel 0，作為硬體 PWM 使用。

Tips

pinout.xyz 網站用於查找腳位名稱、替代功能與腳位編號對應關係超級方便。

現在已經了解用於參照 Raspberry Pi 之 GPIO 腳位的不同方案。儘管 BCM 方案在基於 Python 的 GPIO 函式庫中往往是最常見和通用的，然而不要太樂觀假設你所用的 GPIO 函式庫、範例程式甚至麵包板佈置或示意圖都是使用 BCM 方案來引用 GPIO 腳位。程式碼採用的腳位編號與電子產品接線到 Raspberry Pi 之 GPIO 腳位所採用的腳位編號，兩者對應錯誤是導致電路無法運作的常見錯誤。

Tips

我經常看到人們（我也這樣做過）在電路與網上某處找到的範例程式碼無法正常工作時，他們會抱怨佈線有錯或甚至認為電子產品元件是否故障。抓錯的第一步是檢查程式碼所用的腳位編號方案與將電子元件接到 Raspberry Pi 之 GPIO 腳位的腳位編號格式是否一致。

了解不同 GPIO 編號方案的用法與重要性之後，接著來複習一下常用的 Python GPIO 函式庫。

5.3 常用的 Python GPIO 函式庫

如果你和我一樣，在第一次使用 Raspberry Pi 時可能只是想控制個什麼東西。今天，對於許多開發人員來說，他們與透過 Raspberry Pi 進行實體運算的第一次親密接觸是參考 Raspberry Pi 官方網站並搭配 GPIOZero 函式庫。不過，在玩過按鈕、LED 與馬達這類簡易電路一段時間之後，你會想要做到更複雜的介接效果。如果已經邁出了這一步或打算這麼做的話，你可能會發現自己處於各種 GPIO 函式庫與選項的迷霧之中。本節會示範一些常用的作法來幫助你找到一條出路。

Tips

我在以下網址整理了多個 Python GPIO 函式庫（包括沒有列出的額外函式庫）的歸納與比較表：`https://10xiot.com/gpio-comp-table`

我們從 GPIOZero 開始介紹 GPIO 函式庫。

5.3.1 回顧 GPIOZero - 初學者的簡易介面

GPIOZero 函式庫專注於簡單易用，使其成為初學者進入實體算和介接電子產品的好用函式庫。他藉由把底層的複雜技術抽象化來實現易用性，可以讓你寫出能處理 LED、按鈕與常用感測器這類周邊裝置的小程式，而無需編寫低階程式碼去直接控制腳位。

從與 GPIO 腳位硬體的互動方式來說，GPIOZero 技術上來說不算是個是成熟的 GPIO 函式庫，它只是其他用於執行檯面下那些囉唆事情的其他 GPIO 函式庫之簡化包裝。在第 2 章，我們分別透過 GPIOZero 與 PiGPIO 來實作按鈕與 LED 範例來說明這一點。

GPIOZero 的主要特點如下：

- 簡介：為初學者設計的高階 GPIO 函式庫。
- 優點：易學易用，文件整理得很棒，範例也豐富。

- 缺點：除了介接簡易電子元件之外，用途有限。
- 網站：`https://gpiozero.readthedocs.io`

接下來要複習 RPi.GPIO 這個常用的低階 GPIO 函式庫。

5.3.2 回顧 RPi.GPIO - 初學者的低階 GPIO

先前已提到，GPIOZero 的本質是用於介接裝置與元件的簡易程式碼。然而，RPi.GPIO 採用另一種更古典的辦法，也就是寫程式來直接操作並管理 GPIO 腳位。RPi.GPIO 為 Raspberry Pi 用於介接電子元件的常用低階函式庫，因此你可在網路找到許多相關範例。

GPIOZero 文件中有相當的篇幅在討論 RPi.GPIO，其中說明了 GPIOZero 與 RPi.GPIO 的等效範例程式碼。要開始學習 GPIO 腳位相關之低階程式觀念時，這是相當不錯的學習資源。

info

另外還有個名為 RPIO 的函式庫，當初是作為 RPi.GPIO 的效能替代方案。不過 RPIO 目前已不再維護，且無法用於新款的 Raspberry Pi 3 或 4。

RPI.GPIO 的主要特點如下：

- 簡介：輕量化的低階 GPIO。
- 優點：函式庫相對成熟，網路上可找到許多範例程式。
- 缺點：輕量化代表它不是效能導向，且沒有硬體輔助 PWM。
- 網站：`https://pypi.python.org/pypi/RPi.GPIO`

接下來要看看另一個用於控制複雜裝置的高階函式庫。

5.3.3 回顧 Circuit Python 與 Blinka – 介接複雜裝置

Blinka 是 Circuit Python（circuitpython.org）的 Python 相容層，後者是用於微控制器的一種 Python。它是由 Adafruit 這家販售許多電子元件擴充板與小玩意的電子公司所建立與維護。Adafruit 針對許多自家產品提供高品質的 Circuit Python 驅動程式，把 GPIOZero 的易用性理念進一步應用到更複雜的裝置上。

本章稍後將使用 Blinka 和 Circuit Python 驅動程式函式庫搭配 ADS1115 ADC 擴充模組，讓 Raspberry Pi 具備類比 - 數位訊號轉換能力。

Blinka 的主要特點如下：

- 簡介：用於控制複雜裝置的高階函式庫。
- 優點：無論是否為有經驗的使用者都可以輕鬆地操作受支援的裝置。
- 缺點：它對於基本 IO 一樣使用 RPi.GPIO，因此也會受到相同的限制。
- 網站：`https://pypi.org/project/Adafruit-Blinka`

接下來，我們將討論 Pi.GPIO，它是強大的低階 GPIO 函式庫。

5.3.4 回顧 PiGPIO - 低階 GPIO 函式庫

就功能和性能而言，PiGPIO 公認是 Raspberry Pi 最完整的 GPIO 函式庫之一。它的核心是用 C 實作的，並有一個 Python 的官方版本。

PiGPIO 在架構上包含兩個部分：

- pigpiod 常駐程式服務：提供存取底層 PiGPIO C 函式庫的 socket 與管線。
- PiGPIO 用戶端函式庫：使用 socket 或管線來與 pigpiod 服務互動。正是這種設計，使得 PiGPIO 得以透過網路來實現遠端 GPIO 功能。

PiGPIO 的主要特點如下：

- 簡介：更完整之低階 GPIO 函式庫。
- 優點：有許多現成可用的功能。
- 缺點：需要額外的步驟；在具備相關概念的前提之下，文件說明較為簡單。
- 網站（Python Port）：`http://abyz.me.uk/rpi/pigpio/python.html`

在進入下一個函式庫之前，我想先介紹這個函式庫的一個獨家好用功能：遠端 GPIO。

◉ 透過 PiGPIO（與 GPIOZero）進行遠端 GPIO

一旦在 Raspberry Pi 上啟動 pigpiod 服務（參閱第 1 章）之後，有兩種方法可遠端存取程式碼。透過遠端存取，意謂你可在任何電腦上執行（不再限於 Raspberry Pi）執行程式，還能控制遠端 Raspberry Pi 的 GPIO。

方法 1：這個方法需要在 PiGPIO 建構子中指定遠端 Raspberry Pi 的 IP 或主機位址。透過本方法，只要建立多個 `pigpio.pi()` 實例就能控制多台 Raspberry Pi 的 GPIO 腳位。如以下範例，`pi` 實例所呼叫的任何方法都會在已執行 pigpiod 服務的 `192.168.0.4` 主機上執行：

```
# Python 程式碼
pi = pigpio.pi('192.168.0.4', 8888)
# 遠端主機與埠號（如省略則使用預設值 8888)
```

方法 2：第二個方法需要在電腦上設定環境變數，接著再執行一份 Python 程式碼（這段 Python 程式碼只需用到預設的 PiGPIO 建構子，也就是 `pi = pigpio.pi()`）：

```
# 在終端機中
(venv) $ PIGPIO_ADDR="192.168.0.4" PIGPIO_PORT=8888 python my_script.py
```

遠端 GPIO 是一個很好的開發輔助工具，但也因為資料是透過網路傳輸，因此會增加程式碼與 GPIO 腳位互動的延遲時間。這意味著它可能不適用於非開發階段的產品版本。例如，按下按鈕時會感受到反應速度變慢了，對於仰賴快速回應的範例來說，遠端 GPIO 可能就不太實用了。

Tips

第 2 章曾提到 GPIOZero 可使用 PiGPIO 的 Pin Factory，當它這樣做時，GPIOZero 就能自動取得遠端 GPIO 的能力了！

最後，由於這是屬於 PiGPIO 函式庫的獨特功能，所以如果想要遠端 GPIO 功能的話，你的所有程式碼都必須使用這個函式庫才行。如果你安裝第三方 Python 函式庫來驅動電子產品裝置且它是使用 RPi.GPIO（舉例）的話，則本裝置將無法遠端操作 GPIO。

接下來要介紹兩個用於 I2C 與 SPI 通訊的常見低階函式庫。

5.3.5 回顧 SPIDev 與 SMBus - 專用 SPI 與 I2C 函式庫

在使用已啟動 I2C 與 SPI 的裝置時，你會碰到 SPIDev 與 SMBus 這兩個函式庫（或其他類似的替代方案）。SPIDev 為一款用於 SPI 通訊的常見低階 Python 函式庫供，SMBus2 則是用於 I2C 與 SMBus 通訊的常用低階 Python 函式庫，這兩個函式庫都不是通用函式庫，因此無法用於基本的數位 I/O 腳位控制。

剛開始時，你應該不太想要，也沒必要直接使用這類 I2C 或 SPI 函式庫。反而，你會使用較高階的 Python 函式庫來操作已啟用 SPI 或 I2C 的裝置，此裝置在底層呼叫這類低階函式庫來與實體裝置通訊。

SPIDev 與 SMBus2 的主要特點如下：

- 簡介：用於介接 SPI 與 I2C 的較低階函式庫。
- 優點：使用較低階函式庫讓你得以完全控制 SPI 或 I2C 裝置。許多其他便利導向的高階包裝只可使用部分最常用到的功能。
- 缺點：為了操作這些較低階函式庫，你需要理解如何使用低階資料通訊協定與位元運算技巧才能順利介接電子元件。
- SPIDev 網站：`https://pypi.org/project/spidev`
- SMBus2 網站：`https ://pypi.org/project/smbus2`

作為本節關於 GPIO 函式庫的結尾，讓我簡單說明為什麼本書範例是以 PiGPIO 函式庫為主。

5.3.6 為何選用 PiGPIO ？

你可能好奇為什麼本書在所有選項中選用 PiGPIO 呢？這是因為我認為本書的讀者，在程式設計與相關技術概念應該都有不錯的基礎，因此操作與學習 PiGPIO 這類的函式庫不會超出你的能力範圍。如果日後你打算將觸角延伸到 GPIOZero 和 RPi.GPIO 函式庫提供的基礎知識之外，並想透過 Python 建立更複雜的物聯網專案的話，PiGPIO 是一個非常完整函式庫，就能立即派上用場了。

你會發現 PiGPIO API 與文件分為初級、中級和高級等不同分類，因此在實作和學習時，你可以根據自己的經驗水平和需求來混搭使用其函式庫 API。

幾個常用的 GPIO 函式庫已經介紹完畢，並回顧了它們的基本架構和設計理念。接下來要聊聊連接 Raspberry Pi 與控制電子產品的其他方法。

5.4 探索 Raspberry Pi 電子產品介接選項

介紹了 GPIO 的軟體面之後，現在要把注意力轉向電子元件這一面。Raspberry Pi 針對介接簡單與複雜電子元件提供了許多標準作法。通常，你選擇的電子元件與模組就決定了要用到哪種介接技術，但有時候還是有所選擇的。

無論是否有得選，你對不同選項的掌握度都有助於了解電路與對應程式碼背後的原理和原因，也有助於診斷和解決你可能遇到的任何問題。

接下來會先說明相關概念，然後是實際練習。我們先從數位 IO 開始。

5.4.1 了解數位 IO

Raspberry Pi 的所有 GPIO 腳位都可執行數位輸入與輸出功能。數位只是代表某些東西要麼完全開啟，要麼完全關閉而沒有中間地帶。前幾章一直在操作的就是簡單的數位 IO：

- LED：要麼亮（開），要麼不亮（關）。
- 按鈕：要麼按下（開），要麼沒按下（關）。

你會碰到幾個用來描述數位狀態的可互換術語，如下：

- On = High = True = 1
- Off = Low = False = 0

數位 IO 為基本 IO 的形式，另一種則是類比 IO。請看後續說明。

5.4.2 了解類比 IO

如果說數位處理完全開啟與關閉兩種狀態的話，類比就負責處理程度：開啟、關閉或介於兩者之間。想想家裡的窗戶，在數位世界中，窗戶可以完全開啟（數位高）或完全關閉（數位低）；不過它實際上是類比的，因為我們可以把它打開到介於全關與全開之間的某個位置，例如四分之一。

常見的簡易類比電子元件如下：

- 電位計：可產生一個範圍之內的連續電阻值的轉盤或滑桿。實際範例包括音量控制和恆溫控制。
- 光敏電阻（LDR）：測量亮度的電子元件，自動小夜燈中就有它們。
- 熱敏電阻：測量溫度的電子產品元件，加熱器、電冰箱或任何需要測量溫度地方都能找到它們。

Raspberry Pi 不具備類比 IO 能力，因此我們需要使用類比 - 數位轉換器（ADC）的外部電子元件來讀取類比輸入訊號，這會是 5.5 節的實作重點。

如果要輸出類比訊號，我們有以下兩種做法：要麼使用數位 - 類比轉換器（ADC），要麼使用 PWM 數位技術來從數位輸出產生類比樣式的訊號。DAC 已超出本書範圍，但後續會深入討論 PWM。

5.4.3 認識 PWM - 脈衝頻寬調變

脈寬頻寬調變，或稱 PWM，是一種對腳位進行快速脈衝來開關腳位，在腳位上產生一個介於全開（高電位）與全關（低電位）之間平均電壓的技術。透過這個方式，它有點像從數位腳位提供假性的類比輸出，好用於各種控制應用，例如改變 LED 的亮度、馬達速度控制和伺服機角度控制等等。

PWM 有以下兩個主要特性：

- 工作週期：腳位為高電位的時間百分比
- 頻率：工作週期重複的時間週期

如圖 5-2（頻率固定的前提下），50% 工作週期代表腳位有一半的時間為高電位，另一半的時間則是低電位，而 25% 工作週期代表腳位只有 25% 的時間為高電位。儘管未列於圖中，0% 工作週期代表腳位高電位的時間 0%（永遠為低電位），所以它實際上是關閉的，換言之 100% 工作週期就代表永遠為高電位：

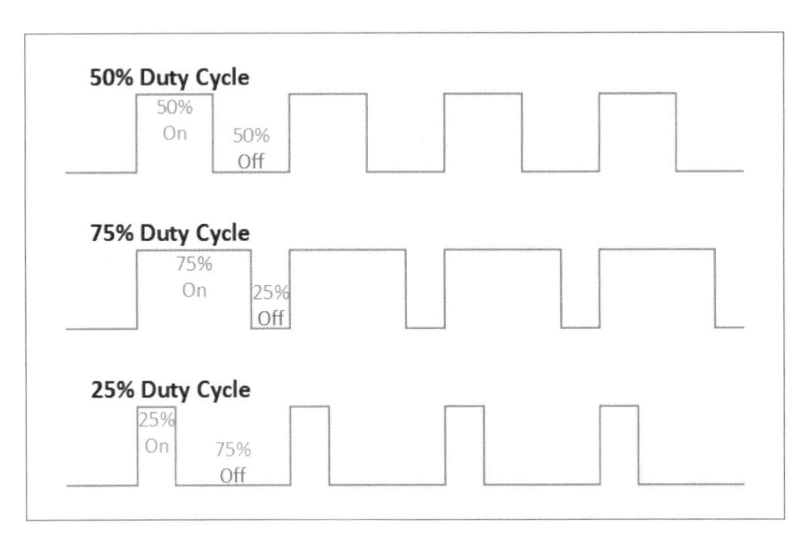

▲ 圖 5-2 PWM 工作週期

Tips

上圖來源為 `https://en.wikipedia.org/wiki/File:Duty_Cycle_Examples.png`，作者是 Thewrightstuff，採用 CC BY-SA 4.0 授權（`https://creativecommons.org/licenses/by-sa/4.0/deed.en`）。

在 Raspberry Pi 上要操作 PWM 相當容易，當然也有其他產生 PWM 訊號的方法，馬上來介紹。

◉ 產生 PWM 訊號

不同的 GPIO 函式用於產生 PWM 訊號的方式當然也不同，三種常用的技術如下：

- 軟體 PWM：PWM 訊號的頻率及工作週期時序是由程式碼產生，並可用於任何 GPIO 腳位。本方法所產生的 PWM 訊號準確度最低，因為 Raspberry Pi CPU 忙碌時會影響時序的準確度。
- 硬體定時 PWM：使用 DMA 與 PWM/PCM 硬體周邊來執行 PWM 定時。這個方法非常準確，也可用於任何 GPIO 腳位上。

- 硬體 PWM：硬體 PWM 是完全經由硬體提供，也是產生 PWM 訊號最準確的方法。Raspberry Pi 有兩個專用的硬體 PWM 通道，分別是標示 PWM0 的 GPIO 腳位 18 與 12，以及標示為 PWM1 的 GPIO 腳位 13 與 19（參考圖 5-1）。

info

為了取用硬體 PWM，只把元件接到 GPIO 12、13、18 或 19 腳位是不夠的。這些 GPIO 只是把 PWM 列為其替代功能的 BCM GPIO。如果想要使用硬體 PWM 的話，必須滿足兩個基本要求。首先，你選用的 GPIO 函式庫必須支援硬體 PWM。其次，你必須正確地根據函式庫 API 文件來使用該函式庫與其硬體 PWM 功能。分享共用硬體 PWM 通道的腳位將具備相同工作週期與頻率，因此即便有 4 個硬體 PWM 腳位，但只有兩個唯一的 PWM 訊號。

要選用哪種 PWM 技術始終取決於你要製作的專案，以及需要多準確的 PWM 訊號。有時，你可透過專案選用的 GPIO 函式庫（與相應的 PWM 技術）來直接控制，然而其他時候，特別是在使用第三方的高階 Python 函式庫時，你會被迫使用函式庫開發者所使用的 PWM 技術。

一般而言，當有得選擇要用哪個 GPIO 函式庫時，我會盡可能避免使用軟體 PWM。如果是使用 PiGPIO 來開發的話，那麼我更喜歡硬體定時 PWM，因為在任何 GPIO 腳位上都能操作。

之前介紹的 GPIO 函式庫對 PWM 的支援如下：

- GPIOZero：繼承可由其 Pin Factory 實作而得的 PWM 方法
- RPi.GPIO：只有軟體 PWM
- PiGPIO：硬體定時 PWM 與硬體 PWM
- Blinka：只有硬體 PWM

Tips

你可以為 Raspberry Pi 額外加裝硬體 PWM 模組（通常是走 I2C），就能取得更多硬體 PWM 輸出。

了解產生 PWM 訊號的三種方法之後，接著來瞧瞧 SPI、I2C 與單線介面。

5.4.4 了解 SPI、I2C 與單線介面

序列周邊介面電路（Serial Peripheral Interface Circuit, SPI）、內部整合電路（Inter-Integrated Circuit, I2C）和單線介面為標準化的通訊介面與協定，允許電子產品互相通訊。這些通訊協定的使用方式包括透過數學操作來低階操作，或利用較高階的 Python 驅動程式模組來間接實作，一般來說後者是比較常見的做法。

透過這些協定來運作的裝置如下：

- 類比 - 數位轉換器（SPI 或 I2C）
- LED 燈條和 LCD 顯示器（SPI 或 I2C）
- 環境感測器，例如溫度感測器（單線）

本章後續介紹到把類比 - 數位轉換器連接到 Raspberry Pi 時，將進一步深入探索 I2C。

最後要介紹的是序列通訊和 UART。

5.4.5 了解序列 /UART 協定

通用非同步接收發送器（Universal Asynchronous Receiver/Transmitter，UART）是一種歷史悠久的序列通訊協定，在 USB 流行之前就已被普遍使用。UART 實際上是可實現序列通訊協定的電子硬體，不過時至今日已可透過純軟體來實現。

現今在實作上會更偏向 SPI 或 I2C，而非 UART。GPS 接收器就是一個現存序列通訊的好例子。如果你曾經將 Arduino 接到電腦來燒錄程式或除錯，裝置正是使用 Arduino 既有的 UART 硬體來進行序列通訊。

現在已經知道許多讓 Raspberry Pi 介接電子元件的標準方法，包括類比 / 數位電子元件、PWM、I2C 與 SPI 這類通訊協定與序列通訊。本書之後將開始實際操作許多這類介接選項，好讓你體驗一下不同類型的電子產品與其介面。

接下來要在 Raspberry Pi 上加裝類比 - 數位轉換器，說明本章到目前為止所介紹的一些概念。

5.5 介接類比 - 數位轉換器

恭喜你堅持到這裡，在讀完所有這些內容之後應該迫不及待要來一點程式了對吧！

現在要改變步伐並應用方才介紹的知識，將 ADS1115 類比 - 數位轉換器接到你的 Raspberry Pi。常見 ADS1115 擴充模組實體照片如圖 5-3：

▲ 圖 5-3 ADS115 擴充模組

ADC 是一個非常方便的外加裝置，只要有了它就能向你開啟類比元件的世界，Raspberry Pi 沒有它就做不到這一點。

作為實際練習的一部分，我們將兩個電位計接到 ADS1115 並透過 Python 程式碼來讀取其數值。藉由改變它的工作週期及頻率，我們就能透過這些數值來產生 PWM 訊號。你可透過 PiScope 小程式來觀察 LED 的亮度以及波形變化，藉此得知改變這些參數會造成什麼影響。PiScope 是 PiGPIO 系列工具程式的一員。

info

第 6 章會再次深入介紹電位計。

後續的範例要用到 5.1 節所列出的電子元件，其中也包括 ADS1115 擴充模組。ADS1115 為一款常用且功能強大的類比 - 數位轉換器，它可透過 I2C 介面連接到主機（以這個範例而言就是 Raspberry Pi）。

以下是從 ADS1115 資料表整理出與本範例相關的重要規格：

- 工作電壓：2 ～ 5V（確認它可運作於 Raspberry Pi 的 3.3V 電位）
- 介面：I2C
- 預設 I2C 位址：0x48

ADS1115 腳位說明如下：

- Vcc & GND：裝置的電源。
- SCL：用來同步主從通訊的時脈訊號。
- SDA：資料訊號，用於在 Raspberry Pi 與 ADS1115 之間傳送資料。
- ADDR：有必要的話，可透過這個腳位來修改預設位址。

- ALTR：進階用途的警報訊號（我們用不到）。
- A0 - A3：類比輸入通道（我們會把兩顆電位計接到 A0 與 A1）。

info

在繼續之前，確認已啟用了 Raspberry Pi 的 I2C 介面。第 1 章已經介紹過啟用 I2C 介面的步驟了。

首先，先在麵包板上製作所需的電路。

5.5.1 製作 ADS1115 ADC 電路

開始製作本章範例的麵包板電路。我們會一步步來完成，請先把核心元件插上麵包板，如下圖：

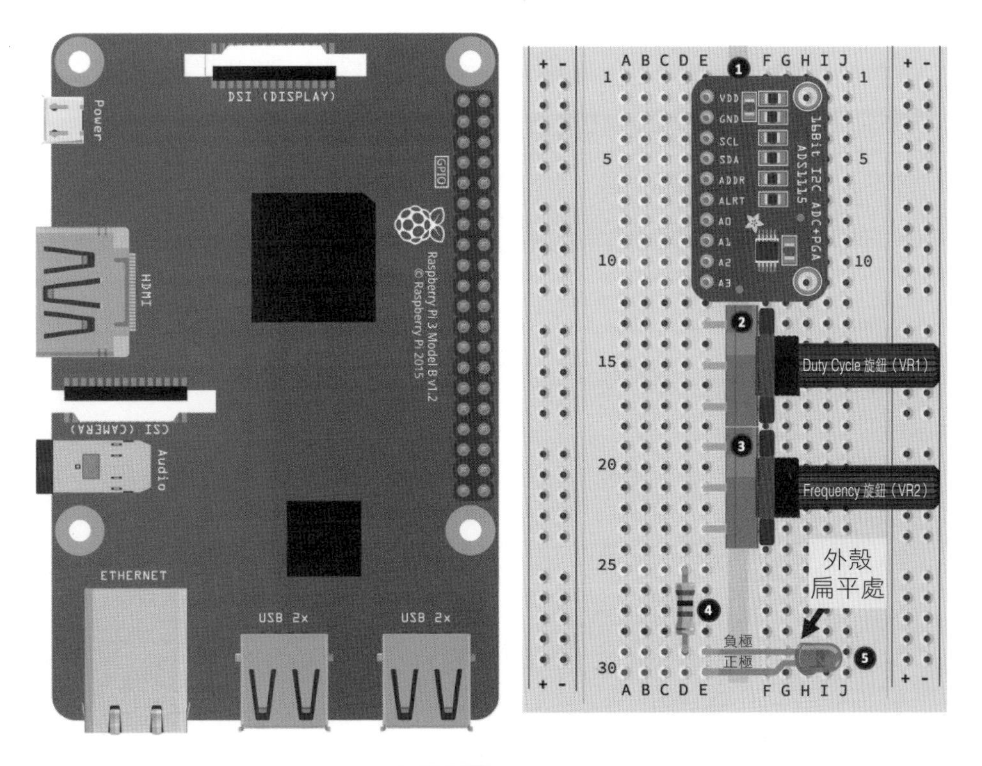

▲ 圖 5-4 ADC 的麵包板電路，進度 1/3

Tips

個別元件與配線在麵包板上的整體安排與配置不必完全一樣。不過，由元件與電線所組成的連線就非常重要了！如果需要複習麵包板與其運作方式，以及最重要的孔洞連接方式的話，請回顧第 2 章。

請根據以下步驟把各元件接到麵包板，步驟編號對應於圖 5-4 中的黑色圓圈號碼：

01 把 ADS1115 接上麵包板。

02 把電位計 VR1 接上麵包板。圖中的電位計為全尺寸的電位計。如果你選用不同大小電位計的話，則它們的腳位跨越麵包板的範圍可能較小。

03 把電位計 VR2 接上麵包板。

04 把電阻接上麵包板。

05 把 LED 接上麵包板，確保其陰極腳位與電阻一段位於同一排（如圖中的孔 E29 與 D29）。

接下來是 ADS1115 的接線，如下圖：

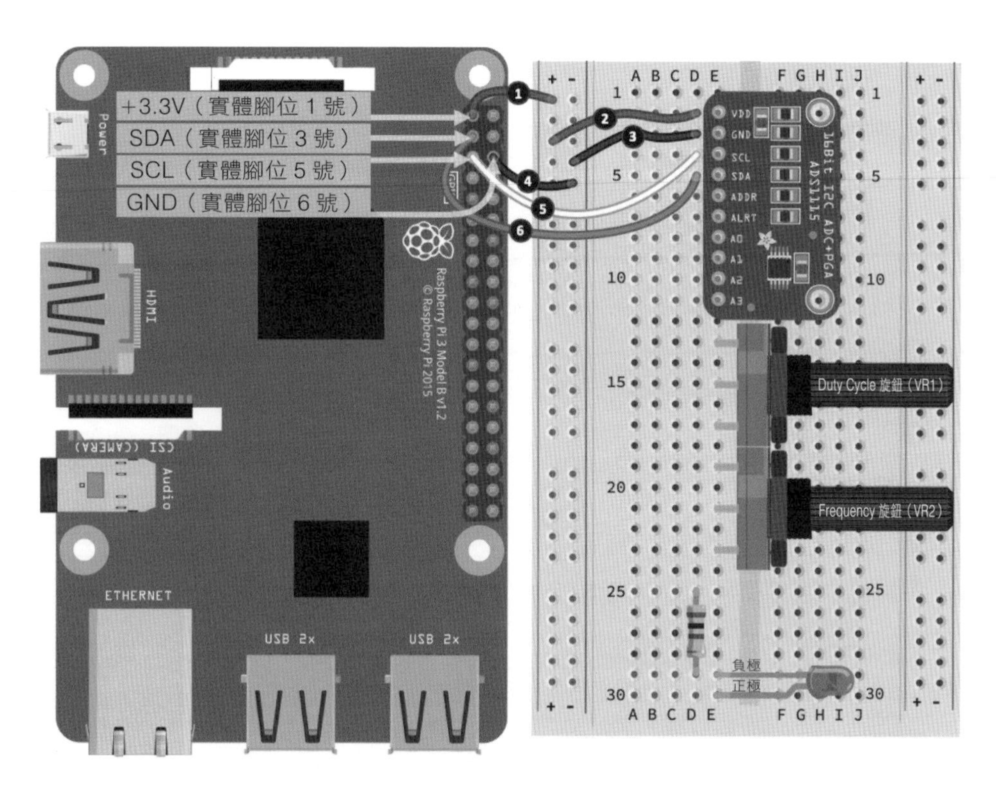

▲ 圖 5-5 ADC 的麵包板電路，進度 2/3

請根據以下步驟把各元件接到麵包板，步驟編號對應於圖 5-5 中的黑色圓圈號碼：

01 把 Raspberry Pi 的 3.3V 腳位接到麵包板的正電軌。

02 把 ADS1115 的 VDD 腳位接到麵包板的正電軌。

03 把 ADS1115 的 GND 腳位接到麵包板的負電軌。

04 把 Raspberry Pi 的 GND 腳位接到麵包板的負電軌。

05 把 Raspberry Pi 的 SCL 腳位接到 ADS1115 的 SCL 腳位。

06 把 Raspberry Pi 的 SDA 腳位接到 ADS1115 的 SDA 腳位。

最後是 LED、電阻與電位計的接線，如下圖：

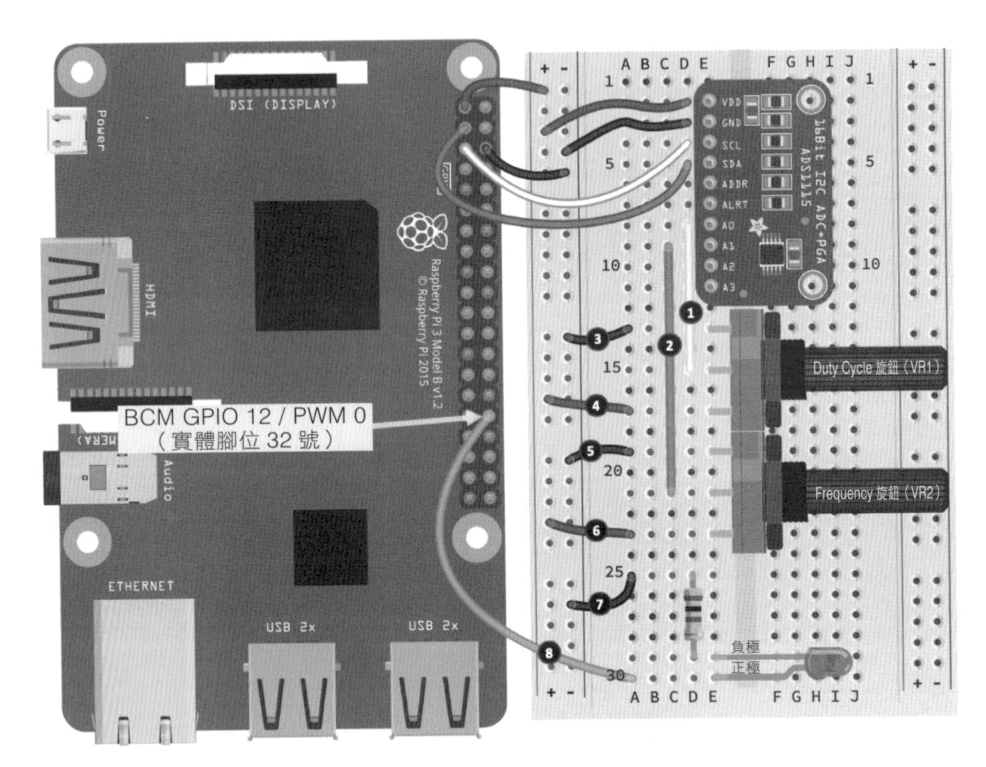

▲ 圖 5-6 ADC 的麵包板電路，進度 3/3

請根據以下步驟完成連線，步驟編號對應於圖 5-6 中的黑色圓圈號碼：

01 把 ADS1115 的 A0 腳位接到電位計 VR1 的中央腳位。

02 把 ADS1115 的 A1 腳位接到電位計 VR2 的中央腳位。

03 把電位計 VR1 的上方腳位接到麵包板的負電軌。

04 把電位計 VR1 的下方腳位接到麵包板的正電軌。

05 把電位計 VR2 的上方腳位接到麵包板的負電軌。

06 把電位計 VR2 的下方腳位接到麵包板的正電軌道。

07 把電阻的上端接到麵包板的負電軌。

08 把 LED 的陽極腳位接到 Raspberry Pi 的 BCM GPIO 12/PWM 0。

做得好！電路完成了。別忘了，以下圖 5-7 是對應本範例麵包板電路的電路圖。

提醒一下，我們在第 2 章有解說過如何閱讀電路圖喔！

建議你參照麵包板佈線去對照這個示意圖，了解圖中線條與標籤如何對應到麵包板上的元件和配線。花時間了解電路圖和麵包板電路之間的對應關係，將有助於你直接從電路圖去製作麵包板電路的能力：

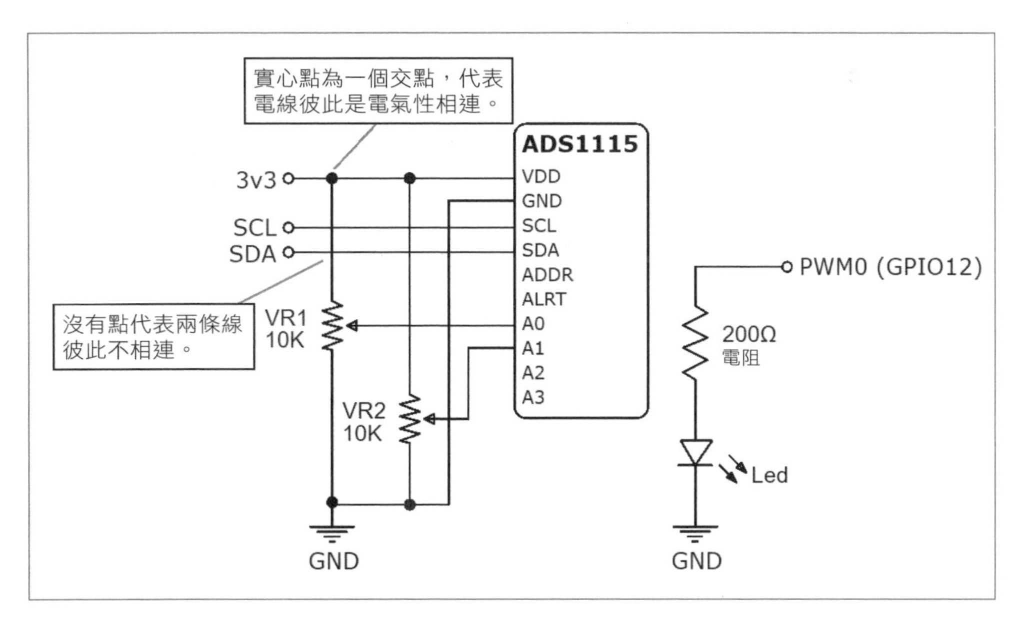

▲ 圖 5-7 ADC 電路示意圖

電路完成後，檢查一下 Raspberry Pi 是否可看到 ADS1115。

5.5.2 確認 ADS1115 已接上 Raspberry Pi

主機（就是 Raspberry Pi）是透過一個唯一的位址來識別 I2C 裝置，ADS1115 的預設位址為 `0x48`。由於 I2C 裝置已被定址，因此多個裝置可共享 Raspberry Pi 的同一個 I2C 通道（腳位）。

Tips

如果多個裝置共享同一個位址時，多數的 IC2（Industrial Craft 2）裝置的 I2C 位址都可以修改。這也正是 ADS1115 的 ADDR 腳位的功用，你可以在 ADS1115 資料表中找到操作指令。

Raspbian OS 的 `i2cdetect` 公用程式可查詢 Raspberry Pi 的 I2C 介面上已連接的裝置。請在終端機中執行以下指令：

```
$ i2cdetect -y 1
```

`-y` 選項假設我們對任何提示都回答 yes。`1` 代表 I2C 的匯流排編號，這在 Raspberry Pi 3 或 4 上始終為 `1`。本指令的預期輸出如下：

```
     0  1  2  3  4  5  6  7  8  9  a  b  c  d  e  f
00: -- -- -- -- -- -- -- -- -- -- -- -- -- -- -- --
10: -- -- -- -- -- -- -- -- -- -- -- -- -- -- -- --
20: -- -- -- -- -- -- -- -- -- -- -- -- -- -- -- --
30: -- -- -- -- -- -- -- -- -- -- -- -- -- -- -- --
40: -- -- -- -- -- -- -- -- 48 -- -- -- -- -- -- --
50: -- -- -- -- -- -- -- -- -- -- -- -- -- -- -- --
60: -- -- -- -- -- -- -- -- -- -- -- -- -- -- -- --
70: -- -- -- -- -- -- -- --
```

看到 `48`（這是一個十六進制位址）代表我們的 Raspberry Pi 已偵測到了 ADS1115。如果你沒有看到這個結果的話，請檢查接線是否正確並確保 I2C 已啟用，作法請參閱第 1 章。

確認 Raspberry Pi 已經抓到 ADS1115 之後，接著就可以讀取兩個電位計的狀態作為類比輸入了。

5.5.3 用 ADS1115 讀取類比輸入

將 ADS1115 接到 Raspberry Pi 之後，接下來就要學習如何使用它來讀取類比數值了，也就是由這兩個電位計所產生的類比數值。後續就會使用這些類比數值來產生 PWM 訊號，並用於控制 LED 的亮度。

本範例程式碼為 chapter05/analog_input_ads1115.py，請先快速看看內容。

01 首先在終端機中執行該程式：

```
(venv) $ python analog_input_ads1115.py
```

02 應會看到類似以下的一連串輸出（你的電位計數值與電壓伏特數值會不同）：

```
  Frequency Pot (A0) value=3 volts=0.000 Duty Cycle Pot (A1) value= 9286
volts=1.193
  Frequency Pot (A0) value=3 volts=0.000 Duty Cycle Pot (A1) value= 9286
volts=1.193
... 省略 ...
```

03 轉動兩個電位計並看看輸出的變化，你會注意到讀到的電位計數值與電壓不一樣了。電位計數值與電壓會在以下範圍內：

- 電位計數值（value）：0 到 26294（或大約）之間
- 電壓（voltage）：0 到 3.3V（或大約）之間

輸出如下：

```
  Freuency Pot (A0) value=3 volts=0.000 Duty Cycle Pot (A1) value= 9286
volts=1.193
  Frequency Pot (A0) value=4 volts=0.001 Duty Cycle Pot (A1) value=26299
volts=3.288
... 省略 ...
```

如第 6 章將進一步討論的，類比輸入其實是讀取電壓變化，以本範例來說就是介於 0V/GND（參考電壓）與 +3.3V 之間的電壓。你在輸出中看到的整數就是 ADS1115 的原始輸出，其最大值取決於 ADS1115 晶片的設定方式（我們使用預設值）。電壓值是根據 ADS1115 的設定再加上一點數學來求出。有興趣的話可以看看 ADS1115 資料表與函式庫原始碼，所有細節都在裡面。

Tips

在高階 ADC 函式庫的表面下，有許多低階設定會影響 ADC 晶片的運作（看看資料表就知道）。不同函式庫的開發者可用不同方式來實作這些設定或使用不同的預設設定。這在實務上的意義代表同一個 ADC 如使用兩個函式庫，輸出的原始值就可能不同（有些函式庫甚至不提供原始值）。因此，永遠不要假設預期原始輸出值為多少，量一量電壓比較可靠，這才是真相的來源。

在轉動這兩個電位計時，如果範圍兩端沒有準確對應到 0 和 3.3V，或如果數值有點隨機抖動的話，請不用擔心。這種模糊性在處理類比電子元件時是預料中的事情。

接下來要看看程式碼。

◉ 理解程式碼

明白 ADS1115 ADC 的基本運作方式之後，現在要看看對應的程式碼，藉此了解如何在 Python 操作 ADS1115 來取得類比讀數。以下所學的內容將為本書第 III 篇的類比介接程式奠定良好的基礎。

按照慣例，就從匯入項目開始介紹程式。

◉ 匯入

在 Raspberry Pi 上透過 Python 操作 ADS1115 有兩種方式：

- 看一下 ADS1115 資料表，並透過 SMBus 這類的低階 I2C 來實作裝置所使用的資料通訊協定。
- 找一個 PyPi 中現成的 Python 函式庫，並透過 `pip` 安裝。

ADS1115 有一些現成 Python 模組可用。在此使用的是 Adafruit Binka ADS11x5 ADC 函式庫，本章開頭已透過 `requirement.txt` 安裝完成：

```
import board # (1)
import busio
import adafruit_ads1x15.ads1115 as ADS
from adafruit_ads1x15.analog_in import AnalogIn
```

#1 處看到由 Circuit Python (Blinka) 匯入的 board 與 busio，另外兩個以 adafruit 開頭的的兩個匯入是來自 Adafruit ADS11x5 ADC 函式庫，適用於設定 ADS1115 模組並讀取其類比輸入，趕快來看看吧！

◉ ADS1115 設定

在以下的 #2 處，使用匯入的 busio 來透過 Circuit Python/Blika 建立 I2C 介面。board.SLC 和 board.SDA 參數代表在 Raspberry Pi 上使用專用的 I2C 通道（GPIO 2 與 3 的額外功能）：

```
# 建立 I2C 匯流排 & ADS 物件
i2c = busio.I2C(board.SCL, board.SDA) # (2)
ads = ADS.ADS1115(i2c)
```

接下來使用預先設定好的 I2C 介面建立一個 ADS.ADS1115 實例，並將其分派給 ads 變數。程式碼由此開始，後續都會使用這個實例來與 ADS1115 模組互動。

接下來介紹全域變數。

◉ 全域變數

以下程式碼片段的 #3 有幾個準常數，定義了預期從類比輸入收到的最大和最小電壓。先前執行範例時，你轉動電位計到兩端時電壓可能不完全是 0 和 3.3V。這種情況很正常，會讓程式感覺沒有轉到底，這時就可透過 A_IN_EDGE_ADJ 在程式碼中進行補償。下一段會再次看到這個變數：

```
A_IN_EDGE_ADJ = 0.002 # (3)
MIN_A_IN_VOLTS = 0 + A_IN_EDGE_ADJ
MAX_A_IN_VOLTS = 3.3 - A_IN_EDGE_ADJ
```

接下來在 #4 建立了兩個 AnalogIn 實例，分別對應 ADS1115 的 A0 與 A1 腳位。透過這些變數就能知道頻率與工作週期兩個電位計的轉動程度：

```
frequency_ch = AnalogIn(ads, ADS.P0) #ADS.P0 --> A0 # (4)
duty_cycle_ch = AnalogIn(ads, ADS.P1) #ADS.P1 --> A1
```

接下來是程式的進入點，將在此讀取類比輸入。

◉ 程式進入點

本範例程式會不斷循環，讀取每個電位計的類比輸入值，並將格式化輸出顯示於終端機。

#5 處使用 frequency_ch.value 取得頻率電位計的整數值，以及使用 frequency_ch.voltage 取得電壓電位計的整數值：

```
if __name__ == '__main__':
    try:
        while True:
            output = ("Frequency Pot (A0) value={:>5} volts={:>5.3f} "
                      "Duty Cycle Pot (A1) value={:>5} volts={:>5.3f}")
            output = output.format(frequency_ch.value,     # (5)
                                   frequency_ch.voltage,
                                   duty_cycle_ch.value,
                                   duty_cycle_ch.voltage)
            print(output)
            sleep(0.05)
    except KeyboardInterrupt:
        i2c.deinit()                                       # (6)
```

最後請注意這段程式是被包在一個 try/except 區塊中，它會偵測 Ctrl + C 鍵盤事件，並用 i2c.deinit() 來清理。

知道如何使用 ADS1115 讀取類比輸入之後，接下來就是整合 LED。

5.5.4 使用 PWM 訊號來控制 LED

現在要加入 LED 相關的程式碼，只是在此的做法與前幾章有所不同。本範例中的 LED 用途是把 PWM 工作週期與頻率這兩項特性的影響視覺化呈現出來。我們將使用這兩個電位計的類比輸入來調整 PWM 的工作週期及頻率。

本節的程式碼延伸自先前的 chapter05/analog_input_ads1115.py 這個類比程式範例，使用 PiGPIO 來產生硬體 PWM 訊號。

本書也提供另外兩份附加程式原始碼，分別使用 PiGPIO 來產生硬體定時 PWM，以及使用 RPi.GPIO 來產生軟體 PWM：

- chapter05/pwm_hardware_timed.py
- chapter05/pwm_software.py

這幾支程式都差不多，不同之處在於 PWM 相關的方法和輸入參數。5.5.6 節會再次看到它們。

接下來要介紹的程式碼為 chapter05/pwm_hardware.py，繼續之前請先看看其內容：

01 在終端機中執行本程式，並觀察輸出結果：

```
(venv) $ python pwm_hardware.py
Frequency 0Hz Duty Cycle 0%
... 省略 ...
Frequency 58Hz Duty Cycle 0%
Frequency 59Hz Duty Cycle 0%
... 省略 ...
```

02 轉動電位計直到頻率為 60Hz，而工作週期為 0%。這時候 LED 應該是熄滅的。LED 之所以不亮是因為工作週期為 0%，因此 GPIO 12（PWM0）始終為低電位。這請請慢慢轉動工作週期電位計來增加工作週期，觀察 LED 應該會慢慢變亮。當工作週期為 100% 時，GPIO 12（PWM0）就有 100% 的時間在高電位，LED 也因此為最亮的狀態。

Tips

如果你發現顯示於終端機中的工作週期數值並未隨著電位計轉動到兩端時到達 0% 或 100%，試試看把程式碼中的 A_IN_EDGE_ADJ 的數值加大（初學者可從 +0.02 開始）。再者，如果在頻率電位計遇到類似問題的話，請以此為原則來調整。

03 轉動工作週期電位計，直到讀數小於 100%（例如 98%），然後轉動調整頻率電位計。LED 會以這個頻率來閃爍。當頻率慢慢變為 0 時，LED 的閃爍也會變慢。對於大多數人來說，LED 在大約 50-60 Hz 的頻率下的閃爍效果會如同一直亮著。記住，如果工作週期為 0% 或 100%，頻率電位計是沒有效果的。這是因為當工作週期電位計兩端轉到底的時候，PWM 訊號就是全關或全開，這時它已經不是脈衝，因此調整頻率就沒效了。

接著，來看看讓事情得以運作的程式碼。

◉ 理解程式碼

本範例使用 PiGPIO 提供的硬體 PWM 功能。ADS1115 相關的程式碼與之前範例類似，在此就不再介紹。先從額外的全域變數開始。

全域變數

在以下程式碼的 #1 與 #2 處定義了工作週期與頻率之最大值與最小值等變數。這些數值是來自 PiGPIO 的 hardware_PWM() 方法的 API 文件，後續就會介紹到：

```
MIN_DUTY_CYCLE = 0          # (1)
MAX_DUTY_CYCLE = 1000000
MIN_FREQ = 0                # (2)
MAX_FREQ = 60 # max 125000000
```

為了示範，我們將 MAX_FREQ 頻率上限設置為 60Hz，以便直接用眼睛觀察 LED 的操作效果。

接下來要看看用於映射數值範圍的自定義函式。

範圍映射函式

#3 是自定義的 map_value() 函式：

```
def map_value(in_v, in_min, in_max, out_min, out_max): # (3)
    """ 將輸入數值 (v_in) 映射到 max/min 範圍之間的輔助方法 """
    v = (in_v - in_min) * (out_max - out_min) / (in_max - in_min) + out_min
    if v < out_min: v = out_min elif v > out_max: v = out_max
    return v
```

這個方法的目的是要把輸入數值從原本的範圍映射到另一個範圍。例如，我們使用本函式把輸入的類比電壓範圍（0-3.3V）映射到頻率範圍（0-60）。在操作類比輸入時，你會經常使用這類的數值映射函式來把原始類比輸入數值映射到對程式碼更有意義的數值。

接下來就是要產生 PWM 訊號了。

產生 PWM 訊號

下一段程式碼是在主 while 迴圈中。

在 #4 與 #5 處，先讀取頻率與工作週期電位計，再用 map_value() 函式來把 0-3.3V 電壓範圍轉換成所需頻率與工作週期範圍（已定義為全域變數）。請注意為了方便顯示，在此會把工作週期的格式調整為百分比：

```
frequency = int(map_value(frequency_ch.voltage,                # (4)
                          MIN_A_IN_VOLTS, MAX_A_IN_VOLTS,
                          MIN_FREQ, MAX_FREQ))

duty_cycle = int(map_value(duty_cycle_ch.voltage,              # (5)
                           MIN_A_IN_VOLTS, MAX_A_IN_VOLTS,
                           MIN_DUTY_CYCLE, MAX_DUTY_CYCLE))

duty_cycle_percent = int((duty_cycle/MAX_DUTY_CYCLE) * 100)

pi.hardware_PWM(LED_GPIO_PIN, frequency, duty_cycle)           # (6)
```

在 #6 處使用 pi.hardware_PWM()，透過 Raspberry Pi 的 PWM 硬體針對 LED 所連接的腳位來發送 PWM 訊號。

看到改變頻率和工作週期對 LED 的影響之後，後續的範例將使用邏輯分析儀來視覺化呈現 PWM 訊號。

5.5.5 用 PiScope 視覺化呈現 PWM 訊號

本節範例要在邏輯分析儀中查看 PWM 波形，這是一種用於視覺化呈現電子訊號的設備。儘管 PWM 的原理在技術上很簡單，但為了幫助你更快上手，視覺化呈現 PWM 訊號的形狀，以及觀察它如何隨著工作週期與頻率改變而有視覺上的變化也是很有幫助的。

PiGPIO 包含了可用於本範例的邏輯分析儀軟體。我得先說啊，它只是基本款的邏輯分析軟體，絕對比不上專業級設備，不過，對於本範例與教學用途來說，它已經很不錯了，而且還完全免費。

請根據以下步驟來下載、安裝與執行 PiScope：

01 首先要安裝 PiScope。請執行以下指令來下載、編譯與安裝 PiScope：

```
# Download and install piscope
$ cd ~
$ wget abyz.me.uk/rpi/pigpio/piscope.tar
$ tar xvf piscope.tar
$ cd PISCOPE
$ make hf
$ make install
```

02 輸入以下指令執行 PiScope：

```
$ piscope
```

建議在啟動 PiScope 來執行本範例之前先關閉任何重度消耗資源的程式。以下螢幕畫面不像你預設的那樣顯示了所有的 GPIO，因為我已透過 Misc | GPIOs 選單關閉了一部分。如果你也關掉某些 GPIO 的話，記得為本

範例打開 SDA（GPIO 2）與 / 或 SCL（GPIO 3），因為本範例會對 PiScope 產生連續的輸入訊號並讓畫面保持更新。沒有連續輸入訊號的話，PiScope 會在沒有訊號輸入時暫停畫面。因此本範例會在工作週期或頻率為 0 時讓畫面暫停，這會讓示範變得卡卡的。

03 確保 `chapter05/pwm_hardware.py` 已在終端機中執行。

04 慢慢轉動工作週期與頻率這兩個電位計，觀察 PWM 訊號在列 12 上的變化。讓頻率範圍保持很低（例如 0 到 60 Hz），這樣方便在 PiScope 邏輯分析儀中觀察 PWM 訊號：

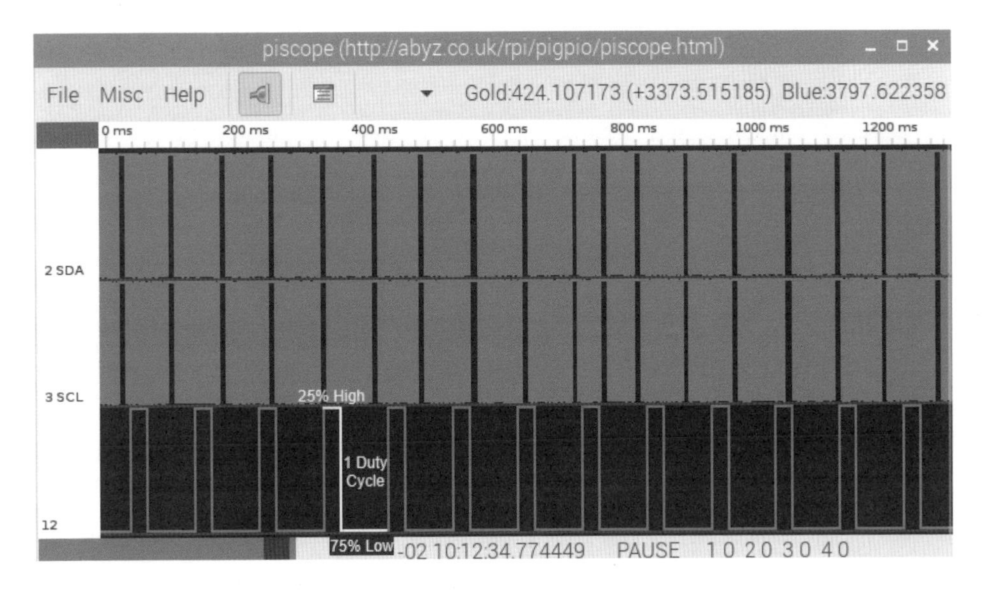

▲ 圖 5-8 頻率 10Hz，工作週期 25%

以上畫面為頻率 10Hz 與 25% 的工作週期。請看看畫面的最後一列，你會發現到 GPIO 12 在單一週期中會有 25% 的時間為高電位，75% 的時間為低電位。

以下畫面為頻率 10 Hz 與 75% 的工作週期。請看看畫面的最後一列，你會發現到 GPIO 12 在單一週期中會有 75% 的時間為高電位，25% 的時間為低電位。

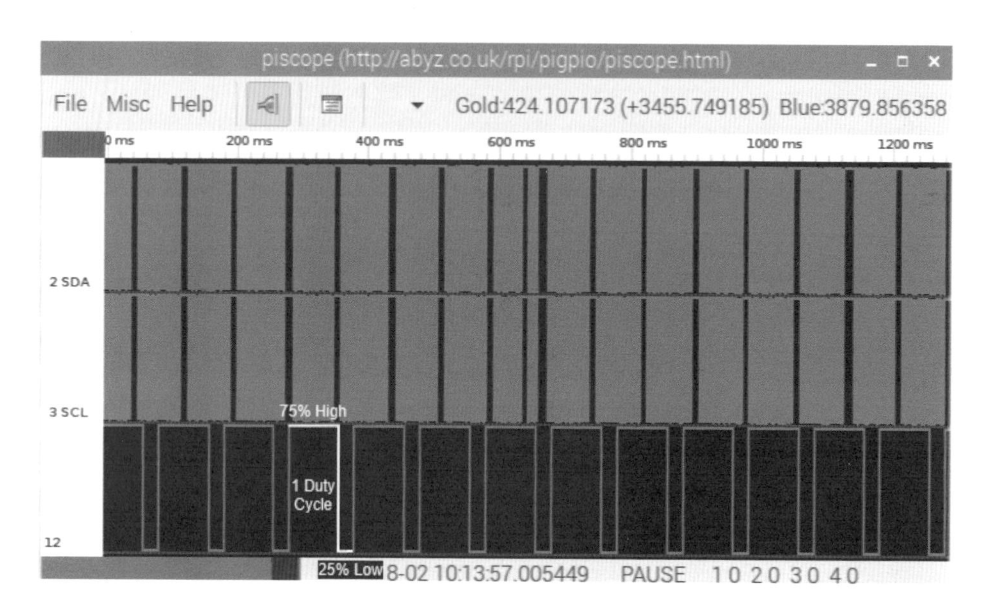

▲ 圖 5-9 頻率 10Hz，工作週期 75%

我們已經使用 PiScope 軟體來視覺化呈現 PWM 訊號的波形，它是由 PiGPIO 開發人員所提供之免費簡易邏輯分析儀軟體。本範例之所以要視覺化呈現 PWM 訊號的主要目的是提供視覺輔助，好幫助你了解 PWM 究竟為何，以及它的工作週期和頻率這兩個重要屬性。

實務上剛開始整合基本電子元件時，你應該用不到邏輯分析儀，甚至也不需要把訊號視覺化。不過，隨著你掌握更多知識以及需要針對電子元件來進行除錯與整合時，我希望這個邏輯分析儀操作範例是有幫助的，也能為後續的學習點出明確的方向。

接下來要介紹用於呈現另一種 PWM 技術的 Python 原始碼。

5.5.6 視覺化呈現軟體與硬體定時 PWM

5.5.4 與 5.5.5 這兩節中的範例程式都是透過 Raspberry Pi 的 PWM 硬體來產生 PWM 訊號。除了本章先前的範例，下表還整理了用於實作硬體定時與軟體生成 PWM 訊號之替代方案，之前在 5.4.3 節已簡單介紹過這些替代方案：

檔名	內容
pwm_hardware.py	使用 PiGPIO 的硬體 PWM（本章已介紹過），一定要使用 PWM 硬體 GPIO 腳位：12、13、18 與 19。
pwm_hardware_timed.py	使用 PiGPIO 的硬體定時 PWM，可用於任何 GPIO 腳位。
pwm_software.py	使用 RPi.GPIO 的軟體 PWM（PiGPIO 不提供軟體 PWM），可用於任何 GPIO 腳位。

就功能來說，以上範例的相同之處在於可以改變 LED 的亮度，我想你應該會發現硬體和軟體 PWM 的效果差不多。轉動頻率電位計時，LED 和 PiScope 的變化應該會很順暢，而硬體定時 PWM 則會有點卡卡。這是因為硬體定時的頻率（針對 PiGPIO）必須為 18 個預先設定數值的其中之一，代表頻率在轉動電位計時的變化並非線性，而是直接跳到下一個預先設定數值。在 pwm_hardware-timed.py 中會看到一個用於存放這些預先設定頻率的陣列。

如前所述，軟體 PWM 在產生 PWM 訊號上是最不可靠的，因為它很容易在 Raspberry Pi 的 CPU 忙碌時讓訊號失真。

試試看以下步驟來產生失真的 PWM 訊號，並將其視覺化呈現：

01 執行 pwm_software.py，把工作週期設高一點（如 98%），頻率設為 60 Hz。工作週期不要拉到 100%，因為這等於全開，你會在畫面上看到一條水平線，而不是多個重複的方波。

02 在 Raspberry Pi 上啟動一個很吃資源的程式，這會拉高 CPU 負載。例如試試看關閉且重新啟動 Chromium 網路瀏覽器。

03 仔細觀察 LED，它可能會隨機閃爍，因為 PWM 訊號已經失真了。另外，你也可在 PiScope 中觀察到失真的波形，如以下畫面中的箭頭處。你會注意長條的寬度不一致，這就代表訊號失真了：

▲ 圖 5-10 頻率 50Hz，工作週期 50% 下的失真 PWM 訊號

讚喔！你已經完成了使用 ADS1115 模組來擴展 Raspberry Pi 功能的詳細實作範例，這樣它就能介接類比電子產品了。在此過程中，你還學會如何用 Python 程式來產生 PWM 訊號，親眼目睹這種訊號對 LED 亮度的影響，以及用 PiScope 軟體把這些訊號視覺化呈現出來

5.6 總結

能夠堅持到這裡實在不簡單，腦中肯定塞了不少東西吧！回顧一下，我們介紹了引用 GPIO 腳位的常用的編號方式，並回顧了常用的 Python GPIO 函式庫。我們還研究了讓 Raspberry Pi 介接各種電子元件的方法，而且透過一個實際範例在 Raspberry Pi 加裝了 ADC 模組，操作它來說明 PWM 的概念，最後則是運用 PiScope 邏輯分析儀小軟體來視覺化呈現這些訊號。

對於本章所探索與實驗之基本概念的掌握程度，將有助於你了解 Raspberry Pi 如何介接各種電子元件與裝置，並親身體驗如何與類比元件（如電位計）與複雜裝置（如 ADS1115）互動。進入本書後續章節之後，就會大量運用這些基礎來製作很多東西。

本章內容主要是軟體函式庫和程式碼。不過，下一章就會把注意力轉向如何讓 Raspberry Pi 介接電子元件有關的電子概念和常用電路。

5.7 問題

在結束本章之前，歡迎挑戰以下問題來驗證你在本章所學到的知識。在本書後面的「附錄」中可找到評量解答。

1. 哪一種序列通訊介面允許多個裝置透過雛菊鏈彼此相接？
2. 你手邊有一個 I2C 裝置但是不知道它的位址，有辦法找出來嗎？
3. 你正首次使用某個新的 GPIO Python 函式庫，但是無法讓任何 GPIO 腳位工運作。需要檢查哪些地方呢？
4. 你正在 Windows 作業系統操作 PiGPIO，透過其遠端 GPIO 功能來控制某個遠端的 Raspberry Pi。你正試著安裝某個第三方裝置驅動函式庫，但是在 Windows 下安裝失敗。不過，它在 Raspberry Pi 上卻安裝成功了。這會是什麼問題呢？
5. 是非題：Raspberry Pi 有 3.3V 與 5V 的腳位，因此在操作 GPIO 腳位時，這兩種電壓都可使用嗎？
6. 你已做好一台裝配了伺服機的機器人。在測試期間，一切看似完美。然而在完成之後，你發現伺服機會隨機抖動，為什麼？
7. 當機器人的伺服機轉動時，螢幕畫面上出現了閃電圖示或畫面直接消失，為什麼會發生這種情況？

5.8 延伸閱讀

GPIOZero 網站有一系列範例來說明如何用 GPIOZero 與 RPi.GPIO 做到相同的效果。這是理解低階 GPIO 設是設計概念與相關技術的重要入門資源：

- https://gpiozero.readthedocs.io/en/stable/migrating_from_rpigpio.html

以下連結為更多與本章內容相關的介接概念：

- SPI 介面：https://en.wikipedia.org/wiki/Serial_Peripheral_Interface
- I2C 介面：https://en.wikipedia.org/wiki/I%C2%B2C
- 單線介面：https://en.wikipedia.org/wiki/1-Wire
- PWM：https://en.wikipedia.org/wiki/Pulse-width_modulation
- 電位計：https://en.wikipedia.org/wiki/Potentiometer
- ADS1115 資料表：http ://www.ti.com/lit/gpn/ads1115

Chapter 06

給軟體工程師的電子學入門課

本書到目前為止都聚焦在軟體。本章要轉移戰場到電子元件。我們將藉由學習基本的電子元件概念來做到這一點，這也正是讓 Raspberry Pi 介接各種基本電子感測器與致動器的基礎。本章所學的內容將為本書第 III 篇登場的許多電路奠定基礎。

本章首先要為你介紹操作電子元件所需的基本工具，並提供一些購買電子元件的實用建議。接下來則是一些準則，幫助你在操作 Raspberry Pi 的實體 GPIO 腳位時不至於損壞它。另外還會介紹當電路無法運作時的常用電子元件除錯方式。

接下來就要談談各種電子元件啦！在此，我們來瞧瞧兩個重要電子定律：歐姆定律與克希何夫定律，並透過實際範例來解釋為什麼前幾章的電路中會用一個 200Ω 電阻來搭配 LED（如果需要複習一下這個 LED 電路，請參閱第 2 章）。

接下來要介紹數位與類比電子元件，並討論用來與 Raspberry Pi 整合的核心電路與想法。本章最後是一個邏輯準位範例，這是一種用於介接不同工作電壓的電子元件的實用技術。

本章主題如下：

- 預備工作區
- 確保 Raspberry Pi 安全
- 電子元件元件失效的三種方式
- 用於 GPIO 控制的電子元件介接原理
- 認識數位電子元件
- 認識探索類比電子元件
- 理解邏輯準位轉換

6.1 技術要求

你需要下列項目來執行本章的範例：

- Raspberry Pi 4 Model B
- Raspbian OS Buster（桌面環境與建議軟體都要安裝）
- Python，最低版本 3.5

這些都是本書範例程式碼的基礎。合理預期，只要你的 Python 為 3.5 以上版本，這些範例程式碼應該不需要修改就能在 Raspberry Pi 3 Model B 或其他版本的 Raspbian OS 中執行才對。

本章範例程式碼請由本書 GitHub 的 `chapter06` 資料夾中取得：

`https://github.com/PacktPublishing/Practical-Python-Programming-for-IoT`

請在終端機中執行以下指令來設定虛擬環境和安裝本章程式碼所需的 Python 函式庫：

```
$ cd chapter06                           # 進入本章的資料夾
$ python3 -m venv venv                   # 建立 Python 虛擬環境
$ source venv/bin/activate               # 啟動 Python 虛擬環境
(venv) $ pip install pip —upgrade        # 升級 pip
(venv) $ pip install -r requirements.txt # 安裝相依套件
```

以下相依套件都是由 `requirements.txt` 所安裝：

- PiGPIO：PiGPIO GPIO 函式庫（https://pypi.org/project/pigpio）

本章所需的硬體元件如下：

- 數位三用電表。
- 紅光 LED（參考資料表 - https://www.alldatasheet.com/datasheet-pdf/pdf/41462/SANYO/SLP-9131C-81.html，其中有 PDF 文件）。
- 瞬時型按鈕開關（單刀單擲型，SPST）。
- 200Ω、1kΩ、2kΩ、和 51kΩ 電阻
- 10kΩ 電位計。
- 基於 MOSFET 的 4 通道邏輯準位位移器 / 轉換器模組，請參考圖 6-12 的左側。

6.2 預備工作區

擁有合適的工具和設備當然有助於組裝、製作、測試與診斷電子電路中的各種問題。以下是在深入了解電子元件並製作本書中的範例電路時會用到的基本工具或材料（除了電子元件元件以外）：

- 焊槍：你會用到焊槍（和焊料）才能把腳位接到擴充板，或是把電線與元件焊起來，使得它們可插入麵包板等這類作業。
- 焊料：請找到一般用途的 60/40（60% 錫、40% 鉛）、直徑約 0.5 到 0.7mm 的樹脂核心焊料。

- 吸錫器 / 真空：人難免會犯錯，這個裝置可去除焊點上的焊料來清除之前的焊接作業。
- 濕海綿或抹布：把累積的焊料清乾淨來保持焊槍尖端的清潔，乾淨的焊槍頭有助於焊接作業更清爽。
- 剝線鉗和剪線鉗：為你的電子操作準備一套剪線鉗和剝線鉗。其他用途的刀片所產生的屑屑和毛刺會讓其效能變差。
- 數位三用電表（DMM）：入門級 DMM 已適用一般工作，也具備了一系列的標準功能，例如測量電壓、電流和電阻等。
- 麵包板：高度建議你購買兩個全尺寸麵包板，並將它們組合起來好取得更大的麵包板面積。這樣可讓操作麵包板和元件變得更容易。
- 杜邦線（跳線）：這是與麵包板搭配使用的配線。它們有多種類型：公 / 公、公 / 母和母 / 母，之後全部都會用到喔！
- 散裝排針：它們可以把多條杜邦線接起來，也可以把原本無法接在麵包板的元件接上麵包板，非常好用。
- 外部電源供應器：用於從外部供電給電路，不再經由 Raspberry Pi。就本書而言，你至少需要一個可以提供 3.3 和 5V 電壓的麵包板電源供應器。
- Raspberry Pi 外殼：確保手邊有一個你所用 Raspberry Pi 的外殼。一個沒有外殼的 Raspberry Pi 和所有裸露的電子元件就等著出事吧！
- GPIO 轉接排針：這使得 Raspberry Pi 和麵包板彼此操作更加容易。

Tips

如果你還沒有上述工具的話，請到露天或蝦皮之類的網站找找焊槍套件和麵包板初學者套件，這些套件通常與上列的許多品項共同販售。

以上就是我們會用到的基本工具，但是實際的電子元件和產品呢？我們接著往下看。

6.2.1 購買所需的電子模組與元件

本書會用到的所有元件與模組的清單都列在本書附錄。如果以前不常做這件事的話，本節將為你說明在購買電子元件時一些好用的一般性提示和準則。先從購買個別元件的提示開始。

◉ 購買個別元件

在購買電阻、LED、按鈕、電晶體、二極體與其他元件（第 III 篇就會談到）等等個別元件時，請參考以下建議，會很有幫助：

- 記下附錄中特定元件的數值與產品編號。多買一些備品，因為在學習如何操作這些元件時難免會弄壞。
- 如果你是從網路上買的，請仔細檢查物品的詳細資訊，最好把產品圖片放大檢查，也要再次核對產品。永遠不要只單純看標題就買。許多賣家為了讓商品搜索結果更好，會在標題中加入各種名詞，糟糕的是這些名詞還不一定與這個在販售的物品有關。
- 在露天、蝦皮之類網站上搜尋「電子入門套件」這類關鍵字，應該可以把這些個別元件一次買齊。

這些要點也適用於購買感測器與模組時，之後就會介紹。

◉ 購買開放原始碼硬體模組

我相信你多少有聽過開放原始碼軟體，但是硬體也有開放原始碼。這是一些電子硬體製造商（或自造者）公開發佈其設計與電路圖的方式，以便任何人都可以製造並販售該硬體。你會發現許多具有不同品牌（或甚至沒有）的供應商提供的許多轉接板（例如第 5 章的 ADS1115）。不同供應商所生產的模組可能採用不同的顏色或不同的實體佈線，雖然後者不太常見就是了。

模組的核心或心臟 – 尤其是那些簡易的 – 通常是一片積體電路（IC 或晶片）。只要核心 IC 及 I/O 腳位相似，通常可以安全地假設電路板也是以相同的方式來運作。

SparkFun（https://www.sparkfun.com）與 Adafruit（http://adafruit.com）這兩家公司生產了開放原始碼硬體，其他公司也紛紛仿效。從他們家買東西的好處是，他們的產品通常包括範例程式、教學與使用該產品的小技巧，並且產品品質也很不錯。是的，你可能會多付一點錢，但是在剛入門而且面對較複雜的電子元件時，這筆投資可以為你節省大量時間。便宜的仿製品一開箱或一用就壞等情況相當常見，因此你得購買兩個或更多來對賭。

佈置工作區和購買電子元件的建議和提示就談到這裡。擁有合適的工具並學會如何使用它們（尤其是焊接，如果它對你來說是新技能的話則需要多多練習），對於你的電子元件之旅是否順利而收穫滿滿可說極為關鍵。有時，購買個別元件很容易搞混或出錯，尤其是規格或標籤的細微差異可能會產生巨大影響。如果你不確定，請務必細心並再次檢查所購買的產品是否正確。最後，如本書附錄中所建議的，一定要購買備品。在製作電路過程中因為某個元件壞掉而需要採購或等待到貨，這樣中止學習真的不好玩啊！

接下來是一些操作 Raspberry Pi 介接電子元件時的安全準則。

6.3 確保你的 Raspberry Pi 安全

本節將告訴你一些確保 Raspberry Pi 在介接電子元件時的安全準則與建議。只要多多留意，這些準則就能讓操作 Raspberry Pi 或電子元件的潛在損害降到最低。

如果你對於以下電壓與電流這類電子相關名詞還摸不著頭緒，先別擔心。本章與第 III 篇都會談到這些概念，還會看到更多相關內容喔！

- 不可對任何輸入 GPIO 腳位施加高於 3.3V 的電壓，電壓過高會使其故障。
- 不可對任何輸出 GPIO 腳位施加超過 8 mA 的電流（它們可負荷到 16 mA，但是在一般情況下請鎖定 8 mA 來確保 GPIO 穩定運作）。根據經驗，除非你知道自己在做什麼，否則不要供電給 LED 和轉接板以外的任何東西。第 7 章將介紹如何處理可負荷更高的電壓與電流的電路。

- 不可對多個 GPIO 腳位施加超過 50 mA 的總電流。
- 不可對已設定為輸入的 GPIO 腳位施加高於 0.5 mA 的電流。
- 對 Raspberry Pi 連接、移除電路或進行任何變更之前，一定要先斷開電路的電源。
- 在連接、斷開或使電路工作之前，一定要停止任何正在操作 GPIO 腳位的程式。
- 在為電路通電之前，一定要再次檢查佈線。
- 不可隨意更換電路中的元件，因為它們沒有電路圖所要求的正確預期數值。
- 如果 Raspberry Pi 的螢幕上出現了閃電圖示，或是螢幕在執行程式時變黑，那就是 Pi 告訴你：電路從我身上吸走太多電了！
- 不可讓 GPIO 腳位直接連接與操作電感應負載、馬達 / 繼電器這類的機械裝置，或讓 GPIO 腳位去碰到磁鐵的螺線管。它們會拉走太多電流，並造成稱為 EMF 返馳（EMF flyback）的現象，這會損壞周圍的電子元件，當然也包括你的 Raspberry Pi。

Tips

Raspberry Pi 的電源最好為 3A（15W）。許多手機充電器的額定值都低於此值，這也是為什麼用它們來供電時，會在介接簡易電子元件時看到閃電圖示（或空白畫面）。

操作電子元件時，元件損壞或故障都是家常便飯。接著來看看東西會怎樣壞掉。

6.4 電子元件失效的三種方式

使用電子元件與軟體不同。在軟體的世界裡不論怎樣改寫、中斷、除錯並修正程式碼，不管多少次都不會怎樣。也可以隨意備份與回復狀態與資料。但換成電子元件時就沒這麼奢侈了。在真實世界中有什麼東西損壞的話，那就慘啦！

各種元件與由元件組成的電路（包括 Raspberry Pi）受損或壞掉的原因很多，包括接線錯誤、電壓過高、電流過大、過熱，甚至元件操作錯誤，導致它們實際損壞或因人體靜電而損壞。

元件壞掉時的狀況如下：

- 冒煙、融化或其他顯著損壞跡象，代表它已壞掉。
- 靜靜地壞掉，外表看不出來什麼異狀。
- 它已損壞，但還能勉強運作，但之後一定會在某個時間點無預警壞掉。

外表可見的元件損壞最容易解決，因為哪個東西壞掉以及需要更換什麼都很明顯。這也為診斷電路提供了一個不錯的起點。靜靜的壞掉與延遲性壞掉真的痛苦又浪費時間，對新手來說尤其如此。

以下是一些針對新手在製作電路與故障排除時的建議：

- 在供電之前，一定要再次檢查電路。
- 手邊一定要有備品。如果有正常的零件可馬上替換到電路中的話，診斷和測試電路就輕鬆多了。
- 如果確定某個東西壞掉了，請立即丟掉它！不要把壞掉與正常的零件混在一起，尤其是前者在沒有明顯損壞跡象的情況下。

接下來要介紹為何與如何選擇電路中元件的核心原理，並用一個 LED 電路圖來說明相關概念。

6.5 用於 GPIO 控制的電子元件介接原理

儘管本書不是一本電子學專書，但還是要談一下一些重要的核心原理，因為它們會影響電路設計以及它們與 Raspberry Pi 的介接方式。本節目標是要讓你大致理解為何電路都是遵循某些方式來設計，以及這與 GPIO 介接之間的關係。有了這些基礎知識之後，我希望它能激勵你更進一步探索其中的精神與原理。本章的「延伸閱讀」可以找到更多相關資源。

讓我們從電子學的兩個最基本電氣原理開始：歐姆定律和功率。

6.5.1 歐姆定律和功率

歐姆定律是用於說明電壓、電阻與電流之間關聯性的基本電子原理。搭配功率原理一起看的話，這兩者就是說明電路為何要選用特定數值元件的底層原理。

歐姆定律可用以下方程式來表示：

$$V = I \times R$$

在此，V 為電壓，單位為伏特；I 為電流，單位為安培。R 為電阻，單位為歐姆，符號常用 Ω（希臘字母 Omega）來表示。

另一方面，功率可用以下方程式來表示：

$$P = I \times V$$

在此，P 為功率，單位為瓦特；I 為電流，單位為安培（與歐姆定律相同），以及 R 為電阻，單位為歐姆（與歐姆定律相同）。

關於這些方程式的基本原則是，你無法在不影響另一個參數的情況下，去改變電子電路中的單一參數。這代表選擇與配置電路元件是為了確保個別元件與整體電路運作的電壓、電流與功率都有適當的比例。

如果你才剛踏入電子學世界，還無法立即理解它，請不要灰心！這確實需要時間和練習。除了歐姆定律以外，還有下一節要介紹的克希何夫定律。

6.5.2 克希何夫電路定律

克希何夫的電壓與電流定律為電路必然遵循的兩個定律，這是電子工程中的基本定律，具體說明如下：

- 迴路中總電壓的代數總和必須為零。
- 流入和流出節點的總電流的代數總和必須為零。

這些定律講到這裡就好。之所以要介紹它們，因為在計算前幾章的 LED 電路中為何要選用 200Ω 電阻時，需要用到電壓定律，下一節就會說明。

目前為止已經簡單介紹了三個重要的電子原理或定律：歐姆定律、功率和克希何夫電路定律。現在是實際應用它們的時候了。在此會使用一個範例來說明為什麼在 LED 電路中會串聯一個 200Ω 電阻。

6.5.3 LED 電路為何使用 200Ω 電阻？

本書到目前為止的電子元件都是以 LED 為主，這樣做是有充分理由的。LED（與電阻）為操作簡便的電子元件，並可作為學習歐姆定律、功率及克希何夫電壓定律這類概念的基本零件。掌握 LED 電路的基礎知識與背後的計算方式，你之後會更有信心處理更複雜的元件和電路。

讓我們進一步認識 LED、探索它的性質，並看看如何將歐姆定律、功率和克希何夫電壓定律應用於 LED。藉由一系列範例，我們將會逐步說明為何本書先前的 LED 電路會選用 200Ω 的電阻。

以下是一個簡單的 LED 電路，與先前介紹過的類似。

需要複習此電路請回顧第 2 章：

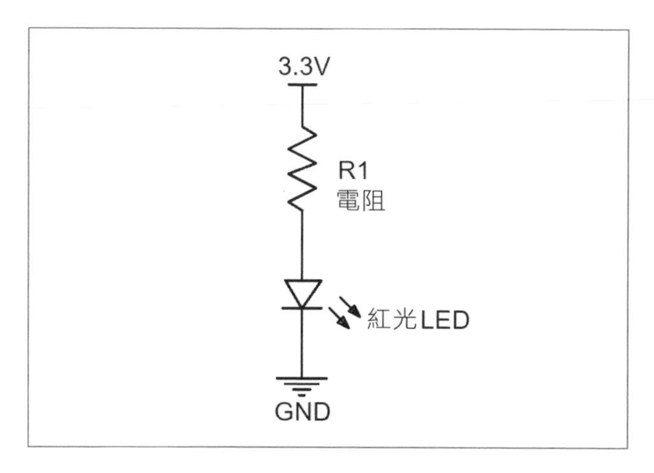

▲ 圖 6-1 LED 與電阻組成的電路

在此使用常見的 5 mm 紅光 LED。我列出了一些它常見的技術規格。之所以強調常見與紅光，是因為 LED 規格可說千千萬萬，有不同的顏色、最大亮度、物理尺寸和製造商。即使是同一批生產的 LED 也各不相同。

以下是由本範例紅光 LED 資料表中列出的一些核心規格：

- 1.7 到 2.8V 的順向壓降（V_F），且常見壓降為 2.1V，這是使 LED 發光所需的電壓。如果電路中的電壓不足，LED 就不會發光。如果電壓超過 LED 所需的話，那沒關係 – LED 只會取用它需要的。
- 25 mA 的最大連續順向電流（I_F）。這是讓 LED 持續以最大亮度發光所需的安全電流，對於某些 LED 來說，這可能太亮而讓人不舒服。提供較小的電流代表 LED 會變暗，但提供過大的電流會損壞 LED。根據我們所採用的 LED 與其資料表，在對 LED 發送脈衝時（例如使用 PWM），最大電流可達（I_{FP}）100 mA。

功率又如何呢？ LED 是一種根據電壓與電流來運作的元件。回顧一下功率方程式（P = I * V），你會發現功率為電壓（V）與電流（I）的函數。只要在 LED 的額定電流範圍內運作，就會落在其功率容許範圍內。

Tips

如果你沒有手邊這顆 LED 的資料表（這在小批量購買時很常見）的話，請使用 2V 的壓降和 20 mA 的參考電流來計算。或者使用數位三用電表並切換到二極體檔位來測量 LED 的順向電壓。

繼續看看如何算出 R1 電阻的電阻值。

◎ 計算電阻數值

在以上的電路圖中有以下參數：

- 3.3V 的供電電壓
- 2.1V 的 LED 一般順向電壓
- 20 mA 的 LED 電流（資料表有註明關於壓降的 mA 測試條件）

以下是計算電阻值的過程：

01 電阻（標示為 R1）需要讓電壓降低 1.2V，這是先前在簡述克希何夫電壓定律的簡單應用；也就是電路中總電壓的代數總和必須為零。因此，如果電源電壓為 +3.3V，且經過 LED 要下降 2.1V 的話，則電阻必須產生 1.2V 的壓降，可由以下方程式表示：

$$+3.3V + -2.1V + -1.2V = 0V$$

02 歐姆定律換個方式表達，如下：

$$R = \frac{V}{I}$$

03 使用本公式就能算出電阻值：

$$R1 = \frac{1.2\,volts}{0.02\,amps}$$

= 60Ω（因此，上述電路中的電阻 R1 為 60Ω）

但這也不是 200Ω 啊。目前為止的範例不過是把 LED 與電阻接到 3.3V 電源而不是 Raspberry Pi。由於需要遵守 Raspberry Pi 之 GPIO 腳位的電流限制，要考量的地方就更多了，接下來就會介紹。

◉ 考量到 Raspberry Pi 的電流限制

對於已設定為輸出的 GPIO 腳位，我們可以安全使用的最大電流為 16 mA。不過，GPIO 腳位是可被設定的，這代表在預設情況下，每個 GPIO 所被施加的電流不應超過 8 mA。這個限制最高可設定為 16 mA，但本書不討論這件事。理想情況下，我們會在需要更多電流時改用外部電路，而不是把腳位電流愈拉愈高。第 7 章會告訴你怎麼做。

info

想把單一 GPIO 輸出腳位的電流限制為 8 mA 時，也要注意不可讓多個 GPIO 腳位的總電流超過約 50 mA。另外當討論到 GPIO 輸入腳位時，應該要把電流限制在 0.5 mA，以便在連接外部輸入裝置或元件時能安全操作。直接把 GPIO 輸入腳位接到 Raspberry Pi 的 +3.3V 或 GND 腳位是可以的，因為測得的電流約為 70 mA（第 7 章會介紹如何用三用電表來測量電流）。

修改一下算式，繼續進行：

01 如果把電流限制為 8 mA，可用上述方程式求出 R1 值：

$$R1 = \frac{1.2\,volts}{0.008\,amps}$$

$$R1 = 150\Omega$$

02 永遠不要期望電阻的額定值是準確的。它們會有一個公差，如果實際電阻值小於 150Ω 的話，根據歐姆定律，就要增加電路中的電流使其超過 8 mA 的限制。

有鑑於此，我們會選擇稍高的電阻值。這就是經驗啦，例如選一個比 150Ω 高兩級的標準電阻值，或者將 150Ω 乘以電阻公差且選擇最接近的標準電阻值。在此使用第二個方法，假設電阻的公差為 ±20%（順便說一下，這樣的電阻品質是很差的，常見的公差為 5% 和 10%）：

$$150\Omega \times 1.2 = 180\Omega$$

180Ω 剛好也是標準電阻值，因此可以直接使用，但我手邊剛好沒有（你之後會常常發現，在算完之後手邊沒有剛好的電阻）。我手邊有的是 200Ω 電阻，就直接拿來用吧！

如果只是設計原型或業餘用途，從 180Ω 到約 1kΩ 的任何電阻都適用於這個電路。請記住，當電阻值增加時，電流會因而降低，因此 LED 會變暗。

好吧，那要如何計算通過電阻的功率及其額定功率呢？接下來就算給你看。

◉ 計算電阻的功耗

如先前範例中用於麵包板的一般用途電阻，其額定功率通常為 1/8 W、1/4 W 或 1/2 W。如果對電阻施加過大功率，它會燒壞、冒煙並發出難聞的氣味。

以下是在使用 3.3V 電源時，計算 200Ω 電阻功耗的方法：

01 電阻消耗的功率可用以下公式計算。請注意，電壓 V 是電阻兩端的壓降（單位為伏特），而 R 是電阻（單位為歐姆）：

$$P = \frac{V^2}{R}$$

02 因此，在公式中代入電阻的壓降與電阻值時，就能算出功率：

$$P = \frac{1.2^2}{200}$$

= 0.0072 瓦，或 7.2 毫瓦（或 mW）

03 7.2 mW 的功率值低於 0.25 W 的額定功率，因此本電路採用 1/8 W 或略高的電阻是很安全的，絕對不會冒煙燒毀。

如果覺得功率方程式與之前看到的不同，你沒看錯。這是使用電壓和電阻重寫的功率方程式。請參考以下這個圖表，你會在日後的電子學旅途中看到它以不同的方式來表達歐姆定律和功率：

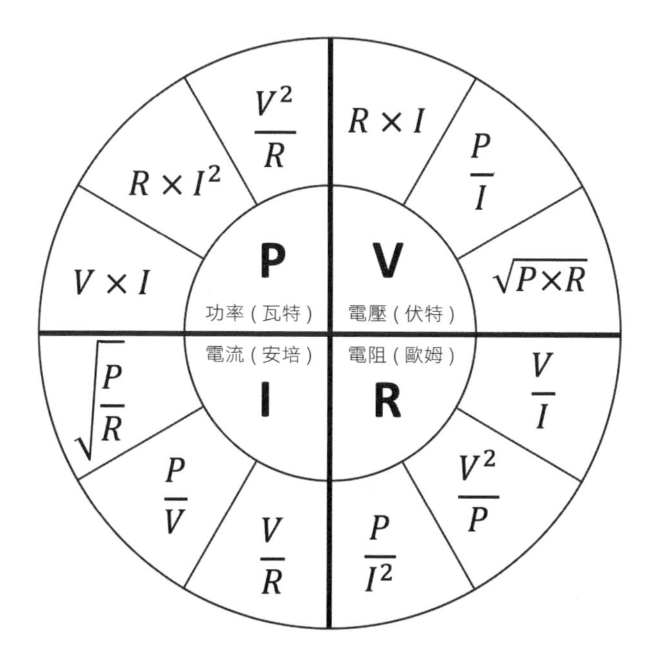

▲ 圖 6-2 歐姆定律功率輪

最後是一個關於 LED 的提示，以及一些需要考慮的事情。

Tips

LED 的亮度會改變是因為電流。資料表中的 25 mA 是讓 LED 以最大亮度連續亮著的最高安全電流。電流低一點也沒問題，LED 會變暗一點就是了。

等等！第 5 章有講到 PWM，這是一種用來改變 LED 亮度的偽類比電壓。停下來想一想…發生了什麼事？其實這只是歐姆定律的應用。該電路中的電阻值固定為 200Ω，因此只要改變電壓，我們就能改變電流進而讓 LED 亮度發生變化。

覺得如何？請放心，這與本書中所需的數學知識一樣簡單。但是，我強烈建議你多多練習直到熟悉整個計算過程為止。你是一路試試看直到電路正常工作的業餘玩家，還是能夠把心中所想實際做出來的工程師？兩者的區別就在於能否掌握電子學的基礎知識與相關計算。

接下來要介紹與數位電路有關的核心概念。

6.6 數位電子元件

數位 I/O 基本上就是去偵測 GPIO 腳位為高低電位，或控制其電位高低。本節將探索一些重要概念，也會介紹一些操作數位 I/O 的範例。然後就會討論這與你的 Raspberry Pi 以及所要介接的任何數位電子元件之間的關係。就從認識與操作數位輸出來開始數位 I/O 之旅吧！

6.6.1 數位輸出

就 Raspberry Pi 並用簡單的電子術語來說，當我們把 GPIO 腳位設定為高電位時，其電壓測量值約為 3.3V，而把它設定為低電位時，其測量值約為 0V。

使用三用電表來觀察看看：

Tips

不同款式的三用電表，其接頭與標示都可能與下圖三用電表不同。如果不確定如何設置三用電表來測量電壓，請參閱其說明書。

01 將三用電表設定為電壓檔位，並接到 Raspberry Pi 的 GPIO 21 和 GND 腳位，如下圖：

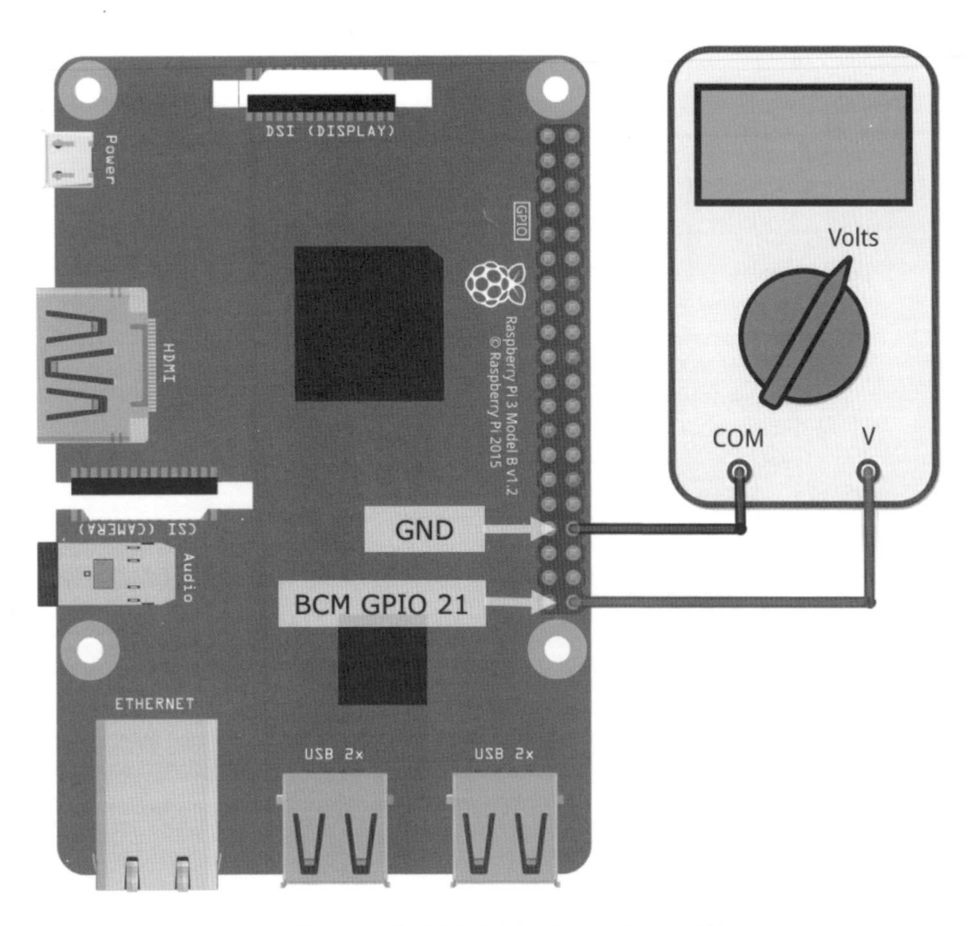

▲ 圖 6-3 使三用電表連接到 GPIO 腳位

02 執行 `chapter06/digit_output_test.py`，你會發現指針會在 0V 與大約 3.3V 之間跳動。之所以說「大約」是因為在電子元件世界中沒有百分百完美或精準的；多少會有點誤差。程式碼重點如下：

```
# ... 省略 ...
GPIO_PIN = 21
pi = pigpio.pi()
pi.set_mode(GPIO_PIN, pigpio.OUTPUT) # (1)

try:
    while True:                          # (2)
        # Alternate between HIGH and LOW
        state = pi.read(GPIO_PIN); # 1 or 0
        new_state = (int)(not state) # 1 or 0
        pi.write(GPIO_PIN, new_state);
        print("GPIO {} is {}".format(GPIO_PIN, new_state))
        sleep(3)
# ... 省略 ...
```

#1 處把 GPIO 21 腳位設定為輸出，而在 #2 處的 `while` 迴圈會讓 GPIO 21 在高、低電位（也就是 0 與 1）之間不斷切換，且在每次狀態轉換之間會延遲 3 秒。

看到了嗎？ Raspberry Pi 的數位輸出就是這麼簡單—高電位或低電位。接著看看數位輸入。

6.6.2 數位輸入

通常在談到像是 Raspberry Pi 這類 3.3V 裝置的數位輸入與電壓時，我們會想到將腳位接地（0V）讓它處於低電位，或使其接到 3.3V 來處於高電位。在大部分的應用中，這正是我們想要做到的。不過事實上不只這樣啦，因為 GPIO 腳位不只可在兩個離散的電壓準位下運作。反之，它們可在定義輸入腳位為高低電位的電壓範圍之間運作。這也適用於 Raspberry Pi 與其他具備 GPIO 的單板電腦、微控制器、IC 與轉接板等等。

下圖是 0 到 3.3V 之間的電壓連續區，可看到標記為低電位、浮動和高電位的三個區域：

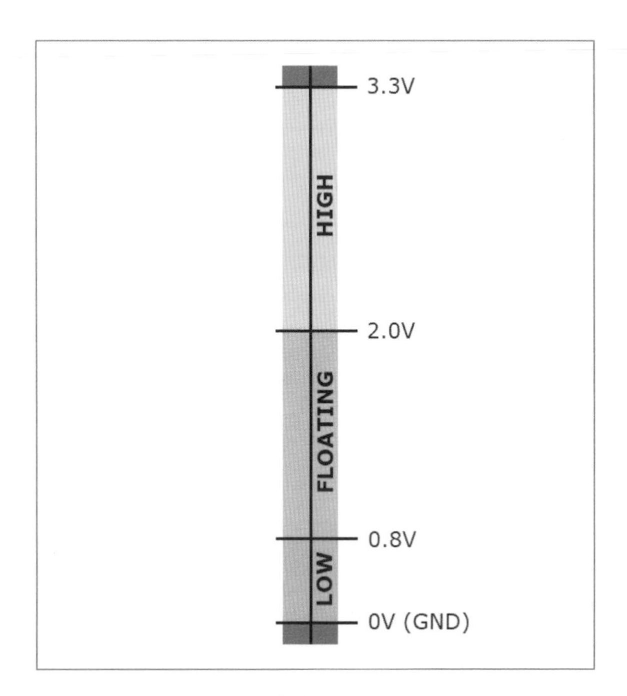

▲ 圖 6-4 數位輸入觸發電壓

由上圖可知，如果施加一個 2.0 ～ 3.3V 之間的電壓，則輸入腳位的讀取結果就是數位高電位。反之如果施加一個 0 ～ 0.8V 的電壓，則讀取結果為數位低電位。只要超出這些範圍都很危險，可能會弄壞你的 Raspberry Pi。儘管你可能不致於對腳位上施加負電壓，但確實有可能不小心對腳位施加超過 3.3V 的電壓，這在操作 5V 數位電路相當常見。

中間的灰色區域又是如何呢？是數位高電位還是數位低電位？答案是我們不知道，也永遠無法可靠地知道。在這個範圍內，腳位被稱為浮動（floating）。

來看看浮動腳位是怎麼回事，請在麵包板上完成以下電路：

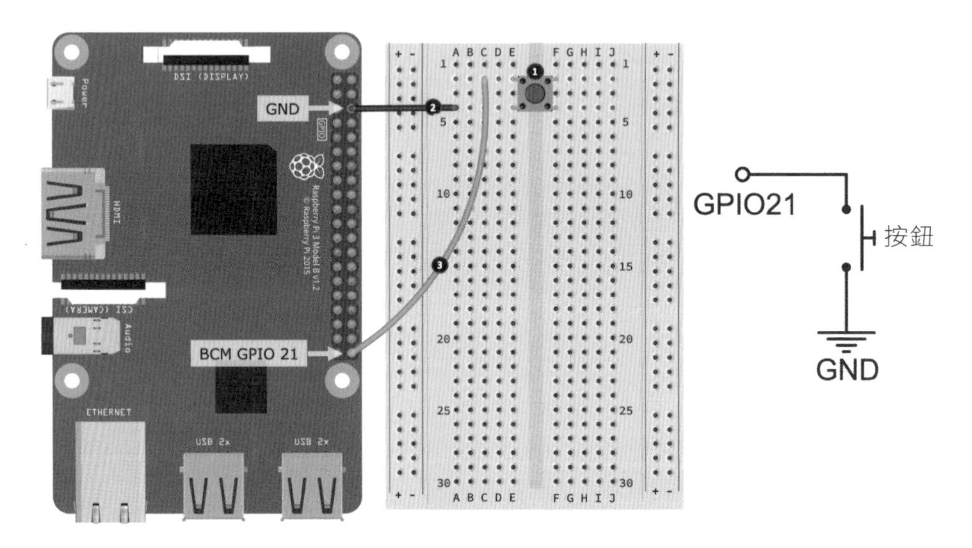

▲ 圖 6-5 按鈕電路

請根據以下步驟把各元件接到麵包板，步驟編號對應於圖 6-5 中的黑色圓圈號碼：

01 把按鈕接上麵包板。

02 把按鈕的一支腳接到 Raspberry Pi 的 GND 腳位。上圖中可看到是按鈕的左下腳（E4 孔）。

03 最後，把按鈕的另一支腳（如上圖 E2 孔的左上腳）接到 Rasberry Pi 的 GPIO 21。

電路完成之後，測試看看會發生什麼事吧：

01 執行 chapter06/digit_input_test.py：

```
# ... 省略 ...
GPIO_PIN = 21
pi = pigpio.pi()
pi.set_mode(GPIO_PIN, pigpio.INPUT) # (1)
# ... 省略 ...
```

```
try:
    while True:                        # (2)
    state = pi.read(GPIO_PIN)
    print("GPIO {} is {}".format(GPIO_PIN, state))
    sleep(0.02)

except KeyboardInterrupt:
    print("Bye")
    pi.stop() # PiGPIO cleanup.
```

#1 處把 GPIO21 腳位設定為輸入。#2 的 while 迴圈會不斷快速讀取 GPIO 腳位的狀態（1 或 0）並顯示出來。

02 用手指摸摸看麵包板上的電線，以及在開關附近的任何裸露的金屬接點。電線與接點好比是用於收集電氣雜訊的天線，且終端機輸出應會在高電位 (1) 與低電位 (0) 之間跑來跑去，這就是腳位浮動。這剛好點出了一個常見的誤解：設定為輸入且未連接任何東西的 GPIO 腳位，預設情況下始終為低電位。

如果你最初的想法是「哇！，這樣就能做出一個觸碰開關了！」那麼抱歉，你會失望的—它根本不穩定，至少在沒有外接其他電子元件的情況下是不穩定的。

接下來介紹兩種浮動腳位的常見方法。

6.6.3 使用上拉與下拉電阻

當腳位沒有連接到任何東西時，它被認為是浮動的。如前面的範例所示，它會上下跳動，並從周圍元件、接到它的電線以及你身上的電荷收集電氣雜訊。

回顧上圖，按下按鈕會讓導通電路並讓 GPIO 21 接地，因此就可確定該腳位為低電位。正如方才剛剛看到的，當按鈕未被按下時，GPIO 21 處於浮動狀態—它可能會因外部雜訊而在高、低電位之間跳動。

這問題一定要搞定才行，有兩種方式可以做到這一點：使用電阻或程式碼。

◉ 使用電阻來解決腳位浮動

如果在電路中多加一個電阻，如下圖，代表加入所謂的上拉電阻。「拉」代表連接，而「上拉」是指將 GPIO 21 腳位的電位拉上去（連接到正電壓）到 3.3V：

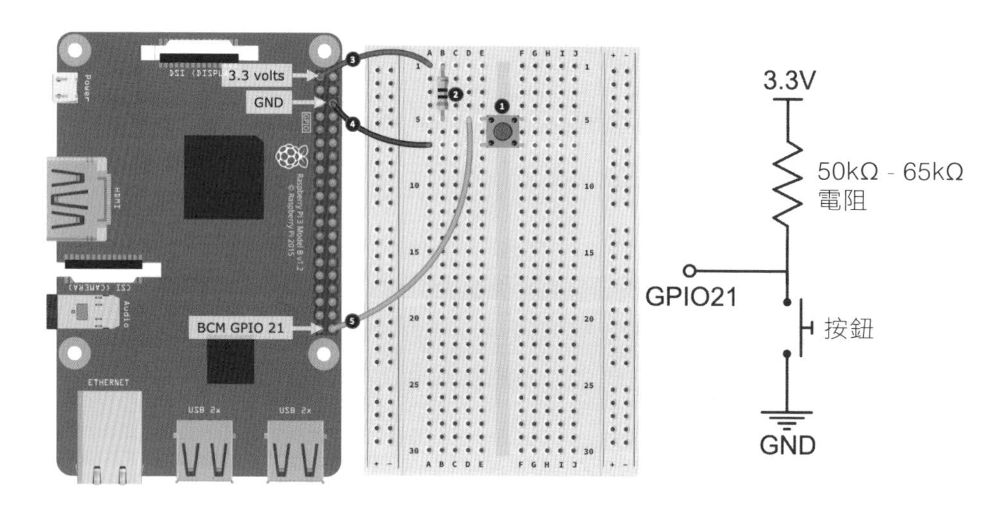

▲ 圖 6-6 帶有上拉電阻的按鈕電路

請根據以下步驟把各元件接到麵包板，步驟編號對應於圖 6-6 中的黑色圓圈號碼：

01 把按鈕接上麵包板。

02 將電阻（50kΩ - 65kΩ 之間）接上麵包板。電阻一端與按鈕的左上腳（如圖中的 B5 孔）接在同一橫列。電阻另一端則接到任一空白橫列。

03 將電阻的另一端接到 Raspberry Pi 的 3.3V 腳位。

04 將按鈕的左下腳接到 Raspberry Pi 上的 GND 腳位。

05 最後用一條電線，從按鈕的左上腳與電阻下方腳位（如圖中的 D5 孔）所共享的同一橫列接到 Raspberry Pi 的 GPIO 21 腳位。

電路完成了，以下是其工作原理簡述：

- 未按下按鈕時，電阻會把 GPIO 21 腳位上拉到 3.3V。電流會沿著此路徑流動，並確保腳位輸出為數位高電位。
- 按下按鈕時，會產生一個讓 GPIO 21 接地的電路。由於它的電阻較小（接近 0），更多的電流會選擇走這條路，GPIO 腳位也因此接地，所以讀取結果為低電位。

執行同一份 `chapter06/digital_input_test.py`，只是這一次在觸摸電線時，輸出應該不會跳動了。

Tips

如果你的電路接線正確但是無法運作的話，試試看把麵包板上的按鈕旋轉 90 度。

為什麼上圖中用的電阻是 50kΩ - 65kΩ ？繼續看下去，下一節講到用程式碼來取代實體電阻時，就知道為什麼了。

◉ 使用程式來解決腳位浮動

我們可透過程式碼要求 Raspberry Pi，使其內建的上拉電阻接到 GPIO 21 腳位來解決腳位浮動的情況。根據 Raspberry Pi 的文件，該電阻的電阻值約在 50kΩ - 65kΩ 範圍內，這就是為什麼上圖電路中要這樣選的原因。

下圖電路與上圖相當類似，但是沒有外接實體電阻了。我在 Raspberry Pi 內部加入電阻來說明這個事實：Raspberry Pi 電路中的某處藏了一個實體電阻，即使我們看不到它：

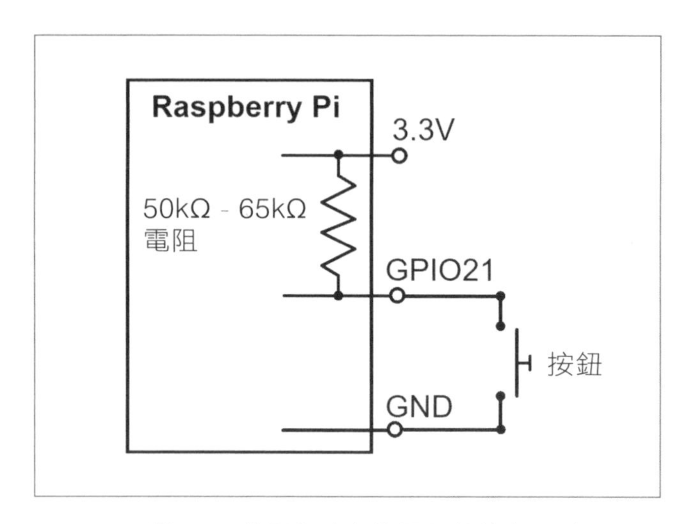

▲ 圖 6-7 使用內建上拉電阻的按鈕電路

現在要用程式碼啟動上拉電阻並測試這個電路，請根據以下步驟操作：

01 此範例使用圖 6-5 的按鈕電路。在繼續之前，請先完成這個麵包板電路。

02 接下來，編輯 chapter06/digit_input_test.py 檔來啟動內部上拉電阻，如下：

```
#pi.set_pull_up_down(GPIO_PIN, pigpio.PUD_OFF) <<< 註釋這一行
pi.set_pull_up_down(GPIO_PIN, pigpio.PUD_UP) <<< 啟動這一行
```

03 再度運行 chapter06/digit_input_test.py 檔。按下按鈕時應可在終端機中看到高 / 低電位（0/1）的變化；不過，用手觸摸電線或按鈕接點應該不會再產生任何干擾。

在閱讀前面的程式碼並觀察終端機輸出時，如果終端機在按鈕未按下時顯示 1，而在按下時顯示 0（即按鈕按下 = 腳位低電位），猛一看好像顛倒了？這樣想沒錯，但也錯了，因為這是用程式設計師的角度來看電路。我是故意這樣做的，因為之後會常常看到這樣的設定，稱為低態有效（active low），代表按鈕在觸發（按下）時，會讓腳位處於低電位。

把電阻相反設置也可能同樣有效，也就是說，你可讓設計一個讓 GPIO 21 腳位預設為接地的電路，這時候就會用到下拉電阻，無論是用實體電阻或透過程式碼啟動的內建電阻都可以。這樣一來，當按鈕按下時，腳位會讀到 1（高電位），這樣寫程式應該會更舒服一點！

作為練習，試著修改電路和程式碼，使其預設情況為下拉電阻。

Tips

在判讀數位輸入電路時，需要一併考量電路隨附的程式碼或你將要編寫的程式碼。未考量到底是用上拉或下拉電阻，可能正是某些簡易數位輸入電路無法工作的原因。

了解如何透過實體與程式碼來做到上拉與下拉電阻之後，究竟哪一種方法比較好呢？簡單來說，對，外部電阻確實有其優勢。

外部上拉或下拉電阻的優點是它們永遠存在。由程式碼啟動的上拉 / 下拉電阻則需先滿足以下兩個條件才行：

- Raspberry Pi 已開機。
- 執行一個用於啟動上拉或下拉電阻的程式碼。腳位在條件滿足之前都是浮動的！第 7 章會介紹一個用到外部下拉電阻的範例。

這並不是說由程式碼啟動的上拉 / 下拉電阻就比較差，這只是說當 Raspberry Pi 關機或程式碼未執行時，你需要考慮到浮動腳位對電路的影響。

數位輸入與輸出的基礎知識就介紹到此，它們在許多層面上都是介接電子元件的主幹。我們也知道，數位輸入不僅僅是高（開）或低（關）的兩種狀態，因為臨界電壓準位實際上決定了 Raspberry Pi 如何判定數位高電位或數位低電位。除此之外，我們也學到在操作數位輸入時需要適當地使用上拉或下拉電阻，這樣才能讓輸入電路可靠也可預期，也就是說它不會再浮動了。

在設計優良的數位輸入電路時，對於數位 I/O 的掌握度是很有幫助的（浮動腳位，以及誤用或未使用上拉 / 下拉電阻是新手的常見錯誤）。此外，在整合非 Raspberry Pi 的裝置與電子元件時，對於臨界數位高 / 低電壓準位的理解也相當重要。6.8 節會再次討論到數位電壓主題。

現在，讓我們離開數位，進一步來探索類比電子元件吧！

6.7 類比電子元件

正如上一節中看到的，數位 I/O 就是由電壓決定的離散高電位或低電位。另一方面，類比 I/O 則是關於電壓的程度。本節要介紹類比 I/O 的重要觀念，也會透過範例來看看其運作效果。

6.7.1 類比輸出

第 5 章介紹如何在數位輸出腳位上使用 PWM 技術，這樣就能產生偽類比輸出或可變動的輸出電壓。另外，第 3 章中看到了 PWM 的應用，當時是透過這個概念來控制 LED 的亮度。

本節要用一個小範例來進一步探討 PWM 背後的概念。這個範例類似於先前的數位輸出範例，只是這一次要用 PWM 在 GPIO 腳位讓電壓產生變化。請根據以下步驟來操作：

01 將三用電表連接到 Raspberry Pi，正如圖 6-3 的數位輸出範例。

02 執行 chapter06/analog_pwm_output_test.py 檔。

03 程式執行時，三用電表會在範圍內顯示一步步往上累加的電壓值。由以下的終端機輸出可看出它不會太準，但應該足以說明了：

```
(venv) $ analog_pwm_output_test.py
Duty Cycle 0%, estimated voltage 0.0 volts
Duty Cycle 25%, estimated voltage 0.825 volts
Duty Cycle 50%, estimated voltage 1.65 volts
Duty Cycle 75%, estimated voltage 2.475 volts
Duty Cycle 100%, estimated voltage 3.3 volts
```

來看看程式碼，重點整理如下。

#1 處可看到使用了 PiGPIO 的硬體定時 PWM，同時在 #2 定義了一組工作週期百分比。程式碼在 #3 處會用到這些工作週期值。到了 #4，我們設定了 GPIO 21 工作週期接著休眠 5 秒，這樣就可以在終端機與三用電表讀取到相關數值：

```
# ... 省略 ...
pi.set_PWM_frequency(GPIO_PIN, 8000)                    # (1)

duty_cycle_percentages = [0, 25, 50, 75, 100]           # (2)
max_voltage = 3.3

try:
    while True:
        for duty_cycle_pc in duty_cycle_percentages:   # (3)
            duty_cycle = int(255 * duty_cycle_pc / 100)
            estimated_voltage = max_voltage * duty_cycle_pc / 100
            print("Duty Cycle {}%, estimated voltage {} volts"
                .format(duty_cycle_pc, estimated_voltage))
            pi.set_PWM_dutycycle(GPIO_PIN, duty_cycle) # (4)
            sleep(5)

    # ... 省略 ...
```

如果需要讓 Raspberry Pi 提供更接近真實的類比輸出，那麼你可能想知道如何使用數位 - 類比轉換器（DAC）。它們通常是走 I2C 或 SPI 介面，並經由類似於 ADS1115 ADC 的驅動函式庫來控制，只是現在要輸出一個可變動的電壓，而不是如先前的讀取電壓。

簡單談過類比輸出，也看過如何使用 PWM 來產生類比輸出的簡單範例。接下來要看看類比電子元件的輸入。

6.7.2 類比輸入

第 5 章中介紹了如何使用 ADS1115 ADC 轉接板，以及類比輸入是測量一個預先定義範圍中的電壓，這個範圍對我們來說就是 0V 和 3.3V 之間。雖然在數位 I/O 中，我們會說在一個測到 0V 的腳位是指低電位，而 3.3V 代表高電位。然而在類比 I/O 中就不再有高低電位的概念了。

許多簡易的類比元件與感測器的工作原理，是它們的電阻值會根據其測量目標而變化。例如，光敏電阻（或 LDR）的電阻值就會與它所偵測的亮度成正比。但別忘了類比輸入是測量電壓。為了要把電阻的變化轉換成電壓的變化，就需要用到分壓器電路。

◉ 分壓器

下圖是一個簡單的雙電阻分壓器電路。為了方便說明原理，本範例中的電阻值是固定的。請注意本範例的電壓為 5V，稍後在介紹邏輯準位轉換就會說明原因：

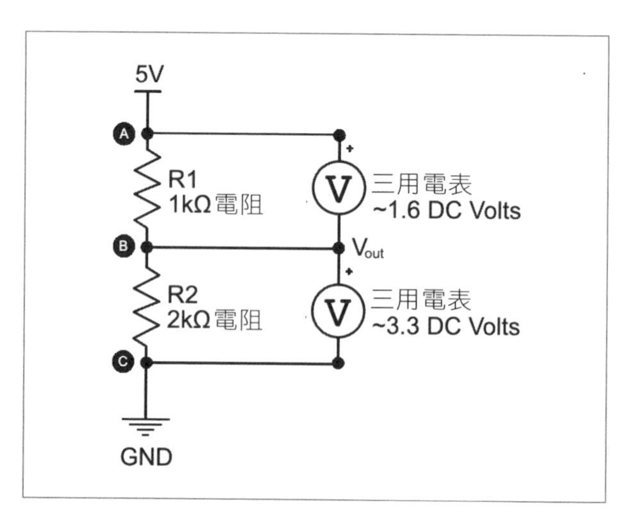

▲ 圖 6-8 測量分壓器兩端的電壓

電子元件和電阻的一個重要的原理是，通過電阻的壓降程度與其電阻值成正比。在上述電路中，R1 是 R2 的兩倍，因此它也確實使電壓下降了兩倍。以下是應用於上述電路的基本公式（實際上正是克希何夫定律和歐姆定律的應用）：

$$V_{out} = V_{in} \times \frac{R2}{R1 + R2}$$

$$V_{out} = 5V \times 2000\Omega \ / \ (1000\Omega + 2000\Omega)$$

$$V_{out} = 3.33333V$$

第 III 篇就會看到分壓器的應用，但是現在為了實際體驗這個這個原理並強化這個概念，會用一個數位三用電表應用來量測上圖中的標記點來檢查量測到的電壓是否接近我們的計算結果；也就是跨越 R1 的電壓約為 1.6V（上圖中的 A 點和 B 點），跨越 R2 的電壓約為 3.3V（B 點和 C 點）。跨越 R2（點 B 與 C）的測量值就是以上方程式中的 V_{out}。

電阻值又要怎麼選呢？對於分壓器，選擇電阻值的重點是它們能如我們想要的方式來分割電壓的比率。除此之外，還要考量電流大小與額定功率，這又是歐姆定律和功率的應用。

記得第 5 章的電位計嗎？它們實際上就是個分壓器！我們把它們的中央腳位接到 ADS1115 的 AIN1 與 AIN2，當轉動電位計的旋鈕時，你所做的是改變中央腳位相對腳位 A 和 C 兩端之間的電阻，進而產生一個可被 ADS1115 讀取的可變電壓。

下圖說明了電位計與電路圖之間的關係，請參考兩圖中的點 A、B 與 C：

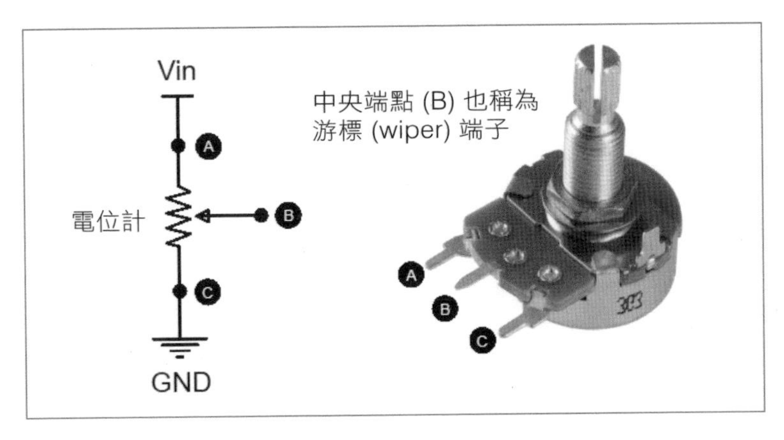

▲ 圖 6-9 電位計作為分壓器

做個實驗，看看電位計如何在以下電路中扮演分壓器：

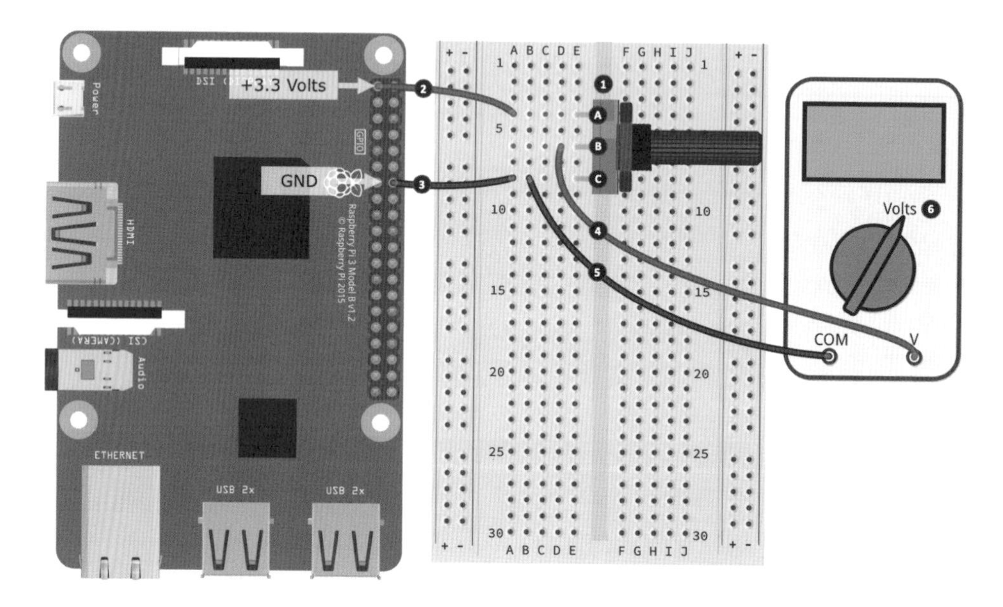

▲ 圖 6-10 電位計電路

以下是第一階段的步驟，步驟編號對應於圖 6-10 中的黑色圓圈號碼：

01 把 10kΩ 電位計接上麵包板。你會注意到圖中已經標出了 A、B 和 C 點，方便對應圖 6-9。

02 將電位計的外側腳位（標記為 A）接到 Raspberry Pi 的 3.3V 腳位。Raspberry Pi 在此電路只作為電源。有需要的話可以改用外部電源供應器或電池。

03 將電位計的另一個外側腳位端子（標記為 C）連接到 Raspberry Pi 的 GND 腳位。

04 將三用電表的電壓測量探針到電位計的中央腳位（標記為 B）。

05 將三用電表的 com 探針接到 GND（本範例是接到與電位計 C 腳位同一排上）。

06 打開三用電表，並選擇電壓量測模式。

現在打開三用電表，轉動電位器旋鈕，看看三用電表的電壓讀數應該會在 ~0V 和 ~3.3V 的範圍內變化。

類比電子元件的介紹到此結束。在此用一個簡單範例搭配三用電表，藉此來示範與視覺化呈現 PWM 是如何產生一個可變的輸出電壓。另外也認識了分壓器、其工作原理以及為什麼它們是所有類比輸入電路的關鍵。最後，我們再次回顧了電位計，也知道了如何將它作為分壓器來使用。

這些類比概念雖然相對簡單，但類比電路所隱含的兩大核心原理卻是每個電子工程師一無論是專業人士還是業餘玩家一都需要了解的。這些概念，尤其是分壓器，會在後續章節的許多電路中出現（我們會把它與 ADS1115 類比 - 數位轉換器搭配使用），因此請一定要操作過上述範例與原理，以確保你掌握了基礎知識！

接下來要介紹邏輯準位轉換以及分壓器的另一個實際應用，這次要將其用於數位輸入領域。

6.8 認識邏輯準位轉換

有時你需要讓 Raspberry Pi 的 3.3V GPIO 腳位去介接 5V 裝置，目的可能是 GPIO 輸入、輸出或雙向 I/O。用來轉換邏輯準位電壓的技術被稱為邏輯準位轉換，或邏輯準位位移。

有各種技術可用來位移電壓，本節要介紹兩種較常見的作法。一個會用到先前談過的分壓器電路，而另一個則採用專用的邏輯準位位移模組，邏輯準位轉換的第一個範例是使用電阻的解決方案，也就是分壓器。

6.8.1 作為邏輯準位轉換器的分壓器

由數個合適電阻所構成的分壓器電路就能把電壓從 5V 向下位移到 3.3V，這樣就能把某個裝置的 5V 輸出作為 Raspberry Pi 的 3.3V 腳位輸入了。

info

為了讓你的理解和學習更加清晰，本節討論的是數位電子元件，尤其是數位輸入和分壓器在數位輸入電路中的應用。為了本身學習和理解，請確保在完成本章後，你已確實了解分壓器在類比和數位電路中的基本差異和應用。

下圖與先前圖 6-8 的範例相同，只是這次換一種方式來呈現；它說明了如何將 5V 輸入向下位移到 3.3V：

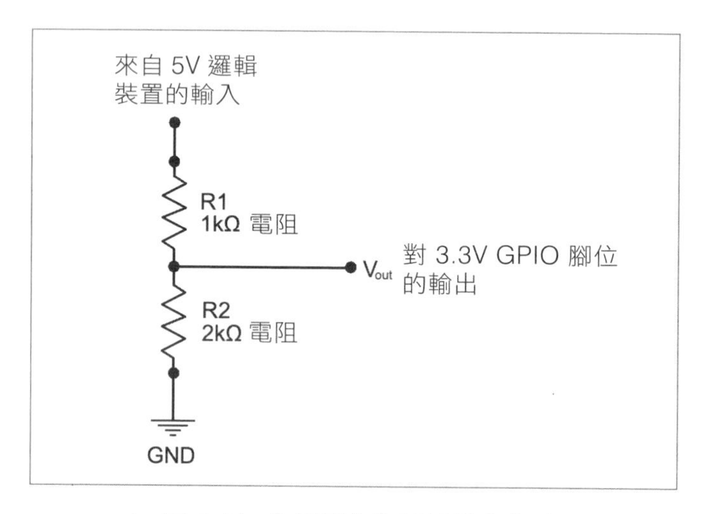

▲ 圖 6-11 分壓器作為邏輯準位位移器

分壓器無法使電壓從 3.3V 向上位移到 5V。不過，讓你回想一下先前對於數位輸入的內容和圖 6.4，其中說明了為什麼輸入腳位會在電壓 >= ~2.0V 讀取為數位高電位。沒錯，這基本上也是適用於 5V 電路 —— 只要輸入電壓 >= ~2.0V（3.3V 就是啦），5V 邏輯就會記錄為一次邏輯高電位。而施加一個 <= ~0.8V 的電壓時，數位低電位也是以相同的方式工作。

這種情況經常發生，但你需要查看那個 5V 裝置的詳細資料表。其中應該會明確指出最小電壓，也有可能只說明如何讓它與 3.3V 邏輯一起運作。如果沒有明確說明該裝置是否支援 3.3V 邏輯準位的話，你隨時可用 3.3V 試試看。這是安全的，因為 3.3V 低於 5V，代表不會造成損壞。最糟的情況頂多是裝置不會運作或運作不穩，這類情形就要改用專用的邏輯準位轉換器。接下來就會討論這個。

6.8.2 邏輯準位轉換 IC 與模組

分壓器電路的替代方案是專用的邏輯準位位移器或轉換器。它們採用 IC 晶片形式或方便接上麵包板的轉接板。由於它們大多是隨插即用的，所以不需要任何數學運算，並且它們會包含多個通道來同時轉換多個 I/O 串流。

下圖是常見的 4 通道（左）和 8 通道（右）邏輯準位轉換轉接板。左邊的 4 通道使用 MOSFET，而右邊的 8 通道則使用 TXB0108 IC。請注意第 7 章用到 MOSFET 時，只是將其 MOSFET 作為開關，而非用於邏輯準位轉換：

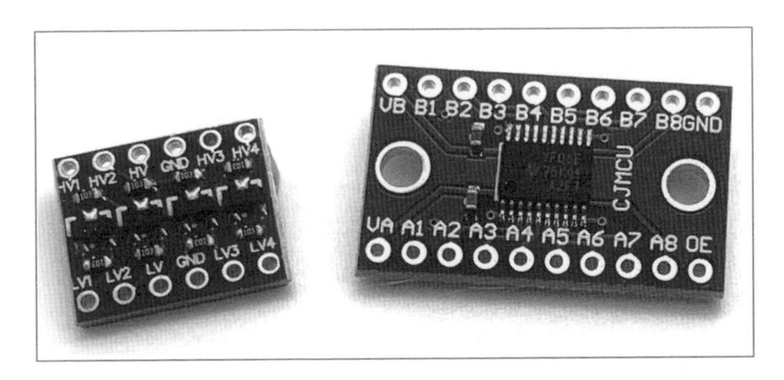

▲ 圖 6-12 邏輯準位轉換器轉接板

邏輯準位位移器模組可分成兩半來看：低電壓側與高電壓側。對於 Raspberry Pi 來說，要把它的 3.3V 和 GPIO 腳位接到低壓側，然後將另一個較高電壓的電路（例如 5V 電路）連接到模組的高壓側。

info

後續範例所用的模組類似於上圖中的 4 通道 MOSFET 模組，該模組具有一個 LV 和 HV 端子以及兩個 GND 端子。如果你使用不同的模組，請查閱其資料表來適當調整佈線，才能用於本範例。

來看看準位轉換到底是怎麼一回事，在此要製作一個電路並測量其電壓來說明。之前在 6.6.2 節，我們把三用電表直接接到 Raspberry Pi 的 GPIO 腳位，當 GPIO 腳位為高電位時，當時觀察到三用電表的讀數約為 3.3V。這次要把三用電表接到邏輯準位轉換器的 HV 側，就能看到三用電表在 GPIO 腳位為高電位時的讀數約為 5V。

就從製作電路開始吧，分成兩部分來進行。

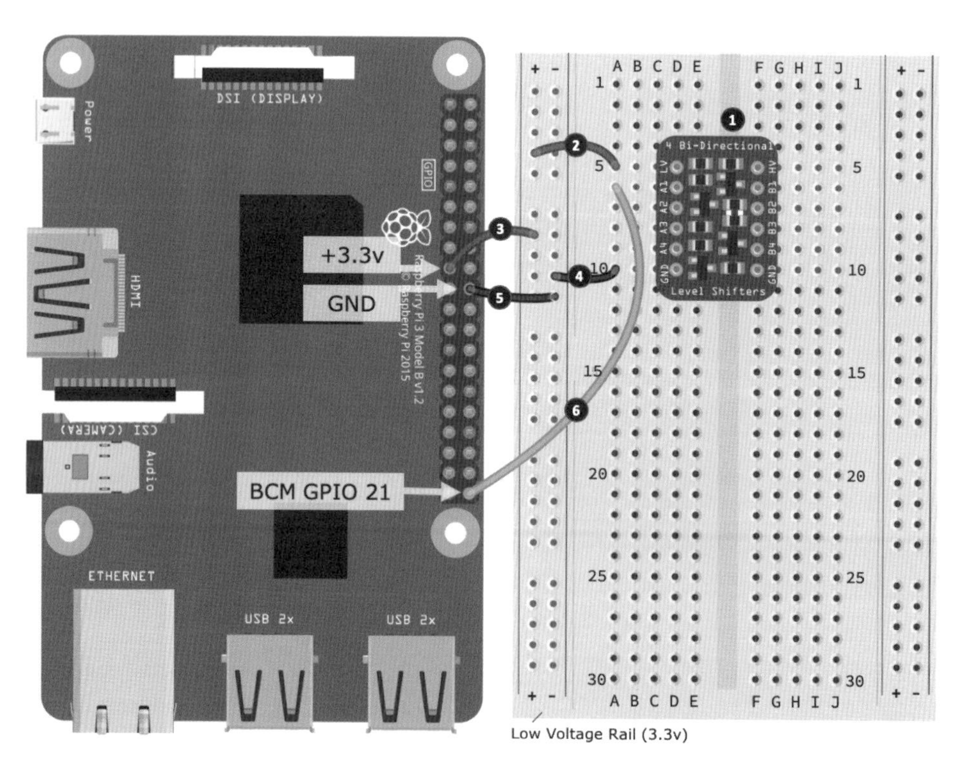

▲ 圖 6-13 視覺化 3.3V 至 5V 的準位轉移，進度 1/2

以下為第一階段的步驟，包括要接到邏輯準位轉換器之低電壓側的各個元件，步驟編號對應於圖 6-13 中的黑色圓圈號碼：

01 把邏輯準位轉換器接上麵包板。

02 將邏輯準位轉換器的 LV（低電壓）腳位連接到麵包板左側的正電軌，在此把它稱為低電壓軌，因為它會被接到較低的電壓（3.3V）。LV 端子是邏輯準位轉換器的低壓側電源輸入端子。

03 把低電壓軌的正極連接到 Raspberry Pi 的 3.3V 腳位。

04 把邏輯準位轉換器之低電壓側的 GND 端子接到低電壓軌上的負電軌。

05 把低電壓軌的負電軌接到 Raspberry Pi 的 GND 腳位。

06 最後，把邏輯準位轉換器的 A1 埠接到 Raspberry Pi 的 GPIO 21 腳位。

接下來要完成邏輯準位轉換器的高電壓側，並連接三用電表：

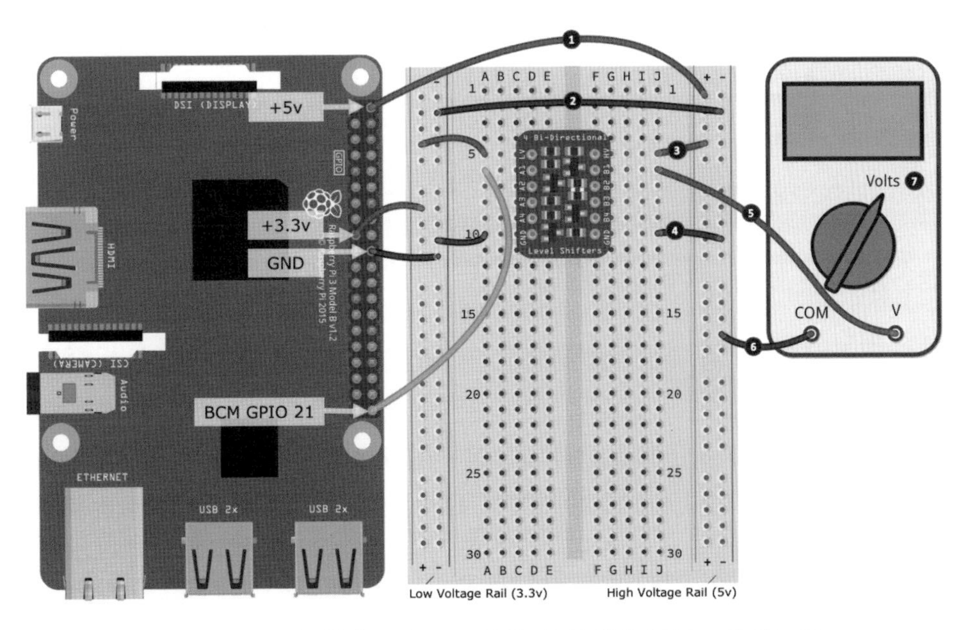

▲ 圖 6-14 視覺化呈現 3.3V 到 5V 的準位轉移，進度 2/2

以下為第二階段的步驟，步驟編號對應於圖 6-14 中的黑色圓圈號碼：

01 把 Raspberry Pi 上的 5V 腳位接到麵包板右側的正電軌。我們稱此軌道為高電壓軌。因為它會連接到較高的供應電壓（5V）。HV 端子為邏輯準位轉換器上高電壓側的電源輸入端子。

02 把高電壓軌的負電軌連接到低電壓軌的負電軌。你可能還記得電路中的所有 GND 接點都是可以共用的。需要複習的話，請參閱 2.3.3 節。

03 把邏輯準位轉換器的 HV 端子接到高電壓軌的正電軌。

04 把邏輯準位轉換器之高電壓側的 GND 端子接到高電壓軌的負電軌。

05 把三用電表的電壓測量端子接到邏輯準位轉換器的 B1 埠。

06 將三用電表的 com 端子接到高電壓軌的負電軌。

07 最後，把三用電表設定為電壓模式。

電路完成之後，執行一個 Python 小程式，並用三用電表檢查，當 GPIO 21 處於高電位時的讀數約為 5V。請根據以下步驟操作：

01 執行 `chapter06/digit_output_test.py` 檔，它與之前在 6.6.2 節的數位輸出程式碼相同。

02 在低電壓側，Raspberry Pi 會透過 GPIO 21 腳位對轉接器 A1 埠的通道 1 發送高（3.3V）/ 低（0V）脈衝，同時在高電壓側，接到 B1 埠通道 1 的三用電表會在 0 與約 5V 之間切換，展示出 3.3V 邏輯準位高電位與 5V 邏輯準位高電位的轉換。

反而操作也是可行的；也就是說，如果對高電壓側輸入 5V，就能把低電壓側轉換為 3.3V，Raspberry Pi 的 3.3V GPIO 腳位可進而安全地讀取為輸入。

上述反向操作是一項你會想要自行嘗試的練習－你也已經擁有實現這個目標的核心知識、程式碼和電路了；只要把它們通通整合起來就好啦！強烈鼓勵你親自試試看，以下為一些有助於更快上手的提示：

- 把按鈕與上拉電阻接上麵包板，並接到邏輯準位轉換器之高電壓側的 B1 埠。本電路與之前圖 6.6 的大致相同，差別在於電源現在為 5V，且 GPIO 腳位則是接到 B1 埠。
- 為了測試電路，你可使用先前的同一支數位輸入程式碼，也就是 `chapter06/digit_input_test.py`。
- 如果遇到困難、需要參考麵包板配置或想要檢查電路是否正確的話，請參考 `chapter06/logic_level_input_breadboard.png` 圖檔為麵包板配置。

Tips

在操作邏輯準位轉換器 IC、轉接板或分壓器作為準位位移器時，請務必先用三用電表檢查輸入 / 輸出電壓，再把它們接到外部電路或 Raspberry Pi。此項檢查是為了確保轉換器連線正確無誤，電壓也能照預期來正確轉移。

比較前述的兩種方法來結束準位轉換的討論。

6.8.3 比較分壓器與邏輯準位轉換器

哪個辦法比較好？還是要看狀況，不過我主張專用轉換器的效果一定會比簡易分壓器更加出色，與麵包板一起使用也方便得多。分壓器的製作成本較低，但只能單向運作（也就是說，雙向 I/O 就得用到兩個分壓器電路才行）。它們的阻抗也相對較高，意指電阻變化與量測到電壓變化之間存在一定的時間延遲。對於需要在高低電位狀態之間快速切換的電路來說，這個延遲已超出簡易分壓器的能力。專用邏輯準位轉換器就克服了這些限制，而且能做到多通道、雙向、更快，效果也更好。

6.9 總結

本章首先快速概述了你在深入電子電路領域時所需的基本工具和設備，第 III 篇（下一章就是了）會專門介紹這些內容。然後提出了一些建議，來幫助你在連接電子元件與 GPIO 腳位時還能顧及 Raspberry Pi 的安全，另外還有一些購買元件時的小建議。

接著，在說明先前的 LED 電路為何要使用 200Ω 電阻的原因和計算過程之前，我們介紹了歐姆定律（以及非常入門的克希荷福夫定律）。我們用這個範例來檢視數位電路的電子特性，其中說明了邏輯電壓準位、浮動腳位以及上拉 / 下拉電阻。接著看到的是類比電路與實際操作一個分壓器電路範例。本章最後是一個邏輯準位轉換範例，用於說明如何介接 5V 邏輯裝置與 3.3V 邏輯裝置（如 Raspberry Pi）。

本章目標是向你說明簡易電子元件背後的基本原理，特別是本書中用於介接 Raspberry Pi 這類裝置的電子元件。我很認真地解釋了這些原理所蘊含的基本原因，以及如何運用它們來決定要使用哪些電路元件。有了這些資訊，你現在應該更清楚地了解如何製作能與 Raspberry Pi 搭配運作的簡單電路了。

此外，你可將對於本章內容的掌握度作為進一步發展和擴充自身電子技術的起點。「延伸閱讀」中提供了許多有用的電子學相關網站，第 III 篇會實際運用這些原理。

準備好的話，讓我們在下一章再見（這也是第 III 篇的開始）。下一章會介紹許多用於讓東西開開關關的方法。

6.10 問題

在結束本章之前，歡迎挑戰以下問題來驗證你在本章所學到的知識。在本書後面的「附錄」中可找到評量解答。

1. 你的電路要用到 200Ω 電阻，但手邊只有一個 330Ω 電阻可用。使用它安全嗎？
2. 你在電路中改用了電阻值較高的電阻，但是電路沒有反應了。從歐姆定律來看的話，問題會是什麼呢？
3. 你用歐姆定律為電路算出了合適的電阻值，但是對電路供電之後，電阻居然變色冒煙了。為什麼呢？
4. 假設 GPIO 21 腳位已經由 Python 設定為輸入腳位，並直接接到了 +3.3V 腳位，`pi.read(21)` 的讀取結果為何？
5. 你這樣設置按鈕：當按下按鈕時，它經由 GPIO 21 接到了 GND 腳位。但按鈕未被按下時，你發現到程式變得不太穩定，並且好像誤認了按鈕已被按下了。問題會是什麼呢？
6. 你想將一個以 5V 電壓來運作其輸出腳位的裝置接到 Raspberry Pi 的 GPIO 輸入腳位。如何安全地做到這一點？
7. 是非題：電阻分壓器電路可用來把 3.3V 輸入轉換為 5V，以便與 5V 邏輯輸入裝置一起使用。

6.11 延伸閱讀

以下兩個電子元件製造商網站提供了很棒的入門到中級教學。內容都是專注於電子學的實作面，不會用太多的理論來轟炸你。試著在這類網站上搜尋 Raspberry Pi：

- `https://learn.adafruit.com`
- `https://learn.sparkfun.com`

關於本章中已介紹的概念，以下是上述網站中的專門網頁：

- 關於 LED：https://learn.sparkfun.com/tutorials/light-emitting-diodes-leds
- 歐姆定律、功率與克希何夫定律入門：https://learn.sparkfun.com/tutorials/voltage-current-resistance-and-ohms-law
- 分壓器：https://learn.sparkfun.com/tutorials/voltage-dividers
- 上拉 / 下拉電阻：https://learn.sparkfun.com/tutorials/pull-up-resistors/all
- 電阻與色碼：https://learn.sparkfun.com/tutorials/resistors

還想更深入了解的話，以下兩個網站是涵蓋了電子學基礎與相關理論之各種主題的優秀（免費）的資源：

- https://www.allaboutcircuits.com
- https://www.electronics-tutorials.ws

我建議花點時間逛逛這些網站來它們有哪些內容。這樣，如果你想要進一步探索本書所提及的電子術語、元件或概念，就會知道必須從哪裡開始研究了。以下兩個連結供你參考：

- https://www.electronics-tutorials.ws/category/dccircuits
- https://www.allaboutcircuits.com/textbook/direct-current

如果看一下這些網站的索引，你會找到歐姆定律、功率、克希何夫定律、分壓器以及數位 / 類比電子元件相關的說明。

Part

物聯網遊樂場－與真實世界互動的實例

第 III 篇將探討物聯網中的「物（thing）」。我們將認識並透過實驗一系列 Python 與真實世界互動的常用感測器、致動器和電路。過程中我們也將看到第 II 篇討論過的電子學核心原則是如何落實至應用。本篇的後半部將結合第 I 篇的內容（物聯網中的「網」）並透過不同的方法來建立一個完整的物聯網應用程式。

本篇由以下章節組成：

本篇包含以下章節：

Chapter 07

開關各種裝置

上一章介紹了當你在透過 Raspberry Pi 的 GPIO 腳位整合數位與類比電路時會使用到的核心電路和概念。

本章將討論如何開關需要更多電壓和電流的裝置，以及如何安全地與 Raspberry Pi 結合使用。說到電子元件，可用於控制和切換的元件數以百計，配置的方式更是不勝枚舉。在此我們將專注在三個常見的元件上：光耦合器、電晶體和繼電器。

了解如何控制和開關電路在 Raspberry Pi 的介接上是一個非常重要的主題。如同我們在第 5 章提到的，Raspberry Pi 的 GPIO 腳位僅能安全地提供幾 mA 的輸出電流，和固定的 3.3V 電壓。完成本章的範例後，你對光耦合器、電晶體和繼電器的了解便足以開始控制不同電流和電壓要求的裝置了。

本章主題如下：

- 認識繼電器驅動電路
- 計算負載電壓與電流

- 使用光耦合器做為開關
- 使用電晶體做為開關
- 使用繼電器做為開關

7.1 技術要求

你需要下列項目來執行本章的範例：

- Raspberry Pi 4 Model B
- Raspbian OS Buster（以及桌機和推薦軟體）
- Python 3.5 版本或以上

這些都是本書範例程式碼的基礎。合理預期，只要你的 Python 為 3.5 以上版本，這些範例程式碼應該不需要修改就能在 Raspberry Pi 3 Model B 或其他版本的 Raspbian OS 中執行才對。

本章範例程式碼請由本書 GitHub 的 `chapter07` 資料夾中取得：`https://github.com/PacktPublishing/Practical-Python-Programming-for-IoT`

請在終端機中執行以下指令來設定虛擬環境和安裝本章程式碼所需的 Python 函式庫：

```
$ cd chapter07                              # 進入本章的資料夾
$ python3 -m venv venv                      # 建立 Python 虛擬環境
$ source venv/bin/activate                  # 啟動 Python 虛擬環境 (venv)
(venv) $ pip install pip --upgrade          # 升級 pip
(venv) $ pip install -r requirements.txt    # 範例程式碼
```

以下相依套件都是由 `requirements.txt` 所安裝：

- PiGPIO：PiGPIO GPIO 函式庫（`https://pypi.org/project/pigpio`）

本章的練習需要用到以下電子元件：

- 2N7000 MOSFET，1 個。（規格表：https://www.alldatasheet.com/datasheet-pdf/pdf/171823/ONSEMI/2N7000.html）
- FQP30N06L MOSFET，1 個（選配－規格表：https://www.alldatasheet.com/datasheet-pdf/pdf/52370/FAIRCHILD/FQP30N06L.html）
- PC817 光耦合器，1 個（規格表：https://www.alldatasheet.com/datasheet-pdf/pdf/547581/SHARP/PC817X.html）
- SDR-5VDC-SL-C 繼電器，一個（規格表：https://www.alldatasheet.com/datasheet-pdf/pdf/1131858/SONGLERELAY/SRD-5VDC-SL-C.html）
- 1N4001 二極體，1 個
- 1kΩ 電阻，兩個、100kΩ 電阻，1 個
- 5mm 紅色 LED，1 個
- 尺寸 130（R130）、額定 3-6V 的直流馬達（堵轉電流最好小於 800mA），或其他任何具備相容電壓和額定電流的直流馬達，1 個
- 可測量電流的數位三用電表（需可切換單位為安培或毫安培），1 個
- 外部電源－至少必須為可安裝在麵包板上的 3.3/5V 電源，2 個

7.2 認識繼電器驅動電路

在認識電子開關時很容易看到機械式繼電器－它的操作跟一般開關很像，只是是藉由讓它通電與否來控制。可惜，直接把繼電器裝在 Raspberry Pi 上是非常危險的！繼電器通常需要更高的電流和電壓，因此容易造成 Raspberry Pi 的毀損（如果真的能動的話）。因此，我們需要在 Raspberry Pi 和繼電器之間裝一個驅動電路，電路範例如下圖 7-1 所示：

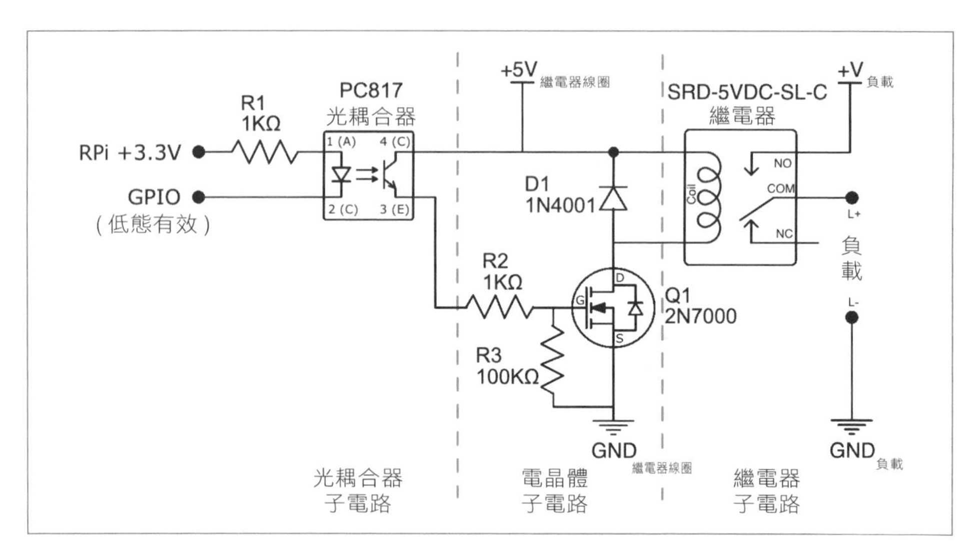

▲ 圖 7-1 繼電器驅動電路

這就是接下來要建立的電路，我們會一步步講解。這個電路也是你在露天、蝦皮之類的網站上可以找到的繼電器控制模組。這些電路板非常好用（如果正常運作的話），但是，資料說明不清楚往往會讓這些電路板的運作變得繁瑣又困難，尤其是如果你還不熟悉這些電子元件的話。

接下來要製作並認識圖 7-1 中的三種子電路。這將幫助你了解光耦合器、電晶體和繼電器是如何作為開關，以及為何在控制繼電器上三者常常密不可分。如果現成的繼電器控制模組無法正常運作，這個知識也可以幫助你進行反向工程。

在進入光耦合器的子電路前，必須先認識負載電壓與電流。

7.3 計算負載電壓與電流

負載是指某個你想要控制的東西，在本章即為要控制的裝置。LED、電晶體、光耦合器、繼電器、燈光、電動馬達、加熱器、幫浦、自動車庫和電視等等都是某種負載。請回頭看看圖 7-1，你會在電路圖的右側看到 Load 一詞，這端會接到你想要控制的裝置。

電晶體、光耦合器 和繼電器等元件也出現在上述負載列表當中。再看一次圖 7-1，在電晶體子電路裡，繼電器是負載，而在光耦合器的子電路中，電晶體子電路是負載。

在控制的負載中，有兩件很重要的事情：

- 負載需要多少電壓？
- 負載需要多少電流？

有時候，在裝置身上、操作手冊或規格表上可以找到答案，有時候卻必須自行計算或是測量出來。

明白這些事情相當重要，因為它會影響電路元件的選擇，包括適合的電源規格等等。本章在建立電路的部分將常常提到負載電流，所以之後還會有更多背景資訊，現在先來看看要如何測量直流馬達的負載電流吧！

7.3.1 測量直流馬達所需的電流

馬達是多數人都會需要控制的裝置，也很適合作為電流測量的範例。來練習看看如何測量直流馬達會使用多少電流：

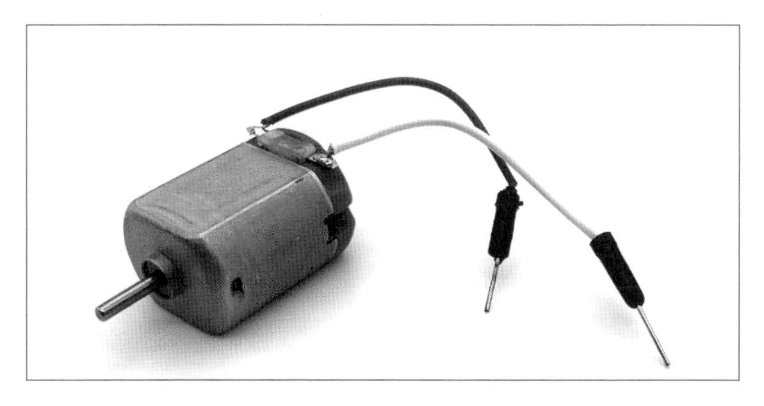

▲ 圖 7-2 R130 直流馬達

上圖是常見的 R130 直流馬達，配有兩條焊接在馬達末端的跳線，以便輕易地接上麵包板。這顆馬達的背面是紅色的，不過其他顏色尤其是透明和白色也很常見。馬達的顏色和規格無關。

info

在執行以下步驟時，如果你不確定如何將三用電表設定成電流測量模式，請參考它的使用手冊。

請執行以下步驟：

01 依照圖 7-3 所示接上電路：

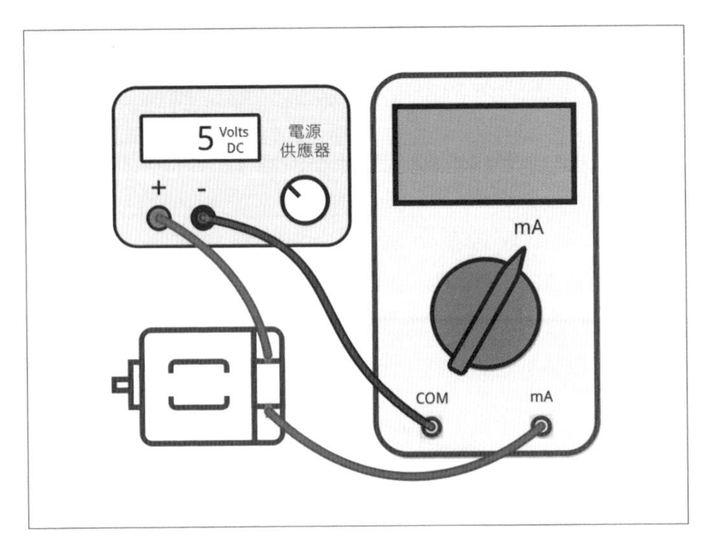

▲ 圖 7-3 用三用電表測量電流

請確保使用的馬達符合 7.1 節的要求。這顆馬達夠小，通常只要能供給 500 ~ 800 mA 電流的麵包板供電模組，就可以當作它的電源。如果是大顆一點的馬達（或其他不清楚電流狀況而想測量的裝置），那麼就需要一個更可靠的電源了。

info

如果你是使用 USB 手機充電器作為麵包板的供電來源的話，請記得先用三用電表檢查 5V 電源輸出真的有到 5V。低瓦數的充電器和劣質的 USB 線可能無法為電源提供足夠的電力以正常運作。若狀況允許，建議閱讀規格表並使用建議的電源整流器，通常會是 7 到 12V 和 1 安培的整流器。

02 請確保三用電表測量的單位設定為毫安培（mA），且紅色引線已接在正確的引線輸入上（通常會標示為 A 或 mA）。如果你的數位三用電表包含了 μA（微安）輸入，請不要使用，否則三用電表的保險絲很可能會燒壞（若真的燒壞了也還能更換）。

03 讓電路通電，馬達開始轉動。

04 三用電表會顯示馬達目前使用了多少電流。請記錄這個數值，它也被稱為連續電流或自由電流，代表馬達轉軸在未接上任何裝置的情況下轉動時所需的電流。

05 切斷馬達的電源。

06 用一把鉗子夾住馬達的轉軸讓它無法轉動。

07 重新接上電源並觀察（且記錄）這時三用電表上顯示的數值。這個數值為馬達的堵轉電流。代表當轉軸被強迫停止轉動時馬達所需的最大電流。

08 切斷馬達的電源。

現在我們已測量到了兩個電流值。我從 R130 馬達上測量到的數值如下（你的數值會有些差異）：

- 連續或自由電流：~110 到 ~200 mA －馬達隨著使用時間會逐漸發熱，使用的電流也會變少，我在馬達還是冷卻的狀態時測量到了 ~200 mA，但是過了 1 分鐘便掉到了 ~110 mA。
- 堵轉電流：~500 到 ~600 mA。

這表示在正常使用的情況下，這顆馬達需要 200 到 600 mA 的電流，而任何要用在這個馬達上的電路都必須要能夠輕鬆地應付至少 600 mA 的電流，以免當馬達發生堵轉時毀損電路（也可以設計一套保護機制，不過這就超出了本章的討論範圍）。

info

有趣的是，其實還有一個東西叫做「啟動電流」，這是馬達在啟動瞬間會出現的一個峰值，但僅用一般的三用電表是測不出來的。

知道了 R130 馬達的電流消耗之後，讓我們來收集更多關於繼電器和 LED 的電流資料。

7.3.2 測量繼電器與 LED 所需的電流

我們也需要測量 LED 和繼電器所需的電流，在 7.6 節中會用到。請依照前段描述的步驟 1 到 4 來測量電流，LED、電阻與電表間的接線配置如下圖所示：

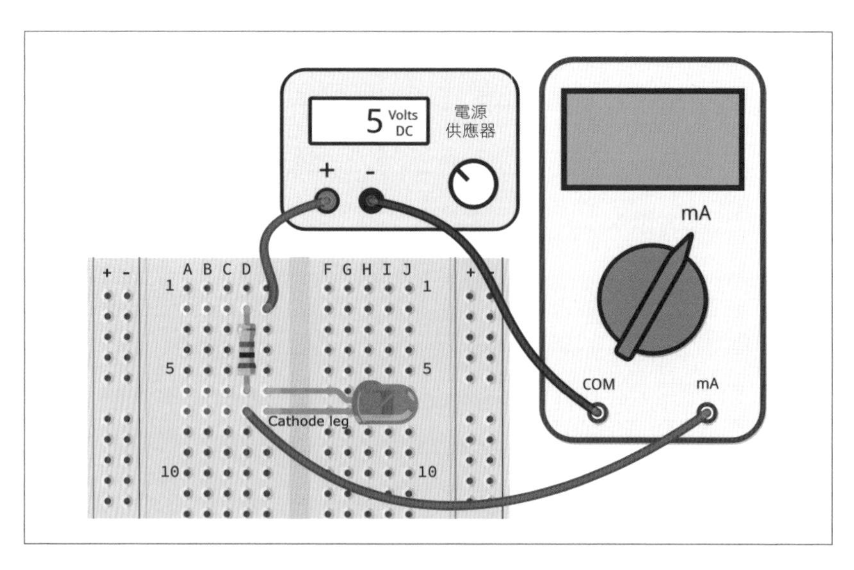

▲ 圖 7-4 測量電阻 / LED 電路所需的電流

步驟大致如下：

01 請將 LED 和一個 1kΩ 的電阻（或繼電器）裝在圖 7-3 中馬達的位置。

02 請將三用電表的檔位設定為毫安培。

03 讓電路通電。

04 於三用電表上測量安培數。

完成執行並記錄測量結果後，請將 LED 和電阻從麵包板移除並換成繼電器，重複一樣的步驟以測量電流。

下圖為 SRD-05VDC-SL-C 繼電器以及用來連接的端子。請注意，你會需要將排針（如下圖）或電線（建議做法是杜邦線切斷並剝線）焊接在繼電器的端子上，因為它無法直接插上麵包板：

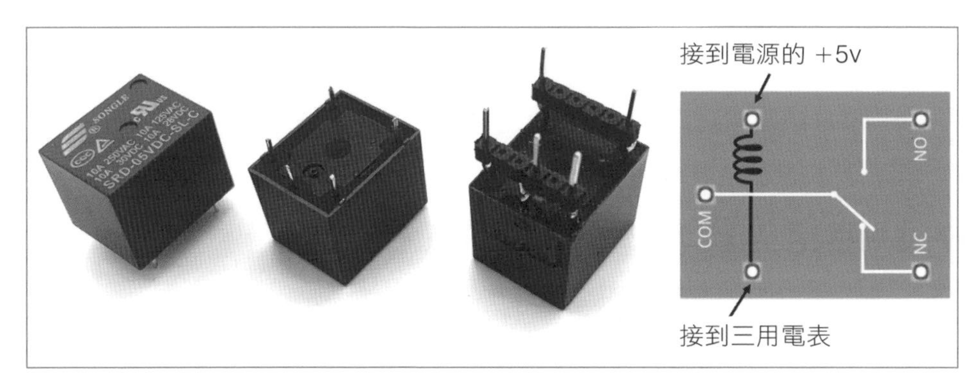

▲ 圖 7-5 SRD-05VDC-SL-C 繼電器

使用 5V 電源時，你應該會在三用電表上看到類似以下的數值：

- 5mm 紅色 LED 與 1kΩ 電阻串聯時：3mA（以歐姆定律計算並四捨五入：I = (5V- 2.1V) / 1000Ω = 2.9mA）。
- 繼電器：70 到 90mA（數值取自規格表，並經由測量驗證）。

計算 LED 所需電流的方式在第 6 章討論過。唯一的不同是，這裡我們用的是 5V 電源和一顆 1kΩ 的電阻，而在第 6 章用的是 3.3V 電源和 200Ω 的電阻。

info

請注意，接下來會用到的光耦合器和 MOSFET 元件有電壓下降的情形，會影響通過負載的電流。不過這種電壓下降對我們的專案影響不大，因此為了簡潔起見將省略不計。

現在，你已經知道如何使用三用電表來測量直流馬達、LED/ 電阻組合和繼電器所需的電流了。瞭解你想要控制的裝置、甚至子電路的電流限制和期望值是非常重要的，在設計電路和選擇電源時可以藉此得知哪些是正確且適合的元件。

在討論光耦合器、MOSFET 和繼電器時，常常會需要參考到你在本節中執行的測量結果。具體一點來說，我們會將這些元件所需的電流（取自各自的規格表）與直流馬達、LED / 電阻組合和繼電器的測量值做比較，以決定哪些元件可以直接用來控制什麼樣的負載。

我們將從認識光耦合器以及它是如何作為開關開始學習。

7.4 使用光耦合器做為開關

光耦合器（或稱為光隔離器）是一種光控元件，用於電氣性絕緣兩個電路。下圖為光耦合器及其示意符號：

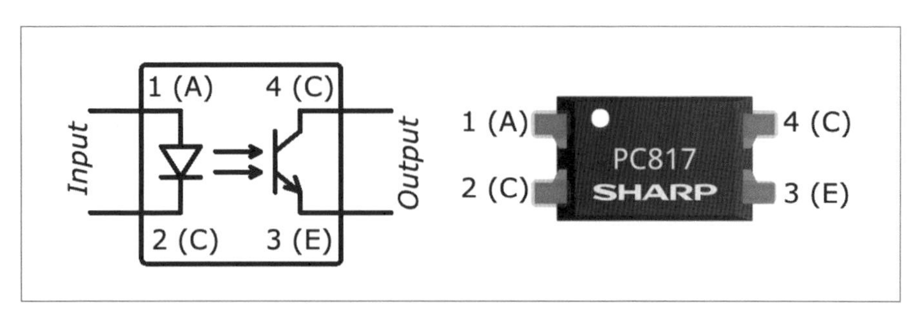

▲ 圖 7-6 光耦合器之符號與元件，含接腳標示

光耦合器的兩端之敘述如下：

- 輸入端：此端用來連接 Raspberry Pi 的 GPIO 接腳
- 輸出端：此端用來連接電路

光耦合器的輸入端裡有一個 LED（你可以在圖 7-6 的光耦合器示意圖中發現一個 LED 符號），而在輸出端裡有一個光電晶體，會對 LED 的光做出反應。這代表從輸入端到輸出端之間的控制轉換（也就是開關）是透過光線執行，因此，兩端之間其實沒有任何實際接觸。對我們來說，這也代表當輸出端有任何故障或意外發生時，都不應該對 Raspberry Pi 造成任何損壞。PC817 光耦合器的隔離額定值為 5000V，這已遠遠超過任何可能會用在物聯網電子元件和裝置上的電壓。

當輸入端的 LED 為關閉，輸出端的光電晶體也會是關閉狀態。但是，當你將接腳 1（陽極）和接腳 2（陰極）通電後，LED 會亮起（它在光耦合器的內部所以你其實看不見），接著光電晶體便會啟動並讓電流在接腳 4（集極）和接腳 3（發射極）之間流動。

先來製作一個簡單的電路來示範 PC817 光耦合器的運作吧，規格如下：

- 輸入端（LED）：規格如下：
  - 標準正向電壓（VF）為 1.2V 的直流電
  - 最大正向電流（IF）為 50 mA 的直流電
- 輸出端（光電晶體）：規格如下：
  - 最大集極射極間電壓（VCEO）：80V 的直流電
  - 最大集極電流（IC）：50 mA 的直流電
  - 集極射極飽和電壓（VCE(sat)）範圍為 0.1 到 0.2V（基本上為電壓會下降的幅度）

請記得這些規格，接著要來製作電路了。

7.4.1 建立光耦合器的電路

接下來要建立如下圖的電路。此電路藉由 PC817 光耦合器來隔離 Raspberry Pi 和 LED 的子電路：

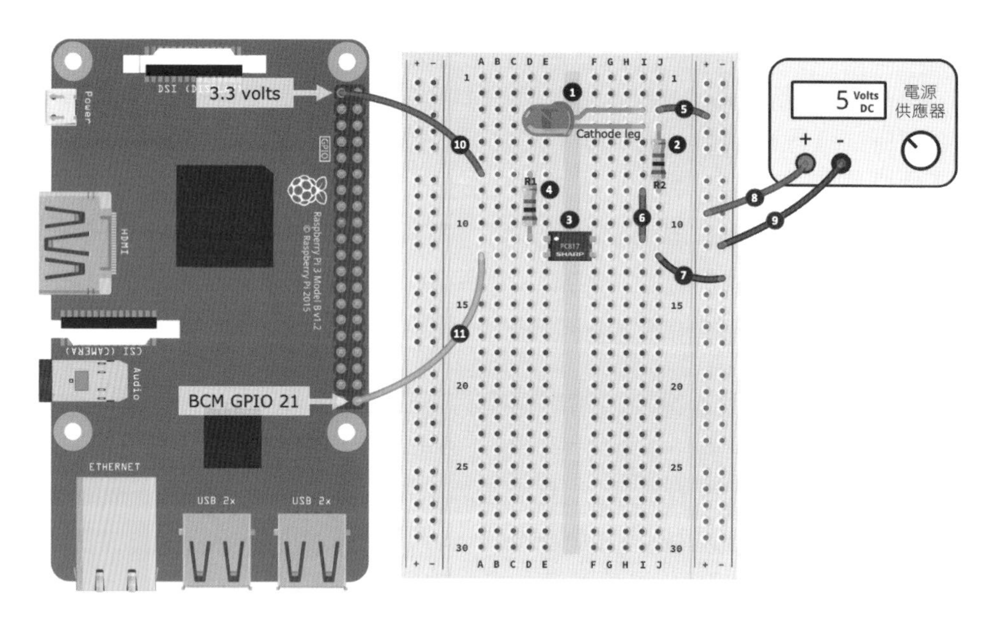

▲ 圖 7-7 光耦合器之電路

步驟編號對應於圖 7-7 中的黑色圓圈號碼：

01 將 LED 裝上麵包板，並確保 LED 陰極腳的方向如上圖所示。

02 裝上一顆 1kΩ 的電阻，電阻的一端要與 LED 的陰極腳在同一排。

03 將 PC817 光耦合器 IC 裝上麵包板。IC 上的白點代表接腳 1。你的 IC 可能沒有這個小白點，但一定會有一個明顯的標示告訴你接腳 1 的位置。請參考圖 7-6 確認所有接腳的編號。

04 裝上一顆 1kΩ 的電阻。電阻的一端要接到 PC817 的接腳 1。

05 將 LED 的陽極腳接上右排的正電軌。

06 將 PC817 的接腳 4 連接步驟 2 的電阻另一端。

07 將 PC817 的接腳 3 接上右排的負電軌。

08 將 5V 電源的正極輸出接上右排的正電軌。

09 將電源的負極輸出接上右排的負電軌。

10 連接步驟 4 的電阻另一端與 Raspberry Pi 的 3.3V 接腳。

11 最後，請將 PC817 的接腳 2 接到 Raspberry Pi 的 GPIO 21 腳位。

info

在圖 7-7 中，你其實也可以將步驟 8 和 9 的配線（與外部電源連接）直接接上 Raspberry Pi 的 +5V 接腳和 GND 接腳。因為紅色 LED 只需要一點點電流，但如果是負載電流更高的裝置，就一定要用外部供電。Raspberry Pi 的 +5V 接腳是直接與 Raspberry Pi 的供電來源連接，用這個電源來為電路供電會搶走很多 Raspberry Pi 可使用的電流。搶走太多的話會導致 Raspberry Pi 重新開機！請特別注意（很重要）這個動作的風險會喪失光耦合器提供的絕緣效果，因為你將光耦合器的輸入跟輸出接在了一起（請記住，輸入和輸出端在光耦合器裡沒有任何物理上的接觸，而是透過光線控制的）。

完成電路之後，接著要來測試並介紹相關程式碼了。

7.4.2 使用 Python 來控制光耦合器

請執行 chapter07/optocoupler_test.py 並觀察 LED 閃爍的狀況。以下為負責 LED 閃爍的程式碼片段：

```
# ... 省略 ...
  pi.write(GPIO_PIN, pigpio.LOW) # On.         # (1)
  print("On")
  sleep(2)
  pi.write(GPIO_PIN, pigpio.HIGH) # Off.       # (2)
  print("Off")
  sleep(2)
# ... 省略 ...
```

程式碼說明如下：

- 在 #1 處，GPIO 21 為低電位，輸入端的 LED 為開啟。輸出端的光電晶體偵測到光線後啟動，讓電流通過輸出端的集極（腳位 4）和發射極（腳位 3），紅色 LED 進而發光。
- PC817 電路輸入端的接線為低態有效－也因此在 #1 處要將 GPIO 21 腳位設成低態以開啟電路，並在 #2 處轉成高態以關閉電路。另一種佈線即為高態有效。如果你想試試看如何把電路改成高態有效，請將圖 7-7 中的步驟 10 改成接上 GND 腳位（而非 3.3V 腳位），然後將程式碼中的 `pigpio.LOW` 和 `pigpio.HlGH` 語法對調。

info

其實輸入端的 LED 可以用小一點的電阻。不過，1000Ω 的電阻提供給內部 LED 的電流（(3.3V - 1.2V) / 1000Ω = 2.1mA）已足以讓光耦合器的電路運作。你會看到許多電路使用 1kΩ、10kΩ 和 100kΩ 等電阻，單純只是因為它們是整數。紅色 LED 之所以用 1000Ω 電阻也只是為了方便。

還記得在前一章曾經談到，Raspberry Pi 的 GPIO 接腳的電流不能超過 8 mA 嗎？如果在 GPIO 腳位跟電路中間放一個 PC817 光耦合器的話，就可以控制最多 50 mA 的電流。此外，我們也不再受限於 GPIO 腳位的 3.3V，因為 PC817 可以處理的電壓可是高達 80V 呢！

info

請記住，GPIO 腳位的主要功用是控制某個東西，而非供電，因此請永遠把控制和供電的需求分開考量。

上一節計算出（或測量出）馬達、繼電器和 LED 所需的電流。以下是 PC817 光耦合器在輸出端使用 5V 電源時的資料：

- LED 和 1kΩ 電阻所需的電流為 3 mA。
- 繼電器所需的電流為 70 到 90 mA。
- 馬達所需的電流為 ~500 mA 到 ~600 mA（堵轉電流）。

LED 所需的 3 mA 比光耦合器輸出端的最大額定值 50 mA 培要小的多，所以可以直接從輸出端驅動 LED 沒問題。但是繼電器和馬達就不一樣了，它們所需的電流超過 PC817 的限制，所以直接用輸出端驅動的話可能會對光耦合器造成損壞。

雖然我們可以，也的確會用光耦合器作為電子開關，但它們更常被用來作為驅動其他元件的絕緣機制，藉此驅動需要更高電流的負載裝置。之後在建立圖 7-1 的繼電器驅動電路時會看到，現在先讓我們來看看如何使用電晶體作為電子開關吧！

7.5 使用電晶體作為開關

電晶體是當今電子元件中最重要的部分，也是數位革命的骨幹。基本的使用方式有兩種：作為增幅器或作為電子開關。本章將著重在電子開關方面，並且會用一種名為金屬氧化物半導體場效（MOSFET）的電晶體，更具體一點，要用的是 N 頻強化模式的 MOSFET 一對，我知道很拗口！

別讓冗長的專有名稱和各種樣式的電晶體嚇著了。簡單來說，N 頻強化模式的 MOSFET 很適合用做電子開關，可以藉由 Raspberry Pi 或是稍後提到的另一種控制器（例如光耦合器）來控制。

info

FET 為電壓控制的電晶體。另一種名為雙極性電晶體（BJT）則為電流控制。BJT 也可以用在 Raspberry Pi 上，但會需要顧及一些其他事情。「延伸閱讀」提供了相關連結以加深你對電晶體的認識。

接下來的範例會用到 2N7000，一種 N 頻強化模式的 MOSFET，如圖 7-8。接腳分別名為源極（Source）、閘極（Gate）和汲極（Drain）。圖中還有其他兩種不同的封裝型態，分別為 TO92 和 TO220。請注意，兩種型態的接腳順序不同：

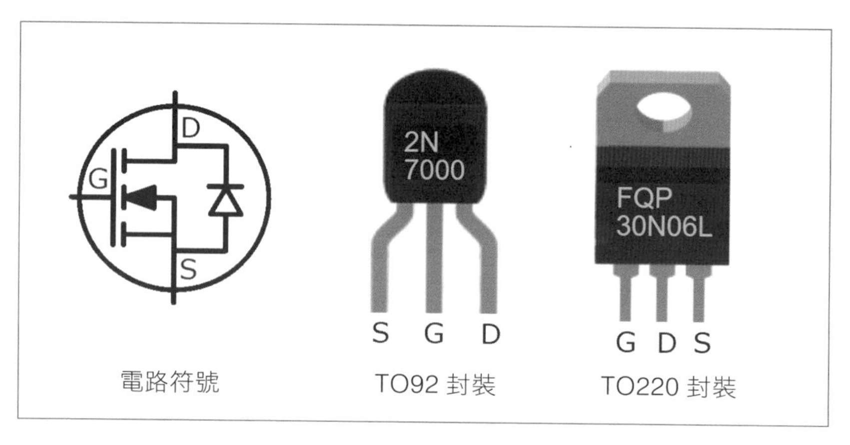

▲ 圖 7-8 N 頻強化模式 MOSFET 之符號和常見的封裝型態

2N7000 規格表中的重點如下：

- 最大洩流源電壓（VDSS）為 60V 的直流電
- 最大連續汲極電流（ID）為 200 mA 的直流電
- 最大脈衝汲極電流（IDM）為 500 mA 的直流電
- 閘極臨界電壓（VGS(th)）範圍為 0.8 到 3V 的直流電
- 洩流源接通電壓（VDS(on)）範圍為 0.45 到 2.5V 的直流電（壓降幅度）

2N7000 的參數解讀如下：

- 可安全地控制任何不超過 60V（VDSS）、200 mA 之連續汲極電流（IDs）、脈衝汲極電流為 500 mA（IDM）之負載。
- 在理想的狀況下需要大於等於 3V 的電壓才會開啟（VGS(th)）。
- 會在負載側的電路上消耗 0.45 到 2.5V 之間的電壓（VDS(on)）。

info

2N7000（以及很快會看到的 FQP30N06L）為比較性邏輯準位的 MOSFET。它們很適合 Raspberry Pi 因為最大閘極臨界電壓（VGS(th)）小於 GPIO 接腳的 3.3V。

開始製作用於 Raspberry 上的 2N7000 電路吧！

7.5.1 製作 MOSFET 電路

電路分成兩個部分，先把元件插上麵包板。

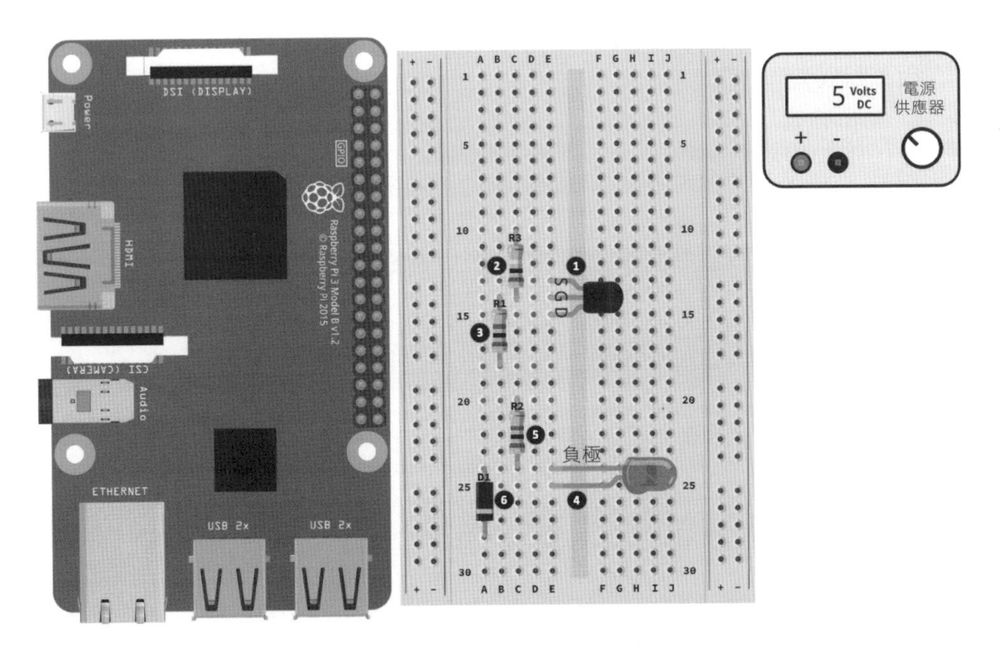

▲ 圖 7-9 MOSFET 電晶體電路，進度 1/2

請根據以下步驟完成本專案的第一部分，步驟編號對應於圖 7-9 中的黑色圓圈號碼：

01 將 MOSFET 裝上麵包板，請確保元件的 Source、Gate 和 Drain 三個接腳的方向正確。範例為 2N7000 MOSFET 的配置，圖 7-8 可幫助你辨別接腳。

02 將一顆 100kΩ 電阻裝上麵包板。電阻的其中一端要接到 MOSFET 的 Gate 接腳連接。

03 將一顆 1kΩ 的電阻裝上麵包板。電阻的其中一端同樣要接到 MOSFET 的 Gate 接腳連接。

04 將 LED 裝上麵包板，請確認陰極腳方向與圖示相同。

05 將一顆 1kΩ 的電阻裝上麵包板。電阻的其中一端要接到 LED 的陰極腳位。

06 將二極體裝上麵包板，請確認陰極腳位（外殼上有一條線的那一端）朝向麵包板的底部。等一下會討論到這個二極體的用處。

現在元件都插上麵包板了，接著來配線：

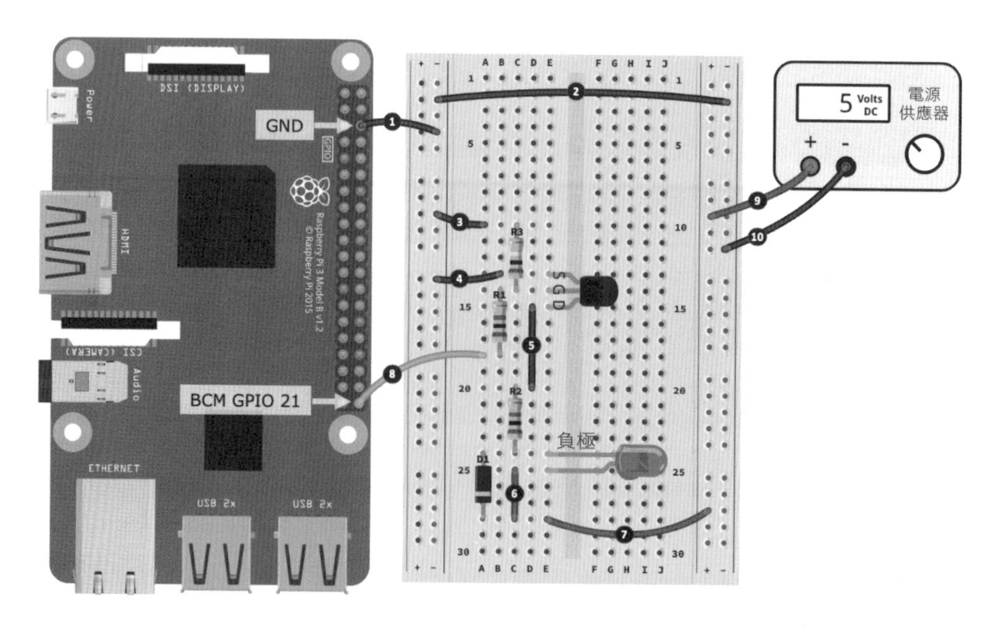

▲ 圖 7-10 MOSFET 電晶體電路，進度 2/2

請根據以下步驟完成本專案的第二部分。步驟編號對應於圖 7-10 中的黑色圓圈號碼：

01 將 Raspberry Pi 的 GND 腳位接到麵包板右側的負電軌。

02 用一條線把左右兩邊的負電軌接起來。

03 將 100kΩ 電阻接上負電軌。

04 將 MOSFET 的 Source 接腳接上負電軌。

05 連接 MOSFET 的 Drain 接腳與 1kΩ 電阻。

06 用一條線把 LED 的陽極腳位與二極體的陰極腳位接起來。

07 將 LED 的陽極腳位（和二極體的陰極腳位）接到麵包板右側的正電軌。

08 將 1kΩ 電阻接上 Raspberry Pi 的 GPIO 21 腳位。

09 將電源的正極輸出端子接到麵包板右側的正電軌。

10 將電源的負極輸出端子接到麵包板右側的負電軌。

大功告成！在測試之前先來簡單地討論一下。

請看圖 7-10（以及圖 7-1）中的 100kΩ 電阻 R3。它是一個外部下拉電阻，用來確保當 GPIO 為高電位時，MOSFET 的 Gate 接腳沒有被拉高至 3.3V 時還是與 GND（0 伏特）接在一起。MOSFET 具有電容充電特性，因此如果沒有下拉電阻的話，MOSFET 在放電時（此電路為高態有效）切換開啟（GPIO 21 為高電位）與關閉（GPIO 21 為低電位）的反應可能會顯得有點卡卡。下拉電阻可以確保迅速地放電至關閉狀態。會建議使用外部下拉電阻而非由程式碼啟動，這是為了要確保 MOSFET 的 Gate 腳位即使在 Raspberry Pi 斷電或程式碼未執行的情況下也會被拉下。

你應該也注意到了，R1 和 R3 組成了一個分壓器。1kΩ 和 100kΩ 的比例適合用來確保高於 3V 的電壓可流至 MOSFET 的 Gate 腳位來開啟開關。如果你需要複習下拉電阻和分壓器，可回顧第 6 章。

info

在電路中加入電阻（如下拉電阻）時，請確實考量到可能會產生哪些更廣泛的影響。例如，如果新加入的電阻會因此跟既有的電阻形成分壓器的話，你便需要評估這個改變對周圍的電路所產生的影響。就本範例來說，新加入的電阻是為了確保 MOSFET 的 Gate 腳位可取得足夠的電壓來開啟。

執行完下一節的程式碼後，請試著將 R3 電阻拿掉然後再跑一次。雖然不能拍胸脯保證一定會發生，但你應該會看到紅色 LED 在 GPIO 21 腳位轉成低電位時，LED 燈是慢慢變暗而非立刻熄滅，而且是有點閃爍、不穩定，不像之前那麼平順。

info

與光耦合器的範例一樣，你可以將外部電源直接接上 Raspberry Pi 的 +5V 接腳和 GND 接腳，因為這個 LED 範例所需的電流相當小。

有了以上對 MOSFET 電路的基本認識後，讓我們來看看與這個電路作用的一個簡單的 Python 程式碼。

7.5.2 使用 Python 來控制 MOSFET

執行 `chapter07/transistor_test.py` 檔案中的程式碼，你會看到紅色 LED 亮起、熄滅、接著漸明漸暗。確認電路運作正常後，來看看程式碼。

```
# ... 省略 ...
pi.set_PWM_range(GPIO_PIN, 100)              # (1)

try:
    pi.write(GPIO_PIN, pigpio.HIGH) # On.    # (2)
    print("On")
    sleep(2)
    pi.write(GPIO_PIN, pigpio.LOW) # Off.
    print("Off")
    sleep(2)
```

這個範例使用了 PWM。#1 處給予 PiGPIO 的指示為，我們希望 GPIO 21 腳位（GPIO_PIN = 21）的工作週期數值能介於 0 到 100（而非預設的 0 到 255）。這也是如何在 PiPGIO 中更改工作週期刻度的示範。使用 0 到 100 這個數值只是為了讓回饋更容易解讀，因為可對應到終端輸出的 0 到 100%。

接下來，#2 處只是將 GPIO 腳位開啟並關閉一段時間以測試電晶體電路，你會看到 LED 亮起 2 秒後又熄滅。

#3 處之後的程式碼使用了 PWM 讓 LED 逐漸亮起，接著在 #4 處又逐漸熄滅，兩者都使用了在前述 #1 處的程式碼區塊中設定的工作週期：

```
    # 漸亮
    for duty_cycle in range(0, 100):         # (3)
        pi.set_PWM_dutycycle(GPIO_PIN, duty_cycle)
        print("Duty Cycle {}%".format(duty_cycle))
        sleep(0.01)

    # 漸暗
    for duty_cycle in range(100, 0, -1):      # (4)
        pi.set_PWM_dutycycle(GPIO_PIN, duty_cycle)
        print("Dyty Cycle {}%".format(duty_cycle))
        sleep(0.01)
# ... 省略 ...
```

讓我們來看看繼電器和馬達能不能安全地用在這個電晶體電路上，因為 2N7000 的額定電流為 200 mA：

- LED 可以換成繼電器，因為它只需要 70-90 mA 的電流。
- 在無負重的狀態下，馬達需要 ~200 mA 才能轉動（連續電流），所以應該安全…？再看看吧！

在本章測量馬達電流的部分，我們預測它會需要 ~200 mA（馬達冷卻時所需的連續電流）到 ~500 或 ~600 mA（堵轉電流）－別忘了這是我測量到的數值，所以請代換成你自己的數值。照理來說，只要馬達不負重，2N7000 應該是沒問題的。但事實上，一旦馬達轉軸加上負重，它便會用掉超過 200

mA 的連續電流。這麼一來，2N7000 便不是驅動這顆馬達的理想電晶體。因此我們需要一顆可以輕鬆地處理 600 mA 以上的連續電流的 MOSFET 電晶體。緊接著會介紹 FQP30N06L MOSFET，它是可以處理這個程度之電流的電晶體。

LED 因 PWM 相關的程式碼漸明漸暗，這時如果將 LED / 電阻組合換成馬達，你會發現馬達轉速先是加快然後才變慢。恭喜你了解了透過 PWM 工作週期來控制馬達速度的方法！之後在第 10 章會再深入討論。

info

如果要使用馬達或繼電器，你必須用外部電源而非 Raspberry Pi 的 +5V 腳位。如果你用了 +5V 腳位的話，Raspberry Pi 很可能在一執行程式時就會重新開機。

通常 PWM 和繼電器不會一起使用，因為它們切換的速度太慢，而且即使成功運作（以極低的 PWM 頻率）也只是耗損它們而已－但你還是可以試試看會發生什麼事情，偶爾測試一下也無妨（試著將程式碼 `pi.set_PWM_frequency(GPIO_PIN, 10)` 中的頻率值從 8000 降到 10）。

電路中還有一個 1N4001 二極體，D1，又被稱為返馳式或抑制型二極體。它的作用在於當電磁元件（像是繼電器或馬達）斷電時，保護電路不會受到可能的反向電壓高峰的影響。當然啦，LED 沒有磁性，但電路中加一個二極體也無傷大雅。

info

控制作用於電磁的元件時（又被稱為電感性負載），請永遠記得返馳式抑制二極體一定要裝對。

圖 7-8 中還可以看到一顆 FQP30N06L 電晶體。它是功率 N 頻強化模式的 MOSFET，可驅動高電流負載。規格表中的重點如下：

- 最大洩流源電壓（V_{DSS}）為 60V 的直流電
- 最大連續汲極電流（I_D）為 32A 的直流電（是安培，而非毫安培！）
- 最大脈衝汲極電流（I_{DM}）為 128A 的直流電
- 閘極臨界電壓（$V_{GS(th)}$）範圍為 1 到 2.5V 的直流電（小於 5V 所以邏輯準位是合用的）
- 漏源接通電壓（V_{SD}）最大為 1.5V 的直流電

你可以直接於前述電路中換上 FQP30N06L（或其他 N 頻強化模式、適用邏輯位準的 MOSFET），電路一樣可正常運作，但請注意以下幾點：

- FQP30N06L 的 G、D 和 S 接腳和 2N7000 的順序不一樣，所以需要調整一下佈線。
- 在處理較高電壓或電流時，建議使用光耦合器隔絕 MOSFET 和 Raspberry Pi（討論繼電器的時候會看到此配置）。
- 功率 MOSFET 在處理大電流時可能會變得很燙－周遭的元件、配線甚至麵包板都可能會被融化，所以使用時請務必小心。

info

較高功率的 MOSFET 在控制高功率負載時會變得很燙，因此設計成可外接散熱器，例如，FQP30N06L 金屬頂端的開孔便是用來安裝散熱器的。雖然加裝散熱器的決定因素和計算方法超出了本書範圍，不過，如果你覺得 MOSFET 已經過熱（且使用參數並未超過規格表），建議還是加上散熱器會比較好。

如果你希望用 MOSFET 處理更高功率的負載，建議可以在拍賣網站上找找現成的 MOSFET 模組。在認識了光耦合器和 MOSFET 之後，你已經具備了理解這些現成模組構造的知識－有些只是直接將 MOSFET 接上控制裝置（也就是 GPIO 腳位），就跟我們之前做過的一樣，有些則會在控制裝置和 MOSFET 之間配置一顆光耦合器。

現在你已學會如何用 MOSFET 電晶體作為電子開關，接下來，我們要結合之前的光耦合器，在麵包板上建立一個繼電器驅動電路。

7.6 使用繼電器作為開關

傳統的繼電器是一種電機元件，讓較小電流的裝置可以開關較大電流的裝置或負載。原則上，它跟我們之前使用過的 MOSFET 和光耦合器一樣。那麼，為什麼要有繼電器呢？幾個原因如下：

- 處理較高電壓或電流負載時，相較於同等級的 MOSFET，繼電器便宜許多。
- 處理高電流時，繼電器不會變得像 MOSFET 那麼燙。
- 與光耦合器相同，繼電器可以隔絕輸入與輸出電路。
- 繼電器只是一個單純的電控開關，所以對於非電機專業的工程師來說也很好理解與上手。
- 繼電器經過了時間的考驗，證實為控制高負載簡單又可靠的方法（即使它們終究會磨損－ SRD-05VDC- SL-C 的規格表列出了其額定壽命為使用 100,000 次）。

info

還有一種被稱為固態繼電器（SSR）的款式，它沒有任何可動零件，不過，價錢通常會比同等級的機械式繼電器貴得多。

接下來的第一個任務便是建立電路。

7.6.1 製作繼電器驅動電路

建立繼電器驅動電路的步驟將分成三個部分，先從配置元件開始：

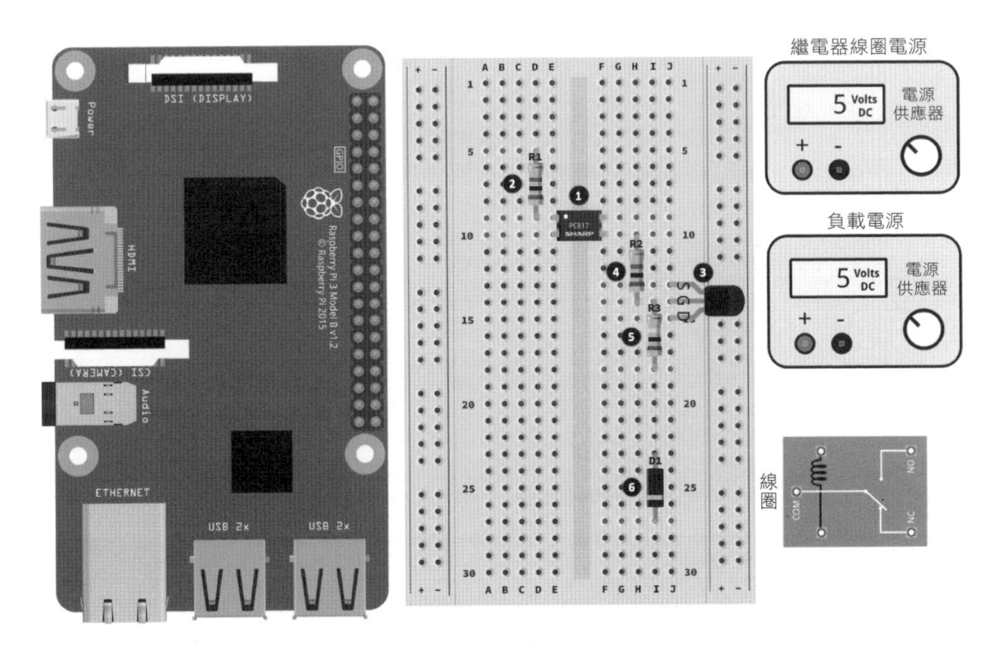

▲ 圖 7-11 繼電器驅動電路，進度 1/3

請根據以下步驟完成本專案的第一部分，步驟編號對應於圖 7-11 中的黑色圓圈號碼：

01 將 PC817 裝上麵包板，請確保 IC 晶片的腳位 1 接在麵包板的左半邊，如上圖所示。

02 裝上一顆 1kΩ 的電阻，其中一端要與 PC817 的腳位 1 位於同一排。

03 將 MOSFET 裝上麵包板，請確保 Source、Gate 和 Drain 接腳的方向正確。範例為 2N7000 MOSFET 的配置，圖 7-8 可幫助你辨別接腳。

04 裝上一顆 1kΩ 電阻，其中一端需與 MOSFET 的 Gate 接腳位於同一排。

05 裝上一顆 100kΩ 電阻，其中一端需與 MOSFET 的 Gate 接腳位於同一排。

06 裝上二極體。請確保元件的陰極腳位（有白色線條的那一端）朝向麵包板底部。

元件都配置完成了，接著開始接線：

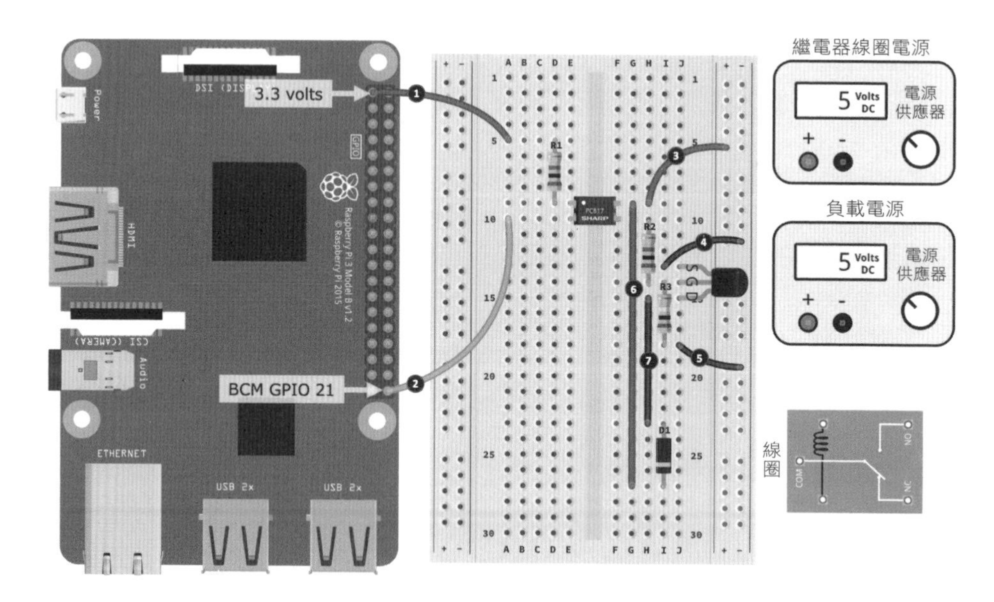

▲ 圖 7-12 繼電器驅動電路，進度 2/3

請根據以下步驟來完成本專案的第二部分，步驟編號對應於圖 7-12 中的黑色圓圈號碼：

01 把第一部分的步驟 2 所安裝的電阻接到 Raspberry Pi 的 3.3V 接腳。

02 將 PC817 的接腳 2 接到 Raspberry Pi 的 GPIO 21 腳位。

03 將 PC817 的接腳 4 接到麵包板右側的正電軌。

04 將 MOSFET 的 Source 接腳接到麵包板右側的負電軌。

05 將與 MOSFET 的 Drain 接腳連接的 100kΩ 電阻接到麵包板右側的負電軌。

06 用一條線把 PC817 的接腳與二極體的負極腳位接起來 。

07 用另一條線把 MOSFET 的 Drain 接腳與二極體的正極腳位接起來。

最後要做的是接上電源與繼電器。

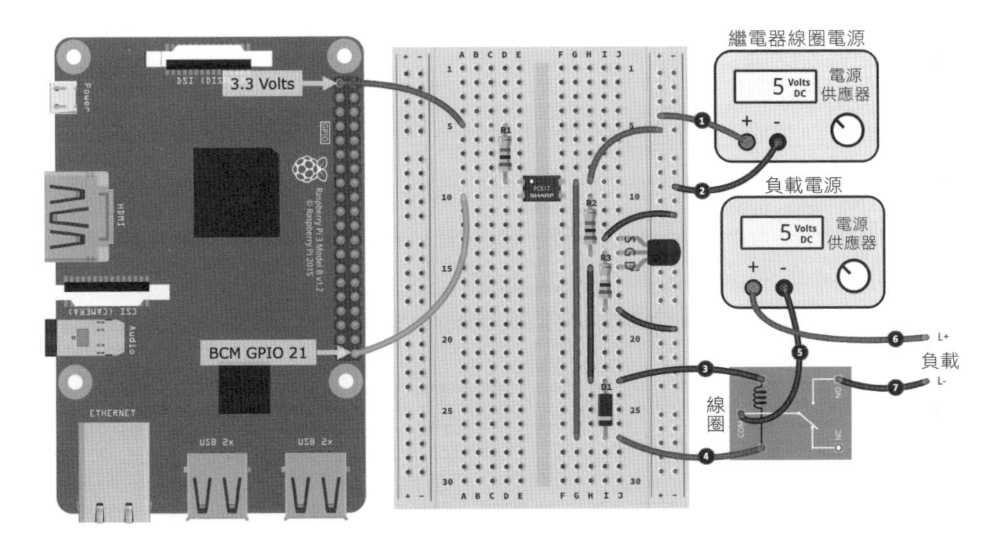

▲ 圖 7-13 繼電器驅動電路，進度 3/3

請根據以下步驟完成本專案的第三，也是最後一個部分，步驟編號對應於圖 7-13 中的黑色圓圈號碼：

01 把電源供應器的 5V 正極端子接到麵包板右側的正電軌。

02 把電源供應器的 5V 負極端子接到麵包板右側的負電軌。

03 連接二極體的正極腳與繼電器的線圈端。

04 連接二極體的負極腳位與繼電器的另一個線圈端。

05 把第二個電源供應器的 5V 負極端子接到繼電器的 com 接點。

info

到了步驟 5，請務必要使用兩個電源，因為繼電器的線圈所需的電流和潛在的負載很可能會超出 Raspberry Pi 可供應的電流量。

06 把第二個電源供應器的 5V 正極端子接到負載（例如馬達）的正極端子。

07 最後，請連接繼電器的 NO（常開）端與負載的負極端子。

Tips

使用繼電器的 NO 端，表示負載的預設狀態為常時關閉（Normal Close），只有在繼電器被啟用時才會打開，此時 GPIO 21 腳位呈現低電位（還記得這個電路是低態有效嗎？）。如果你將負載接在繼電器 NC（常關）端，則負載的預設狀態為開啟，即便 Raspberry Pi 關機了也是一樣。

做得好！圖 7-13 中的麵包板電路已建構完成，符合本章開頭時圖 7-1 所描述的電路圖。此麵包板電路有一個 5V 繼電器線圈電源和一個 5V 負載電源。不過，這個電路還可以與其他電源一起使用，只要符合以下條件：

- 電路中使用的電阻和 2N7000 MOSFET 可以驅動 SRD-12VDC-SL-C 這類的 12V 繼電器。只需確保繼電器線圈電源為 12V 而非 5V 即可。
- 圖中負載的電源顯示為 5V，但如果需要更高的負載，也可以再增加（只要在繼電器規格容許範圍內即可）。

電路完成了，接著來執行控制繼電器的 Python 程式碼。

7.6.2 使用 Python 控制繼電器驅動電路

請執行 `chapter07/optocoupler_test.py`，繼電器會啟動並發出喀一聲，並於兩秒後停止活動。這個程式碼跟之前的光耦合器電路是一樣的，因為光耦合器實際上是接在 Raspberry Pi 上。

之前在討論 MOSFET 的時候，我們就已經知道 MOSFET 可以直接透過 GPIO 接腳來控制繼電器，不需要透過光耦合器。那麼，為什麼前述電路要有一個光耦合器呢？

答案是，基本上這個電路的確不需要，某些現成的繼電器模組裡頭也確實沒有光耦合器（雖然比較少見）。然而，多加一個光耦合器絕對是有益無害，因為它可以提供一定程度的絕緣保護，以防繼電器控制電路失效或電源接線錯誤。

最後，來談談在拍賣網站上那些擁有多個繼電器的模組。它其實只是多個繼電器電路做在一起－你通常可以數出對應每一個繼電器的電晶體和光耦合器組合（不過光耦合器和電晶體的組合可能會以晶片的形式出現，即單一封裝中藏有多個光耦合器和電晶體，所以在某些模組中只會看到一個晶片）。另外也要注意，有些模組會用 BJT 而非 MOSFET。不過，只要可以看清楚元件上的編號，便可以透過網路來確認它們的詳細資料。

以下為本章使用的開關元件之比較表，以此作為學習裝置開關的總結：

	光耦合器	MOSFET	繼電器
構造	固定型態	固定型態	機械式
電流	交流或直流皆可(取決於光耦合器的型號)	只適用直流（請從適用交流電的 TRIACS 開始研究）	交流或直流皆可
價格	$ – $$	$(低階)– $$$(高階)	$

	光耦合器	MOSFET	繼電器
是否會燙？	否	若為高功率的 MOSFET 則會	否
控制電壓 / 電流	低 （控制其內建LED）	低 （為 Gate 接腳供電）	高 （為繼電器線圈供電）
負載電壓 / 電流	低 （例如 PC817 最多只需 50 mA）	低 （例如 2N7000 僅需 200 mA）； 高 （例如 FQP30N06L 可高達 32A）	高 （例如 SRD-05VDC-SL-C 可高達 10A）
電機絕緣	是	否	是
應用範例	在控制電路和被控電路之間提供電氣性絕緣	讓低電流 / 電壓電路可以控制較高電壓 / 電流的電路	讓低電流 / 電壓電路可以控制較高電壓 / 電流的電路
壽命	長	長	短（可動元件致終會磨光）
使用 PWM	是	是	否－繼電器的開關速度跟不上，這只會讓繼電器耗損得更快！

恭喜你完成本章了！之後如果要控制的負載超過 Raspberry Pi 的 GPIO 腳位 3.3V / 8 mA 限制的話，你便知道更多的控制方式了。

7.7 總結

本章說明了如何開關各種裝置。在學習如何使用三用電表測量直流馬達、LED 和繼電器的電流需求之前，先簡單回顧了傳統的繼電器驅動電路。接著，我們討論了光耦合器的特性，以及如何利用它作為電子開關。然後談到了 MOSFET，並了解如何將其作為開關以及透過 PWM 來控制馬達轉速。

當你需要建立控制裝置開關的電路，或是操作需要從 Raspberry Pi 接腳安全地汲取更多電流或更高電壓的負載時，本章所學的知識、電路和範例可幫助你做出正確的決定，進行必要的計算和測量才能選出最適合的元件。

本章的學習過程為一步步認識並製作一個繼電器驅動電路，提供你一個實際範例來說明如何操作開關元件去控制更高功率的元件和負載，當然也說明了其背後的原理。我們也了解到光耦合器可作為電路間的電機絕緣裝置，在保護 Raspberry Pi 免於因電路故障或接線錯誤而遭受意外毀損上，不失為一種有效又實用的技巧。

下一章將轉為討論用於警示或為使用者提供訊息的各種不同類型的 LED、蜂鳴器和視覺元件。

7.8 問題

在結束本章之前，歡迎挑戰以下問題來驗證你在本章所學到的知識。在本書後面的「附錄」中可找到評量解答。

1. 就控制電晶體而言，MOSFET 和 BJT 有何不同？
2. 你正在使用 MOSFET 控制馬達，但是在關閉 MOSFET 時（例如將 GPIO 腳位設為低電位），馬達沒有立刻停止而是慢慢減速，為什麼？

3. 你隨便挑了一顆 MOSFET，想用 Raspberry Pi 的 3.3V 腳位來控制它，結果卻不會動。問題會是什麼呢？
4. 除了可作為開關之外，哪些功能是光耦合器與繼電器都有，但電晶體卻沒有的？
5. GPIO 低態有效和高態有效的差別為何？
6. 為什麼會建議你直接在 MOSFET 的 Gate 腳位串聯一個下拉電阻，而非透過程式碼去啟用下拉電阻？
7. 就直流馬達而言，堵轉電流的意義為何？
8. 就直流馬達而言，連續和自由電流之間的差異為何？

7.9 延伸閱讀

以下為關於電晶體的各種類型及應用的完整教學：

- https://www.electronics-tutorials.ws/category/transistor
（建議從 MOSFET 部分開始）

Chapter 08

燈光、指示與顯示資訊

上一章，我們學會了光耦合器、電晶體與繼電器電路的操作方式，以及如何把這三個元件組合起來，變成常見的繼電器控制模組。另外也介紹了如何使用三用電表來測量電流使用狀況，好讓你在決定開關或控制外部負載時要採用哪種方法或元件。

在本章，我們將討論兩個使用 RGB LED 來產生顏色的替代方案，並製作一個小程式來監控 Raspberry Pi 的 CPU 溫度，再把結果顯示在 OLED 顯示模組上。本章最後還會介紹如何透過 PWM 技術來讓蜂鳴器發出聲響。

完成本章之後，你將具備知識經驗與範例程式碼，日後如果需要向使用者呈現某些資訊、發出聲響或只是想發光酷炫一下的話，就可以把這些功能應用在專案中了。此外，如果想要讓專題功能更豐富的話，本章所學內容也適用於其他類型的相容顯示器與發光裝置。

本章主題如下：

- 使用 RGB LED 來產生顏色
- 透過 SPI 介面來控制彩色 APA102 LED 燈條
- 使用 OLED 顯示模組
- 透過 PWM 技術讓蜂鳴器發出聲音

8.1 技術要求

你需要下列項目來執行本章的範例：

- Raspberry Pi 4 Model B
- Raspbian OS Buster（桌面環境與建議軟體都要安裝）
- Python，最低版本 3.5

這些都是本書範例程式碼的基礎。合理預期，只要你的 Python 為 3.5 以上版本，這些範例程式碼應該不需要修改就能在 Raspberry Pi 3 Model B 或其他版本的 Raspbian OS 中執行才對。

本章範例程式碼請由本書 GitHub 的 `chapter08` 資料夾中取得：

`https://github.com/PacktPublishing/Practical-Python-Programming-for-IoT`

請在終端機中執行以下指令來設定虛擬環境和安裝本章程式碼所需的 Python 函式庫：

```
$ cd chapter08                               # 進入本章的資料夾
$ python3 -m venv venv                       # 建立 Python 虛擬環境
$ source venv/bin/activate                   # 啟動 Python 虛擬環境 (venv)
(venv) $ pip install pip --upgrade           # 升級 pip
(venv) $ pip install -r requirements.txt    # 安裝相依套件
```

以下相依套件都是由 `requirements.txt` 所安裝：

- PiGPIO：PiGPIO GPIO 函式庫（https://pypi.org/project/pigpio）
- Pillow：Python 影像函式庫（PIL）（https://pypi.org/project/Pillow）
- Luma LED Matrix 函式庫（https://pypi.org/project/luma.led_matrix）
- Luma OLED 函式庫（https://pypi.org/project/luma.oled）

本章所需的硬體元件如下：

- 無源蜂鳴器（額定電壓 5V），1 個
- 1N4001 二極體，1 個
- 2N7000 MOSFET，1 個
- 15Ω、200Ω、1kΩ 與 100kΩ 電阻，各 2 個
- 共陰 RGB LED，1 個，資料表請參考：https://pdf1.alldatasheet.com/datasheet-pdf/view/292386/P-TEC/PL16N-WDRGB190503.html
- SSD1306 OLED 顯示模組，1 個（I2C 介面或其他相容於 Luma OLED Python 函式庫的型號亦可，資料表（驅動 IC）：https://www.alldatasheet.com/datasheet-pdf/pdf/1179026/ETC2/SSD1306.html
- APA102 RGB LED 燈條，1 組，資料表（單一 APA102 模組）：https://www.alldatasheet.com/datasheet-pdf/pdf/1150589/ETC2/APA102.html
- 邏輯準位位移 / 轉換模組，1 組
- 外部電源供應器，1 組（例如 3.3V/5V 麵包板電源供應器）

先來看看如何使用 PWM 技術來設定 RGB LED 的顏色。

8.2 使用 RGB LED 搭配 PWM 技術來產生顏色

本節將學習如何使用脈衝頻寬調變（PWM）搭配一顆 RGB LED 來產生不同顏色的光芒。提醒一下，PWM 是一種讓電壓產生變化的技術，應用於串聯電阻的 LED 之後就可調整 LED 的亮度。本書首先在第 2 章簡單提及 PWM 並用它來調整 LED 亮度，接著在第 5 章進一步介紹了 PWM。

RGB LED 實際上就是把三個單色 LED（紅色、綠色與藍色）整合在一起，如圖 8-1：

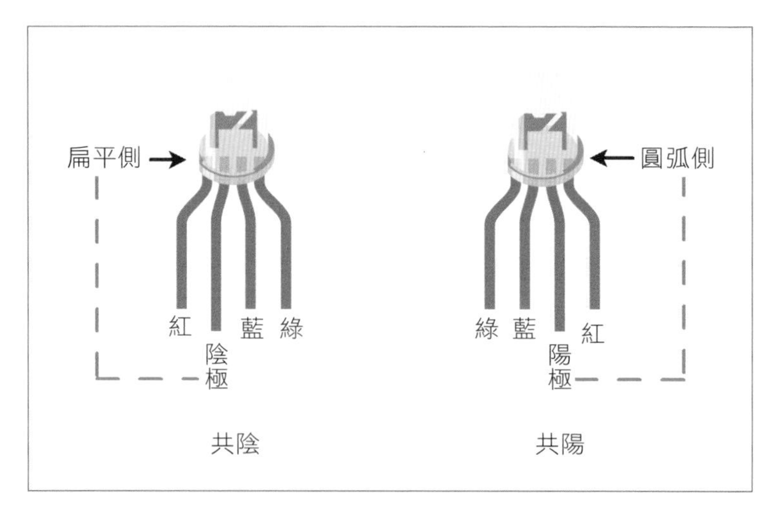

▲ 圖 8-1 兩種款式的 RGB LED

上圖是兩種不同類型的 RGB LED：

- 共陰：紅色、綠色與藍色 LED 共用同一支負極腳位，代表共用腳位要接到負電源或接地—陰極。
- 共陽：紅色、綠色與藍色 LED 共用同一支正極腳，代表共用腳位要接到正電源— 陽極。

info

共用腳位就是四支腳中最長的那一支。如果這支最長的腳靠近 LED 外殼扁平的那一側的話，則這是共陰款式。反之如果最長的腳靠近圓弧處（也就是離扁平側最遠），則為共陽款式。

在第 5 章已經學過如何運用 PWM 來設定單顆 LED 的亮度，但如果只調整 RGB LED 個別的顏色會發生什麼事呢？我們可以獨立指定 RGB 原色來產生新的顏色。現在來做一個電路吧！

8.2.1 製作 RGB LED 電路

本節要製作一個可控制 RGB LED 的簡易電路，並使用共陰 RGB LED（也就是三顆 LED 共用同一個 GND 接地點）。

開始製作如圖 8-2 的麵包板電路，後面也會看到對應於本電路的麵包板配置：

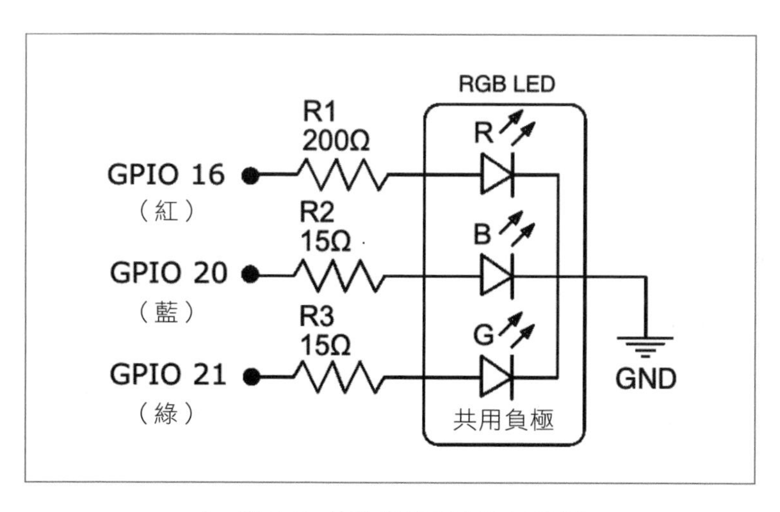

▲ 圖 8-2 共陰 RGB LED 示意圖

下圖是所要製作電路圖的麵包板配置：

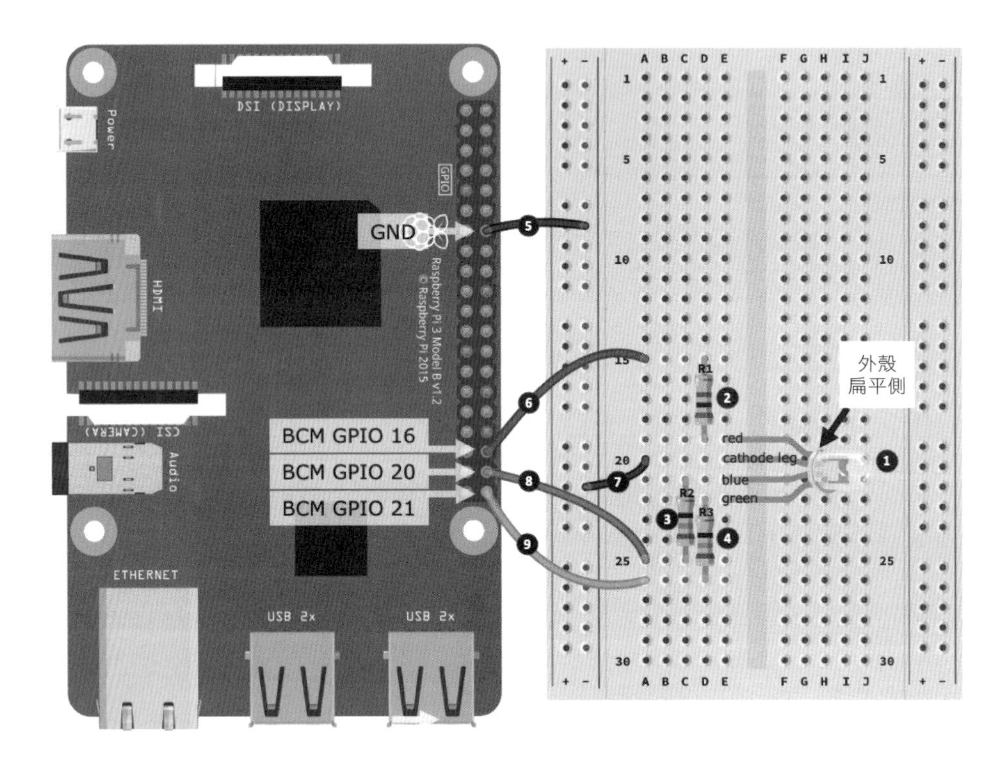

▲ 圖 8-3 共陰 RGB LED 電路

請根據以下步驟來完成電路，步驟編號對應於圖 8-3 中的黑色圓圈號碼：

01 把 RGB LED 接上麵包板，請特別注意負極腳位的方向。

02 把 200Ω 電阻（R1）接上麵包板。電阻的一端要接到 RGB LED 的紅色腳位。

03 把第一個 15Ω 電阻（R2）接上麵包板。電阻的一端接到 LED 的藍色腳位。

04 把第二個 15Ω 電阻（R3）接上麵包板。電阻的一端接到 LED 的綠色腳位。

05 Raspberry Pi 的任一支 GND 腳位接到麵包板左側的負電軌。

06 Raspberry Pi 的 GPIO 16 腳位接到步驟 4 的 200Ω 電阻（R1）另一端。

07 RGB LED 的負極接到麵包板左側的負電軌。

08 Raspberry Pi 的 GPIO 20 腳位接到步驟 3 的 15Ω 電阻（R2）另一端。

09 Raspberry Pi 的 GPIO 21 腳位接到步驟 4 的 15Ω 電阻（R3）另一端。

在測試 RGB LED 電路之前，先複習一下為什麼這個電路要用到 200Ω 與 15Ω 電阻。200Ω 電阻（R1）是透過第 6 章中的相同方式計算而得。R2 與 R3 的電阻值之所以為 15Ω，也是這樣算出來的，差別在於藍色與綠色 LED 的常用順向電壓為 3.2V。如果你翻翻規格表的話，你會發現到藍色與綠色 LED 的最大順向電壓為 4.0V。以常見的 3.2V 來說，已經很接近 Raspberry Pi GPIO 腳位的 3.3V 了。如果你手邊的 RGB LED 的藍色或綠色 LED 很不巧需要高於 3.3V 的話，這套就不管用了，雖然我還沒碰到這種狀況就是了。

現在已經準備好來測試 RGB LED 囉！

8.2.2 執行並探討 RGB LED 程式碼

電路完成之後，可以執行範例程式碼了。本範例會讓 RGB LED 亮起並切換不同的顏色光芒，請根據以下步驟操作：

01 執行 `chapter08/rgbled_common_cathode.py`，應可看到 RGB LED 輪流變換顏色。請注意顏色的順序應該是紅、綠、藍色。

info

操作共陽 RGB LED 時，腳位方式就不是圖 8-2 那樣了—共用的正極腳要接到 Raspberry Pi 的 +3.3V 腳位才行，其餘 GPIO 連線則不變。另一個程式碼要修改的地方是需要反轉 PWM 訊號—請參考 `chapter08` 資料夾中的 `rgbled_common_anode.py`，兩者差異已在註釋中說明了。

02 如果顯示的第一組顏色順序並非紅綠藍，那你選用的 RGB LED 其腳位順序應該與圖 8-1 中的 RGB LED 與圖 8-2 的電路不同。你要做的事情是修改程式碼中的 GPIO 腳位編號（請參考以下程式碼），再次執行程式碼直到顏色順序正確為止。

03 紅綠藍三色都跑過一遍之後，RGB LED 會亮起七彩顏色，最後才結束程式。

來看看一些重要的程式碼與其運作方式：

#1 處從 PlL.lmageColor 模組匯入了 getrgb，它可用更簡便的方式把常用的顏色名稱（例如 red）或 16 進位值（例如 #FF0000）轉換為 RGB 元件值，例如 (255, 0, 0)：

```
from time import sleep
import pigpio
from PIL.ImageColor import getrgb    # (1)

GPIO_RED = 16
GPIO_GREEN = 20
GPIO_BLUE = 21

pi.set_PWM_range(GPIO_RED, 255)      # (2)
pi.set_PWM_frequency(GPIO_RED, 8000)
# ... 省略 ...
```

在 #2 處設定了個別 GPIO 腳位的 PWM 參數（PiGPIO 預設的工作週期為 255，頻率則是 8,000）。PWM 工作週期是 0 – 255 正好對應了 RGB 元件 color 數值範圍，也是 0 – 255，後續就會看到如何將其用於設定三色 LED 的亮度。

後續在 #3 處看到 set_color() 函式，它負責設定 RGB LED 的顏色。顏色參數可為常見的顏色名稱（例如 yellow）、HEX 數值（例如 #FFFF00）或任何 getrgb() 可解析的格式（請參閱 rgbled_common_cathode.py 原始檔，其中有許多常用格式）：

```
def set_color(color):                              # (3)
    rgb = getrgb(color)
    print("LED is {} ({})".format(color, rgb))
    pi.set_PWM_dutycycle(GPIO_RED, rgb[0])         # (4)
    pi.set_PWM_dutycycle(GPIO_GREEN, rgb[1])
    pi.set_PWM_dutycycle(GPIO_BLUE, rgb[2])
```

到了 #4，我們針對個別 GPIO 腳位透過 PWM 來設定 RGB LED 的顏色。以下是 LED 發出黃光的設定：

- `GPIO_RED` 的工作週期設為 0。
- `GPIO_GREEN` 的工作週期設為 255。
- `GPIO_BLUE` 的工作週期設為 255。

綠色與藍色的工作週期數值設為 255 代表這兩顆 LED 為全亮。想必大家都知道，綠色與藍色混合起來就會產生黃色喔！

看看原始檔內容，會看到 #6 與 #7 處的兩個函式：

```
def color_cycle(colors=("red", "green", "blue"), delay_secs=1):   # (6)
    # ... 省略 ...

def rainbow_example(loops=1, delay_secs=0.01):                      # (7)
    # ... 省略 ...
```

這兩個方法都會委派給 `set_color()` 函式。`color_cycle()` 會掃一遍其 `color` 參數所提供的顏色清單，而 `rainbow_example()` 會執行指定範圍中的數字來產生如彩虹一樣的繽紛顏色。當執行步驟 1 時，這些函式負責產生指定順序的色光。

這個 RGB LED 電路的限制與缺點如下：

- 首先，每個 RGB LED 都會用掉三支 GPIO 腳位。
- 再者，我們已透過電阻來限制電流為 8mA，這樣個別 LED 自然無法達到其最大亮度（全亮需要 ~20mA）。

加入電晶體（或適用的多通道 LED 驅動 IC）是一種加大電流的作法，但我們的電路很快就會變得相當複雜！幸好，還有另一種方式來讓 LED 產生各種顏色的光芒，就是使用可定址的 LED，馬上來看看。

8.3 透過 SPI 介面來控制彩色 APA102 LED 燈條

APA102 是一款可定址的彩色（RGB）LED，可透過序列周邊介面（Serial Peripheral Interface, SPI）來控制。簡單來說，我們是對 LED 發送指令去要求它所要呈現的顏色，而非像上個範例的做法，透過 PWM 去個別控制 LED 的紅綠藍色腳位。

如果你需要恢復關於 SPI 的記憶的話，請參閱第 5 章。介紹完 APA102 的程式碼之後，就會以 APA102、Raspberry Pi 與 Python 的脈絡來進一步介紹 SPI。

APA102 LED 可彼此串接來建立 LED 燈條或 LED 矩陣，這樣就能做出多 LED 的動態燈光解決方案。不論 LED 的實際配置方式如何，我們都能透過一種共通技術來控制它們，就是對已鏈接的多個 APA102 LED 發送多組指令。各 LED 會取用一個指令，並把其他指令傳給後面的 LED。後續在操作 APA102 LED 燈條時就可以實際看到其運作方式了。

info

APA102 LED 也稱為 Super LED、DotStar LED，有時候也稱為 Next Generation NeoPixel。WS2812 是另一款可定址的 LED，也被稱為 NeoPixel。雖然運作原理與操作方式都差不多，但 WS2812 RGB LED 並不相容 APA102。

現在，開始製作電路並執行程式來控制 APA102 LED 燈條。

8.3.1 製作 APA102 電路

本節要製作如下圖的 APA102 電路，在此會分成兩個階段在麵包板上完成。

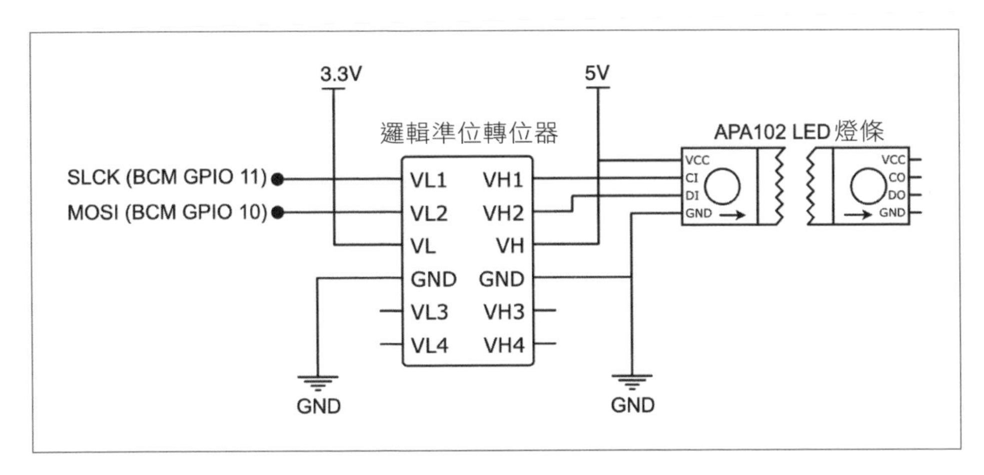

▲ 圖 8-4 APA102 LED 燈條電路圖

第一階段是把相關元件與電線接到邏輯準位轉換器的低電壓側。

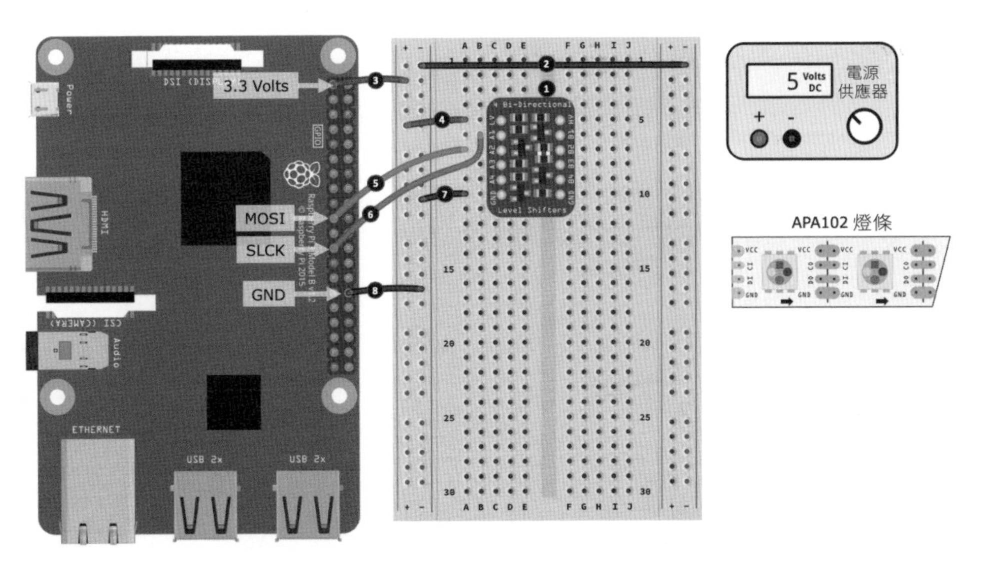

▲ 圖 8-5 APA102 LED 電路零件，進度 1/2

請根據以下步驟把各元件接到麵包板，步驟編號對應於圖 8-5 中的黑色圓圈號碼：

01 把邏輯準位轉換器接上，低電壓側朝向 Raspberry Pi。不同款式的邏輯準位轉換器的標示方法可能不太一樣，但哪邊是低電壓側應該是非常清楚才對啦。以上圖來說，一側會有 LV（低電壓）端子，另一邊則是 HV（高電壓）端子，這樣就很好區別了。

02 把麵包板左側的負電軌接到右側的負電軌。

03 把 Raspberry Pi 的 3.3V 腳位 接到麵包板左側的正電軌。

04 把邏輯準位轉換器的 LV 端子接到麵包板左側的正電軌。

05 把 Raspberry Pi 的 MOSI（Master Out Slave In）腳位接到邏輯準位轉換器的 A2 端子。

06 把 Raspberry Pi 的 SLCK(Serial Clock) 腳位接到邏輯準位轉換器的 A1 端子。

07 把邏輯準位轉換器的 GND 端子 接到麵包板左側的負電軌。

08 把 Raspberry Pi 的任一支 GND 腳位接到麵包板左側的負電軌。

現在已經把邏輯準位轉換器的低電壓 側接上 Raspberry Pi 了，接著要把高電壓側接到 APA102 LED 燈條 . 提醒一下，Raspberry Pi GPIO 腳位是運作於 3.3V（所以它是低電壓），而 APA102 則是運作於 5V（所以它是高電壓）：

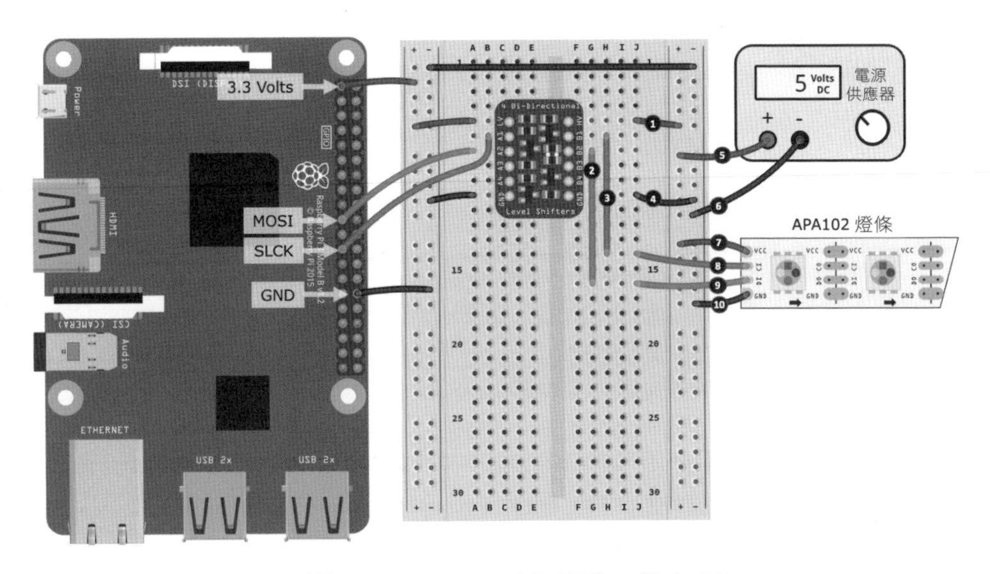

▲ 圖 8-6 APA102 LED 電路，進度 2/2

請根據以下步驟完成本專案的第二部分，步驟編號對應於圖 8-6 中的黑色圓圈號碼：

01 把邏輯準位轉換器的 HV 端子接到麵包板右側的正電軌。

02 用一條跳線，把 B2 端子接到麵包板的某一未使用的排（如上圖的 G16 孔）。

03 用另一條跳線，把 B1 端子接到麵包板的某一未使用的排（如上圖的 H14 孔）。

04 把邏輯準位轉換器高電壓測的 GND 端子接到麵包板右側的負電軌。

05 把電源供應器的正極輸出端子接到麵包板右側的正電軌。

06 把電源供應器的負極輸出端子接到麵包板右側的負電軌。

07 把 APA102 LED 燈條的 VCC 端子或接點接到麵包板右側的正電軌。

Tips

APA102 的接線一定要正確才行喔！你會注意到圖 8-4 中的 APA102 LED 燈條有標示箭頭。這些箭頭是代表資料流動的方向。請確認你的 APA102 LED 燈條上的箭頭方向與圖示一致（箭頭背向麵包板）。

APA102 外觀上找不到箭頭的話，請看一下端子名稱。LED 燈條的一端會標註 CI/DI（I = Input），另一邊則是 DO/CO（O = Output），把輸入端連到邏輯準位轉換器即可。

08 把 APA102 LED 燈條的 CI（Clock Input）端子或接點接到步驟 3 的那條線，這樣就能接回邏輯準位轉換器的 B1 端子了。

09 把 APA102 LED 燈條的 DI（Data Input）端子或接點接到步驟 2 的那條線，這樣就能接回邏輯準位轉換器 B2 端子了。

10 最後，把 APA102 LED 燈條的 GND 端子或接點接到麵包板右側的負電軌。

APA102 LED 燈條電路完成了！完成電路之後，想必你也清楚邏輯準位轉換器的角色了，這是因為 APA102 需要 5V 邏輯準位才能正確運作。APA102 規格表明確指出其最小邏輯電壓為 0.7 VDD，而 0.7 x 5V = 3.5V，這高於 Raspberry Pi 的 3.3V 邏輯準位

Tips

如果你需要複習邏輯準位與其轉換方式的話，請參閱第 6 章。

以上述狀況來說（如果你好奇的話），3.3V 只比 3.5V 低了那麼一點點，但這樣是夠的嗎？真的要以 3.3V 來控制 APA102 的話，應該還是能運作啦。不過，你可能會碰到一些不規則意外與混淆— 例如可能有幾顆 LED 的亮暗不如預期、LED 亂閃或顏色錯誤等等。糟糕的是，APA102 確實是 5V 邏輯

裝置且不相容於 3.3V，所以必然要採取額外步驟並透過邏輯準位轉換器，這樣才能滿足 3.5V 的最小邏輯準位要求。

APA102 電路製作完成了，接著要討論關於如何對這個電路來供電的注意事項。

◉ APA102 電路供電

第 7 章說明了知道所使用的「負載」的電流規格之重要性。馬上就要現學現賣，將其應用於 APA102 LED 燈條了，這樣才能正確對其供電。本節範例是一個包含 60 顆 LED 的 LED 燈條，不過，你需要根據手邊燈條的 LED 數量來重新計算。

本範例的基本假設如下：

- 60 顆 LED 的 APA102 LED 燈條，1 組
- 每顆 LED 所用（平均）的最大電流為 25mA（參閱規格表並實際測量）。
- LED 燈條閒置（所有 LED 熄滅）時會用掉大約 15mA。

Tips

RGB LED 會在發出白光時消耗最大的電流，也就是個別 LED（紅綠藍）都為全亮的時候。

根據以上參數，就能算出 60 顆 LED 所需的最大電流，剛好超過 1.5 安培：

$$(60 \times 25mA) + 15mA = 1515mA$$

假設使用的是麵包板電源供應器，所以保守預估麵包板供電模組最多只能提供大約 700mA，理論上是無法讓燈條上的所有 60 顆 LED 都以白色亮起的。但如果硬是這樣做的話，則可能（根據電源供應器）啟動其內部保護機制、燒毀或冒煙，或限制其輸出電流，使得 LED 在亮白光時有點偏紅。

往回推算，看看 700mA 電源供應器到底可以讓多少顆 LED 亮起來：

$$\frac{(700mA - 15mA)}{25mA} = 27$$

額外減去 2 顆 LED（50mA）作為安全緩衝的話，可算出共 25 顆 LED。把這個數字（或你的計算結果）記下來，後續在執行範例程式時會用到。

算出電源供應器可安全操作的 LED 數量之後，現在可以設定並執行 Python 範例了。

◉ 設定並執行 APA102 LED 燈條程式碼

電路完成了，也算好了 LED 燈條的預期電流用量，接著就要設定 LED 燈條並讓它亮起來：

01 編輯 `chapter08/apa102_led_strip.py`，看看檔案一開始的這一行，把這個數值調整為先前算好的 LED 安全數量，如果你使用了合適的電源供應器的話，請直接改為你手邊燈條的 LED 數量：

```
NUM_LEDS = 60   # (2)
```

02 編輯完成之後存檔，並執行程式碼。如果一切順利的話，就會看到燈條上的 LED 依序亮起紅、綠、藍色光以及一些不同順序的色光。

Tips

LED 燈條無法運作的話，請參考後續的「APA102 LED 燈條故障排除」段落內容。

如果你的燈條亮起的順序不是紅綠藍的話，請修改程式碼來改成正確的順序。待會就會說明要在程式碼的何處設定這個順序。

設定好 LED 安全數量之後，來看看程式是如何運作的。

◉ 介紹 APA102 LED 燈條程式碼

先從 #1 開始，這裡匯入了相關項目。在此用到了 Python collection 套件中的 deque 實例（為求簡化我只把它作為陣列來用），目的是在記憶體中針對 APA102 LED 燈條來建模—在這個陣列中建置並操作各 LED 所要呈現的顏色順序，接著再應用於 LED 燈條。接著就是從 PIL 函式庫匯入 getrgb 函式來處理顏色格式（如先前的 RGB LED 範例）：

```
# ... 省略 ...
from collections import deque                              # (1)
from PIL.ImageColor import getrgb
from luma.core.render import canvas
from luma.led_matrix.device import apa102
from luma.core.interface.serial import spi, bitbang
```

之後的三個 luma 匯入項目是用於控制 APA102 LED 燈條。Luma 是一個可操作多種常用顯示裝置的成熟 Python 高階函式庫。它支援多種 LCD、LED 燈條與矩陣等等，當然也包括本章所用的 OLED 顯示模組。

本章只能淺談一點 Luma 函式庫所有功能的皮毛而已，所以我強烈建議你看看本章「延伸閱讀」所整理的相關文件與範例。

接下來到了 #3 處，在此把 color_buffer 指定為一個 deque 實例，後者的元素數量已被初始化與我們所使用的燈條相同之 LED 數量，各元素預設皆為黑色（代表 LED 熄滅）：

```
# ... 省略 ...
color_buffer = deque(['black']*NUM_LEDS, maxlen=NUM_LEDS)   # (3)
```

以下程式碼的 #4 處建立了介接 APA102 的軟體介面。在此建立了一個 spi() 實例代表 Raspberry Pi 預設的硬體 SPI0 介面。為了順利使用這個介面，你的 APA102 當然要接到 Raspberry Pi 的 SPI 腳位才行，說明如下：

- DI 接到 MOSI
- CI 接到 SCLK

以下程式碼中的 port = 0 與 device = 0 都是針對 SPI0 介面：

```
# ... 省略 ...
serial = spi(port=0, device=0, bus_speed_hz=2000000)          # (4)
```

bus_speed_hz 參數設定了 SPI 介面的速度，本範例將其從預設的 8,000,000 降為 2,000,000 是為了確保邏輯準位轉換器能順利運作。各款邏輯準位轉換器規格都略有不同，且各自有其能夠轉換邏輯準位的最大速度。如果 SPI 介面的速度高於邏輯準位轉換器所能負擔的話，電路就無法運作啦！

以下程式碼的 #5 已被註解起來——稱為 bit-banging，是一種用於取代硬體 SPI 的軟體替代技術，可用於所有 GPIO 腳位但會犧牲一點速度。這類似於第 5 章談到的軟體 PWM 與硬體 PWM 之間的取捨。

```
# ... 省略 ...
# serial = bitbang(SCLK=13, SDA=6)                            # (5)

# ... 省略 ..
device = apa102(serial_interface=serial, cascaded=NUM_LEDS)   # (6)
```

#6 處建立一個 apa102 類別的實例，指定了先前建立的 serial 實例以及所採用的燈條上的 LED 數量。由此開始，程式碼就會透過 device 實例來與 APA102 LED 燈條互動。

為了初始化 LED 燈條，以下 #7 處呼叫了 device.clear()，並把 contrast_level 全域變數設為 128（最大亮度的一半）。請根據個人喜好來修改本數值，記得對比亮度值愈大代表會用掉愈多電流。回想之前在計算 LED 安全數量時，每顆 LED 用掉 25mA 是以最大亮度（亦即 255）為假設：

```
device.clear()                                                # (7)
contrast_level = 128 # 0 (off) to 255 (maximum brightness)
device.contrast(contrast_level)
```

以下 #8 處為 set_color() 函式，它是用來設定 color_buffer 陣列中個別或全部元素的顏色。正是在此設定了希望 APA102 LED 燈條所要呈現的顏色順序：

```
def set_color(color='black', index=-1):                    # (8)
    if index == -1:
        global color_buffer
        color_buffer = deque([color]*NUM_LEDS, maxlen=NUM_LEDS)
    else:
        color_buffer[index] = color
```

現在看到 #12 處的 update() 函式，它會掃一遍 color_buffer 內容並使用 Luma 的 device 實例來代表 APA102 燈條，會用到 draw.point((led_pos, 0), fill=color) 語法把顏色送往燈條才能呈現出來。這就是 Luma 函式庫神奇的地方啦——它為你打包好了低階的 APA102、SPI 資料與硬體通訊協定，提供了一個簡單易用的軟體介面。

Tips

如果想要進一步理解低階 SPI 的用途與通訊協定的話，APA102 是個不錯的起點。先看一下 APA102 資料表來了解其資料通訊協定，接著從 pypi.org 或 GitHub 找一款簡易的 APA102 模組並參閱其程式碼。PiGPIO 網站上也有 APA102 的範例一請參考本章的「延伸閱讀」。

別忘囉！每次修改 color_buffer 之後都要再次呼叫 update()：

```
def update():                                    # (12)
with canvas(device) as draw:
    for led_pos in range(0, len(color_buffer)):
        color = color_buffer[led_pos]

        ## 如果您選用的 LED 燈條亮起順序與上不同，請取消註解以下四列程式
        ## 並修改 color = (rgb[0], rgb[1], rgb[2]) 中的索引值
        # rgb = getrgb(color)
        # color = (rgb[0], rgb[1], rgb[2])
        # if len(rgb) == 4:
        # color += (rgb[3],) # Add in Alpha

        draw.point((led_pos, 0), fill=color)
```

如果不知道為什麼，你的 LED 燈條顏色並非預期的紅綠藍順序的話，則以上被註解起來的程式碼可用來修改顏色順序。我自己是還沒碰過這樣的 APA102，但我查過資料，可定址 RGB LED 確實會有非標準的順序，為了預防萬一還是把程式碼提供給你。

看到以下 #9、#10 與 #11 處，分別為三個用於操作 color_buffer 的函式：

```
def push_color(color):                                # (9)
    color_buffer.appendleft(color)

def set_pattern(colors=('green', 'blue', 'red')):     # (10)
    range(0, int(ceil(float(NUM_LEDS)/float(len(colors))))):
        for color in colors:
            push_color(color)

def rotate_colors(count=1):                           # (11)
    color_buffer.rotate(count)
```

#9 處的 push_color(color) 會在 color_buffer 的索引值 0 位置放入一個新的顏色，而 #10 處的 set_pattern() 會把所希望重複的顏色樣式順序放入 color_buffer。#11 的 rotate_colors() 會調整 color_buffer 中的顏色順序（從頭開始一最後一個會跑到第一個），將 count 設定為一個小於 0 的數值就可以反向排序。

最後也是程式碼的末段，可以看到以下對應到不同功能的函式，它們充分運用了上述的各個小函式來控制 LED 燈條：

- cycle_colors(colors=("red", "green", "blue"), delay_secs=1)
- pattern_example()
- rotate_example(colors=("red", "green", "blue"), rounds=2, delay_secs=0.02)
- rainbow_example(rounds=1, delay_secs=0.01)

接著談一下 APA102 如何搭配 SPI 介面來使用，APA102 就算完整介紹過一遍了。

◉ 介紹 APA102 與 SPI 介面

回想一下，第 5 章是本書首次介紹序列周邊介面（SPI）的章節，你應該還記得它用了四條線來傳輸資料。不過圖 8-6 的電路卻只用了兩條（DI 與 CI）而非四條。怎麼回事？

APA102 與 SPI 的腳位對應說明如下：

- Raspberry Pi 的 Master-Out-Slave-In（MOSI）接到 APA102 的 Data In（DI）。你的 Raspberry Pi 為主端，負責發送資料給燈條上的從端 APA102 LED。
- Master-In-Slave-Out（MISO）不使用，因為 APA102 不需要回傳資料給 Raspberry Pi。
- Raspberry Pi 的 SCLK 腳位接到 APA102 的 Clock In（CI）。
- 用戶端 Enable/Slave Select（CE/SS）不使用。

最後一行 CE/SS 的重要性在此值得一提。主端裝置可透過 CE/SS 通道來告知特定的從端裝置，它已準備好接收資料。本機制允許單一 SPI 主端去控制多個 SPI 從端。

不過，我們不會（也無法）把 CE/SS 腳位用於 APA102，因為已經沒地方接 CE/SS 了。之所以會提到這件事是因為 APA102 會不斷顯示來自主端的指令，算是充分運用了 SPI 通道。

如果使用的是 APA102（或任何不具備 CE/SS 的裝置），則主端的硬體 SPI 無法連接多於一個的 SPI 裝置。別擔心，還是有辦法的，請參考以下做法：

- 如果效能降低的影響還在容忍範圍之內的話，請改為對一般 GPIO 腳位進行 bit-banging 的作法。
- 啟用 Raspberry Pi 的硬體 SPI1。預設為不啟動，做法是去修改 `/boot/config.txt` 內容，網路搜尋一下”Raspberry Pi enable SPI1”就會找到很多教學。

- 找一款具備致能（enable）腳位的邏輯準位轉換器，寫程式將這個腳位作為代理 CE/SS 來手動控制。

最後就用一些 APA102 的故障排除小技巧來結束這一節。

◉ APA102 LED 燈條故障排除

如果 APA102 不會亮，或你發現有隨機幾顆 LED 無法亮暗、顏色不對或亂閃，可以試試看以下做法：

- APA102 需要 5V 邏輯準位。請確認你有正確使用了邏輯準位轉換器—HV 接到 5V，LV 接到 3.3V。
- 確認 APA102 的 DI/CI 這一側接到了邏輯準位轉換器。
- 確認你所用的電源可提供足夠的電流。舉例來說，電流或電壓不足會讓白光偏向紅光。
- 確認電源供應器已經接到了 Raspberry Pi 的 GND 腳位。
- 如果使用了 bit banging，請改用硬體 SPI。
- 如果是使用硬體 SPI（亦即建立一個 `spi()` 類別實例），請根據以下步驟操作：
  - 如果出現了 **SPI device not found** 這類的錯誤訊息，請確認 Raspbian OS 中已啟用了 SPI 介面，作法請參閱第 1 章。
  - 如果 GPIO 8、9、10 或 11 等腳位已被當作一般 I/O 來用的話，試著停用再啟用 SPI 介面，或直接重新啟動 Raspberry Pi 來重置硬體 SPI 介面。
  - 試著降低 SPI 匯流排速度，因為邏輯準位轉換器有可能跟不上—也就是說它把 3.3V 轉換 5V 訊號的速度跟不上 SPI 介面的速度（提示：把 `serial = spi(port=0, device=0, bus_speed_hz=2000000)` 中的 `bus_speed_hz` 參數值降為 1,000,000 或 500,000）。

- 把 APA102 的 DI 與 CI 直接接到 Raspberry Pi 的 SDA 與 SCLK 腳位。這樣做是為了繞過邏輯準位轉換器來解決這個問題。

做得好！APA102 這一節的內容還真不少。我們講了很多概念，除了 APA102 本身之外還告訴你如何計算 LED 燈條的電力需求，也介紹了 Luma 函式庫來控制其他類型的燈光與顯示裝置。然後是一些當 APA102 電路設置或程式碼無法運作時可以派上用場的實用故障排除技巧。

一般來說，這些知識與經驗都可應用於以 SPI 為基礎的類似燈光專案。特別是當電路與程式碼無法運作時，要計算或除錯燈光專案的電力要求時就是相當有用的參考資料了。這也為下一節所要製作的內容奠定了不錯的基礎，馬上就要看看如何讓 Raspberry Pi 介接 OLED 顯示模組。

8.4 使用 OLED 顯示模組

OLED（或稱有機 LED 顯示器，Organic LED display）是一種產生畫面的技術。本範例會使用 SSD1306 這款黑白 128 x 64 像素顯示模組，不過，相關資訊也適用於其他 OLED 顯示模組。

本範例程式會讀取 Raspberry Pi 的 CPU 溫度並將其搭配一個溫度計圖案顯示於 OLED 顯示模組。在此會假設是透過 I2C 介面來連接 OLED。不過如果使用 `spi()` 實例（回想一下 APA102 範例）的話，SPI 介面裝置應也可相容 `serial` 物件。Luma 函式庫可以改用不同的互動方法這個特點，代表你可以在最小的程式修改幅度下，運用既有的程式碼來操作相容的顯示裝置。

先從把 OLED 顯示模組接上 Raspberry Pi，並檢查是否正確連接開始。

8.4.1 OLED 顯示模組接線

把 OLED 顯示模組接上 Raspberry Pi，如圖 8-7：

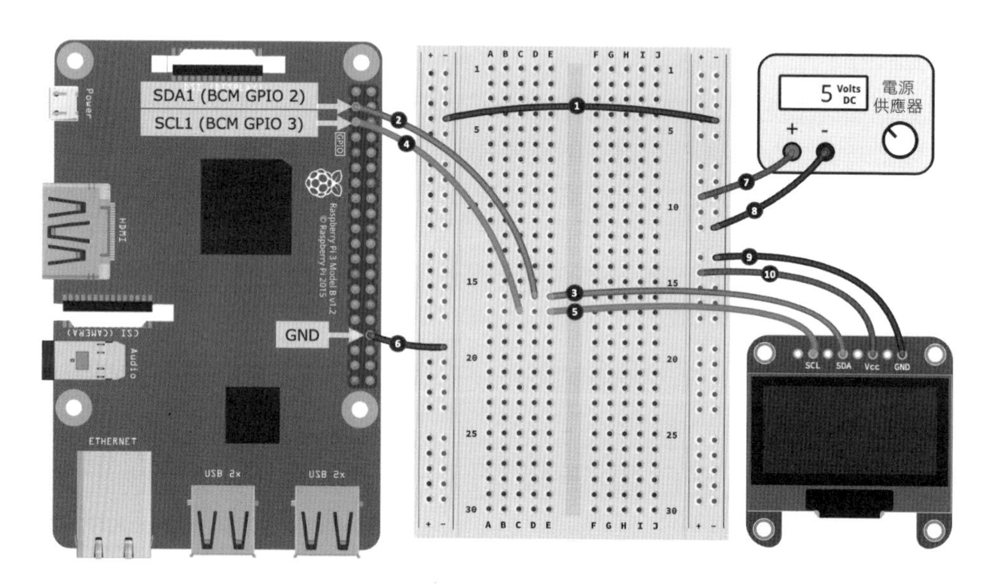

▲ 圖 8-7 I2C OLED 顯示模組電路

info

OLED 供電重要事項：圖 8-6 的電路與相關討論都是採用 5V 電源供應器。回顧一下本章開頭所列的 SSD1306 OLED 資料表，可知其最低運作電壓為 7V。此外，你也會找到不同電壓要求的 SSD1306 OLED 模組。請務必參考說明書或詢問購買者來確認你手邊 OLED 的正確作業電壓，並藉此調整合適的供電電壓（以下步驟的 7 與 8）。

請參考以下步驟來完成 OLED 接線，步驟編號對應於圖 8-7 中的黑色圓圈號碼：

01 麵包板兩側的負電軌接起來。

02 Raspberry Pi 的 SDA1（Data）腳位接到麵包板未被使用的排。

03 OLED 顯示模組的 SDA（Data）腳位接到步驟 2 的同一排。

04 Raspberry Pi 的 SCL1（Clock）腳位接到麵包板未被使用的排。

05 OLED 顯示模組的 SCL（Clock）腳位接到步驟 4 的同一排。

06 Raspberry Pi 的 GND 腳位接到麵包板左側的負電軌。

07 電源供應器的正極接到麵包板右側的正電軌。

08 電源供應器的負極接到麵包板右側的負電軌。

09 OLED 顯示模組的 GND 腳位接到麵包板右側的負電軌。

10 OLED 顯示模組的 VCC 腳位（其名稱可能為 VDD、Vin、V+ 或代表電壓輸入的某個符號）接到麵包板右側的正電軌。

太棒啦！OLED 電路完成了。如你所見，在此使用 5V 電源供應器來對 OLED 供電。不過，SDA（Data）/ SLC（Clock）通道則是直接接到 Raspberry Pi。不同於上一節所介紹的 APA102 LED 燈條，SSD1306 OLED 可相容 3.3V 邏輯準位，因此就不需要邏輯準位轉換器來轉換 clock 與 data 資料通道的邏輯準位電壓了。

簡單列出 SSD1306 OLED 的電流要求，我的電流量測結果如下：

- 黑畫面：~3mA
- 白畫面（所有像素都亮起）：~27mA

在 ~27mA 的最大電流用量下，你可以把 OLED 的 +5V 腳位接到 Raspberry Pi 的 5V 腳位，但別忘了這樣會被 Raspberry Pi 拉走一些電流（如果 Raspberry Pi 電源供應器規格不合的話，可能會在執行程式的時候讓系統重開機）。

Tips

如果需要複習如何使用數位三用電表來測量電流，請參閱第 7 章。

確認 OLED 接到 Raspberry Pi 的 SDA 與 SCL 腳位之後，接下來就會用 `i2cdetect` 公用程式來檢查 Raspberry Pi 有沒有偵測到它。

8.4.2 檢查 OLED 顯示模組是否正確連接

先前在第 5 章中，我們使用 `i2cdetect` 命令行工具來檢查 I2C 裝置是否正確連接，也可以抓到其 I2C 位址。請在終端機輸入以下指令來檢查 Raspberry Pi 有沒有抓到 OLED 顯示模組：

```
$ i2cdetect -y 1
```

如果 OLED 接好的話，會看到以下輸出畫面代表已偵測到 OLED 與其 16 進位位址 `0x3C`：

```
# ... 省略 ...
30: -- -- -- -- -- -- -- -- -- -- -- -- 3c -- -- --
# ... 省略 ...
```

如果你的位址編號不一樣也別緊張，只要根據後續內容來修改程式碼內容就行了。

8.4.3 設定並執行 OLED 範例

本範例程式碼為 `chapter08/oled_cpu_temp.py`，請先快速看看內容：

01 如果在上述步驟所取得的 OLED I2C 位址並非 `0x3C`，請在程式碼中找到以下這一行，並根據你的 OLED I2C 位址來修改位址參數即可：

```
serial = i2c (port=1, address=0x3C)
```

02 執行程式，應可看到 OLED 顯示模組畫面上出現了 CPU 溫度與一個溫度計小圖案。

修改程式碼中的 OLED 顯示模組位址並確認 OLED 正確運作之後，接著要看看程式碼內容來了解其運作原理。

◉ 介紹 OLED 程式碼

#1 處為匯入項目，在此匯入了 PIL（Pillow）模組的一些類別，用來產生要呈現在 OLED 顯示模組畫面上的圖案。另外也匯入了 Luma 模組中 SSD1306 OLED 與 I2C 介面（匯入 SPI 只是參考用）相關的類別。

#2 建立了一個 I2C 實例，代表 OLED 所連接的介面。下一行的註釋內容為 SPI 替代做法。#3 建立了一個 ssd1306 實例，代表所用的 OLED 顯示模組並將其指派給 device 變數。如果你使用的 OLED 顯示模組並非 SSD1306，就需要檢查並調整 ssd1306 匯入名稱與 #3 處的 device 實例：

```
from PIL import Image, ImageDraw, ImageFont      # (1)
from luma.core.interface.serial import i2c, spi
from luma.core.render import canvas
from luma.oled.device import ssd1306
#... 省略 ...

# OLED display is using I2C at address 0x3C
serial = i2c(port=1, address=0x3C)               # (2)
#serial = spi(port=0, device=0)

device = ssd1306(serial)                         # (3)
device.clear()
print("Screen Dimensions (WxH):", device.size)
```

看到 #4 處的 get_cpu_temp() 函式，其中呼叫了命令列公用程式來取得 Raspberry Pi 的 CPU 溫度，接著再解析並回傳讀取結果，後續就會用來產生對應的顯示圖像：

```
def get_cpu_temp():  # (4)
    temp = os.popen("vcgencmd measure_temp").readline() # Eg 62.5'C
    data = temp.strip().upper().replace("TEMP=", "").split("'")
    data[0] = float(data[0])

    if data[1] == 'F': # 如果回傳為華氏溫度，轉為攝氏
        data[0] = (data[0] - 32) * 5/9
        data[1] = 'C'

    return (data[0], data[1]) # Eg (62.5, 'C')
```

#5 處定義了用於決定 OLED 顯示模組上圖示的溫度閾值。另外也會根據 temp_high_threshold 值讓 OLED 顯示模組閃爍 來產生視覺警示。

#6 處載入了三個溫度計圖檔，並在 #7 處調整其尺寸來對應 SSD1306 OLED 的 128 x 64 像素解析度：

```
# 切換溫度計圖示的溫度閾值
temp_low_threshold = 60 # 攝氏度                              # (5)
temp_high_threshold = 85 # 攝氏度

# 溫度計圖示
image_high = Image.open("temp_high.png")                     # (6)
image_med = Image.open("temp_med.png")
image_low = Image.open("temp_low.png")

# 調整溫度計圖示大小 (WxH)
aspect_ratio = image_low.size[0] / image_low.size[1]         # (7)
height = 50
width = int(height * aspect_ratio)
image_high = image_high.resize((width, height))
image_med = image_med.resize((width, height))
image_low = image_low.resize((width, height))
```

接下來，#8 定義了兩個變數。refresh_secs 代表檢查 CPU 溫度與更新 OLED 顯示模組畫面的速度，而 high_alert 則是用於觸發超出最大溫度閾值這件事，並讓螢幕開始閃爍：

```
refresh_secs = 0.5   # 畫面更新頻率        #(8)
high_alert = False   # 當溫度過高時，讓畫面閃爍

try:
    while True:
        current_temp = get_cpu_temp()
        temp_image = None

        canvas = Image.new("RGB", device.size, "black")   # (9)
        draw = ImageDraw.Draw(canvas)      # (10)
        draw.rectangle(((0,0),
            (device.size[0]-1, device.size[1]-1)),
            outline="white")
```

#9 的 while 迴圈中用到了 PIL 模組。在此建立一個與 OLED 裝置畫面相同大小（對 SSD1306 來說就是 128x64）的空白圖案，並將其儲存於 canvas 變數中。後續就會透過程式碼來操作這個存於記憶體中的畫布圖案，再將其發送給 SSD1306 進行彩現。

#10 所建立的 draw 實例是一個 PIL 輔助類別，可在畫布上繪製各種形狀。本範例會用這個實例在畫布邊緣放一個做為邊界的長方形，後續會透過它在畫布上加入文字。draw 實例也可用於繪製許多其他形狀，包括線段、弧線與圓圈。請於本章的「延伸閱讀」找到 PIL 的 API 文件連結。

#11 開始的這段程式碼會在 high_alert 為 True 時讓 OLED 顯示模組閃爍：

```
if high_alert:                                    # (11)
    device.display(canvas.convert(device.mode))
    high_alert = False
    sleep(refresh_secs)
    continue
```

#12 處比較了 get_cpu_temp() 函式取得的溫度讀數以及先前所定義的閾值，並根據比較結果來改變溫度計圖像，並且在超過 temp_high_threshold 值時把 high_alert 設為 True。high_alert 數值如果為 True，就會讓 OLED 顯示模組在下一次進入迴圈時開始閃爍：

```
if current_temp[0] < temp_low_threshold:          # (12)
    temp_image = image_low
    high_alert = False

elif current_temp[0] > temp_high_threshold:
    temp_image = image_high
    high_alert = True

else:
    temp_image = image_med
    high_alert = False
```

#13 處開始產生畫面。image_xy 為溫度計圖案於畫面上置中的位置，接著使用 image_x_offset 與 image_x_offset 變數值把圖像移動到我們所指定的位置。

#14 處把溫度計圖像放上畫布：

```
# Temperature Icon
image_x_offset = -40                  # (13)
image_y_offset = +7
image_xy = ((device.width - temp_image.size[0]) // 2) +
            image_x_offset, ((device.height - temp_image.size[1]) // 2) +
            image_y_offset)
canvas.paste(temp_image, image_xy)  # (14)
```

以下的 #15 處建立了想要顯示在 OLED 畫面上的文字，把文字放上畫布的做法和之前處理圖案是一樣的，如 #17。請注意 draw.textsize() 是用來取得文字的像素大小。

由於無法確定你的 Raspberry Pi 上到底有哪些字型可用，請看到 #16 處的 font = None 代表本範例要使用系統的預設字型。#16 的下一行已被註釋起來，但你仍可看到如何使用指定的字型。

Tips

在終端機中執行 fc-list 指令就可列出 Raspberry Pi 已安裝的所有字型。

最後在 #18 處把文字顯示於畫布上：

```
# Temperature Text (\u00b0 is a 'degree' symbol)                # (15)
text = "{}\u00b0{}".format(current_temp[0], current_temp[1])  # Eg 43'C

font = None # Use a default font.                               # (16)
# font = ImageFont.truetype(font="Lato-Semibold.ttf", size=20)

text_size = draw.textsize(text, font=font)                      # (17)
```

```
text_x_offset = +15
text_y_offset = 0
text_xy = (((device.width - text_size[0]) // 2) + text_x_offset,
          ((device.height - text_size[1]) // 2) + text_y_offset)
draw.text(text_xy, text, fill="white", font=font)                # (18)
```

終於到了 while 迴圈的最後啦。以下的 #19 處中使用了 device 實例來代表 SSD1306 OLED 顯示模組並把畫布呈現出來。canvas.convert(device.mode) 負責把我們所建立的畫布影像轉換為 SSD1306 可用的格式：

```
# 根據 canvas 內容彩現畫面
device.display(canvas.convert(device.mode))                     # (19)
sleep(refresh_secs)
```

在完成 OLED 旅程之前，得和你說更多範例才行。Luma 函式庫中有非常豐富的範例來介紹關於 OLED 顯示模組的諸多概念，連結請參考本章的「延伸閱讀」。

OLED 顯示模組的特色是低成本、體積小，而且相當省電，所以由電池供電的裝置會常常看到它們。如果想了解 Raspberry Pi 可用的其他顯示方案，你可能會有興趣看看一些現成的 Raspberry Pi TFT 螢幕（在拍賣網站上面找找就很多了）。Raspberry Pi 有許多現成的彩色小螢幕，甚至還能找得到觸碰螢幕。

關於如何在 Raspberry Pi 透過 Python 做到燈光與顯示就談到這裡了。你到目前所掌握的知識已可正確供電並操作一些簡易 LED 燈光專案，日後當你想要在專案中顯示文字或圖形資訊，也可改用其他不同款式的 OLED 顯示模組。

作為本章的範例總結，接下來 PWM 會再次登場，這次會使用它來發出聲音。

8.5 透過 PWM 技術讓蜂鳴器發出聲音

本章最後將透過範例來說明如何用 PWM 來發出簡易音效與音樂。本範例程式要透過蜂鳴器來演奏音階，在此會用到 Ring Tone Text Transfer Language（RTTTL）這種音樂樂譜格式。這種格式是由 Nokia 公司所開發，在當年智慧型手機尚未問世之前被用於製作各種鈴聲。學會之後，只要使用簡單 Python 函式庫就能解析 RTTTL 音樂樂譜並將其轉換為 PWM 頻率與持續時間，後續就能讓蜂鳴器藉此發出一個能被聽到的音調。

透過 PWM 發聲需要用到特定類型的喇叭，本節所用的是無源蜂鳴器。不過先來看看蜂鳴器的兩種基本款式：

- 有源（active）蜂鳴器：這類蜂鳴器包含了可產生單一音調的內部震盪器。你只需要對有源蜂鳴器施加一個直流電壓，它就會產生一種類似噪音的聲響。
- 無源（passive）蜂鳴器：這類蜂鳴器內部沒有任何負責發聲的構造，因此震盪是由控制裝置來負責。這樣的好處在於我們可以設定與修改想要發出的音調，使用 PWM 技術就能做到。

稍微了解一點如何用蜂鳴器來發聲之後，繼續來完成一個發聲電路吧！

8.5.1 製作 RTTTL 電路

本節要製作一個可驅動一顆無源蜂鳴器的電路。圖 8-8 的電路與第 7 章中的 MOSFET 電路非常類似，只是這一次的電路負載要改為蜂鳴器：

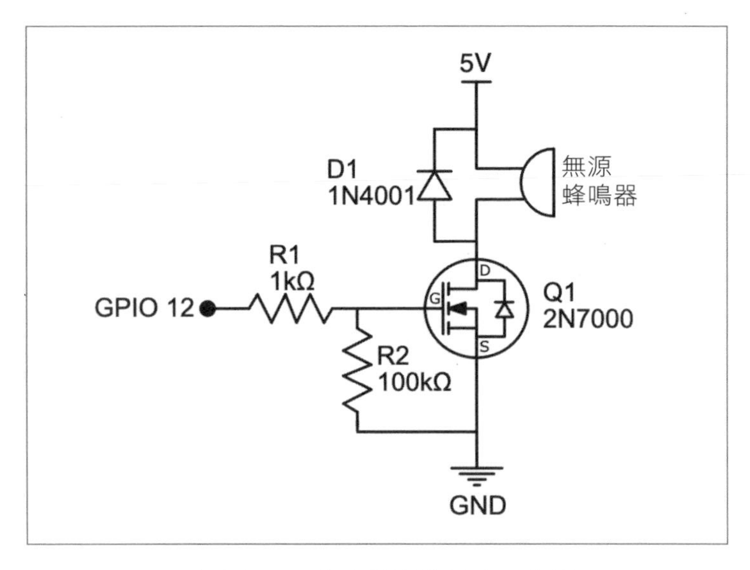

▲ 圖 8-8 蜂鳴器驅動電路示意圖

開始製作電路，先把各個元件接上麵包板：

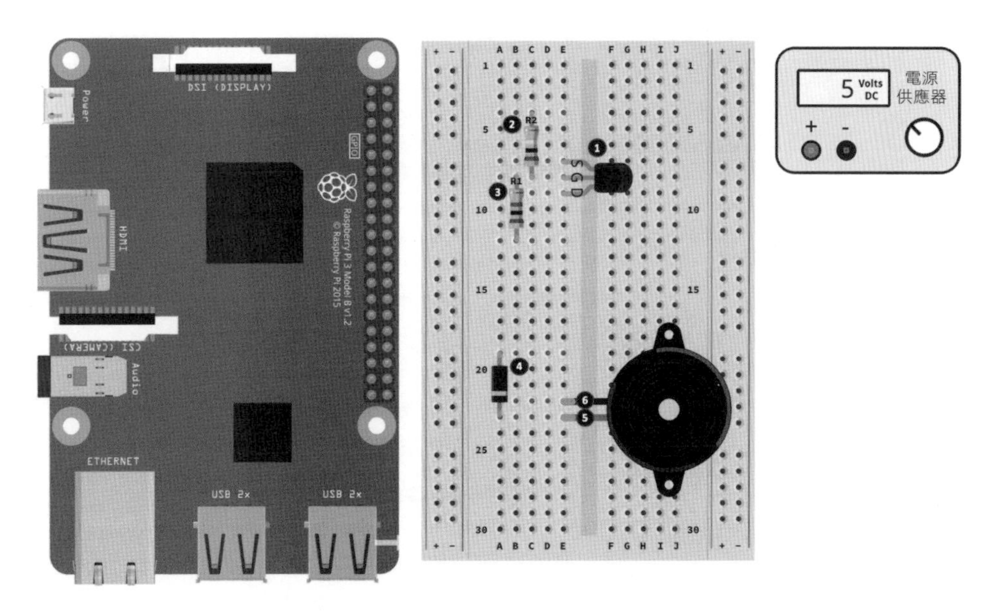

▲ 圖 8-9 蜂鳴器驅動電路，進度 1/2

以下步驟編號對應於圖 8-9 中的黑色圓圈號碼：

01 把 MOSFET 接上麵包板，請注意元件方向。如果要複習 MOSFET 腳位定義的話，請參閱第 7 章的圖 7-7。

02 把 100kΩ 電阻（R2）接上麵包板。電阻的一端要接到與 MOSFET 的 Gate（G）腳位的同一排上。

03 把 1kΩ 電阻（R1）接上麵包板。電阻的一端也是接到與 MOSFET 的 Gate（G）腳位的同一排上。

04 把二極體接上麵包板，負極腳位（有色帶的那一端）要指向麵包板的下緣。

05 蜂鳴器的正極接到與二極體負極腳位的同一排。

06 蜂鳴器的負極接到麵包板上尚未被使用的排。

元件都放好了，開始接線：

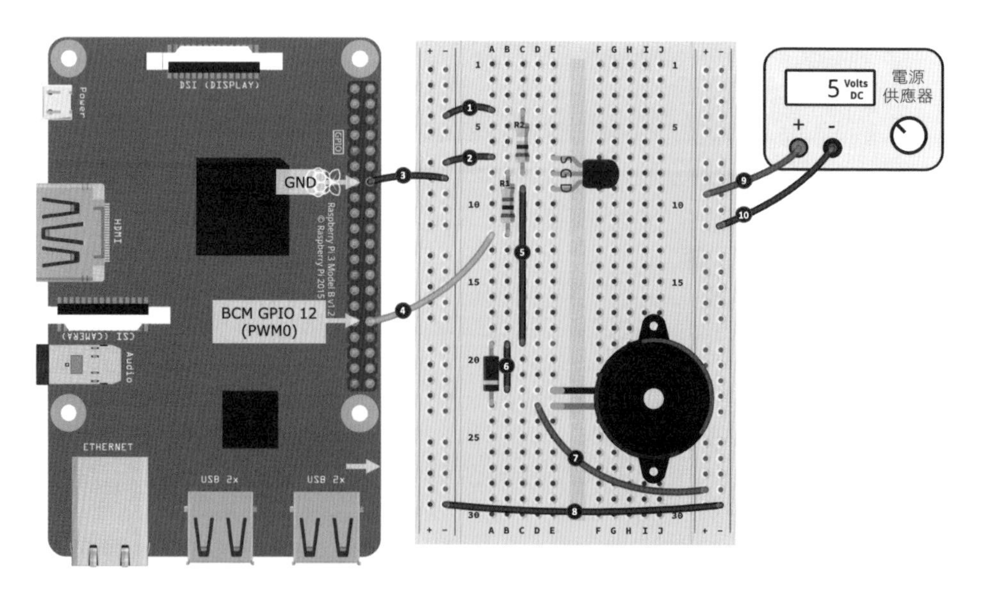

▲ 圖 8-10 蜂鳴器驅動電路，進度 2/2

以下步驟編號對應於圖 8-10 中的黑色圓圈號碼：

01 1kΩ 電阻（R2）的一端接到麵包板左側的負電軌。

02 MOSFET2 的源極腳位（S）接到麵包板左側的負電軌。

03 Raspberry Pi 的 GND 腳位也接到麵包板左側的負電軌。

04 100kΩ 電阻（R1）的一端接到 Raspberry Pi 的 GPIO 12/PWM0。提醒一下，GPIO 12 可作為 PWM0 通道，也就是硬體 PWM 腳位來使用。

05 MOSFET 的汲極腳位（D）接到二極體的正極腳位。

06 二極體的正極腳位接到蜂鳴器的負極同一排。

07 把蜂鳴器與二極體用一條線接到麵包板右側的正電軌。

08 麵包板兩側的負電軌接起來。

09 電源供應器的正極接到麵包板右側的正電軌。

10 電源供應器的負極接到麵包板右側的負電軌。

電路完成了，接著來看看用於產生音樂的 Python 程式。

8.5.2 執行 RTTTL 音樂範例

執行 `chapter08/passive_buzzer_rtttl.py`，你的蜂鳴器應該會播放一段音階。

這份程式碼相當簡單。#1 處使用了 `rtttl` 模組把 RTTTL 音樂譜解析為一連串由頻率與持續時間所定義的音符。樂譜會被儲存於 `rtttl_score` 變數中。

```
from rtttl import parse_rtttl
rtttl_score = parse_rtttl("Scale:d=4,o=4,b=125:8a,8b,   # (1)
    8c#,8d,8e,8f#,8g#,8f#,8e,8d,8c#,8b,8a")
```

接下來在 #2，迴圈會掃一遍 `rtttl_score` 中已解析的音符，並取得其中的頻率與持續時間：

```
for note in rtttl_score['notes']:                     # (2)
    frequency = int(note['frequency'])
    duration = note['duration'] # Milliseconds
    pi.hardware_PWM(BUZZER_GPIO, frequency, duty_cycle) # (3)
    sleep(duration/1000)                                # (4)
```

到了 #3，我們使用 PWM 來設定蜂鳴器所接的 GPIO 腳位的頻率，並讓音符持續播放在 #4 處指定的時間，再進到下一個音符。

info

在 #3 所使用的是 PiGPIO 的 `hardware_PWM()`，而且 `BUZZER_GPIO` 必須為硬體相容的 PWM 腳位。PiGPIO 的硬體定時 PWM（可用於 GPIO 腳位）不適合產生音樂，因為它已被限制在一個離散的頻率範圍中。如果需要複習 PWM 技術，請參閱第 5 章。

透過 RTTTL 所產生的音樂只能說非常「電子」，但這對於資源有限的微控制器來說是相當實用的技術。不過別忘了，Raspberry Pi 具備足夠的運算資源與內建硬體來播放包含 MP3 在內的各種多媒體檔案。

Tips

在網路上搜尋 RTTTL Song，你會找到許多早期電玩遊戲、電視或電影主題曲的樂譜。

如果你想進一步了解如何透過 Python 來播放與控制 MP3，網路上也有許多很棒的教學與範例。討厭的是，做到這件事的方法還真不少（還要考量不同版本的 Raspbian OS），所以會有一點麻煩才能順利設定好你的 Raspberry Pi 與 Raspbian OS。如果想要這樣做的話，我會建議你了解如何透過命令列來播放 MP3 與控制音訊（例如調整音量）。一旦設定好穩定的環境之後，就可以進一步探索各種 Python 的實作方式了。

8.6 總結

本章學到了如何使用 PWM 技術來設定 RGB LED 的顏色，也知道光是一顆 RGB LED 就需要用掉三支專用的 GPIO 腳位才能處理紅綠藍三種顏色。接著介紹另一種類型的 RGB LED，APA102，這是一款可透過 SPI 介面來控制的兩線裝置，可彼此串接成為一串 LED 燈條。接下來，我們透過小範例學習如何操作 OLED 顯示模組，來呈現 Raspberry Pi 的 CPU 溫度高低變化。最後則是透過 PWM 搭配無源蜂鳴器，並解析 RTTTL 音樂樂譜來產生聲音，作為本章總結。

本章內容將有助於你在專案中加入視覺與聲音的回饋，不用大費周章就能將所學延伸到其他類型的顯示模組，這當然是因為本章所用到的 Luma 函式庫除了 APA102 LED 燈條與 SSD1306 OLED 小螢幕之外，還能操作更多不同類型與款式的裝置。

下一章會介紹用於量測溫度、濕度與亮度等環境情況的元件與技術。

8.7 問題

在結束本章之前，歡迎挑戰以下問題來驗證你在本章所學到的知識。在本書後面的「附錄」中可找到評量解答。

1. 你已把 APA102 LED 燈條上的 LED 都設定為發白光，不過所有的 LED 都偏紅。問題會是什麼呢？
2. 透過 SPI 來操作 APA102 有哪些限制呢？
3. 你的 APA102 在搭配邏輯準位轉換器時無法運作，但直接接到 Raspberry Pi 的 MOSI 與 SCK 腳位時卻可以運作（也就是繞過邏輯準位轉換器）。這個問題可能的原因為何？
4. 使用 Luma OLED 函式庫建立圖案，並在 OLED 顯示模組上呈現出來的基本流程為何？
5. 什麼是 RTTTL ？

8.8 延伸閱讀

有興趣學習低階資料通訊協定的話，APA102 是個不錯的出發點。看過 APA102 規格表來查閱其資料通訊協定（請參考 8.1 節），下一步就是去看一些低階程式碼。PiGPIO 的 APA102 範例就很不錯，但 PyPi.org 網站上還有很多其他範例：

- http://abyz.me.uk/rpi/pigpio/examples.html#Python_test-APA102_py

除了本章所介紹過的 APA102 與 SSD1306 OLED，Luma 函式庫提供了許多高階模組讓 Raspberry Pi 得以操作一些常見的小螢幕。此外，Luma 還有許多範例：

- Luma：https://pypi.org/project/luma.core
（參考其中針對不同顯示模組的連結）
- Luma 的 GitHub：https://github.com/rm-hull/luma.examples

Luma 運用 PIL（Python 影像函式庫）/ Pillow 相容 API 來繪製與操作各種顯示模組。本章 OLED 範例用到了其中的 ImageDraw，PIL API 文件連結如下：

- https://pillow.readthedocs.io

想要進一步認識 RTTTL 格式的話，它的維基頁面寫得相當不錯：

- RTTTL https://en.wikipedia.org/wiki/Ring_Tone_Transfer_Language

Chapter 09

測量溫度、濕度與亮度

上一章介紹了兩種使用 RGB LED 產生顏色光的方法：使用常見的 RGB LED，以及改用可定址的 APA102 RGB LED 燈條。我們還學會了如何使用簡易的 OLED 顯示模組搭配 PWM 語法，讓被動式蜂鳴器發出音樂。

本章將介紹可收集環境資料的常見元件與電路，這些環境資料包括溫度 / 濕度、環境光暗與水分。

本章所學的電路與範例程式碼有助於你後續自行製作環境監控專案。這些電路可視為偵測環境狀況的輸入或感測電路。例如，你可以把本章的電路與第 7 章中的範例結合起來，當土壤過於乾燥時就啟動泵浦對植物澆水，或在四周變暗時自動開啟一盞低電壓的 LED 檯燈。事實上，第 13 章中的視覺化平台範例就能運用本章的部分電路來做到讀取、記錄溫濕度的歷史資料，還能視覺化呈現出來！

不僅如此，本章還要介紹類比電路的實際範例與對應的概念，例如分壓器，這些都是在第 6 章所學過的內容。

本章主題如下：

- 測量溫度與濕度
- 偵測亮度
- 偵測水分

9.1 技術要求

你需要下列項目來執行本章的範例：

- Raspberry Pi 4 Model B
- Raspbian OS Buster（桌面環境與建議軟體都要安裝）
- Python，最低版本 3.5

這些都是本書範例程式碼的基礎。合理預期，只要你的 Python 為 3.5 以上版本，這些範例程式碼應該不需要修改就能在 Raspberry Pi 3 Model B 或其他版本的 Raspbian OS 中執行才對。

本章範例程式碼請由本書 GitHub 的 `chapter09` 資料夾中取得：`https://github.com/PacktPublishing/Practical-Python-Programming-for-IoT`

請在終端機中執行以下指令來設定虛擬環境和安裝本章程式碼所需的 Python 函式庫：

```
$ cd chapter09                              # 切換到本章資料夾
$ python3 -m venv venv                      # 建立 Python 虛擬環境
$ source venv/bin/activate                  # 啟動 Python 虛擬環境
(venv) $ pip install pip —upgrade           # 升級 pip
(venv) $ pip install -r requirements.txt    # 安裝相依套件
```

以下相依套件都是由 `requirements.txt` 所安裝：

- PiGPIO：PiGPIO GPIO 函式庫（https://pypi.org/project/pigpio）
- PiGPIO DHT：DHT11 與 DHT22 感測器函式庫（https://pypi.org/project/pigpio-dht）
- Adafruit ADS1115：ADS1115 ADC 函式庫（https://pypi.org/project/Adafruit-ADS1x15）

本章範例所需的電子元件如下：

- DHT11，1 個（準確度較低，也可使用準確度較高的 DHT22 溫濕度感測器）
- LDR，1 個（光敏電阻，也稱為光電池或光敏電阻）
- 電阻：
    - 200Ω 電阻，1 個
    - 10kΩ 電阻，1 個
    - 1kΩ 電阻，1 個
    - 100kΩ 電阻，1 個
- 紅光 LED，1 顆
- ADS1115 類比 – 數位轉換模組，1 組
- 外部電源 – 至少必須為可安裝於麵包板的 3.3V / 5V 電源供應器

9.2 測量溫度與濕度

測量溫度與相關環境性質是一個常見的應用。有許多不同類型的現成感測器，包含熱敏電阻（對溫度有反應的電阻）、可由 SPI 與 I2C 連接的較複雜擴充模組，以及 DHT11 或 DHT22 這樣的相同款式感測器，後者也是本章範例所採用的作法。

所有感測器都有其優劣，要考量其準確度、回應時間（多快可由其取得資料）與成本。

DHT 感測器請參考圖 9-1，特色就是便宜、耐用以及使用簡單：

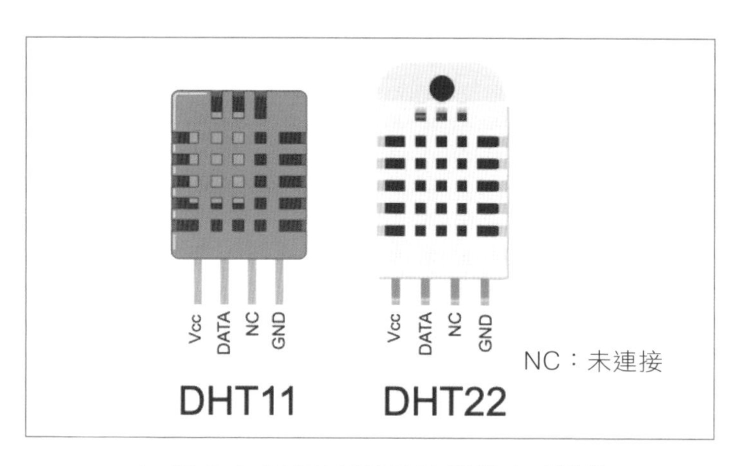

▲ 圖 9-1 DHT11/DHT22 溫濕度感測器

DHT11 是一款十分常見的平價感測器，DHT22 則是準確度較高的同系列產品。兩者的腳位是相容的，且都適用於本範例。這兩款感測器的腳位配置如上圖，腳位說明如下：

- Vcc：3 ～ 5V 電源
- Data：連接到開發板的 GPIO 腳位
- NC：不連接，代表本腳位未被使用
- GND：接地

DHT11 與 DHT22 的比較如下表：

	DHT 11	DHT 22
作業電壓	3 - 5V	3 - 5V
作業電流	µA（mA）	µA（m）
溫度範圍	0 to 50° 攝氏	- 40 to 125° 攝氏
溫度準確度	±2%	±0.5%
濕度範圍	20 - 80%	0 - 100%
濕度準確度	±5%	±2% to 5%
最高抽樣速率	較快 – 每秒 1 次（1Hz）	較慢 – 每 2 秒 1 次（0.5Hz）

如上所述，DHT11 與 DHT22 感測器兩者腳位是相容的，差異在於測量值的準確度與範圍。兩款感測器都適用於後續的溫濕度測量電路專題。

9.2.1 建立 DHT11/DHT22 電路

現在試著在麵包板上完成電路，如圖 9-2：

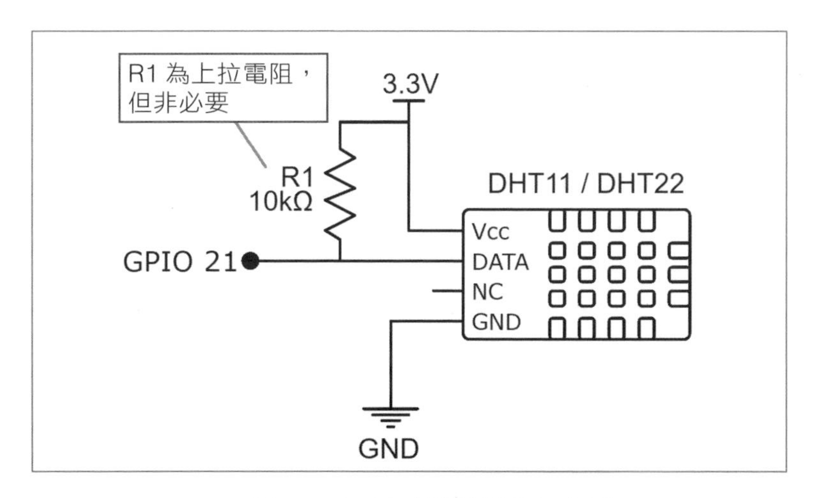

▲ 圖 9-2 DHT 感測器電路示意圖

下圖為要製作電路圖的麵包板配置：

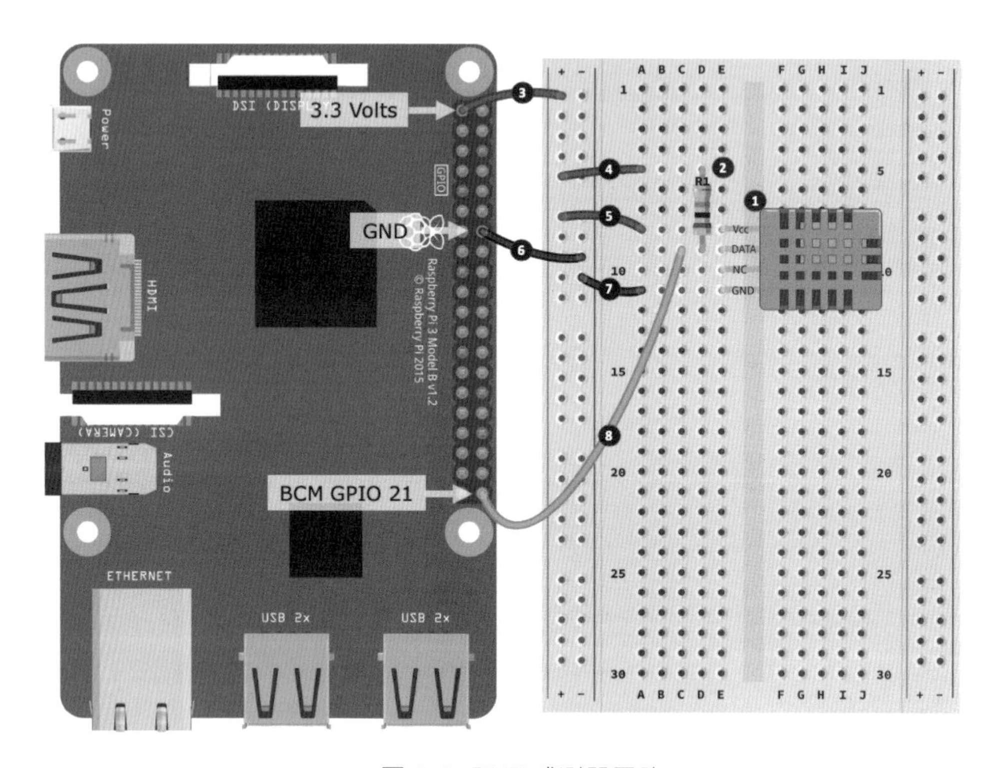

▲ 圖 9-3 DHT 感測器電路

請根據以下步驟操作，步驟編號對應於圖 9-3 中的黑色圓圈號碼：

01 將 DHT11 或 DHT22 感測器接上麵包板。

02 把一個 10kΩ 電阻（R1）接上麵包板。電阻的一端要與 DHT 感測器的 DATA 腳位位於同一排。電路完成之後會說明這個電阻的功能，以及它為何在圖 9-2 中被標示為非必要。

03 把 Raspberry Pi 的 3.3V 腳位接到麵包板左側的正電軌。

04 10kΩ 電阻（R1）的一端接到麵包板左側的正電軌。

05 DHT Vcc 腳位接到麵包板左側的正電軌。

06 Raspberry Pi 的任意一個 GND 腳位接到麵包板左側的負電軌。

07 DHT 感測器的 GND 腳位接到麵包板左側的負電軌。

08 最後，把 DHT 感測器的 DATA 腳位接到 Raspberry Pi 的 GPIO 21 腳位。

這樣 DHT 感測器電路就完成了。

info

在本範例電路中，Vcc 是接到 3.3V，因此 DHT 感測器的資料腳位也會以這個電壓運作。雖然 DHT11 與 DHT22 的額定電壓為 5V，但如果你把 Vcc 接到 5V，資料腳位也會變成 5V 邏輯準位，這對於 Raspberry Pi 的 GPIO 腳位都是以 3.3V 來運作而言不太安全。

10kΩ 上拉電阻之所以非必要，是因為我們所用的 DHT 軟體函式庫預設已經啟用了 Raspberry Pi 內部的上拉電阻。我之所以在電路示意圖中加入上拉電阻，是因為大多數的 DHT11/DHT22 資料表中的範例都是這樣做的。如果要複習上拉電阻內容的話，請參閱第 6 章的相關內容。

Tips

在本範例的 DHT11/DHT22 電路中，標記為 NC 的腳位代表未連接（Not Connected）。NC 是常見的縮寫，代表感測器、IC 或元件的腳或端子，其內部並未連接任何東西。不過，當我們談到開關時 – 包含繼電器 - 如果元件腳位或端子標示為 NC 則代表常時關閉（Normally Closed）連線。所以請根據你所使用的元件來正確解讀 NC 的定義。

電路完成之後，就可以執行並深入了解這個測量溫度與濕度的程式碼了。

9.2.2 執行並探討 DHT11/DHT22 程式碼

執行 chapter09/dht_measure.py，測量到的溫度與濕度值會顯示在終端機，如下：

```
(venv) python dhy_measure.py
{'temp_c': 21, 'temp_f': 69.8, 'humidity': 31, 'valid': True}
```

相關說明如下：

- temp_c 為單位攝氏的溫度值。
- temp_f 為單位華氏的溫度值。
- humidity 為相對濕度百分比。
- valid 代表這筆讀數透過了感測器內部檢查碼確認為有效。value == False 的讀數請忽略不計。

原始碼非常精簡，在此都列出來了。

#1 處匯入了 DHT 感測器函式庫，並在 #2 處建立實例。請根據你採用的是 DHT11 或 DHT22 感測器來更新對應內容：

```
from pigpio_dht import DHT11, DHT22 # (1)

SENSOR_GPIO = 21
sensor = DHT11(SENSOR_GPIO)         # (2)

#sensor = DHT22(SENSOR_GPIO)
result = sensor.read(retries=2)     # (3)

print(result)
result = sensor.sample(samples=5)   # (4)
print(result)
```

#3 與 #4 處使用了 pigpio-dht 函式庫向感測器請求溫度與濕度的測量值。呼叫一次 read() 會向感測器要求一筆測量值，而如果測量結果回傳為 valid == False 的話，則重複嘗試 retries 所設定的次數。另一個取得測量

值是改用 `sample()` 方法，會取得多筆獨立的溫度與濕度讀數，再回傳一個標準化之後的測量值。

`sample()` 函式的好處在於，尤其是對於精度較差的 DHT11 感測器，它所回傳的溫度與濕度值會更加一致，因為極端讀數（太高或太低）都被移除了；不過，它也會大幅增加讀取測量值所需的時間 – 請參閱本節開頭表格中的最大抽樣速率。

例如，對於最大抽樣速率為 1 秒的 DHT11 來說，如果要抽樣 5 次，`sample(samples=5)` 呼叫就會用掉大概 1 秒 x 5 次抽樣 = 5 秒來回傳，而最大抽樣速率為 2 秒的 DHT22 就要用掉大約 10 秒鐘。

Tips

DHT11 與 DHT22 兩者的腳位是相容的；但兩者在軟體上並不相容，這是因為兩者透過驅動軟體與感測器硬體來編碼資料的作法都不同，例如 DHT22 感測器如果透過 DHT11 函式庫來執行時會產生不合理的結果（放心，非常明顯，因為它會說你的房間超過了 650 攝氏度以上）。

就這麼簡單！ DHT 是常用於測量溫度與濕度的一系列平價感測器。如果你需要的讀取次數更頻繁，或需要把感測器安裝在水中、戶外或直接裸露在這類複雜環境的話，就需要根據實際需求改用適合的感測器。

以下快速整理了一些可接到 Raspberry Pi 的溫度（或類似的環境偵測功能）感測器：

- 熱敏電阻（thermistor）是體積小巧的溫敏電阻，適用於狹小空間中。你可買到密封的套件來用於戶外或液體中。還可將其與分壓器電路（類似於下一節要討論的 LDR 光敏電阻）搭配使用。
- 有許多不同規格的現成 I2C 與 SPI 感測器，讀取的速度更快並且還具備了其他的板載感測器，例如氣壓。這類模組通常比較大，元件通常也不會外露。

- 單線式的溫度感測器也是體積小巧以及便於封裝的好選擇，優點在於配置距離遠（100 公尺以上）。

測量溫度與濕度到此就談得差不多了。許多環境監控專案都需要測量溫度與濕度，而 Raspberry Pi 搭配 DHT11 或 DHT22 感測器是簡便又划算的方法。DHT11/22 電路會在第 13 章再次登場，到時候會把這款感測器整合在物聯網平台來收集並監控溫度與濕度的變化。

溫度感測器介紹到此為止，來看看如何偵測光線吧！

9.3 偵測亮度

想要偵測光線是增加或減少的話，只要使用 LDR（光敏電阻，Light dependent resistance）這種特殊的電阻就能輕鬆做到。LDR 是便宜的光感測器且用途相當廣泛，從光控開關 / 燈具，或作為電路元件，當周圍變暗時能讓鬧鐘螢幕也隨之變暗，又或是做為收銀機的警報電路。

Tips

LDR 有時候也會被稱為光電阻或光電池。

下圖是常見款式的 LDR 元件和數種 LDR 電路。仔細看看，你會發現這是個具有朝內箭頭的電阻符號，這些箭頭可視為照射到電阻表面的光線：

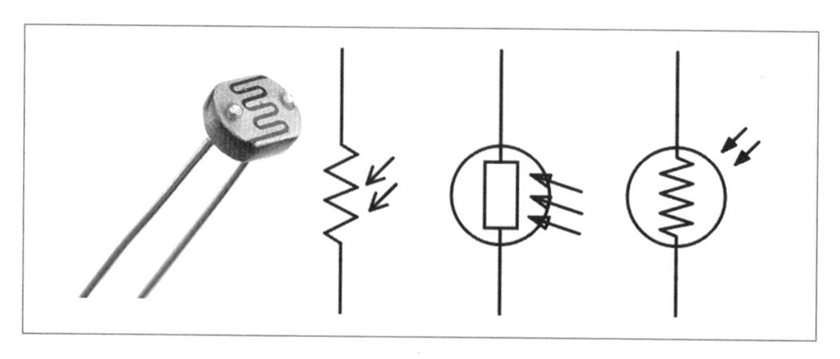

▲ 圖 9-4 LDR 元件實體照片與不同的電路示意符號

LDR 本身的阻抗會根據它所偵測到的光線而變化。如果把三用電表設為電阻模式並把探針放到 LDR 上，可觀察到（通常會在數秒之後）以下狀況：

- 當 LDR 的周圍變暗（例如用手遮蓋它），它的阻抗通常是數百萬 Ω。
- 在正常室內光照（例如，放在日光燈下的桌上）下時，阻抗約為數千 Ω。
- 當位於明亮燈光（直接日照或白熱光源直射）下時，它的阻抗會變成數百 Ω 或更低。

這些差異相當明確，使我們得以區隔光線的有無。經過校正與微調之後，就能明確指出亮與暗之間的某個程度並用來觸發事件。例如，我們可用像是後續範例的 LDR 電路搭配程式來控制第 7 章的開關電路。

info

LDR 只適合測量相對亮度（也就是光線的有或無）。如果你想要測量流明這類絕對值，或甚至要偵測顏色，有許多 I2C 或 SPI 擴充模組上都具備了這類功能的 IC。

有了這些基本知識之後，就要來製作可偵測光線的 LDR 電路了。

9.3.1 使用 LDR 元件製作光偵測電路

如前所述，LDR 本身的阻抗會因為本身偵測到的光線強弱而變化。為了讓 Raspberry Pi 能夠偵測到這個電阻的變化，需要用到先前章節所學內容：

- 要把阻抗的變化轉換為電壓的變化，這是因為 Raspberry Pi GPIO 腳位是根據電壓來運作，而非電阻。這用到了歐姆定律，以及在第 6 章所學到的分壓電路。
- Raspberry Pi 的 GPIO 腳位只能讀取數位訊號 - 例如高（~3.3V）或低（~0V）之訊號。為了要能測量電壓變化，可以加入 ADS1115 這樣的類比 - 數位轉換器（ADC），請參閱第 5 章中有關於 ADS1115 的介紹與對應的 Python 程式碼。

我們要在麵包板上完成如圖 9-5 的電路。這個麵包板搭配程式碼之後，就可在環境變暗到一定程度之後，讓 LED 亮起：

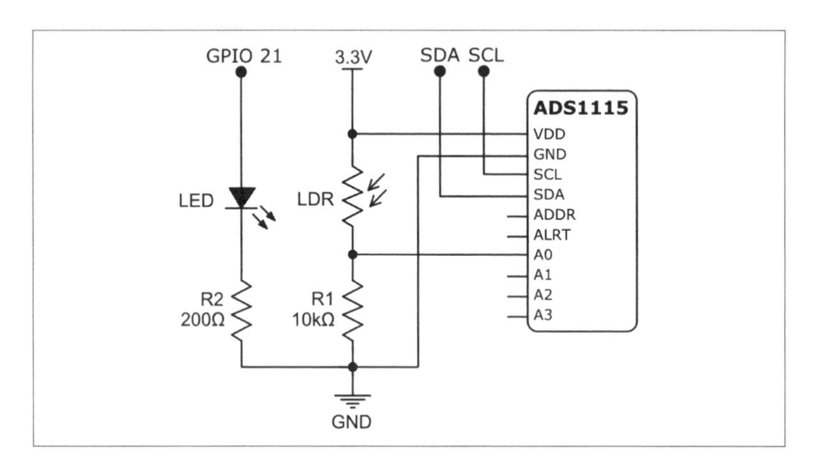

▲ 圖 9-5 搭配 ADS1115 ADC 晶片之 LDR 電路示意圖

本電路分成兩大部分。首先把元件接上麵包板，如下圖：

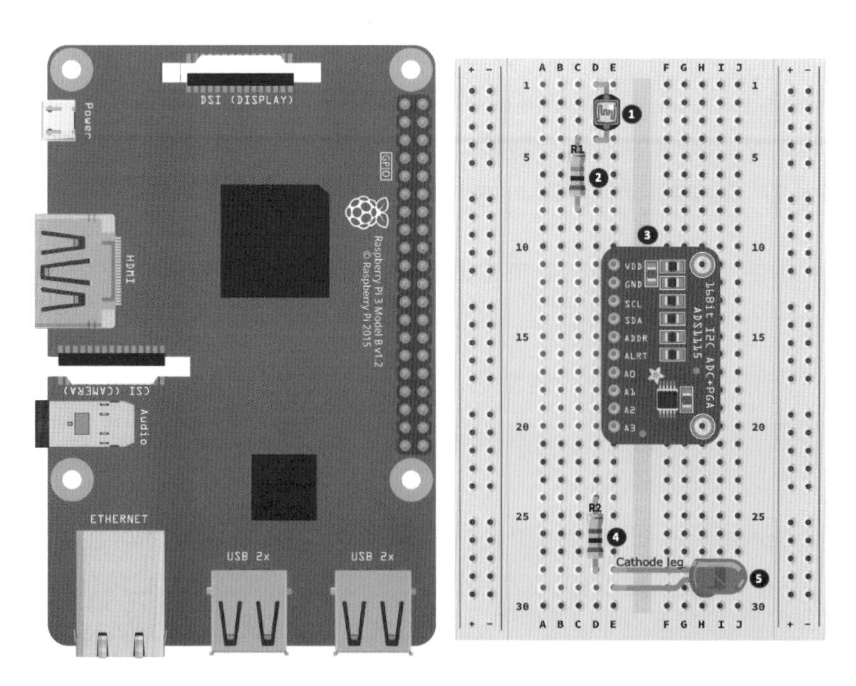

▲ 圖 9-6 搭配 ADS1115 ADC 晶片之 LDR 電路，進度 1/2

請根據以下步驟操作，步驟編號對應於圖 9-6 中的黑色圓圈號碼：

01 把 LDR 接上麵包板。

02 把 10kΩ 電阻（R1）接上麵包板。電阻的一端要與 LDR 接在同一排。

03 把 ADS1115 ADC 接上麵包板。

04 把 200kΩ 電阻（R2）接上麵包板。

05 把 LED 接上麵包板，請特別注意 LED 負極要接到與 200kΩ 電阻一端的同一排。

元件插好了，接著來接線：

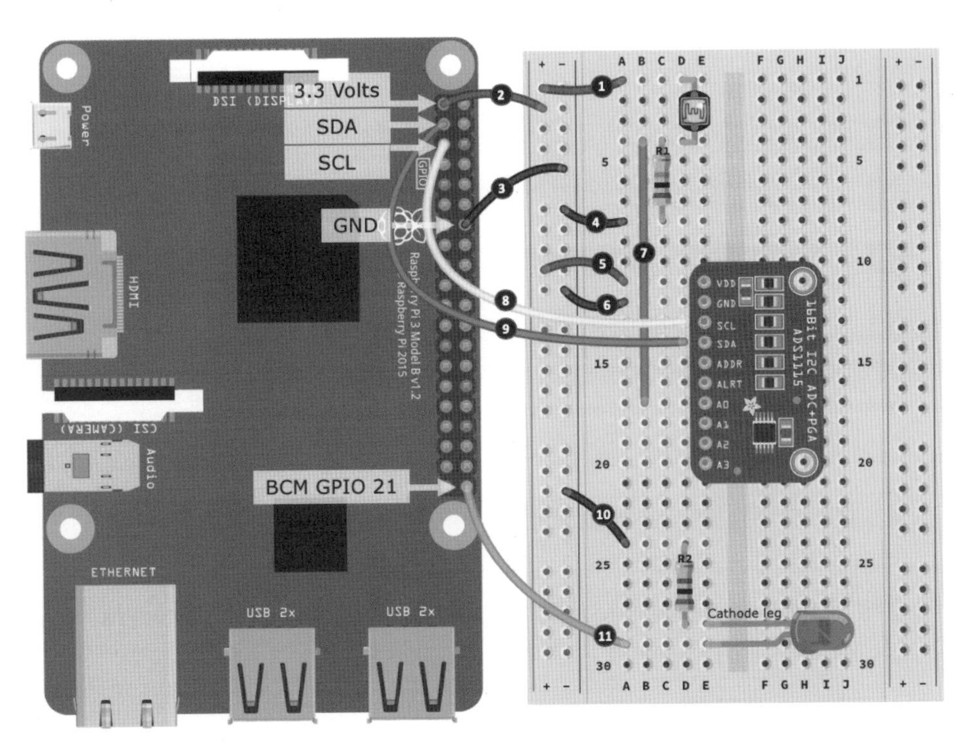

▲ 圖 9-7 搭配 ADS1115 ADC 晶片之 LDR 電路，進度 2/2

請根據以下步驟操作，步驟編號對應於圖 9-7 中的黑色圓圈號碼：

01 把 LDR 的一端接到麵包板左側的正電軌。

02 Raspberry Pi 的 3.3V 腳位接到麵包板左側的正電軌。

03 Raspberry Pi 的 GND 腳位接到麵包板左側的負電軌。

04 10kΩ 電阻（R1）的一端接到麵包板左側的接地軌。

05 ADS1115 的 Vdd 端子接到麵包板左側的正電軌。

06 ADS1115 的 GND 端子接到麵包板左側的負電軌。

07 從 LDR 與 10kΩ 電阻（R1）的同一排再拉一條線接到 ADS1115 的 A0 埠（應可看出 LDR 與電阻形成了一個分壓器，電壓輸出結果現在接到了 A0）。

08 Raspberry Pi 的 SDA 腳位接到 ADS1115 SDA 端子。

09 Raspberry Pi 的 SCL 腳位接到 ADS1115 SCL 端子。

10 200kΩ 電阻的一端接到麵包板左側的負電軌。

11 把 LED 的正極接到 Raspberry Pi 的 GPIO 21 腳位。

希望你可以看出來，分壓器是由 LDR 與 10kΩ 電阻 R1 所組成。我們會在 9.3.4 節說明 10kΩ 電阻背後的原理。

當 LDR 偵測到的光線發生變化時，其自身的阻抗也會改變。這會使得 R1（固定電阻）與 LDR 阻抗（可變電阻）兩者的相對比例發生變化，進一步改變了 LDR 與 R1 兩者交叉處所量測到的電壓（也就是 ADS1115 的 AX 腳位所連接處，用於測量這裡的電壓變化）。

Tips

LED 與 LDR 不要放得太近。因為 LED 亮起之後就變成了一個會被 LDR 偵測到的光源，且足以干擾程式碼中的 LDR 讀取結果。

LDR 電路完成了，接著要進行校正並執行範例程式碼。

9.3.2 執行 LDR 範例程式碼

在此要執行兩個程式：

- chapter09/ldr_ads1115_calibrate.py，用於校正 LDR 讀數。
- chapter0 9/ldr_ads1115.py，用於監控亮度，並在亮度低於某個程度點亮 LED。

首先，檢查 ADS1115 接線正確，並且 Raspberry Pi 也能偵測到它。請在終端機中執行 **i2cdetect** 指令。如果輸出結果未包含任何數字（例如 **48**），請重新檢查硬體接線。

```
$ i2cdetect -y 1
# ... 省略 ...
30: -- -- -- -- -- -- -- -- -- -- -- -- -- -- -- --
40: -- -- -- -- -- -- -- -- 48 -- -- -- -- -- -- --
50: -- -- -- -- -- -- -- -- -- -- -- -- -- -- -- --
# ... 省略 ...
```

> **info**
>
> 第 5 章已經介紹過 ADS1115 類比 - 數位轉換器與 i2cdetect 公用程式囉！

執行範例程式，先從校正程式開始：

01 執行 chapter09/ldr_ads1115_calibrate.py，會在終端機中出現以下訊息：

A. Place the LDR in the light and press Enter（把 LDR 元件放置於光源底下，並按下 Enter 鍵）：試試看使用室內光源，小心別讓任何陰影遮蓋到 LDR。在製作專案時，請採用對於你的目的有意義的光源，例如直射陽光、室內光源或白熱光源。

B. Place the LDR in the dark and press Enter（把 LDR 元件放置暗處，並按下 Enter 鍵）：我建議使用深色衣物或杯子把 LDR 完全蓋住。手指不是太理想的做法，因為 LDR 相當敏感，還是可由你指頭偵測到一些透出來的光：

```
(venv) python ldr_ads1115_calibrate.py
Place LDR in the light and press Enter
Please wait...

Place LDR in dark and press Enter
Please wait...

File ldr_calibration_config.py created with:
# 本檔案是由 ldr_ads1115_calibrate.py 自動建立
# 樣本數：100
MIN_VOLTS = 0.6313
MAX_VOLTS = 3.2356
```

校正程式會從 ADS1115 採取多筆在暗處與亮處樣本（預設 100 筆），並計算平均讀數。接下來，程式會把這些結果（從終端機就能看到）寫入 `ldr_calibration_config.py` 檔。在此的 LDR 與 LED 範例都有匯入這個 Python 檔，下一步就會看到。

02 執行 `chapter09/ldr_ads1115.py`，並觀察終端機的輸出訊息，也就是 ADS1115 所讀取到的電壓：

```
LDR Reading volts=0.502, trigger at 0.9061 +/- 0.25,
triggered=False
```

輸出結果最好是 `triggered = False`，LED 也應該不亮。如果不是這樣的話，請再次執行步驟 1 的校正作業，多試試看就會知道如何調整程式碼中的觸發點。

03 用手掌慢慢接近 LDR，遮住它可接收到的光線。當手掌移動時，你會發現電壓讀數改變了，並在特定電壓時到達觸發點，並讓 LED 亮起：

```
LDR Reading volts=1.116, trigger at 0.9061 +/- 0.25,
triggered=False
LDR Reading volts=1.569, trigger at 0.9061 +/- 0.25, triggered=True
```

在此所看到的正是分壓器的功能：LDR 本身的電阻值會根據偵測到的亮度而改變，進而也使得電壓改變，這個電壓會接著被 ADS1115 讀取。

你應該注意到了，相較於第 5 章的 ADS1115 與電位計，這裡產生的電壓不會原本預期的 ~0 到 ~3.3V。這個範圍之所以受限是因為使用了固定電阻（R1）與可變電阻（LDR）電路的副作用，無法讓阻抗達到最極限，也就是 ~0 或 ~3.3V 的電壓範圍。分壓器電路就會碰到這個限制，因為它們在設計上就用到了一個固定電阻。相對地，我們的電位計是由兩個可變電阻來構成一個分壓器，因此實務上可在分壓器的一端得到非常近乎接近 0 Ω 的阻抗，根據電位計的轉動方向，這樣就能取得非常接近 0 與 3.3V 的讀數。

看過實際執行狀況之後，來看看程式的內容。

9.3.3 LDR 程式碼說明

這裡會用到的程式為 chapter09/ldr_ads1115_calibrate.py 與 chapter09/ldr_ads1115_calibrate.py，後者為程式樣板碼，用於設定 ADS1115，並透過 PiGPIO 來設定 LED。這裡不會詳述這份程式，如果需要複習 ADS1115 相關程式的話，請參閱第 5 章的範例。

現在來看看 LDR 的 Python 程式碼。

#1 處匯入了 ldr_calibration_config.py 檔案，這是之前完成的校正程式。

接下來看到 #2，我們把校正後的最高與最低電壓值設定為 LIGHT_VOLTS（當 LDR 位於亮處時，ADS1115 偵測到的電壓）以及 dark_volts（當 LDR 被遮蓋時偵測到的電壓）這兩個變數。

```
import ldr_calibration_config as calibration                    # (1)

# ... 省略 ...

LIGHT_VOLTS = calibration.MAX_VOLTS                             # (2)
DARK_VOLTS = calibration.MIN_VOLTS

TRIGGER_VOLTS = LIGHT_VOLTS - ((LIGHT_VOLTS - DARK_VOLTS) / 2) # (3)
TRIGGER_BUFFER = 0.25                                           # (4)
```

#3 處建立了一個觸發點，或稱閾值（threshold）。這就是後續用來控制 LED 亮滅的電壓值。

Tips

你可以自由調整公式或 TRIGGER_VOLTS 值，藉此修改用於觸發程式的亮度條件。

#4 的 TRIGGER_BUFFER 變數是對觸發器建立緩衝或延遲，在電子電路領域稱為遲滯（hysteresis）。這個數值可視為一個彈性窗格，落在這個範圍中的偵測電壓即便發生變動也不會產生觸發或非觸發事件。如果沒有這個遲滯值的話，偵測電壓會在 TRIGGER_VOLTS 電壓值附近震盪，使得觸發器（當然也連帶影響 LED）會相當頻繁地亮亮暗暗。

想要實際體驗一下的話，請修改 TRIGGER_BUFFER = 0，你會發現將手在 LDR 上方移動時，LED 會相當敏感地開開關關，某些情況下甚至會閃爍。但隨著 TRIGGER_BUFFER 的數值增加，你會發現原本用來觸發 LED 開關的手部動作要更大才行。

接著看到 #5，這裡會檢查是否到達了觸發點。update_trigger() 函式會比較 ADS1115 所偵測到的電壓以及藉由 TRIGGER_BUFFER 調整後的 TRIGGER_VOLTS 值，如果到達觸發點的話就會更新 triggered 全域變數：

```
triggered = False # (5)
def update_trigger(volts):
   global triggered

   if triggered and volts > TRIGGER_VOLTS + TRIGGER_BUFFER:
       triggered = False
   elif not triggered and volts < TRIGGER_VOLTS - TRIGGER_BUFFER:
       triggered = True
```

程式後段 #6 處有一個 **while** 迴圈，其中會不斷讀取 ADS1115 偵測電壓、更新 **triggered** 全域變數，接著再把結果顯示出來。

```
trigger_text = "{:0.4f} +/- {}".format(TRIGGER_VOLTS, TRIGGER_BUFFER)

   try:
       while True:                                               # (6)
           volts = analog_channel.voltage

           update_trigger(volts)

           output = "LDR Reading volts={:>5.3f}, trigger at {}, triggered={}".
format(volts, trigger_text, triggered)
           print(output)

           pi.write(LED_GPIO, triggered)                         # (7)
           sleep(0.05)
```

最後看到 #7，在此會根據 **triggered** 數值來控制 LED 亮暗。

了解如何運用 LDR 電路搭配 Python 程式碼來偵測亮度之後，接著我想聊一下如何選定適用於 LDR 電路的電阻。

9.3.4 LDR 設定總結

在操作 LDR 電路與程式時，應該會發現有幾個參數是可以調整來影響電路與程式碼的運作效果，你是否好奇為什麼要用到 10kΩ 電阻呢？

實際上根本找不到兩個 LDR 對於光線有完全一樣的阻抗，而且它們的電阻值與光線的變化關係是非線性的。這代表你所採用的 LDR 搭配你要操作的光線狀況，會影響到要使用何種規格的固定電阻。

以下是選擇合適的固定電阻的一些建議：

- 如果希望 LDR 對於較暗的狀況更敏感的話，使用電阻值較高的電阻（例如 100kΩ）。
- 如果希望 LDR 對於較亮的狀況更敏感的話，使用電阻值較低的電阻（例如 1kΩ）。

以上只是建議，你當然可以根據實際需要來試試看不同的電阻值。再者，只要改用了不同電阻值的固定電阻，別忘了再跑一次校正程式。

另外也可用 Axel Benz 公式來計算適合 LDR 這種類比元件的參考電阻值。公式如下：

$$R_{ref} = \sqrt{R_{max} \times R_{min}}$$

公式參數說明如下：

- R_{ref}為固定電阻 R1 的電阻值。
- R_{max} 為 LDR 的最大電阻值（位於暗處），常用的數值為 10Ω。
- R_{min} 為 LDR 的最大電阻值（位於亮處），常用的數值為 10MΩ。

如果採用上述常用數值的話，就能算出 R1 的電阻值為 10kΩ：

$$\sqrt{10^6 \times 100} = 10k\Omega$$

Tips

使用三用電表量量看 LDR 的極限，看看你的計算結果是多少。如果你的測量結果與常用的 10kΩ 差異相當大的話，別太驚訝。比對一下上面 ~10 Ω 到 ~10MΩ 範圍的話，這些差異不過是九牛一毛！

上述程式碼中有兩個影響觸發點的變數：

- 修改 `TRIGGER_VOLTS` 變數值可以改變程式的觸發點 —— 例如 LED 亮暗。
- 修改 `TRIGGER_BUFFER` 變數值可以改變程式對於亮度變化的敏感度。

最後，別忘了 LDR 在偵測亮度時是對數關係而非線性關係 —— 例如當你在 LDR 上方逐漸把物體或手掌降下時，LDR 回傳的電壓不一定會和你所遮蔽掉的光線等比例變化。這就是為什麼當我們希望 LDR 在較亮處或較暗處能有更好的反應時，要改用合適的固定電阻。

Tips

你可以試試看把固定電阻 R1 換成可變電阻（例如，把 10kΩ 固定電阻換成一個 20kΩ 可變電阻，先轉到 10kΩ 處）。之所以採用 20kΩ，是因為可以 10kΩ 為基準上下調整，而 10kΩ 可變電阻只能調低而已。針對 10kΩ 來校正程式並定義好觸發點之後，你就可以轉動可變電阻來微調觸發點。

LDR 相關討論就到這邊。我們已經知道如何使用 ADS1115 ADC 來製作簡單的 LDR 電路，並寫一個 Python 程式來偵測亮度。你可以把這個簡易電路與程式碼用於任何把偵測光線亮暗作為輸出觸發的專案中 —— 例如可由光線觸動的開關。

接下來要看看如何偵測水分。

9.4 偵測水分

你知道嗎…偵測水分的煩人事兒已經完成啦！它就是 LDR 電路與程式的另一個應用，差別只是把 LDR 換成探針而已。

對本範例來說，我們可以用兩條電線（末端要剝線）來製作一組探針，再把 LDR 換成這組電線，如圖 9-8。這跟圖 9-7 的電路是一樣的，差別只在於這裡把 LDR 換成了兩條線。來看看怎麼修改：

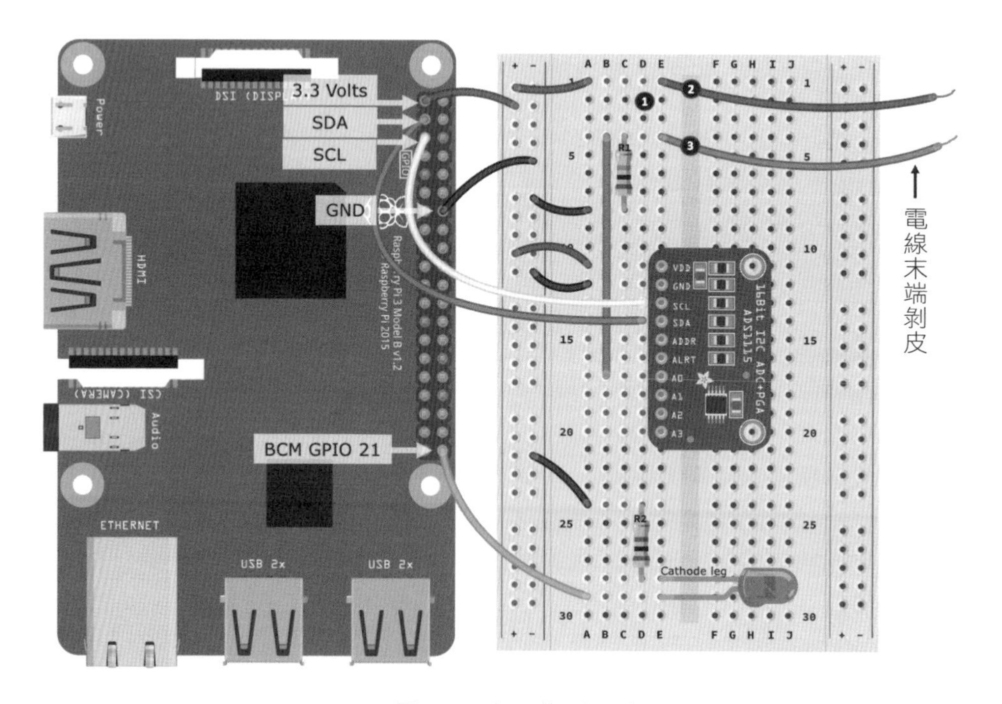

▲ 圖 9-8 水分偵測電路

請根據以下步驟操作，步驟編號對應於圖 9-8 中的黑色圓圈號碼：

01 把 LDR 從麵包板上移除。

02 把一條電線（兩端都要剝掉）接到先前用於 LDR 一側接腳的那一列（如上圖，這條新的線會接到 Raspberry Pi 的 3.3V 腳位）。

03 另一條電線（一樣兩端剝掉）接到 LDR 另一支腳的同一列上（如上圖，這條線會與 10kΩ 電阻（R1）在同一列上）。

這項小調整（就只是將 LDR 換成電線）就能把之前的光偵測電路改為水分偵測電路。開始測試吧！

在 chapter09 資料夾中會看到 moisture_calibrate.py 與 moisture_ads1115.py。它們與上一節的 LDR 檔案幾乎一模一樣，除了把原本的 Light/Dark 的用字與變數名稱改成了 Wet/Dry。關鍵差異在對應的檔案中都有註解。

為了簡潔起見，就不會詳細介紹原始碼與電路了。不過，還是列出以下步驟供你參考：

01 確保探針是乾燥的。

02 執行 moisture_calibrate.py 並執行指令來校正電壓。

03 執行 moisture_ads1115.py。

04 檢查終端機輸出訊息是否為 trigger=False（乾燥狀況下的觸發程式碼）。

05 把探針放在一杯水中（對，這樣做很安全），觀察讀取到的電壓變化狀況（不小心短路的話也沒關係，確定不會造成任何損害）。

06 當探針放在水中時，檢查終端機輸出是否為 trigger=True（探針沾濕的狀況）。

07 如果輸出訊息還是 True 的話，請修改程式碼中的 TRIGGER_VOLTS 數值。

Tips

你也可以把探針插入乾燥的土壤來觀察電壓讀數。接著慢慢對土壤澆水，電壓讀數應會隨之改變。現在已經完成了一個最基本的植物澆水警告程式啦！

那麼，為什麼這樣的運作方式是可行的呢？很簡單 – 因為水是電的良導體，就好像在兩根探針之間接了一個電阻一樣。

info

世界上不同地區中不同來源的水 - 例如自來水或瓶裝水 - 導電狀況當然也不一樣。這代表如果你的電路在採用 10kΩ 電阻時的反應不太好的話，可能要多試幾次才能找到合適的 R1 電阻值。另外，你也要試試看不同的探針距離與探針大小的效果如何。

關於水分偵測的討論，下一節要比較一下我們動手做的版本與市售的水分偵測器有何不同。

9.4.1 比較各種偵測方式

上一節的簡易電路與電線探針，如果與網路上販售的濕度偵測模組相比又如何呢？這類產品通常具備了某種形態的探針與簡易的電子模組。這類模組與一些常見的探針實體照片如下：

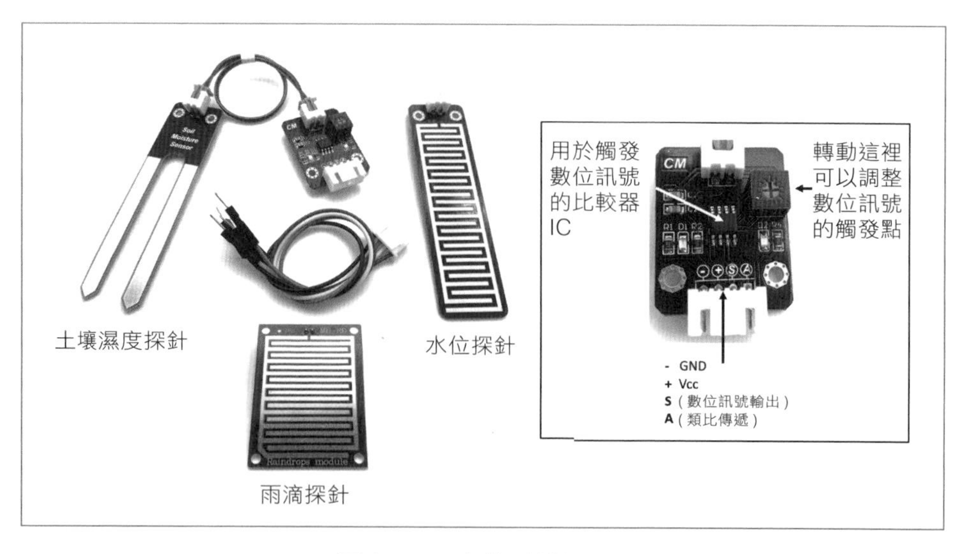

▲ 圖 9-9 濕度偵測模組與探針

圖中的三種探針都有兩個接點，基本上就是兩個電路板上銅箔外露的端子，很類似於圖 9-8 我們自行剝線的做法。一項主要差異在於這類探針露出的表面積大得多，因此也會更敏感。再者，相較於我們那兩條剝線，這類探針發生腐蝕的機會也較低（至少從短路機率來看是這樣沒錯）。

Tips

你可以把這類探針直接接到圖 9-8 中的兩條電線上，藉此擴充並加強電路的偵測能力。

接著來介紹圖 9-9 右側的電子模組。

除了 Vcc/Vin 與 GND 端子之外，這些模組通常（不一定都有，只能說大多數有）有兩個輸出端子或腳位，說明如下：

- 類比輸出（本範例標註為 A）
- 數位輸出（標註為 S）

info

請注意在此不會說明上述市售模組與 Raspberry Pi 的連接方式，反之我會盡量讓討論一體適用。這類模組的款式相當多元，但操作方式都是差不多的，差別只在於接線方式而已。本書到目前為止，如果你對於類比、數位、分壓器與 ADC 等基本原理都有一定理解的話，你已經具備所有必要的知識，對於如何讓 Raspberry Pi 介接這類模組也足以做出相當周詳的決定了。不過，好好閱讀模組的規格表或者從賣家那邊取得的任何資訊，會是很好的做法。

類比輸出是直通到探針的。你要把它直接接到分壓器電路，並透過 ADS1115 這類的 ADC 晶片來測量電壓的變化，這正是圖 9-8 在做的事情。如果你採用類比直通的作法的話，這等於忽略模組上所有其餘的電路（這也就是範例電路可以直接連接探針的原因）。

數位輸出則會使用模組的電路。常見的模組中至少會包含一個作為電壓比較器的積體電路、一個固定電組與一個可變電阻，後者用來調整觸發點。固定電阻與探針會形成一個分壓器。電壓比較器則是負責監控通過分壓器的電壓變化，並在到達由調整後的某個數值時觸發數位輸出（例如，從 LOW 到 HIGH）。這類型的可變電阻請參考圖 9-9。

是不是覺得這樣的電壓與觸發聽起來有點耳熟呢？你想得沒錯。具備電壓比較器以及可調控觸發點的這類模組，在原理上就是先前所製作的 LDR/ 濕度偵測電路並搭配 Python 程式碼的電子產品版本。並且，你可以把這類模組中的探針換成 LDR 來使用！

總結一下哪個比較好，是圖 9-8 中的 ADS1115 與分壓器電路，還是圖 9-9 中的現成模組？其實沒有正確答案。不過，以下幾點可供你參考：

- 採用圖 9-8 的電路是類比式的方法。感測器偵測到的原始電壓值會直接傳送給 Raspberry Pi。這麼做的一項好處在於你對於程式碼中的觸發點有絕對的掌控權。例如，你可以透過來遠端調整觸發點。這個作法的缺點在於電路需要用到 ADS1115 與分壓器，而會變得比較複雜。
- 採用圖 9-9 的模組是數位式的方法，會讓 Raspberry Pi 的介接電路變得比較簡單，只要把模組的數位輸出端子直接接到 Raspberry Pi 的 GPIO 腳位就好（只要該模組的數位輸出為 3.3V 就沒問題）。但缺點在於一定要實際摸到這個模組才能調整觸發點。

9.5 總結

本章學會了如何使用常見的 DHT11 和 DHT22 感測器來測量溫度與濕度。另外也知道了如何使用 LDR 來偵測光線變化，我們藉此進一步了解了分壓器電路與 ADC，並把 LDR 電路改造使其可偵測水分。

本章的範例電路與程式碼可視為環境量測的實際應用，只需要現成的感測器與簡易電路就能完成。你對於這些感測器與電路的理解，代表你現在已經可以把這些範例用於你所需的環境監控專案，包括將這類感測器搭配 Python 作為輸入觸發器來控制其他的電路。

我們也知道了分壓器電路的新用途，以及如何將它應用於類比電路，好把可變電阻的阻抗變化轉換為電壓變化，這樣才能讓 ADC 順利讀取。這些範例以及你對於它們的理解程度，對於日後使用其他的類比感測器來說都是相當重要的技術。

下一章要深入學習如何控制直流馬達與伺服機。

9.6 問題

在結束本章之前，歡迎挑戰以下問題來驗證你在本章所學到的知識。在本書後面的「附錄」中可找到評量解答。

1. 列出 DHT11 與 DHT22 溫濕度感測器的兩項差異。
2. 在 DHT11/22 電路中，為何不一定需要外接 10kΩ 上拉電阻？
3. 簡述運用 LDR 來測量亮度的基本電子原理。
4. 在特定光線條件下，如何調整 LDR 的敏感度？
5. 你已製作了一個 LDR 電路並透過 Python 程式碼校正完成了。現在更換了另一顆 LDR，但是發現電壓讀數以及程式觸發點的行為都有點不一樣。為什麼呢？
6. 在操作分壓器與 ADS1115 電路時，為什麼把兩條電線放入水中就能作為簡易的水分偵測器呢？

Chapter 10

伺服機、馬達與步進馬達之運動

在前一章，我們討論了如何測量溫度、濕度、光線與水氣。本章將轉為探討在建立實體運動中常用到的馬達與伺服機之控制。你在本章中學習到的核心概念、電路與程式設計將為你開啟一片新天地，透過 Raspberry Pi 來做到實體自動化和機器人技術。

本章將學習利用脈衝頻寬調變（PWM）技術來設定伺服機角度，以及如何透過 H 橋 IC 來控制直流馬達的方向與速度。我們也將認識步進馬達以及如何精確控制。

本章主題如下：

- 用 PWM 驅動伺服機
- 如何用 H 橋 IC 控制馬達
- 簡介步進馬達之控制

10.1 技術要求

你需要下列項目來執行本章的範例：

- Raspberry Pi 4 Model B
- Raspbian OS Buster（以及桌機與推薦軟體）
- Python 3.5 版本或以上。

這些都是本書範例程式碼的基礎。合理預期，只要你的 Python 版本為 3.5 或更高版本，這些範例程式碼應該不需要修改就能在 Raspberry Pi 3 Model B 或其他版本的 Raspbian OS 中執行才對。

本章範例程式碼請由本書 GitHub 的 `chapter10` 取得：

https://github.com/PacktPublishing/Practical-Python-Programming-for-IoT

請在終端機中執行以下指令來設定虛擬環境和安裝本章程式碼所需的 Python 函式庫：

```
$ cd chapter10                           # 進入本章的資料夾
$ python3 -m venv venv                   # 建立 Python 虛擬環境
$ source venv/bin/activate               # 啟動 Python 虛擬環境 (venv)
$ pip install pip --upgrade              # 升級 pip
(venv) $ pip install -r requirements.txt  # 安裝相依套件
```

以下相依套件都是由 `requirements.txt` 所安裝：

- PiGPIO：PiGPIO GPIO 函式庫（https://pypi.org/project/pigpio）

本章範例所需的電子元件如下：

- MG90S 業餘伺服機，1 個（或同等規格之 3 線 5V 業餘伺服機）。參考規格：https://www.alldatasheet.com/datasheet-pdf/pdf/1132104/ETC2/MG90S.html

- L293D 晶片，1 個（請確保使用的型號為 L293D 而非 L293）。參考規格：https://www.alldatasheet.com/datasheet-pdf/pdf/89353/TI/L293D.html
- 28BYJ-4 步進馬達（5V，步進數 64，轉速 1:64），1 組。請注意 28BYJ-48 有 5V 和 12V 兩種規格以及不同的步數組態和轉速。參考規格：https://www.alldatasheet.com/datasheet-pdf/pdf/1132391/ETC1/28BYJ-48.html
- 3 到 6V 之 R130 直流馬達（減速電流小於 800 mA 培為佳），2 組；或具有兼容額定電壓和電流的備用直流馬達。
- 外接電源－至少要可安裝於麵包板的 3.3/5V 電源。

好了，讓我們先從學習如何用 Raspberry Pi、Python 以及 PiGPIO 控制伺服機開始吧！

10.2 用 PWM 驅動伺服機

常見的伺服機為內建齒輪的馬達，可於 180 度範圍以內精準地控制轉軸角度，是工業機械或玩具中常見的核心元件，相信大家也都很熟悉出現在各種遙控車、遙控飛機或無人機中的業餘伺服機了吧！

圖 10-1 為正常尺寸的業餘伺服機、迷你伺服機以及一組把伺服機裝上麵包板的排針，之後在製作電路的時候會用到。

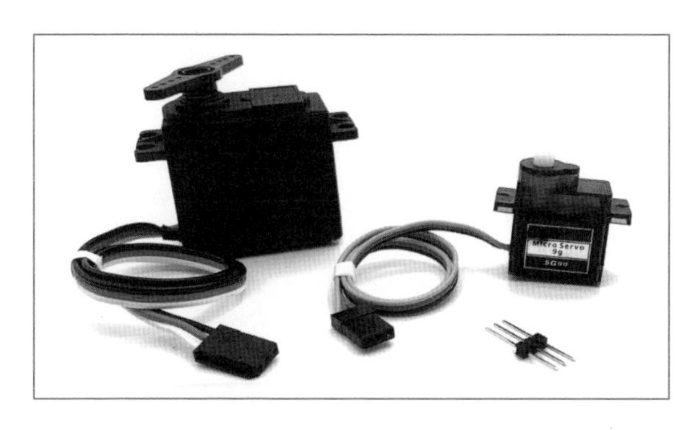

▲ 圖 10-1 伺服機

伺服機最大的特點就是，它基本上是個隨接隨用的裝置－接上電源之後，只需要給它一個 PWM 訊號來指定轉動的角度便大功告成了。不用 IC、電晶體或任何其他外部電路。更棒的是，伺服機控制太常見了，以至於很多 GPIO 函式庫（包括 PiGPIO）都提供了不少方便的控制方法。

那麼，先從連接伺服機與 Raspberry Pi 開始吧！

10.2.1 連接伺服機與 Raspberry Pi

我們的首要任務就是完成伺服機、電源與 Raspberry Pi 之間的配線。線路示意圖如下：

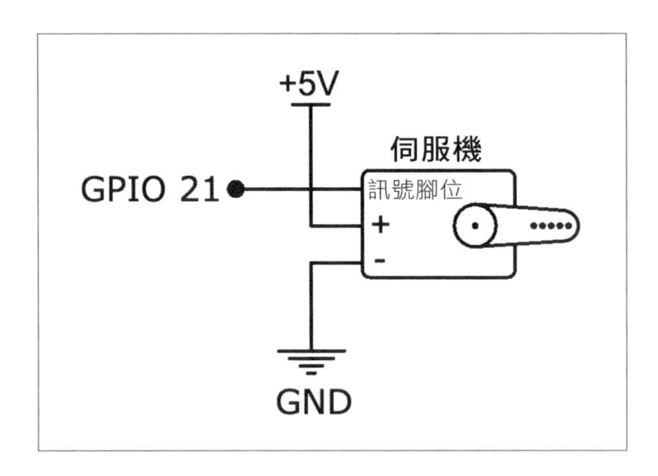

▲ 圖 10-2 伺服機接線示意圖

首先，請根據下圖在麵包板上連接伺服機：

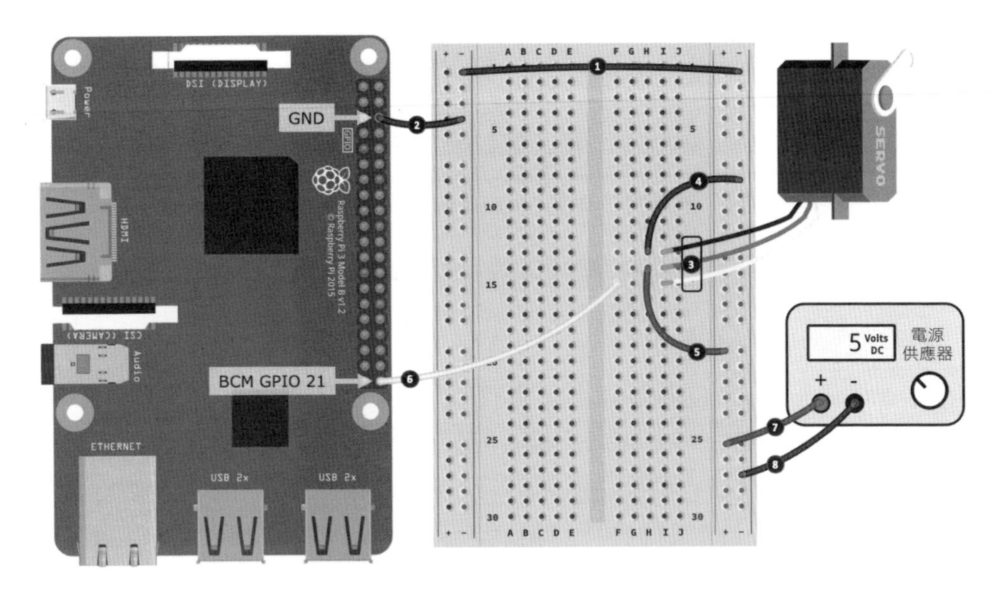

▲ 圖 10-3 伺服機麵包板配置

在開始佈線之前，我想先說明一下伺服機的配線顏色。雖然伺服機配線顏色的規則都差不多，但不同廠牌的伺服機還是會有一些不同。當你在執行步驟 4、5 和 6 時，請參考以下幾點準則。若你的伺服機的配線顏色和以下不同，請參閱該伺服機規格表。

常見的伺服機配線顏色如下：

- 棕色或黑色線接到 GND。
- 紅線接至 +5V。
- 橘色、黃色、白色或是藍色線為訊號 /PWM 傳輸線，接至 GPIO 腳位。

請根據以下步驟操作，步驟編號對應於圖 10-3 中的黑色圓圈號碼。

01 連接左右排的負極導軌。

02 連接 Raspberry Pi 上的任一個 GND 腳位與左側的負電軌。

03 將伺服機接上麵包板。如之前提到過的以及圖 10-1 所示，你會需要一組排針（也可使用公對公跳線代替）來將伺服機接上麵包板。

04 將伺服機的黑線（負電 /GND）接上麵包板右側的負電軌。

05 將伺服機的紅線（5V）接上麵包板右側的正電軌。

06 將伺服機的訊號線接上 Raspberry Pi 的 GPIO 第 21 號腳位。

07 將 5V 電源的正極輸出端接上麵包板右側的正電軌。

08 將電源的負極輸出端接上麵包板右側的負電軌。

你會需要一組 5V 的外接電源（步驟 7 和 8）來啟動伺服機。像 MG90S 這樣的小型伺服機在轉軸與伺服臂（連接伺服機轉軸的手臂）皆無負重的情況下，使用的電流大約為 200 mA，最多 400 mA 上下。如果伺服臂負重或強行停止轉動。如果伺服機直接從 Raspberry Pi 的 5V 腳位取得過多的電流，將使得 Pi 重開機。

Tips

許多便宜的玩具車在左右兩側都各裝有一個類伺服機來做操控。雖然外觀看起來像是伺服機，但實際上只是一個靠齒輪跟彈簧來控制轉彎角度的直流馬達。彈簧負責在馬達未作用的情況下將伺服機拉回中心點。如果沒辦法在角度上做精密控制的話，就不是真的定義上的伺服機。

在進入程式碼之前，先看看如何透過 PWM 來控制伺服機吧！這有助於你了解程式碼執行的背景。

10.2.2 如何透過 PWM 控制伺服機？

通常伺服機需要一個 50Hz 左右的 PWM 訊號（只要是在 50Hz 上下皆可接收，但在這邊一律統一為 50Hz，因為它是最常見的參考值），以及一個介於 1.0 和 2.0 毫秒之間的脈衝寬度來確定旋轉角度。脈衝寬度、工作週期與角度的關係如圖 10-4。如果覺得不太懂，沒有關係，後續實際操控伺服機並看過相關的程式碼之後，就會清楚了：

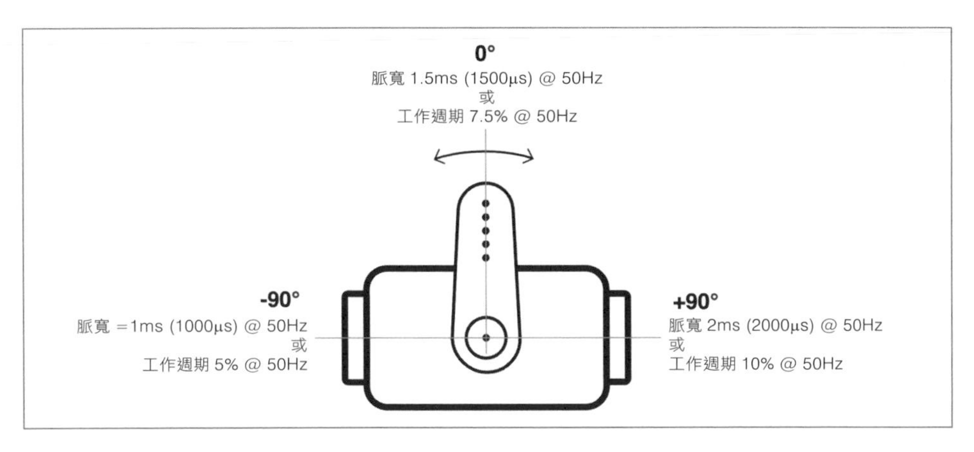

▲ 圖 10-4 伺服機脈寬、工作週期與角度之關係

還沒有談過脈衝寬度與已經討論過的 PWM 之間的關係，它其實只是解釋工作週期的另一種方式。

例如：

- 若 PWM 訊號為 50Hz（即每秒 50 個週期），則表示 1 個 PWM 週期所需的時間為 1 / 50 = 0.02 秒，或 20 毫秒。
- 因此，脈衝寬度 1.5 毫秒表示工作週期為 1.5 毫秒 / 20 毫秒 = 0.075，再乘以 100 即得 7.5%。

反推的算式如下：

- 7.5% 工作週期除以 100 得 0.075，再乘以 20 毫秒 得 1.5 毫秒 – 也就是 1.5 毫秒的脈衝寬度。

以下公式可表述脈衝寬度、頻率與工作週期之間的關係：

$$\text{工作週期\%} = \frac{\text{每秒脈衝寬度}}{\frac{1}{\text{頻率 (赫茲)}}} \times 100$$

反向公式如下：

$$每秒脈衝寬度 = \frac{工作週期\%}{100} \times \frac{1}{頻率\ (Hz)}$$

數學就講解到這邊，讓我們來看看驅動伺服機的 Python 程式碼。

10.2.3 執行並探索伺服機程式碼

接下來會使用到的程式碼為 chapter10/servo.py。建議你在實際操作之前先瀏覽一遍原始程式碼，對檔案內容作初步的了解。

在執行 chapter10/servo.py 檔案中的原始檔後，你的伺服機應會左轉再右轉，並重複數次。

先來看看 #1 處的脈衝寬度變數：

```
LEFT_PULSE = 1000 # Nano seconds # (1)
RIGHT_PULSE = 2000
CENTER_PULSE = ((LEFT_PULSE - RIGHT_PULSE) // 2) + RIGHT_PULSE # Eg 1500
```

上述為伺服機左轉或右轉到底時的脈寬。

info

請注意 LEFT_PULSE 與 RIGHT_PULSE 的數值單位為奈秒，為 PGPIO 伺服機函數使用的單位。

LEFT_PULSE = 1000 與 RIGHT_PULSE = 2000 為最常見的理想數值。實際上，你可能會需要稍微調整數值才能讓伺服機轉好轉滿。例如，我用來測試的伺服機需要 LEFT_PULSE = 600 和 RIGHT_PULSE = 2450 才會順利轉完。如果伺服機在左右轉到底轉完後仍持續作動並發出嘎吱聲，就表示你調整過頭了。這時，請立即拔掉電源以免伺服機損壞，並重新調整數值。

Tips

如果你的伺服機轉向相反－例如，設定是正轉卻反轉時－請將 LEFT_PULSE 和 RIGHT_PULSE 的數值對調，或者直接把伺服機反向配置。

#2 處定義 MOVEMENT_DELAY_SECS= 0.5，之後在伺服機動作之間加入延遲時會用到：

```
# Delay to give servo time to move
MOVEMENT_DELAY_SECS = 0.5 # (2)
```

在操控伺服機並傳送 PWM 訊號時，你會發現兩者並非同步。也就是說，在伺服機完成當前的旋轉之前，程式碼不會中斷。如果我們想要讓伺服機一氣呵成地完成許多不同的動作，必須在動作之間加入延遲，好讓伺服機有時間完成每一次轉動，之後會在討論 sweep() 函式中示範。另外，0.5 秒的延遲只是一個建議，歡迎試試看其他時間長度。

#3 處，定義三個控制伺服機的基本函數：

```
def left():                # (3)
    pi.set_servo_pulsewidth(SERVO_GPIO, LEFT_PULSE)

def center():
    pi.set_servo_pulsewidth(SERVO_GPIO, CENTER_PULSE)

def right():
    pi.set_servo_pulsewidth(SERVO_GPIO, RIGHT_PULSE)
```

left() 函數透過 PiGPIO set_servo_pulsewidth() 方法來設定伺服機 GPIO 腳位上的 PWM 脈衝寬度為 LEFT_PULSE。這是 PiGPIO 提供的一個方便控制伺服機的函式，以取代在前幾章中曾討論過的 set_PWM_dutycycle() 和 set_PWM_frequency() 方法。程式碼整體介紹完之後會再談到。

center() 和 right() 函式各自執行與 left() 一樣的動作。如果伺服機在旋轉到指定的角度後用手去轉動伺服臂，會發現伺服機在抵抗。這是因為伺服機持續（50Hz）接收到由 set_servo_pulsewidth() 制定的脈衝指令，故而抵抗任何試圖改變其設定位置的動作。

info

前面說到跟 Raspberry Pi 連接之後，伺服機最大電流為 ~400 mA。前一節為伺服機會汲取最大電流的一個例子。當伺服機持續接收脈衝寬度指令時，它會抵抗任何改變設定位置的力量，因而增加用電。這個原理與第 7 章討論過的直流馬達的堵轉電流類似。

若你將伺服機的脈衝寬度設定為 0，如 #4 處的 idle() 函式，你會發現現在也可以用手轉動伺服機了。我自己測試在怠速（或待機）狀態時，使用的電流大約是 6.5 mA：

```
def idle():                                             # (4)
    pi.set_servo_pulsewidth(SERVO_GPIO, 0)
```

截至目前為止，我們已經學會如何讓伺服機左右旋轉或是回到中心點，但該如何讓它旋轉到特定角度呢？不會太難，只需要一點數學幫忙就行了，如 #5 處的 angle() 函式所示：

```
def angle(to_angle):                                    #(5)
    # Restrict to -90..+90 degrees
    to_angle = int(min(max(to_angle, -90), 90))

    ratio = (to_angle + 90) / 180.0                     #(6)
    pulse_range = LEFT_PULSE - RIGHT_PULSE
    pulse = LEFT_PULSE - round(ratio * pulse_range)     #(7)

    pi.set_servo_pulsewidth(SERVO_GPIO, pulse)
```

angle() 函式可代入從 -90 度到 +90 度之間的任何數值（0 度為中心點），在導出 #7 處中相對應的脈衝寬度之前，會先在 #6 處計算出輸入角度相對應於伺服機 180 度之角度範圍的比例。接著將脈衝寬度訊號傳送給伺服機，使其旋轉至對應的角度。

最後是 #10 處的 **sweep()** 函式。它會讓你的伺服機做出左右掃盪的動作。

```
def sweep(count=4):                  # (10)
    for i in range(count):
        right()
        sleep(MOVEMENT_DELAY_SECS)
        left()
        sleep(MOVEMENT_DELAY_SECS)
```

因伺服機作動在性質上並非同步，會需要這個函式當中的 **sleep(MOVEMENT_DELAY_SECS)** 提供一點延遲時間，讓伺服機順利完成每一個旋轉請求。如果把兩個 **sleep()** 呼叫註解掉，你的伺服機會在左轉後便停止。這是因為當 for 迴圈遞迴時（不含 **sleep()**），每一個 **left()** 呼叫會覆蓋掉了前一個 **right()** 呼叫，而在迴圈完成時最後一個呼叫為 **left()** 所導致。

info

本節討論了如何透過 PiGPIO 控制伺服機及與伺服機相關的 PWM 函數，**set_servo_pulsewidth()**。若你對 **set_PWM_frequency()** 和 **set_PWM_dutycycle()** 函式執行的伺服機操控有興趣，請參考 chapter10 資料夾中的 servo_alt.py 檔案，其功能等同於剛剛介紹過的 servo.py 程式碼。

伺服機的範例介紹到此為止。你所學到的相關知識和範例程式碼將提供你在專案中開始使用伺服機時所需的一切。雖然我們聚焦在舵機伺服機（angular motion servos）上，但是你所學到的核心知識在反覆嘗試之後（多半會是為了找到正確的脈衝寬度）也可適用在連續旋轉伺服機上，這部分在下一節會稍微提到。

最後，簡單討論一下不同類型的伺服機來作為總結。

10.2.4 各種類型的伺服機

本章範例中使用了常見的三線、180 度的舵機伺服機。雖然這種伺服機很常見，還是有一些不同的款示，包括連續旋轉、三線以上和特殊用途的伺服機。

- 連續旋轉伺服機：同樣為 3 線，並適用 3 線舵機伺服機的 PWM 原則。不過 PWM 脈衝寬度是用來定義伺服機的旋轉方向（順時鐘 / 逆時鐘）和速度。

Tips

由於內部的控制電路和齒輪傳動，連續旋轉伺服機是代替直流馬達和 H 橋控制器（將於下一節討論）的低速高扭力方案。

- 4 線伺服機：除了一組三線配線之外，還有第四條線。這第四條線為伺服機用來偵測角度的類比輸出線，幫助你在程式開始前取得伺服機的靜止角度。

Tips

伺服機透過內建的電位計追縱位置，而第四條配線正是接在該電位計上。

- 特殊用途或重型工業用伺服機：這類的伺服機有著不同的佈線方式以及使用要求－例如，它們可能不會有內建的電路用來解讀 PWM 訊號，而是需要使用者自己建立一個。

本節學會了業餘伺服機如何運作，以及如何在 Python 上透過 PWM 來設定旋轉角度。下一節將深入了解直流馬達，以及如何透過常見的 H 橋 IC 來控制它。

10.3 如何用 H 橋 IC 控制馬達

我們在第 7 章學會了如何透過電晶體來開關直流馬達，以及透過 PWM 控制馬達的速度。單一電晶體電路其中一項限制就是馬達只能朝單一方向旋轉。本節將學習如何透過 H 橋電路讓馬達能夠正轉與反轉。

Tips

之所以稱為 H 橋，是因為其基本的電路圖看起來就像英文字母 H（由四個單獨的電晶體組成）。

如果在拍賣網站上搜尋 H 橋模組，會找到很多與本節範例相同的現成模組。在此我會教你如何在麵包板上複製一個模組，一旦你的仿製品可以正常運作，也了解其工作原理之後，便更能容易理解這些現成模組的構造了。

有幾個不同的方法可以建立一個驅動馬達的 H 橋：

- 直接用現成的模組（模組和 IC 也可能被稱作為馬達驅動器或馬達控制器）。這是最快的方法。
- 用個別元件建立 H 橋電路，像是四個電晶體，幾個二極體，和一些電阻以及一些用來連接元件的配線。這是最難的做法。
- 用 IC 建立（已內建所有必要的元件）。

Tips

上一節用過的伺服機也是由一個直流馬達搭配 H 橋電路所組成的，馬達正轉反轉就會讓伺服機左右擺動。

上述三個選項中，我們將選擇最後一個，利用 L293D，一種常見又便宜的 H 橋 IC 來打造馬達控制器電路。

以下為 L293D 的基本規格，節錄自規格表：

- 600 mA 之連續電流，高峰 / 脈衝為 1.2A。別忘了我們在第 7 章討論過馬達與電流的使用。
- 可控制電壓在 4.5V - 36V 之間的馬達。
- 內建返馳式二極體，不用再另外加裝。這也是為什麼 L293D 的型號上有一個 D。若需要複習返馳式二極體，請同樣回顧第 7 章。
- 包含兩個通道，以便同時驅動兩個直流馬達。

Tips

如果你打算為專案購買一個不同的馬達驅動器 IC（例如需要更大的電流），請記得先檢查規格表，看看它是否內建返馳式二極體，不然之後你就得自行加裝了。

好了，讓我們來建立控制馬達的電路吧！

10.3.1 建立馬達驅動電路

本節將教大家如何建立一個控制兩個直流馬達的 H 橋電路，如下圖。雖然看起來有點複雜，但要做的事情只有連接 L293D IC 的接腳、Raspberry Pi、電源和馬達。

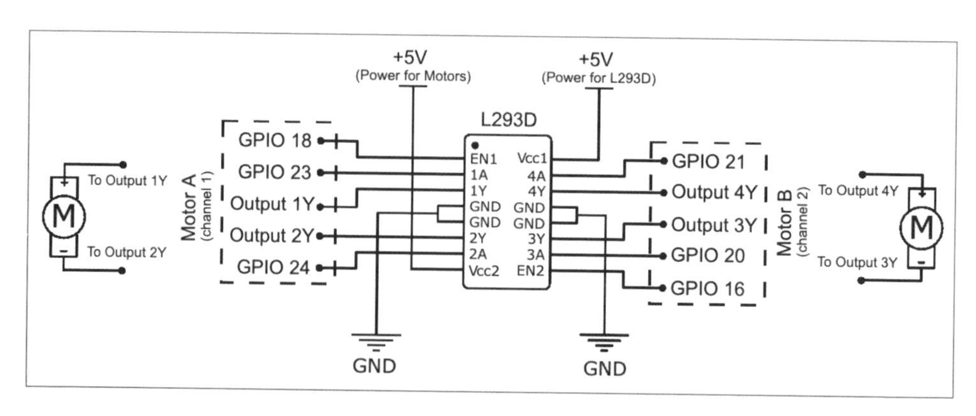

▲ 圖 10-5 L293D 與馬達示意圖

由於此電路圖包含許多不同的連線，我們將於麵包板上分成三個部分來製作。

Tips

在此會直接使用一個 IC 來製作電路。許多 IC（包括 L293D）都對靜電放電（ESD）相當敏感，若暴露在靜電中容易造成損毀。一般來說，會建議你避免徒手誤觸 IC 的腳位，以防身上的靜電無意間放電到 IC 上。

開始著手第一個部分吧！路線圖如下：

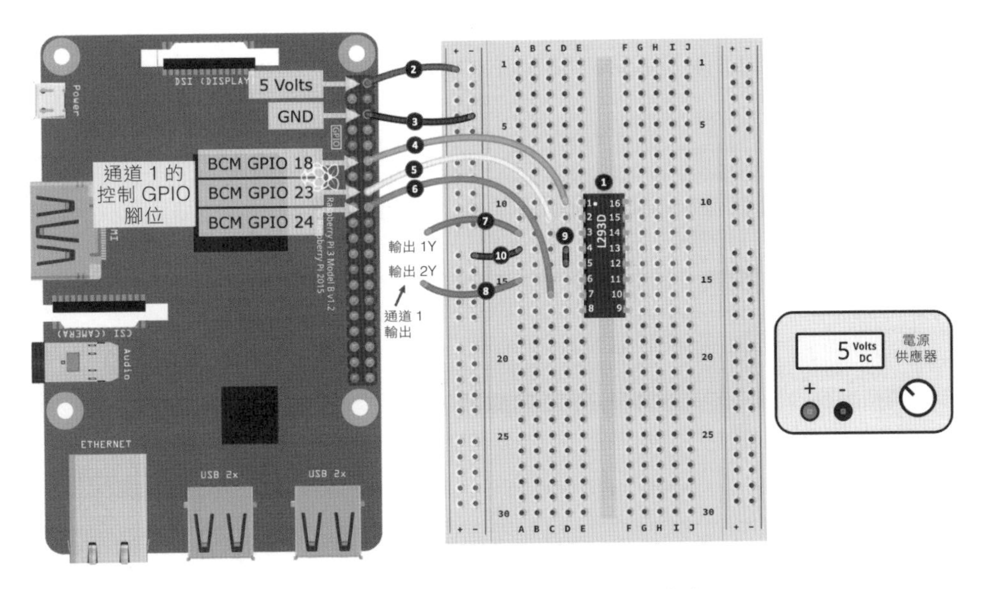

▲ 圖 10-6 L293D 的麵包板配置，進度 1/3

請根據以下步驟操作，步驟編號對應於圖 10-6 中的黑色圓圈號碼。

01 首先，將 L293D IC 接上麵包板，請確保腳位 1 朝上。IC 的腳位 1 旁邊通常會有一個小小的圓形凹痕或黑點作為記號。為了圖示清楚，這邊我們是用白點標記，但通常它會跟 IC 板的外殼顏色相同。若你的 IC 板上沒有小點，它的其中一端會有一個小凹槽，腳位 1 為凹槽朝上時左上角的第一個腳位。

02 將 Raspberry Pi 的 5V 腳位接到左側的正電軌。

03 將 Raspberry Pi 的 GND 腳位接到左側的負電軌。

04 將 GPIO 18 接到 L293D 的腳位 1。

05 將 GPIO 23 接到 L293D 的腳位 2。

06 將 GPIO 24 接到 L293D 的腳位 7。

07 將跳線的一端接在 L293D 的腳位 3 上。跳線的另一端（圖示標為輸出端 1Y）先擱置備用。

08 將另一條跳線的一端接在 L293D 的腳位 6 上。另一段（圖示標為輸出端 2Y）先擱置備用。

09 用另一條跳線連接 L293D 的腳位 4 和腳位 5。

10 最後，將 L293D 的腳位 4 和腳位 5 接到左側的負電軌。

上述步驟為 L239D 通道 1 之佈線。別忘了，L293D 有兩個輸出通道，在本節中代表我們可以控制兩個直流馬達。

回頭看看圖 10-6，你會發現配線（於步驟 7 和 8）包含了通道 1 的輸出通道，之後我們會將馬達接上這些配線。此外，從電路圖你也可以看到 GPIO 18、23 和 24 皆被標註為 Channel 1 Control GPIOs。之後在討論電路相關的程式碼時，會談到這些 GPIO 要如何控制接在通道 1 的那些更大型馬達。

接下來的部分主要是針對 L293D 的通道 2 的佈線。步驟其實跟剛才的佈線差不多：

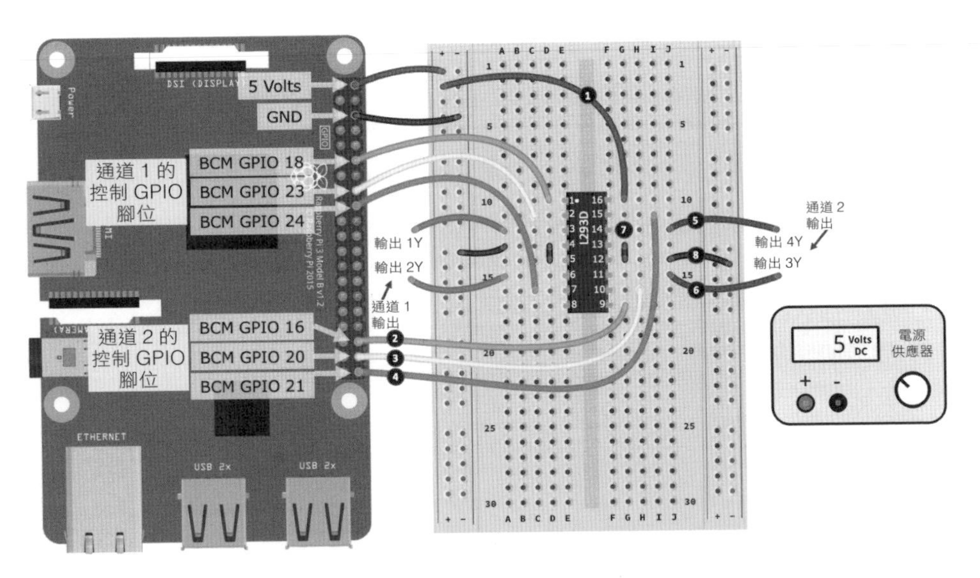

▲ 圖 10-7 L293D 的麵包板配置，進度 2/3

以下為麵包板第二部分之步驟。步驟編號對應於圖 10-7 中的黑色圓圈號碼：

01 將 L293D 的腳位 16 接到左側的正電軌。這股連接到腳位 16 的 5V 將為 IC 的內部迴路提供動力 ¬ －它不是通道輸出端（也就是馬達）的動力來源。我們會在第三部分中為 IC 接上外部電源，以提供通道上的馬達動力。

02 將 GPIO 16 接到 L293D 的腳位 9。

03 將 GPIO 20 接到 L293D 的腳位 10。

04 將 GPIO 21 接到 L293D 的腳位 15。

05 將跳線的一端接到 L293D 的腳位 14，另一端（圖示標為輸出端 4Y）先擱置備用。

06 將另一條跳線接到 L293D 的腳位 11，另一端（圖示標為輸出端 3Y）先擱置備用。

07 用另一條跳線接到 L293D 的腳位 12 和 13。

08 最後，將 L293D 的腳位 12 與 13 接到右側的負電軌。

現在，通道 2 輸出端的配線也準備好了，最後的第三部分便要來接上外部電源：

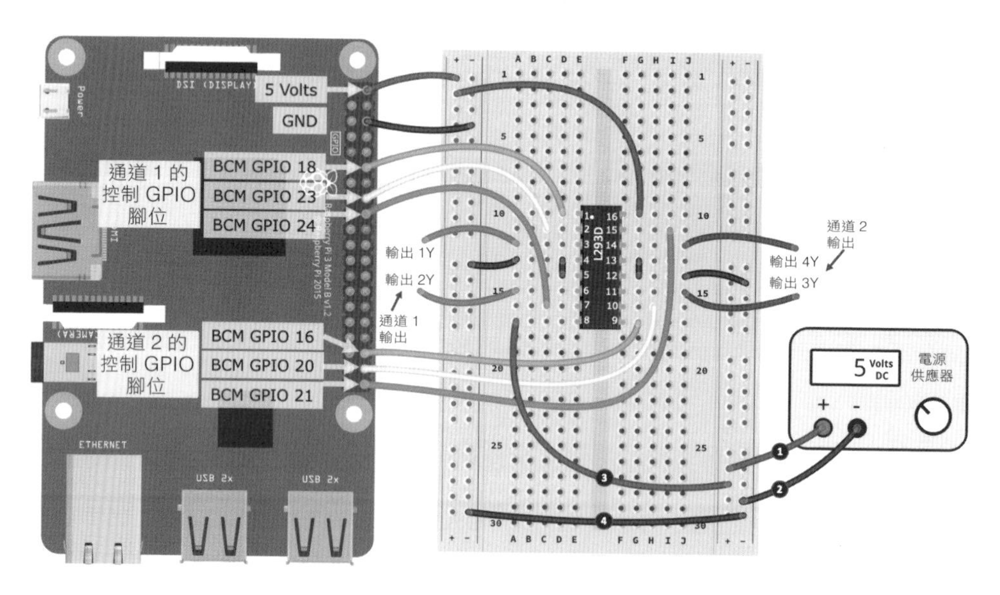

▲ 圖 10-8 L293D 的麵包板配置，進度 3/3

以下為麵包板第三部分之步驟。步驟編號對應於圖 10-8 中的黑色圓圈號碼：

01 將電源的正極輸出端接到右側的正電軌。

02 將電源的負極輸出端接到右側的負電軌。

03 將 L293D 的腳位 8 接到右側的正電軌。L293D 的腳位 8 將為輸出通道提供輸入功率。

04 最後，用一組跳線兩側的負電軌。

麵包板的配置大功告成囉！不過，還有最後一項任務：請根據以下電路圖將馬達分別接上輸出通道：

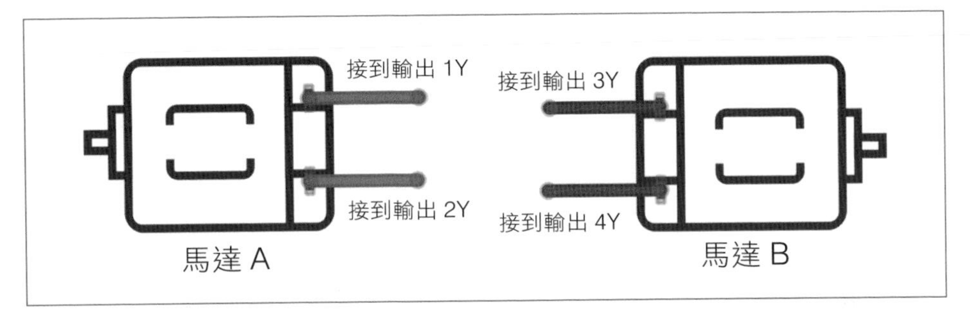

▲ 圖 10-9 L293D 馬達接線

做的好！佈線超多的，對吧？現在你手中的麵包板一定不像圖示那麼地乾淨整齊。請花點時間再次確認電路接線都沒問題，以免電路因錯誤接線而無法正常運作。

在電路第三部分的步驟 3，我們在 L293D 的腳位 8 上接了一組 5V 的外部電源。這組電源將驅動兩個輸出通道，也就是馬達。若你想要使用不同於 5V 的馬達，你可以自行將此供電電壓根據你的需求作更換，但請確保供給 L293D 的電源電壓介於 4.5 至 36V 之間。另外，提醒你（在本節的開頭也有提到），馬達在全開的狀態下所使用的連續電流不可超過 600 mA，高峰不可超過 1.2 A（例如在使用 PWM 之時，之後會再透過程式討論）。

Tips

有時 L293D 在規格表上會被稱作四路半 H 驅動晶片。驅動器類型的 IC 在規格表上會有各式各樣的寫法。重點是，為使馬達可以自由地正反轉，我們需要一個完整的 H 橋 IC，因此，以 L293D 為例，Quad 的意思是 4，而 half 表示 0.5，4 x 0.5 ＝ 2 －也就是兩個完整的 H 橋，故可控制兩個馬達。

建立好麵包板電路並接上馬達後，就要來看看範例程式碼並了解工作原理了。

10.3.2 執行控制馬達的 H 橋程式碼

現在，H 橋驅動電路已經完成，馬達也接好了，來執行讓馬達運作的程式碼吧！

本節會用到兩個檔案，分別為 chapter10/motor_class.py 與 chapter10/motor.py。執行 chapter10/motor.py 中的程式碼可啟動馬達，並改變速度與方向。

Tips

可以在馬達轉軸上貼上膠帶，方便辨識馬達的狀態與旋轉方向。

透過這個範例程式碼確認電路沒問題之後，就要來進一步探討程式碼了。因為 L293D 可以驅動兩個馬達，通用程式碼被抽取為 motor_class.py，並且透過 motor.py 導入，用於驅動兩個各別的馬達。

先來看看 motor.py。

◉ motor.py

於 #1 處，定義數個描述 L293D 與 Raspberry Pi 的 GPIO 腳位接線的變數前，我們要先導入 PiGPIO 以及由 motor_class.py 檔案定義的 Motor 等級：

```
import pigpio                      # (1)
from time import sleep
from motor_class import Motor

# Motor A
CHANNEL_1_ENABLE_GPIO = 18         # (2)
INPUT_1Y_GPIO = 23
INPUT_2Y_GPIO = 24

# Motor B
CHANNEL_2_ENABLE_GPIO = 16         # (3)
INPUT_3Y_GPIO = 20
INPUT_4Y_GPIO = 21
```

請回頭看看圖 10-3 和圖 10-4，若先看馬達 A（通道 1）這邊的電路，會發現在 #2 處中，邏輯腳位是與 GPIO 23 和 24 接在一起：`INPUT_1Y_GPIO = 23` 以及 `INPUT_2Y_GPIO = 24`。這些邏輯腳位（還有之後會談到的啟動腳位）是用來設定馬達的狀態與旋轉方向。狀態的真值表如下：

表格內容取自 L293D 的規格表，並配合本章的程式碼和電路加以整理及補充。

行	啟動 GPIO	邏輯 1 GPIO	邏輯 2 GPIO	馬達功能
1	`HIGH` 或 > 0% duty cycle	Low	High	右轉
2	`HIGH` 或 > 0% duty cycle	High	Low	左轉
3	`HIGH` 或 > 0% duty cycle	Low	Low	煞車停止
4	`HIGH` 或 > 0% duty cycle	High	High	煞車停止
5	`LOW` 或 0% duty cycle	N/A	N/A	靜止（緩停）

L293D 有兩個啟動腳位：一個控制各個通道（也就是各個馬達－例如，在前述程式碼在 #3 處中的 `CHANNEL_1_ENABLE_GPIO = 18`）。啟動腳位就像是各個通道的主開關。當啟動腳位設定為高電位時，就會開啟相關通道，進而為馬達提供電力。換句話說，我們也可以透過用 PWM 脈衝啟動腳位來控制馬達的速度。之後在探索 `motor_class.py` 檔案的時候，會看到與邏輯和啟動腳位相關的程式碼。

接下來，我們會建立一個 `pigpio.pi()` 實例，如 #4 處所示。接著，會建立兩個 `Motor` 實例來代表這兩個馬達。

```
pi = pigpio.pi()                                              # (4)
motor_A = Motor(pi, CHANNEL_1_ENABLE_GPIO, INPUT_1Y_GPIO, INPUT_2Y_GPIO)
motor_B = Motor(pi, CHANNEL_2_ENABLE_GPIO, INPUT_3Y_GPIO, INPUT_4Y_GPIO)
```

建立 motor_A 與 motor_B 類別之後，就會運用這兩個類別來控制馬達，如以下 #5 開始的程式碼，也就是上一段執行程式時所看到的內容：

```
print("Motor A and B Speed 50, Right")
motor_A.set_speed(50)                                         # (5)
motor_A.right()
motor_B.set_speed(50)
motor_B.right()
sleep(2)

#... 省略 ...

print("Motor A Classic Brake, Motor B PWM Brake")
motor_A.brake()                                               # (6)
motor_B.brake_pwm(brake_speed=100, delay_millisecs=50)
sleep(2)
```

請留意 #6 處中的剎車，並觀察馬達的動作。其中一顆馬達的剎車是否比另一顆靈敏？下一段在講到兩個剎車功能時，會進一步探討這個現象。

接著看 motor_class.py 的部分，整合 Raspberry Pi 和 L293D 的程式碼就在這裡。

◉ motor_class.py

先來看看 Motor 類別的定義與其建構函式：

```
class Motor:

    def __init__(self, pi, enable_gpio, logic_1_gpio, logic_2_gpio):

        self.pi = pi
        self.enable_gpio = enable_gpio
        self.logic_1_gpio = logic_1_gpio
        self.logic_2_gpio = logic_2_gpio
```

```
pi.set_PWM_range(self.enable_gpio, 100) # speed is 0..100  # (1)
# Set default state - motor not spinning and
# set for right direction.
self.set_speed(0) # Motor off                               # (2)
self.right()
```

#1 處定義了啟動腳位的 PiGPIO 的 PWM 工作週期範圍為 `0..100`。這也定義了接著會討論到的 `set_speed()` 函式可使用的最大值（也就是 100）。

範圍 `0..100` 表示 PWM 共有 101 個離散的整數步階，剛好可對應從 0% 到 100% 的工作週期。指定的數字愈高並非工作週期更高（換言之，馬達速度不會變快）；它只是改變了步階的細緻度－如果 PWM 的預設範圍為 `0..255`，則代表共有 256 個離散的步階，而 255 就等於 100% 的工作週期。

Tips

請注意，接下來只會討論 L293D IC 上的其中一個通道（即其中一個馬達）。另一個通道可以比照辦理－差別只在於 GPIO 腳位和 IC 的腳位而已。

如以上程式碼的 #2 處，在將馬達的初始狀態設定為停止（即速度為 0），且旋轉方向的預設正確後，便結束函式的建構：

接下來，會碰到幾個讓馬達旋轉的函式。根據前述表格中的第 1 與第 2 行，程式碼 #3 和 #4 處中的 `right()` 和 `left()` 方法會改變 L293D 邏輯腳位的高低狀態：

```
def right(self, speed=None):                    # (3)
    if speed is not None:
        self.set_speed(speed)

    self.pi.write(self.logic_1_gpio, pigpio.LOW)
    self.pi.write(self.logic_2_gpio, pigpio.HIGH)

def left(self, speed=None):                     # (4)
    if speed is not None:
```

```
        self.set_speed(speed)

    self.pi.write(self.logic_1_gpio, pigpio.HIGH)
    self.pi.write(self.logic_2_gpio, pigpio.LOW)
```

透過查詢邏輯腳位的電流狀態，可得知馬達是設定為右轉還是左轉，如 #5 處的 `is_right()` 所示。請留意被詢問的 GPIO 在 `is_right()` 中的狀態符合 `right()` 的設定：

```
def is_right(self):                                    # (5)
    return not self.pi.read(self.logic_1_gpio)         # LOW
        and self.pi.read(self.logic_2_gpio)            # HIGH
```

以下 #6 處中可看到 `set_PWM_dutycycle()` 在 `set_speed()` 方法中的作用，我們可以對 L293D 的致能腳位發送脈衝來設定馬達轉速。第 7 章已示範過如何對電晶體發送脈衝來設定馬達轉速，其基本原理也一樣適用於這裡的致能腳位。

```
def set_speed(self, speed):                            # (6)
    assert 0<=speed<=100
    self.pi.set_PWM_dutycycle(self.enable_gpio, speed)
```

將速度設定為 `0` 即可停止馬達，因為這會直接切斷馬達的動力（0% 工作週期 = 腳位低電位）。

接下來，在 #7 與 #8 處可以看到兩個方法，`brake()` 和 `brake_pwm()`，可用來快速地停止馬達。剎車和直接切斷動力（也就是 `set_speed(0)`）這兩種停止馬達的方法其不同之處在於，`set_speed(0)` 會讓馬達逐漸放慢速度－也就是前述表格中第 5 行的狀態：

```
def brake(self):                    # (7)
    was_right = self.is_right() # To restore direction after braking
    self.set_speed(100)
    self.pi.write(self.logic_1_gpio, pigpio.LOW)
    self.pi.write(self.logic_2_gpio, pigpio.LOW)
```

```
    self.set_speed(0)

    if was_right:
        self.right()
    else:
        self.left()
```

執行前一段的程式碼並操作了兩個剎車方式之後，我想你會發現 brake() 應該不太靈光（如果還有任何反應的話），而 brake_pwm() 函式卻沒問題：

```
def brake_pwm(self, brake_speed=100, delay_millisecs=50): # (8)
    was_right = None # To restore direction after braking
    if self.is_right():
        self.left(brake_speed)
        was_right = True

    else:
        self.right(brake_speed)
        was_right = False
    sleep(delay_millisecs / 1000)
    self.set_speed(0)
    if was_right:
        self.right()
    else:
        self.left()
```

來看看為什麼我們定義了兩個不同的剎車方法，且為何其中一個運作得比另一個好。

brake() 函式的執行為典型的剎車方式，兩個邏輯 GPIO 腳位會同時設定為高或低電位，如前述表格的第 3 或 4 行所述。不過，風險是這個邏輯的效能會根據你使用的 IC（內部構造可能不同）、使用的馬達型號、電壓與電流而產生差異。我們的範例使用的是小型馬達（轉軸無負重），電壓與電流都較低，用的是 L293D IC，這些因素加總起來的結果就是典型的剎車制動方式不太管用。

info

之所以會用 L293D IC 是因為它常見、通用性高又便宜。它已經在市面上流通很多年，也可以為各種不同的應用找到基於此 IC 的範例電路和程式碼。然而，它的確不是效率最高的 IC，也是在某些情況下導致典型的剎車制動不管用的原因之一。

`break_pwm(reverse_speed, delay_secs)` 藉由針對馬達施加一股微弱的反向電壓，以提供一個不同但更可靠的辦法來制動剎車。你也可以透過 `brake_speed` 和 `delay_millisecs` 參數以根據實際需求來調節剎車－速度和延遲不夠的話，剎車就不會作動，反之太高的話馬達便會反轉。

Tips

你是否有注意到馬達速度設定為全開時（也就是 `set_speed(100)`），其實會比直接接上 5V 電源跑得要慢？這是因為 L293D 會固定耗掉最多 2V 的電力。即使 Vcc1（馬達動力來源）直接接上 5V 的電源，馬達也無法用滿 5V（多數情況是最多用到 3V）。如果你用的是變頻電源（也就是不光是個 3.3V 或 5V 的麵包板），你可以將輸入到 Vcc1 的電壓調高到 7V。如此一來你的馬達就可以得到 5V 左右的電壓（你可以用三用電表來驗證此事）。

恭喜！你已經學會了如何操控伺服機，並掌握了直流馬達的速度與剎車方向之控制。本章學到的電路、程式碼及其他技巧都可應用在其他需要運動和角度移動的專案中－例如機械車或手臂。你甚至可以利用這些技巧改裝一些配有馬達的玩具和機構，將它們改造成可以透過 Raspberry Pi 控制。

若你想進一步加深知識，建議可以自行試著用電晶體、電阻器和二極體等零元件來打造 H 橋電路。雖然有許多不同的建構方法，但本章介紹的概念與元件以及第 7 章提到的電晶體都是核心基礎。

做的好！在本節討論了很多關於如何使用 L293D H 橋 IC 來控制直流馬達旋轉、改變方向與剎車的方法，下一節要介紹 L293D 的另一種用法，以及如何用它來操控步進馬達。

10.4 簡介步進馬達之控制

就精確度跟扭力而言，步進馬達是一種很特別的馬達。步進馬達可以跟直流馬達一樣，連續於兩個方向旋轉，同時又可以跟伺服機一樣被精準地操控。

下圖為 28BYJ-48 步進馬達與用來連接麵包板的排針：

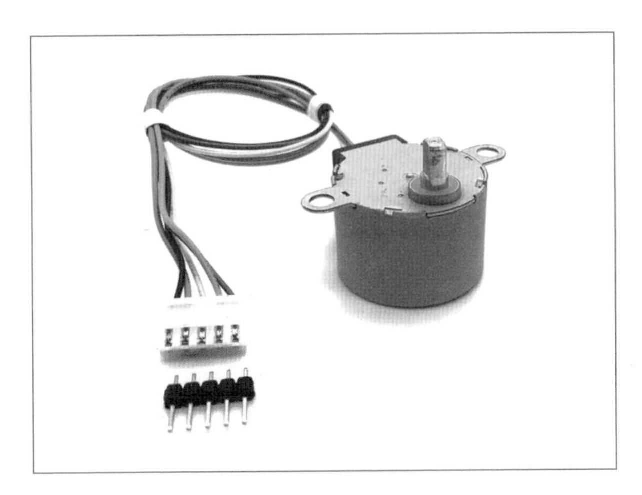

▲ 圖 10-10 28BYJ-48 步進馬達

步進馬達的理論與實作很容易變得複雜！姑且不論各種不同的款示與種類，還需要考慮步進角度和齒輪轉動等多項變數，更別提各種不同的佈線配置和控制了。我們不可能將所有參數都看過，也無法深入討論步進馬達工作的原理。

我們能做的就是介紹一款常見又立即可用的步進馬達，28BYJ-48 與實作。一旦瞭解了 28BYJ-48 的運作原理之後，你便具備了進一步拓展相關知識的基本條件了。

Tips

頭一次操控步進馬達容易覺得一頭霧水又難對付。不像直流馬達和伺服機，你必須充分理解步進馬達在機械以及程式碼層面的運作才能夠操控自如。

本範例所用之 28BYJ-48 步進馬達基本規格如下：

- 5V。（請務必確認，因 28BYJ-48 另有 12V 的款式）
- 步進角度 64，傳動比 1:64，故每旋轉 360 度可走 64 x 64 = 4,096 步。

透過步進角度、傳動比和順序，便可計算出步進馬達旋轉 360 度時所需的邏輯步數：64 x 64/8 = 512 步。

接下來要把步進馬達接上 Raspberry Pi。

10.4.1 連接步進馬達與 L293D 電路

再次使用圖 10-8 的 L293D 電路來連接步進馬達與 Raspberry Pi，步驟如下：

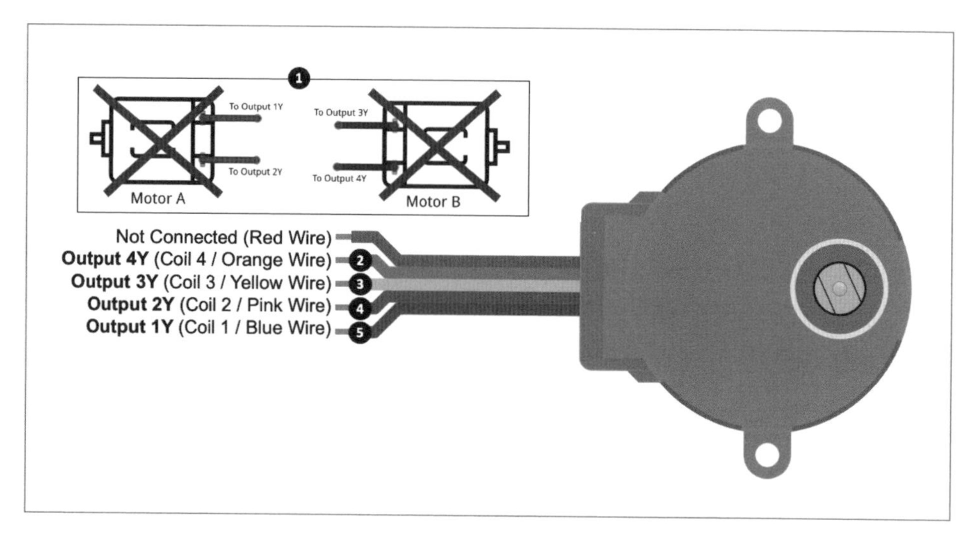

▲ 圖 10-11 28BYJ-48 步進馬達之接線

以下步驟編號對應於圖 10-11 中的黑色圓圈號碼。提醒你，我們是從先前建立馬達驅動器電路中的已完成電路開始，如圖 10-8 所示：

Tips

步驟 2 到 5 為在麵包板電路上連接步進馬達。建議你用一些排針（如圖 10-10）連接步進馬達在麵包板的空位上，再依步驟中的提示將 L293D 的輸出線接到對應的彩色配線。

01 將兩個直流馬達自現有電路拔除。

02 將步進馬達的橘色線接到圖 10-8 中標為 Output 4Y 之配線。

03 將步進馬達的黃色線接到圖 10-8 中標為 Output 3Y 之配線。

04 將步進馬達的粉紅色線接到圖 10-8 中標為 Output 2Y 之配線。

05 將步進馬達的藍色線接到圖 10-8 中標為 Output 1Y 之配線。

範例中使用 L293D H 橋來使步進馬達以雙極的方式運作。之後在操作步進馬達的時候，會聽到所謂的雙極與單極。這些專有名詞與接線方式有關，也會影響到控制方式。關於雙極與單極步進馬達之間的差異說明起來會有些複雜，在這個學習階段，可以先暫時以此作區別：

- 雙極步進馬達需要一組可以反轉電流方向的驅動電路。
- 單極步進馬達不需要一組可以反轉電流方向的驅動電路。

在雙極佈線的範例當中使用了 H 橋電路，因為它可以反轉流向線圈的電流（也是前一節中讓直流馬達方向對調的方法）。

Tips

ULN2003 IC 是一個低成本的達靈頓電晶體陣列（內建返馳式二極體），你也可以利用它讓步進馬達變成單極。設定上，請將紅色線接上 +5V，因為 ULN2003 無法反轉電流。

接好步進馬達後，來看看程式碼控制的部分。

10.4.2 執行與探索步進馬達的程式碼

本章範例程式碼為 chapter10/stepper.py，建議你在執行之前先瀏覽過一遍，對檔案中的內容有些概念。

執行 chapter10/stepper.py 之後，你的步進馬達會先朝一個方向旋轉 360 度之後再反轉一圈。

Tips

在步進馬達的轉軸上貼上膠帶，方便辨識馬達的狀態與旋轉方向。

原始檔案開頭處定義了所有的 GPIO 變數，包含在 #1 處的啟動腳位，以及從 #2 處開始與馬達線圈配線相關的變數。你必須確保這些配線的標示和順序正確，因為線圈配線的順序很重要！

```
CHANNEL_1_ENABLE_GPIO = 18                          # (1)
CHANNEL_2_ENABLE_GPIO = 16

INPUT_1A_GPIO = 23 # Blue Coil 1 Connected to 1Y    # (2)
INPUT_2A_GPIO = 24 # Pink Coil 2 Connected to 2Y
INPUT_3A_GPIO = 20 # Yellow Coil 3 Connected to 3Y
INPUT_4A_GPIO = 21 # Orange Coil 4 Connected to 4Y

STEP_DELAY_SECS = 0.002                             # (3)
```

之後會再討論 #3 處中的 STEP_DELAY_SECS，這是用來於線圈步伐間加入延遲。延遲太多的話將導致步進馬達的轉軸速度變慢，但是，太短的話轉軸可能根本不會動或是轉得不順。請根據需求嘗試各種不同的數值。

接下來，從 #4 處開始將線圈的 GPIO 組合成清單（陣列），並於 #5 處將這些的 GPIO 預設為輸出端。因為之後在使用 rotate() 函式時會遞迴這些

GPIO 腳位，所以先在清單中依序排好。#6 處的 `off()` 函式為用來停止所有線圈：

```
coil_gpios = [                               # (4)
    INPUT_1A_GPIO,
    INPUT_2A_GPIO,
    INPUT_3A_GPIO,
    INPUT_4A_GPIO
]

# 把所有線圈 GPIO 腳位都設為輸出
for gpio in coil_gpios:                      # (5)
    pi.set_mode(gpio, pigpio.OUTPUT)

def off():
    for gpio in coil_gpios:                  # (6)
        pi.write(gpio, pigpio.LOW) # Coil off

off() # 步進馬達預設為停止
```

#7 處將兩個 GPIO 啟動腳位設定為 HIGH，因為這邊重複利用了之前直流馬達範例中的電路。另一個不透過程式碼的控制方式為，將 L293D 的 EN1 與 EN2 腳位直接接上 +5V（等於是手動設定為 HIGH）：

```
# 致能（啟動）各通道，永遠為高電位
pi.set_mode(CHANNEL_1_ENABLE_GPIO, pigpio.OUTPUT)  # (7)
pi.write(CHANNEL_1_ENABLE_GPIO, pigpio.HIGH)
pi.set_mode(CHANNEL_2_ENABLE_GPIO, pigpio.OUTPUT)
pi.write(CHANNEL_2_ENABLE_GPIO, pigpio.HIGH)
```

從 #8 處開始，我們要在一個多維（2 x 2）陣列中定義兩個步進序列，分別為 `COIL_HALF_SEQUENCE` 和 `COIL_FULL_SEQUENCE`，這也是控制步進馬達的程式碼明顯比直流馬達與伺服機複雜許多的地方。

步進序列將定義該如何啟動（激發）或關閉（去能）馬達中的各個線圈，好讓其向前邁進。序列中的每一排包含四個元件，各自代表一個線圈：

```
COIL_HALF_SEQUENCE = [    # (8)
    [0, 1, 1, 1],
    [0, 0, 1, 1],  # (a)
    [1, 0, 1, 1],
    [1, 0, 0, 1],  # (b)
    [1, 1, 0, 1],
    [1, 1, 0, 0],  # (c)
    [1, 1, 1, 0],
    [0, 1, 1, 0] ] # (d)

COIL_FULL_SEQUENCE = [
    [0, 0, 1, 1],  # (a)
    [1, 0, 0, 1],  # (b)
    [1, 1, 0, 0],  # (c)
    [0, 1, 1, 0] ] # (d)
```

包含八個步伐的序列又被稱為半步進序列，而全步進序列共有四列，為半步進序列中的一個子集合（對應前述程式碼中的 (a)、(b)、(c) 和 (d) 行）。

半步進的解析度更高（可以細分到 4096 步才轉動一圈），而全步進的解析度雖然只有一半，速度卻是半步進的兩倍。

步進馬達的序列多半會寫在規格表中，但並非絕對－就如同在技術要求中 28BYJ-48 規格表所示－所以有時候需要做一些調查。

Tips

如果你的步進馬達發出聲音和震動卻沒在轉動，表示步進序列和線圈順序對應錯誤。如果只是隨便接就期待它成功的話，很容易發生這種情況。為避免試錯，請花一點時間了解你的步進馬達的類型與接線（單極還是雙極？），並釐清線圈編號和適當的線圈步進序列。參照步進馬達的規格表是最好的開始。

接下來在 #9 處定義總體變數，sequence = COIL_HALF_SEQUENCE，以使用半步進序列來驅動馬達。若要用全步進，則可以變更為 sequence = COIL_full_sequence。其餘程式碼則保留不變：

```
sequence = COIL_HALF_SEQUENCE     # (9)
#sequence = COIL_FULL_SEQUENCE
```

#10 處中的 rotate(steps) 方法可以說是施展所有魔法的地方。檢視並了解此方法的功用是理解控制步進馬達的關鍵。steps 參數可以是正數，也可以是負數，好讓馬達調轉旋轉方向：

```
# rotate() 是用於追蹤序列的各列
sequence_row = 0

def rotate(steps):                # (10)
    global sequence_row
    direction = +1
    if steps < 0:
        direction = -1
```

rotate() 函式的核心在兩個 for 迴圈中間，從 #11 處開始：

```
# 繼續旋轉（步進）

    for step in range(abs(steps)):                    # (11)
        coil_states = sequence[sequence_row]          # (12)
        for i in range(len(sequence[sequence_row])):
            gpio = coil_gpios[i]                      # (13)
            state = sequence[sequence_row][i]         # (14)
            pi.write(gpio, state)                     # (15)
            sleep(STEP_DELAY_SECS)
```

進入 for 迴圈時，會在 #12 處得到下一個線圈狀態的形式，sequence[sequence_row]（例如 [0, 1, 1, 1]），接著進入 #13 處並得到相對應的線圈 GPIO，並於 #14 處得知 HIGH/LOW 狀態。#15 處，透過 pi.write() 設定線圈的 HIGH/LOW 狀態，讓馬達步進後有短暫延遲。

接下來，#16 處的 sequence_row 變數根據旋轉方向進行更新（也就是看 steps 參數是正數還是負數）：

```
# 繼續旋轉（步進）...

      sequence_row += direction               # (16)
      if sequence_row < 0:
          sequence_row = len(sequence) - 1
      elif sequence_row >= len(sequence):
          sequence_row = 0
```

在此程式碼區塊的結尾，若還有更多步要完成的話，程式碼便會回到 #11 處進行下一個 for steps in ... 遞迴。

最後，#17 處為驅動步進馬達轉動的程式碼，請記得，若你把 #9 處換成 sequence = COIL_FULL_SEQUENCE 的話，步數應調整成 2048：

```
If___name___== '__main__':
    try:                                      #(17)
        steps = 4096 # 半步進序列的步數
        print("{} steps for full 360 degree rotation.".format(steps))
        rotate(steps) # 正向轉動
        rotate(-steps) # 反向轉動

    finally:
        off() # 關閉步進馬達線圈
        pi.stop() # PiGPIO 釋放
```

恭喜你完成了控制步進馬達的速成班！

我明白你可能對步進馬達還不太熟，有很多需要多方面思考的東西，又有很多概念和名詞在本書中沒辦法介紹的很詳盡。步進馬達需要花一點時間來理解，不過，一旦你掌握了操控的基本流程，就能更容易進一步理解更廣泛的概念。

Tips

網路上有很多關於步進馬達的教學跟範例，很多範例的目的只是讓馬達正常運作，卻因為其複雜度而不會清楚地解釋工作原理。當你在閱讀步進馬達和探索範例程式碼時，請記得步進的定義可能會根據使用方式而不同，這也是為什麼同一顆步進馬達在兩個不同的範例中引用的步數可能差異極大。

10.5 總結

在本章，你學到了如何透過 Raspberry Pi 來控制三種常見的馬達做出複雜的動作－伺服機馬達的角度移動，搭配 H 橋的直流馬達的方向運動與速度控制，以及步進馬達的精確動作。若你覺得自己已經掌握了這三種馬達的基礎概念，請好好地犒賞自己，這是個很了不起的成果！雖然馬達的原理簡單，而它的運作在日常家電或玩具中也被視為理所當然，但就像你在本章中學到的，馬達運作的背後其實有許多不為人知的事情在發生。

你在本章學習到的知識，包括示範電路和程式碼將成為日後需要移動或運動之應用時所需的基礎。寫一個程式來控制機械車或機械手臂是一個好玩又簡單的專案－你可以在拍賣網站上找到機械車或機械手臂的 DIY 套組。

下一章要介紹透過 Raspberry Pi、Python 和多種電子元件來測量距離與偵測動作的方法。

10.6 問題

在結束本章之前，歡迎挑戰以下問題來驗證你在本章所學到的知識。在本書後面的「附錄」中可找到評量解答。

1. 你的伺服機沒有完全左轉或右轉，原因為何？該如何解決？
2. 伺服機在右轉或左轉到底後發出嘎吱聲，為什麼？
3. 在控制直流馬達時，H 橋優於單一電晶體的地方為何？
4. 使用 L293D H 橋 IC 時，依照規格表中的指示卻無法讓馬達成功剎車，為什麼？
5. 為何使用 L293D 連接 H 橋與 5V 馬達時，轉速會比直接將馬達接上 5V 電源時來的慢？
6. 你的步進馬達無法正常運作，一直抖動卻不旋轉。問題出在哪裡？
7. 可以直接透過四個 Raspberry Pi 的 GPIO 腳位來驅動步進馬達嗎？

Chapter 11

測量距離與動作偵測

歡迎來到以核心電子元件為基礎的最後一章。我們在上一章學到了如何以複雜的方式控制三種不同形式的馬達。本章要將注意力轉移到如何利用 Raspberry Pi 和電子元件偵測運動和測量距離。

動作偵測在自動化專案中非常好用，例如當有人走進房間或建築物時自動開啟照明、建立警報系統、計數器或是偵測馬達轉軸的轉數。我們將討論兩種偵測動作的技術，包括被動紅外線感測器（PIR），利用溫度來偵測人（或動物）的動靜；以及數位霍爾效應感測器如何偵測磁場的出現（簡單來說，霍爾效應感測器可以偵測到磁鐵是否經過感測器）。

距離測量在許多專案中也很常見，從碰撞偵測電路到測量水塔的水位。我們一樣將討論兩種測量距離的方法，一種是測量範圍為 2 公分到 4 公尺的超音波感測器，另一種是類比霍爾效應感測器，可以測量範圍小至毫米的磁場。

本章主題如下：

- 使用 PIR 感測器偵測動作
- 使用超音波感測器測量距離
- 使用霍爾效應感測器偵測動作與距離

11.1 技術要求

你需要下列項目來執行本章的範例：

- Raspberry Pi 4 Model B
- Raspbian OS Buster（以及桌機與推薦軟體）
- Python 3.5 版本或以上

這些都是本書範例程式碼的基礎。合理預期，只要你的 Python 版本為 3.5 或更高版本，這些範例程式碼應該不需要修改就能在 Raspberry Pi 3 Model B 或其他版本的 Raspbian OS 中執行才對。

本章範例程式碼請由本書 GitHub 的 chapter11 取得：

https://github.com/PacktPublishing/Practical-Python-Programming-for-IoT

請在終端機中執行以下指令來設定虛擬環境和安裝本章程式碼所需的 Python 函式庫：

```
$ cd chapter11                              # 進入本章的資料夾
$ python3 -m venv venv                      # 建立 Python 虛擬環境
$ source venv/bin/activate                  # 啟動 Python 虛擬環境 (venv)
(venv) $ pip install pip --upgrade          # 升級 pip
(venv) $ pip install -r requirements.txt    # 安裝相依套件
```

以下相依套件都是由 requirements.txt 所安裝：

- PiGPIO：PiGPIO GPIO 函式庫（https://pypi.org/project/pigpio）
- ADS1X15：ADS11x5 ADC 函式庫
（https://pypi.org/project/adafruitcircuitpython-ads1x15）

本章之練習需要用到的電子元件如下：

- 1kΩ 電阻，1 個
- 2kΩ 電阻，1 個
- HC-SR501 PIR 感測器，1 個。
（規格表：https://www.alldatasheet.com/datasheet-pdf/pdf/1131987/ETC2/HC-SR501.html）
- A3144 霍爾效應感測器（非栓鎖型），1 個。
（規格表：https://www.alldatasheet.com/datasheet-pdf/pdf/55092/ALLEGRO/A3144.html）
- AH3503 霍爾效應感測器（比例型），1 個。
（規格表：https://www.alldatasheet.com/datasheet-pdf/pdf/1132644/AHNJ/AH3503.html）
- HC-SR04 或 HC-SR04P 超音波距離感測器，1 個。
（規格表：https://tinyurl.com/HCSR04DS）
- 用以測試霍爾效應感測器的小型磁鐵，1 個。

Tips

HC-SR04 超音波距離感測器有兩種，較常見的 HC-SR04 輸出 5V 邏輯電壓，而另一款 HC-SR04P 的適用電壓則在 3 到 5.5V 之間。兩種都可以用於本章範例。

11.2 使用 PIR 感測器偵測動作

PIR 感測器是一種可以偵測物體（例如人）散發出的紅外線（熱能）的裝置。在日常生活當中很常見到這類型的感測器應用，例如安全系統、自動門或燈光等等。被動在 PIR 中意味著感測器只偵測動作。若需要偵測是什麼東西動了以及怎麼動，我們還需要一組像是熱像儀等紅外線裝置。

PIR 感測器的外型與規格多樣，但用法基本上相同一它們就像一個簡單的數位開關。在尚未偵測到動作時，輸出 `low` 數位訊號，而偵測到動作後則輸出 `high`。

下圖為本次範例中會用到的 HC-SR501 PIR 感測器模組。圖為模組頂部、底部和 PIR 感測器的通用示意符號：

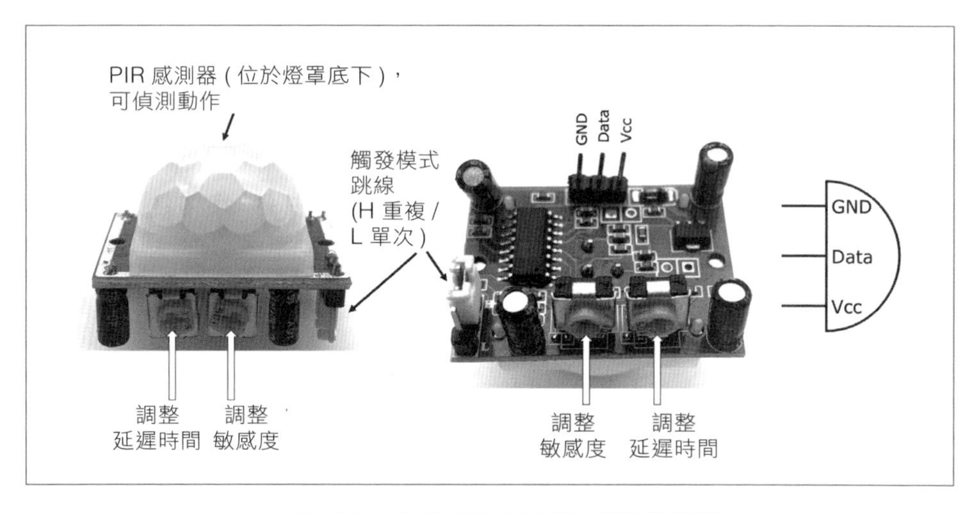

▲ 圖 11-1 HC-SR501 PIR 感測器模組

部分 PIR 感測器，包括我們的 HC-SR501，具備機載裝置和校準調整。這些調整用於變更敏感度範圍和感測器的觸發模式。若是使用未具備機載校準的 PIR 裝置，則需要自行在程式碼中調整敏感度。

HC-SR501 的端子如下：

- GND：接地端
- Vcc：連接 5 ～ 20V 之電源端
- Data：連接 GPIO 腳位的數位輸出端。當 PIR 偵測到動作，此腳位輸出訊號 `HIGH`，而在未偵測到動作的時候皆保持為 `LOW`。HC-SR501 會輸出 3.3V 的訊號，即便它需要 5 ～ 20V 的電源。接下來會說明當感測器偵測到動作時，自身的敏感度調整旋鈕、時間延遲調整旋鈕以及觸發模式跳線對於資料腳位如何、何時變為 `HIGH`，以及維持多久時間的影響效果。

HC-SR501 機載裝置之設定如下：

- 敏感度調整：動作偵測的可調整範圍為 3 至 7 公尺。請使用小型螺絲起子轉動刻度盤做調整。
- 延遲時間：當數據端偵測到動作後維持輸出為 `HIGH` 之時間長度。調整範圍大約為 5 至 300 秒。同樣請使用小型螺絲起子轉動刻度盤做調整。
- 觸發模式跳線：當連續偵測到動作時，此跳線設定代表在時間延遲結束後（如在延遲時間調整中所設定的），數據端將有以下動作：
  - 保持 `HIGH`。此為可重複觸發的設定，透過將跳線接在 H 位置作動。
  - 回歸 `LOW`。此為一次性設定，透過將跳線接在 L 位置作動。

PIR 的最佳設定取決於你的使用方式以及感測器所在的環境。我的建議是在完成電路並執行示範程式碼之後可以試試看不同的設定，會更清楚設定的改變對於感測器作動會有什麼影響。請記得，你隨時可以參考 HC-SR501 的規格表以獲得更多關於感測器或機載裝置的設定資訊。

接下來要為 PIR 感測器配線，並將它接上 Raspberry Pi。

11.2.1 製作 PIR 感測器之電路

本節要將 PIR 感測器接上 Raspberry Pi。下圖為接下來要製作的電路示意圖。如圖所示，從 PIR 感測器為出發點來看的話，它的佈線相對簡單：

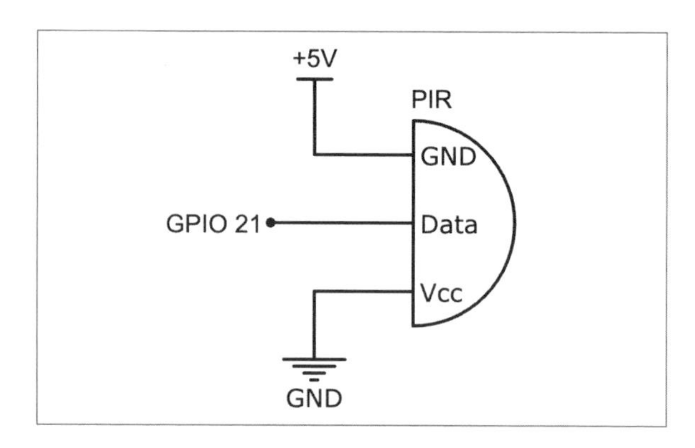

▲ 圖 11-2 PIR 感測器模組之電路

請將它接上 Raspberry Pi，如下圖：

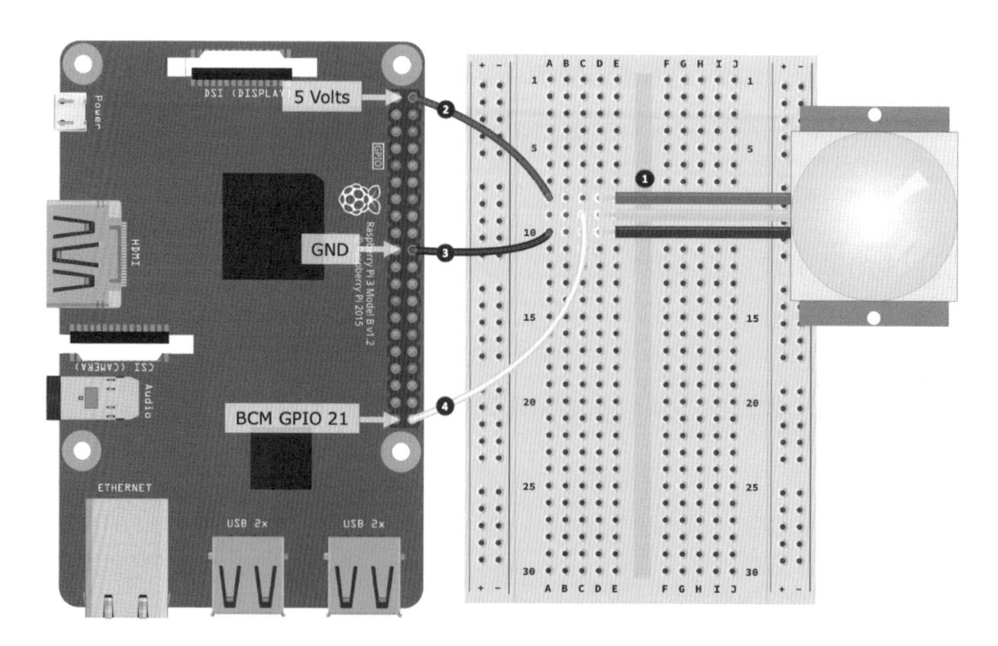

▲ 圖 11-3 PIR 感測器電路與麵包板佈線

請依照以下步驟來完成麵包板電路，步驟編號對應於圖 11-3 中的黑色圓圈號碼：

01 將 PIR 感測器的各個端子接上麵包板。你會需要三條公對公跳線。

02 將 Raspberry Pi 的 5V 腳位接在與 PIR 的 Vcc 端子同一排的麵包板上。PIR 感測器需要的電流不大，所以直接將此 5V 腳位接上麵包板也沒關係。

03 將 Raspberry Pi 的 GND 腳位接在與 PIR 的 GND 端子同一排的麵包板上。

04 將 Raspberry Pi 的 GPIO 21 腳位接在與 PIR 資料端子同一排的麵包板上。

info

重要提醒：範例中的 HC-SR501 PIR 感測器需要大於 4.5V 的電源（Vcc），並會從 Sig 輸出端輸出 3.3V 訊號。若你使用不同的 PIR 感測器，請參考其規格表並檢查輸出端的電壓。若大於 3.3V，那麼你將需要使用分壓器或邏輯電位轉換器。下一節討論到搭配分壓器與 HC-SR04 感測器以轉換 5V 輸出成較為適合 Raspberry Pi 的 3.3V 時，會仔細介紹。

電路完成後，接下來要執行用來偵測動作的 PIR 範例程式碼了。

11.2.2 執行並探索 PIR 感測器程式碼

PIR 電路的程式碼為 `chapter11/hc-sr501.py`。建議你在實際操作之前先瀏覽一遍原始程式碼，對檔案中的內容作初步的了解。

info

HC-SR501 的規格表清楚說明，感測器在開機後需要大約 1 分鐘的時間初始化與穩定機身。若你在完成穩定之前就急著使用，在啟動程式後感測器可能會接收到一些誤觸。

請於終端機執行 hc-sr501.py 檔案。當 HC-SR501 偵測到動作時，程式會於終端機上顯示 Triggered，未偵測到動作則顯示 Not Triggered，如以下輸出所示：

```
(venv) $ python hc-sr501.py

PLEASE NOTE - The HC-SR501 Needs 1 minute after power on to initialize
itself.

Monitoring environment...
Press Control + C to Exit
Triggered.
Not Triggered.
... 省略 ...
```

若你的程式反應不如預期，請試著調整前面介紹過的敏感度調整、延遲時間調整或觸發模式跳線等設定。

你其實可以將 HC-SR501 視為一個單純的開關。它的狀態不是開啟（HIGH）就是關閉（LOW），就像一個簡單的按鈕開關。事實上，程式碼也與 2.5.2 節介紹過的 PiGPIO 按鈕範例類似。在此只會快速帶過核心程式碼的部分，如果你需要進一步的說明或複習，請回顧第 2 章中關於 PiGPIO 的內容。

接著來討論範例程式碼。首先，從 #1 處開始，將 GPIO 腳位設定為啟用下拉的輸入腳位，並於 #2 處啟用解彈跳。HC- SR501 模組其實不需要在程式碼中啟用下拉，也不需要解彈跳，但為了完整性，我還是將其加進程式碼中：

```
# ... 省略 ...
GPIO = 21

# 初始化 GPIO
pi.set_mode(GPIO, pigpio.INPUT)                              # (1)
pi.set_pull_up_down(GPIO, pigpio.PUD_DOWN)
pi.set_glitch_filter(GPIO, 10000)  # 解彈跳，單位毫秒        # (2)
```

接下來，在 #3 處定義 callback_handler() 函數，它在 GPIO 腳位變化 HIGH/LOW 狀態時都會被呼叫：

```
def callback_handler(gpio, level, tick):                    # (3)
    """ 每當 GPIO 腳位電位發生變化，呼叫本回呼函式
        參數定義來自 PiGPIO pi.callback() """
    global triggered

    if level == pigpio.HIGH:
        triggered = True
        print("Triggered")
    elif level == pigpio.LOW:
        triggered = False
        print("Not Triggered")
```

最後，在 #4 處註冊回呼函數。其第二參數 pigpio.ElTHER_EDGE 會在 GPIO 變化 HIGH 或 LOW 狀態時呼叫 callback_handler() 函數：

```
# 註冊回呼函數
callback= pi.callback(GPIO, pigpio.EITHER_EDGE, callback_handler) # (4)
```

若與第 2 章的按鈕範例作比較，當時使用的參數為 pigpio.FALLING_EDGE，表示只會在按鈕被按下時回呼，放開時則不會。

如我們所見，PIR 感測器只能偵測物體的靠近－例如是否有人靠近了感測器－卻無法告訴我們此物體的接近程度。

現在，我們已經學會了如何建立一個簡單的 PIR 感測器電路並接上 Raspberry Pi，以及如何在 Python 中用它來偵測動作。有了這些知識，你便可以結合從第 7 章的範例中學到的技巧來做出一個動作偵測專案，像是當偵測到人或動物的動作時開關某些裝置，或是作為你的警報或監控系統中的一個重點部分。

接下來，我們要討論用來測量距離的感測器。

11.3 使用超音波感測器測量距離

在上一節中，我們學會了如何利用 PIR 感測器來偵測動作。如前所述，PIR 感測器是一種數位裝置，透過輸出 HIGH 訊號表示偵測到了動作。

是時候來看看如何使用 Raspberry Pi 測量距離了。許多不同的感測器都可以完成這項任務，通常是透過聲音或光線運作。本書範例會使用常見的 HC-SR04 超音波距離感測器（透過聲音運作），外型如下圖：

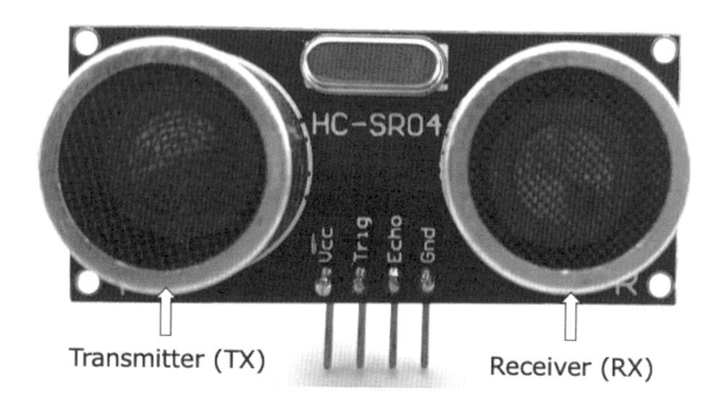

▲ 圖 11-4 HC-SR04 超音波距離感測器模組

日常生活中很容易在汽車的保險桿上找到超音波距離感測器（它們通常只是一個小小的圓形，與上圖的 HC-SR04 外型不同）。這些感測器會計算汽車與附近障礙物之間的距離，當車子越來越靠近該物體時，車內的警示音也會越來越快。

另一個常見的應用是在測量液體的水位，例如水箱。在此應用中，（防水）超音波距離感測器會測量從水箱頂部到水平面之間的距離（聲音碰到水會反射），並且將測量到的距離換算成水箱的蓄水程度。

來仔細看看 HC-SR04 超音波感測器吧！HC-SR04 規格表中的重點內容如下：

- 電源電壓為 5V（HC-SR04）或 3 到 5.5V（HC-SR04P）
- 邏輯電壓為 5V（HC-SR04）或 3 到 5.5V（HC-SR04P）
- 工作電流為 15 mA，閒置電流為 2 mA
- 有效測量範圍為 2 公分至 4 公尺，誤差範圍 +/- 0.3 公分。
- 觸發脈寬為 10 微秒。將在 HC-SR04 之測距流程一節中進一步討論。

SC-SR04 總共有兩個圓柱形元件，如下：

- T 或 TX：產生超音波脈衝之發射器
- R 或 RX：偵測超音波脈衝之接收器

下一節要討論發射器和接收器的組合是如何測量距離的。

HC-SR04 共有四個端子，如下：

- Vcc：電源（可使用 Raspberry Pi 的 5V 接腳，因為最大電流只有 15 mA）
- GND：接地端
- TRIG：觸發輸入端－當電位為 `HIGH`，感測器便發出超音波脈衝
- ECHO：回聲輸出端－當 `TRIG` 轉換為 `HIGH` 時此腳位也會跟著變成 HIGH，並於偵測到超音波脈衝後變回 `LOW`

在 11.3.2 節中會進一步討論 `TRIG` 和 `ECHO` 端子的用途。

了解超音波距離感測器的基本用途和 HC-SR04 的基礎特性及設計之後，接著看看它是怎麼運作的。

11.3.1 超音波距離感測器的運作原理

來看看發射器（TX）和接收器（RX）之間是如何運作以測量距離的。超音波感測器基本的工作原理如下圖：

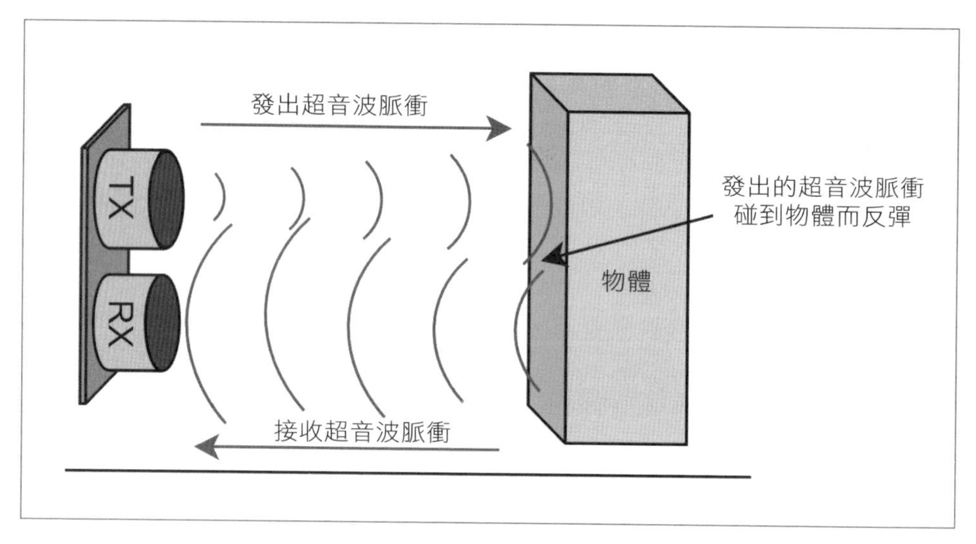

▲ 圖 11-5 超音波距離感測器之運作

運作過程如下：

01 首先，感測器從發射器（TX）送出一道超音波脈衝。

02 若感測器前方有任何障礙物，脈衝碰到物體便會反射至感測器，並由接收器（RX）偵測接收。

03 透過計算脈衝發射到接收的時間，便可計算出感測器與障礙物之間的距離。

進一步了解感測器的運作原理後，接下來將深入討論如何同時使用 HC-SR04 的 TRIG 和 ECHO 端來測量距離。

11.3.2 HC-SR04 之測距流程

本節將討論 HC-SR04 的測距流程。如果無法在第一時間理解內容，別擔心，因為這是示範用感測器為了正常運作而必須採取的步驟，所以本書會提供詳細資訊作為背景參考，感測器的規格表中也有列出程序。

要用 HC-SR04 來測量距離，必須正確地使用並監控 TRIG 和 ECHO 腳位。步驟如下：

01 將 TRIG 腳位拉高至 `HIGH` 並維持 10 微秒。拉高 TRIG 同時也會讓 ECHO 腳位變成 `HIGH`。

02 開始計時。

03 等待以下任一種情況發生：

- ECHO 腳位變成 `LOW`
- 超過 38 毫秒（根據規格表，超過 38 毫秒代表距離超過 4 公尺）

04 停止計時

若時間超過 38 毫秒，那麼我們可以推斷感測器前沒有障礙物（至少在有效範圍的 2 公分到 4 公尺之內沒有）。否則，請將總時數除以 2（這是因為我們要的是從感測器到障礙物的時間，而非來回的時間），接著運用基礎物理學，透過以下公式計算出感測器與障礙物之間的距離：

$$d = v \times t$$

公式內容如下：

- d 代表距離，單位為公尺
- v 代表速度，在此用音速計算，在攝氏 20° C（華氏 68° F）的空氣中音速平均為每秒 343 公尺。
- t 代表時間，單位為秒

info

HC-SR04 只能用來估算距離，有些參數可能會影響其準確性。首先，如上述內容暗示的，音速會隨著溫度而變化。再來，感測器的誤差值為 ± 0.3 公分。此外，被測物體的大小、相對於感測器的角度，甚至它的材質都可能影響 ECHO 的計時結果，進而影響計算出的距離。

理解了關於如何使用 HC-SR04 來估算距離後，接著要來連接 HC-SR04 和 Raspberry Pi 的電路了。

11.3.3 製作 HC-SR04 電路

該來製作 HC-SR04 的電路了。電路示意圖如下圖，此佈線適用於 HC-SR04 或 HC-SR04P 模組。

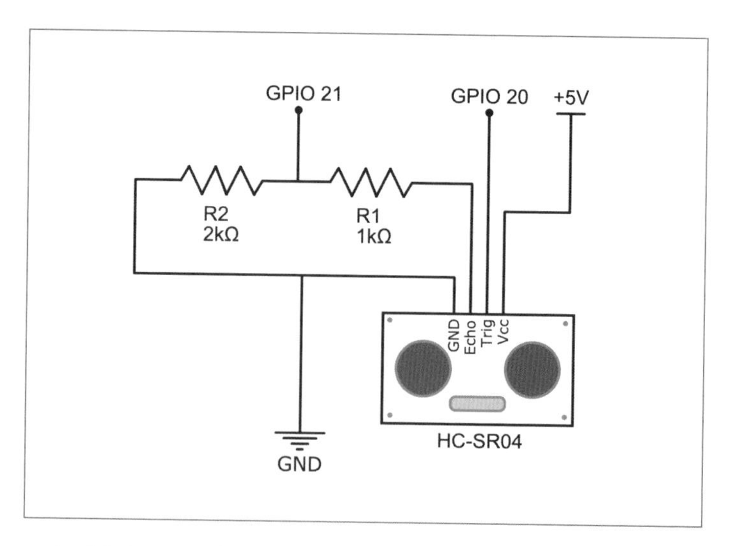

▲ 圖 11-6 HC-SR04 之電路（5V 邏輯 ECHO 接腳）

提醒你，HC-SR04 模組（或像這樣連接 5V 電源的 HC-SR04P）是一種 5V 邏輯模組，因此你可以看到電路中的分壓器由兩個電阻組成，為了將 5V 轉換成 3.3V。請回顧第 6 章有許多相關的詳細資訊。

開始在麵包板上製作電路：

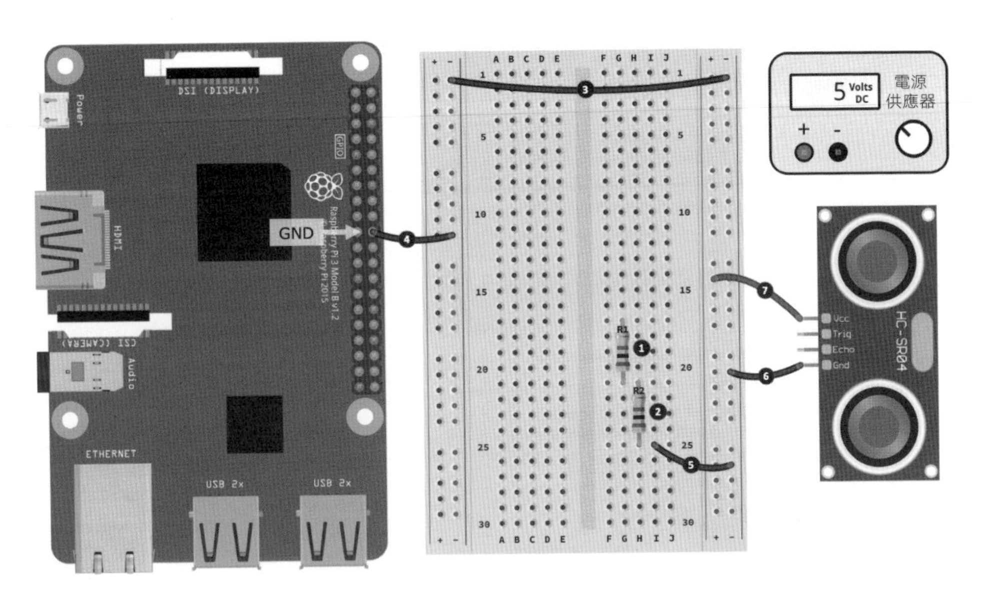

▲ 圖 11-7 HC-SR04 電路之麵包板配置，進度 1/2

請依照以下步驟製作麵包板電路的第 1 部分。步驟編號對應於圖 11-7 中的黑色圓圈號碼：

01 放置一個 1kΩ 電阻（R1）於麵包板上。

02 放置一個 2kΩ 電阻（R2）於麵包板上。第二顆電阻上方的腳位要與第一顆電阻下方的腳位在同一排。如上圖中麵包板右半邊第 21 排所示。

03 連接左右兩邊的負電軌。

04 將 Raspberry Pi 的 GND 腳位接上左排之負電軌。

05 將 2kΩ 電阻（R2）下方的腳位接上右排之負電軌。

06 將 HC-SR04 感測器的 GND 端子接上右排之負電軌。

07 將 HC-SR04 感測器的 Vcc 端子接上右排之正電軌。

Tips

請確保 R1 與 R2 電阻配置正確如上圖－亦即，R1（1kΩ）正確地與 HC-SR04 的 ECHO 腳位連接。由 R1 與 R2 組成的分壓器會將 ECHO 腳位的 HIGH 電位由 5V 轉換成 3.3V。如果兩個電阻裝反了，5V 會被轉成 1.67V，就不足以在 Raspberry Pi 上產生邏輯電位 HIGH。

現在基本元件跟初步接線都完成了，接下來要完成剩下的佈線：

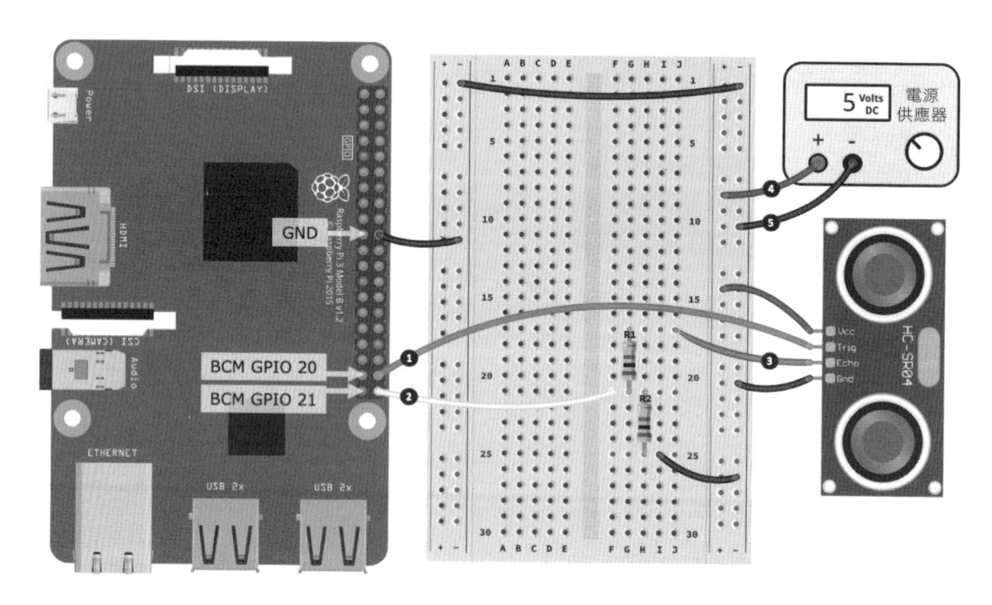

▲ 圖 11-8 HC-SR04 電路之麵包板配置，進度 2/2

請依照以下步驟完成接線，步驟編號對應於圖 11-8 中的黑色圓圈號碼：

01 連接 Raspberry Pi 的 GPIO 20 腳位與 HC-SR04 感測器的 Trig 端子。

02 將 Raspberry Pi 的 GPIO 21 腳位接在與 1kΩ（R1）以及 2kΩ（R2）電阻共用的孔排上，如上圖中的孔 F21 所示。

03 將 HC-SR04 感測器的 Echo 端子接在與 1kΩ 電阻（R1）上方腳位的同一排上，如上圖中的孔 J17 所示。

04 把 5V 電源的正極端接到右排之正電軌。

05 把 5V 電源的負極端接到右排之負電軌。

如前述，這個電路可適用於 HC-SR04 和 HC-SR04P 模組。如果你用的是 HC-SR04P 模組，有一個更簡單的佈線方式，不妨自己試試看。由於 HC-SR04P 適用 3.3V，你可以試試以下步驟：

- 將 Vcc 接在一個 3.3V 的電源上，或 Raspberry Pi 的 3.3V 腳位上。
- 直接將 ECHO 端子接到 GPIO 21 腳位。
- GND 仍需與 GND 對接，TRIG 端子則可直接接到 GPIO 20 腳位。

由於此模組的供電電壓為 3.3V，因此 ECHO 端子的邏輯輸出電壓也是 3.3V，所以直接接上 Raspberry Pi 的 GPIO 腳位上也很安全。

太棒了！現在電路佈線已大功告成，接著要來執行程式並使用 HC-SR04 來測量距離且學習實現這些操作的程式碼。

11.3.4 執行與探索 HC-SR04 範例程式碼

HC-SR04 的範例程式碼為 `chapter11/hc-sr04.py`。建議你在實際操作之前先瀏覽一遍，對檔案中的內容作初步的了解。

請在 HC-SR04 前方（大約 10 公分）放置一個固態物體，並於終端機執行程式碼。當你調整物體與感測器之間的距離時，終端機上顯示的距離會隨之改變，如下：

```
(venv) python hc-sr04.py
Press Control + C to Exit
9.6898cm, 3.8149"
9.7755cm, 3.8486"
10.3342cm, 4.0686"
11.5532cm, 4.5485"
12.3422cm, 4.8591"
...
```

來看看程式碼。

首先，於 #1 處定義 TRIG_GPIO 與 ECHO_GPIO 腳位，並於 #2 處為音速定義 VELOCITY 常數。在此範例中用的數值為每秒 343 公尺。

Tips

程式碼中使用 343 m/s 作為音速常數，但規格表的建議為 340 m/s。你可能會發現其他 HC-SR04 範例和函式庫使用不同的數值。這些差異是導致即便感測器與物體的距離不變，不同的程式碼樣本和函式庫仍可能顯示不同讀數的原因之一。

#3 處，定義 TIMEOUT_SECS = 0.1。0.1 的數值比規格表中的 38 毫秒大得多。任何大於這個的時間，皆可判斷為 HC-SR04 感測器前方沒有任何物體，並回到 SENSOR_TIMEOUT 數值，而非稍後會提到的 get_distance_cms() 函數中的距離：

```
TRIG_GPIO = 20                                # (1)
ECHO_GPIO = 21

# 當溫度為攝氏 20 度 ( 華氏 68 度 ) 時的音速，單位為公尺 / 秒
VELOCITY = 343                                # (2)

# 感測器超時並回傳數值
TIMEOUT_SECS = 0.1 # 根據最遠距離 4 公尺所求出    # (3)
SENSOR_TIMEOUT = -1
```

接下來，從 #4 處開始會看到幾個變數，它們是用來幫助測量感測器超音波脈衝的時間，以及讀取是否成功：

```
# 用於計時超音波脈衝
echo_callback = None                          # (4)
tick_start = -1
tick_end = -1
reading_success = False
```

echo_callback 函式包含一個稍後作清除用的 GPIO 回呼參照，而 tick_start 和 tick_end 則是用於計算超音波脈衝回波之經過時間的開始與結束時間點。使用 tick 一詞是為了與 PiGPIO 的計時函式一致，之後會再討論到。只有在 TIMEOUT_SECS 結束之前讀到距離的情況下，reading_success 才會顯示 True。

我們使用 #5 處中的 trigger() 函式來開始測量距離。只需於 #6 處應用規格表列出的流程即可－也就是讓 TRIG 腳位變成 HIGH 並維持 10 微秒：

```
def trigger():                                    # (5)
    global reading_success
    reading_success = False

    # 開始發出超音波脈衝
    pi.write(TRIG_GPIO, pigpio.HIGH)              # (6)
    sleep(1 / 1000000) # Pause 10 microseconds
    pi.write(TRIG_GPIO, pigpio.LOW)
```

#7 處中的 get_distance_cms() 函式是啟動距離測量程序的主要函式，在等待 #8 處顯示讀取成功（也就是 reading_success = True）或是超過 TIMEOUT_SECS（回到 SENSOR_TIMEOUT）之前呼叫 trigger() 函數。在等待的時候，名為 echo_handler() 的回呼處置會在背景中監控 ECHO_GPIO 接腳是否有成功的讀數，本節稍後會再進一步討論 echo_handler()：

```
def get_distance_cms()                            # (7)
    trigger()

    timeout = time() + TIMEOUT_SECS               # (8)
    while not reading_success:
        if time() > timeout:
        return SENSOR_TIMEOUT
    sleep(0.01)
```

若有成功的讀數，函數會繼續下去。在 #9 處使用 tick_start 和 tick_end 變數（這時已經有了由回聲回呼處置設定的數值）並計算出經過時間。請記住，#8 處會把經過時間除以 2，因為我們要的是從感測器到物體的時間，而非超音波脈衝完整來回的時間：

```
#... get_distance_cms() continued

    # 延遲時間，單位為秒
    # 除以 2 就是從感測器到物體的時間
    elapsed_microseconds =
                pigpio.tickDiff(tick_start, tick_end) / 2    # (9)

# 換算為秒
elapsed_seconds = elapsed_microseconds / 1000000

# 計算距離，單位為公尺 (d = v * t)

distance_in_meters = elapsed_seconds * VELOCITY              # (10)

distance_in_centimeters = distance_in_meters * 100
return distance_in_centimeters
```

於 #10 處使用之前討論過的 d = v × t 公式，計算出感測器與物體之間的距離。

接下來，在 #11 處會看到 echo_handler() 函數，用以監控 ECHO_GPIO 腳位的狀態變化：

```
def echo_handler(gpio, level, tick):                 # (11)
    global tick_start, tick_end, reading_success

    if level == pigpio.HIGH:
        tick_start = tick                            # (12)
    elif level == pigpio.LOW:
        tick_end = tick                              # (13)
        reading_success = True
```

根據規格表說明，我們要計算從 #12 處發出一個脈衝（ECHO_GPIO 為 HIGH）到 #13 處接收到反射（ECHO_GPIO 為 LOW）所經過的時間。如果在逾時（回到 #8 處）之前偵測到 ECHO_GPIO 為 LOW，則設定 reading_success = True，好讓 get_distance_cms() 函式知道已經取得了有效的讀數。

最後，在 #14 處用 PiGPIO 暫存 echo_handler() 回呼函式。pigpio.EITHER_EDGE 參數表示我們希望在 ECHO_GPIO 不論變為 HIGH 或 LOW 時都要回呼此函式。

```
echo_callback =
    pi.callback(ECHO_GPIO, pigpio.EITHER_EDGE, echo_handler)   # (14)
```

做得好！你完成了佈線、測試並學習了如何使用 HC-SR04 感測器與 PiGPIO 來測量距離。你學會的電路和範例程式碼可應用在測量水箱水位，或機器人的碰撞偵測（HC-SR04 在業餘機器人中相當常見），或者在任何測距扮演重要角色的專案當中。

接下來要簡單地了解一下霍爾效應感測器，以及在偵測動作和測量相對距離中的應用。

11.4 使用霍爾效應感測器偵測動作與距離

本章的最後一個實作範例將說明如何使用霍爾效應感測器。霍爾效應感測器是個用來偵測磁場是否存在的一種簡易元件。相較於 PIR 或是距離感測器，我們若同時利用霍爾效應感測器和磁鐵便可監測小範圍，甚至非常快速的動作。例如，你可以將一個小型磁鐵裝在直流馬達的轉軸上，然後使用霍爾效應感測器來確認馬達每分鐘的轉數。

霍爾效應感測器另一個常見的應用是在手機或是平板電腦上。有些手機或平板電腦的外殼上會有一小塊磁鐵，當你掀開或闔上外殼，裝置會藉由霍爾效應感測器來偵測這塊磁鐵的存在，並自動開啟或關閉螢幕。

霍爾效應感測器主要有三種，如下：

- 非栓鎖式開關（數位）：感測器在偵測到磁場的時候會輸出一個電子訊號（HIGH 或 LOW），未偵測到的時候則會輸出相反的數值。在出現磁場時它的訊號是 HIGH 或 LOW，以及它是低態有效還是高態有效（如果你需要複習低態以及高態有效的概念，請參閱第 6 章），都取決於該感測器。

- 栓鎖式開關（數位）：當感測器偵測到磁鐵的其中一極時（例如南極），會輸出（並鎖定）LOW（或 HIGH），並在偵測到另一極（例如北極）時變回 HIGH（或 LOW（解鎖））。
- 比例型開關（類比）：感測器會根據與磁場的距離輸出不同程度的電壓。

Tips

有些讀者可能聽過一種叫做「磁簧開關」的磁控開關元件。乍看之下，它似乎與非栓鎖式霍爾效應感測器的原理和操作相當雷同。兩者主要差異在於：相較於一般的磁簧開關，霍爾效應感測器屬於固態裝置（沒有可動零件），因此可被快速觸發（每秒可達上千次），但也需要搭配適當的電路才能運作。

本範例會用 A3144（非栓鎖式數位開關）和 AH3503（比例型開關）霍爾效應感測器。會選用它們是因為其可用性並且便宜，不過接下來討論到的一般原則也適用於其他霍爾效應感測器。

下圖為 A3144 霍爾效應感測器和通用示意符號：

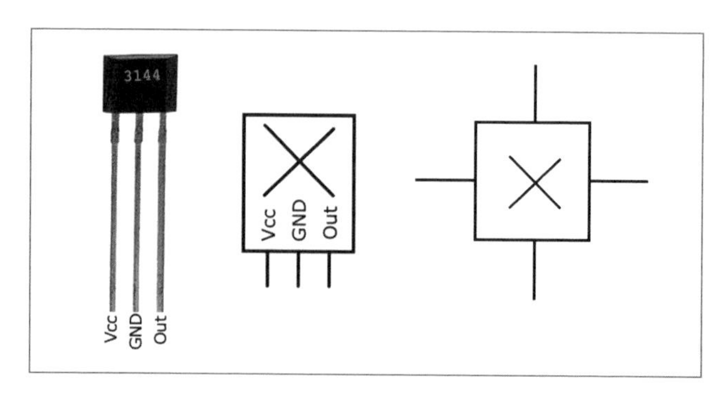

▲ 圖 11-9 霍爾效應感測器及其符號

你會注意到右邊的符號有四支代表輸出的突出線條，這是因為有些霍爾感測器確實有四支接腳。你可預設示意圖中的輸出符號符合其描繪的感測器。我們接下來用的會是三腳感測器與對應的輸出符號。

元件包含的接腳如下：

- Vcc：5V 電源
- GND：接地
- Out：5V 訊號輸出端。請記住 A3144 是低態有效，表示當出現磁場時，輸出腳位會變成 LOW。

根據霍爾效應感測器的類型，輸出腳位的反應會有所不同。

- 栓鎖式與非栓鎖式開關型：輸出腳位會顯示 LOW 或 HIGH 數位訊號。
- 比例開關型：輸出會是不同的電壓（也就是類比輸出）。請注意，電壓變化的幅度不會是 0 到 5V 這麼大，有可能是零點幾 V 而已。

了解了霍爾效應感測器的接腳配置後，要開始建構電路。

11.4.1 製作霍爾效應感測器之電路

我們要在麵包板上製作以下電路。與圖 11-5 的 HC-SR04 範例及其電路相同，因為霍爾效應感測器輸出為 5V 邏輯電壓，所以我們會需要使用分壓器將它降到 3.3V。

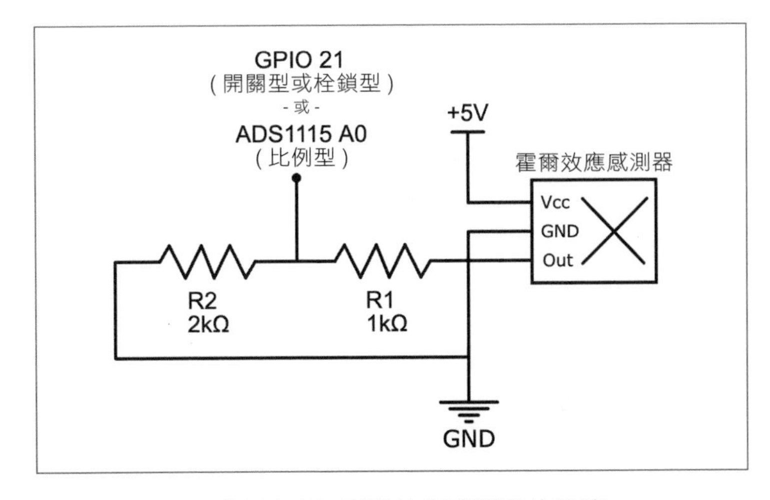

▲ 圖 11-10 霍爾效應感測器的電路

你會發現此電路的輸出有兩種，這取決於使用了哪一種感測器：

- 若是非栓鎖式或栓鎖式開關型的霍爾效應感測器，由於它們會輸出數位訊號 `HIGH/LOW`，我們要直接將電路接到 GPIO 21 腳位。
- 若是比例型霍爾效應感測器，你會需要將感測器藉由 ADS1115 類比數位轉換器接上 Raspberry Pi，因為這類型的感測器輸出的會是連續的類比電壓。

Tips

圖 11.9 以及接下來的麵包板佈線步驟中都沒有包含 ADS1115 的佈線，因為先前章節已經討論過如何透過 ADS1115 將類比輸出接上 Raspberry Pi。你可以在第 5 章和第 9 章中找到 ADS1115 的範例電路和程式碼。

開始在麵包板上製作電路吧！此佈線配置適用於開關型的霍爾效應感測器：

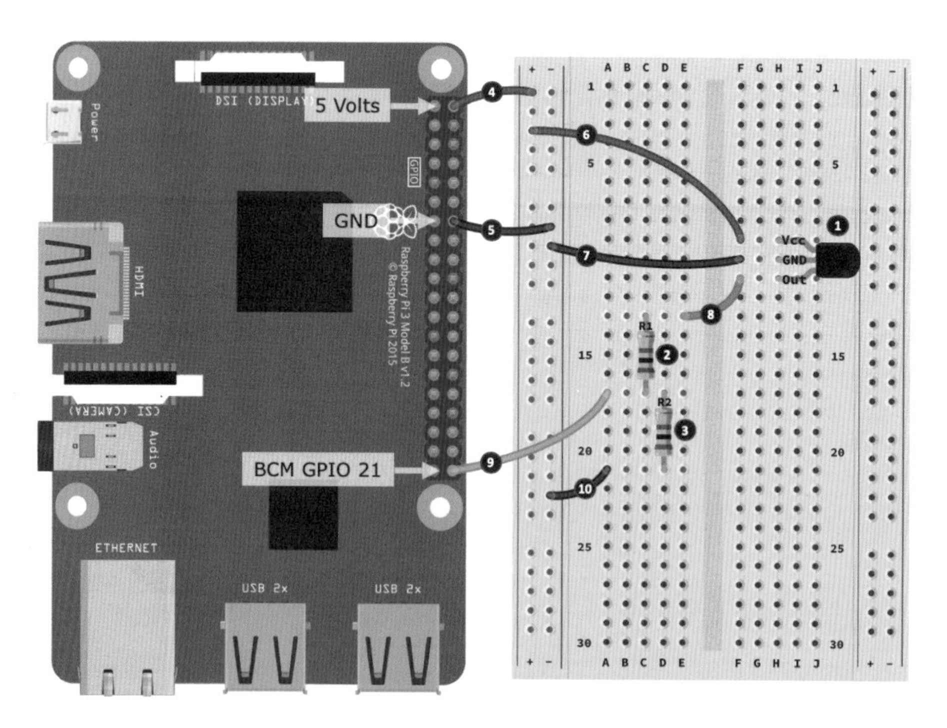

▲ 圖 11-11 霍爾效應感測器的麵包板佈線

請依照以下步驟來製作，步驟編號對應於圖 11-10 中的黑色圓圈號碼：

01 將 A3144 霍爾效應感測器裝上麵包板，請務必注意接腳方向。若你在分辨接腳上需要協助，請參考圖 11-8。

02 將 1kΩ 電阻（R1）裝上麵包板。

03 將 2kΩ 電阻（R2）裝上麵包板。第二顆電阻上方的接腳需要和第一顆電阻下方的接腳位在同一排的孔洞上。如上圖左半邊的第 17 排所示。

04 將 Raspberry Pi 的 5V 腳位接上左排之正電軌。

05 將 Raspberry Pi 的 GND 接腳接上左排之負電軌。

06 將霍爾效應感測器的 Vcc 接腳接上正電軌。

07 將霍爾效應感測器的 GND 接腳接上負電軌。

08 連接霍爾效應感測器的輸出接腳與 1kΩ 電阻（R1）。如圖中 E13 孔洞所示。

09 將 Raspberry Pi 的 GPIO 21 腳位接在 1kΩ（R1）和 2kΩ（R2）電阻共用的同一排上。

10 將 2kΩ 電阻（R2）下方的接腳接上負電軌。

Tips

若在步驟 1 中使用的是 AH3503 比例型霍爾效應感測器，那麼步驟 9 則必須接在 ADS1115 模組的輸入埠上。

現在霍爾效應感測器的電路已完成了，請準備好磁鐵，我們要來執行範例程式，看看磁鐵會如何觸發感測器。

11.4.2 執行與探索霍爾效應感測器程式碼

開關型與栓鎖式開關的霍爾效應感測器的程式碼為 chapter11/hall_effect_digital.py 中，而比例型霍爾感測器的程式碼則是 chapter11/hall_effect_analog.py。

在你瀏覽這兩個檔案時，你會發現：

- chapter11/hall_effect_digital.py 在功能上與本章前面 11.2.2 節中討論過的 PIR 程式碼完全相同。PIR 和栓鎖式 / 非栓鎖式開關型的霍爾效應感測器同樣都是電子開關。唯一的差別是，範例用的霍爾效應感測器為低態有效。
- chapter11/hall_effect_analog.py 則和其他使用 ADS1115 ACD 的類比轉數位的範例很類似，包括第 5 章中的電路佈線和程式碼。

Tips

由 AH3503 比例型霍爾感測器所輸出，並由 ADC 元件透過分壓器測量到的電壓變化範圍通常只會在幾百 mA 之內。

執行範例程式碼時，試著在霍爾效應感測器前晃動磁鐵看看。磁鐵可能會需要稍微靠近感測器的外殼，但不需要碰到就能觸發。至於需要多靠近，就取決於磁鐵的磁力強弱了。

Tips

若你的電路和程式碼運作不如預期，試著將磁鐵的正負極倒過來拿看看。另外要注意的是，若是栓鎖式的霍爾效應感測器，通常磁鐵的其中一極會鎖上（觸發），而另一極則會開啟（解除）感測器。

由於程式碼非常類似，這裡就不再贅述。不過，本書介紹到這裡，你已經看過許多數位和類比的基礎電路與程式碼，而且可以將它們拼湊在一起，並運用任何簡單的類比或數位元件。如同之前提醒過的，你只需要多留意元件的供電電壓與電流，尤其是輸出電壓，如果大於 3.3V 便會需要分壓器或電位轉換器。

11.5 總結

本章談到了如何透過 Raspberry Pi 來偵測動作以及測量距離，你學到了如何使用 PIR 感測器來偵測大範圍動作，還有如何利用開關型霍爾效應感測器來偵測磁場的變化。我們也討論了如何使用超音波範圍感測器以估算較大範圍的絕對距離，以及利用比例型霍爾效應感測器測量小範圍的相對距離。

本章中所有的電路和範例都以輸入為重點－通知 Raspberry Pi 發生了特定的事件，像是偵測到人的移動，或是測量到了距離變化。

現在你已經對結合本章的輸入電路（還有在第 9 章），以及在第 7 章、第 8 章和第 10 章的輸出電路及範例具備了完善的知識，能夠完成一個既可控制又可測量環境的完整專案。

別忘了之前在第 2 章、第 3 章和第 4 章學過的內容。這三章談到了開發網頁介面的基礎知識，以及如何整合控制和監控環境的外部系統。

截至目前為止，本書介紹過的許多電子元件和範例程式碼都是圍繞在單個感測器或致動器上。下一章將探索幾個 Python 基礎的設計模式，在製作更複雜的自動化和物聯網專案上相當好用，這些專案會涉及多個需要互相溝通的感測器或致動器。

11.6 問題

在結束本章之前，歡迎挑戰以下問題來驗證你在本章所學到的知識。在本書後面的「附錄」中可找到評量解答。

1. PIR 感測器是否能夠偵測出物體移動的方向。
2. 可能影響超音波距離感測器準確度的因素有哪些？
3. 栓鎖式和非栓鎖式霍爾效應感測器的輸出和比例型有什麼不同？
4. 請問下列的 PiGPIO 函數呼叫：`callback = pi.callback(GPIO, pigpio.EITHER_EDGE, callback_handler)`，其中 `pigpio.EITHER_EDGE` 參數代表什麼意義？
5. 請問在由 1kΩ 和 2kΩ 電阻組成的 5V 轉 3.3V 電阻型分壓器中，為何兩個電阻在電路中的連接方式是否正確相當重要？
6. HC-SR04 超音波距離感測器和 HC-SR501 PIR 感測器的 Vcc 接腳各自接在一個 5V 電源上。請問為何需要在 HC-SR04 上使用分壓器將輸出電源從 5V 調降到 3.3V，但 HC-SR501 卻不用？

Chapter 12

進階 IoT 程式設計概念－執行緒、AsyncIO 和事件迴圈

上一章討論了如何使用 PIR 感測器來偵測動作，以及運用超音波感測器和霍爾效應感測器來測量距離及偵測動作。

本章將討論在使用電子感測器（輸入裝置）和致動器（輸出裝置）時，編寫 Python 程式的一些替代方案。我們將介紹經典的事件迴圈方法，然後再介紹一些更進階的方法，像是 Python 執行緒、發佈 / 訂閱模式，最終會介紹到 Python 非同步 I/O。

毫無疑問地，網路上有非常多介紹這些主題的部落格文章和教學，不過，本章的特點在於討論實用的電子元件介接技巧。本章要製作一個簡單的電路，其中包含按鈕、電位計和兩個以不同頻率閃爍的 LED 燈，並介紹四種讓電路運作的程式碼。

本章主題如下：

- 製作並測試電路
- 認識事件迴圈方法
- 認識執行緒方法
- 認識發佈 / 訂閱方法
- 認識 AsyncIO 方法

12.1 技術要求

你需要下列項目來執行本章的範例：

- Raspberry Pi 4 Model B
- Raspbian OS Buster（以及桌機與推薦軟體）
- Python3.5 版本或以上

這些都是本書範例程式碼的基礎。合理預期，只要你的 Python 版本為 3.5 或更高版本，這些範例程式碼應該不需要修改就能在 Raspberry Pi 3 Model B 或其他版本的 Raspbian OS 中執行才對。

本章範例程式碼請由本書 GitHub 的 chapter12 取得：

https://github.com/PacktPublishing/Practical-Python-Programming-for-IoT

請在終端機中執行以下指令來設定虛擬環境和安裝本章程式碼所需的 Python 函式庫：

```
$ cd chapter12                              # 進入本章的資料夾
$ python3 -m venv venv                      # 建立 Python 虛擬環境
$ source venv/bin/activate                  # 啟動 Python 虛擬環境 (venv)
(venv) $ pip install pip --upgrade          # 升級 pip
(venv) $ pip install -r requirements.txt    # 安裝相依套件
```

以下相依套件都是由 requirements.txt 所安裝：

- PiGPIO：PiGPIO GPIO 函式庫（https://pypi.org/project/pigpio）
- ADS1X15：ADS1x15 ADC 函式庫（https://pypi.org/project/adafruitcircuitpython-ads1x15）
- PyPubSub：中間信息傳遞與事件（https://pypi.org/project/PyPubSub）

本章範例會用到以下電子元件：

- 紅光 LED，2 個
- 200Ω 電阻，2 個
- 按鈕式開關，1 個
- ADS1115 模組，1 個
- 10kΩ 電位計，1 個

為了確保你能夠從本章獲取最好的學習經驗，我們假設你已具備以下幾點的知識與經驗：

- 就電子元件介接方面，你已經閱讀了本書先前的所有章節，並對貫穿本書的 PiGPIO 與 ADS1115 Python 函式庫駕輕就熟。
- 就寫程式方面，你了解物件導向程式設計（OOP），以及於 Python 中的實作方法。
- 若你熟悉事件迴圈、執行緒、發佈 / 訂閱、以及同步與非同步範式將對學習有所幫助。

若你對前述中的任何一項還不熟悉，網路上可以找到許多關於這些專題的教學。本章最後也有推薦一些「延伸閱讀」。

12.2 製作並測試電路

我將透過實作方式介紹本章的電路和程式。請你暫時先想像成需要設計與製作一個具備以下條件的小道具：

- 它有兩個會閃爍的 LED 燈
- 一個用來調節 LED 閃爍頻率的電位計
- 啟動程式後，兩顆 LED 都以由電位計位置所決定的頻率來閃爍。

- 若閃爍頻率為 0 秒，表示 LED 的狀態為熄滅。頻率最長為 5 秒，表示 LED 會亮起 5 秒、熄滅 5 秒，接著不斷重複。
- 按鈕用於選擇在調整電位計之後，哪顆 LED 閃爍頻率會跟著改變。
- 按住按鈕 0.5 秒後，便可使所有 LED 同步為電位計位置制定的頻率。
- 理想中，程式碼應可在最小幅度的修改下，輕易地擴充以支持更多顆 LED 燈。

以下為這個小道具的使用場景：

01 開啟電源（並執行程式）後，所有 LED 開始以 2.5 秒的頻率閃爍，此時電位計指針位於刻度盤的正中間（50%）。

02 調整電位計，讓第一顆 LED 的閃爍頻率變為 4 秒。

03 接著，請迅速地按一下按鈕，使電位計改變第二顆 LED 的閃爍頻率。

04 調整電位計，讓第二顆 LED 的閃爍頻率變為 0.5 秒。

05 最後，按住按鈕 0.5 秒，讓兩顆 LED 的閃爍頻率同步成 0.5 秒。（即為步驟 4 中設定的）。

至於曾經提到過的挑戰－在進入本章的電路和程式碼之前，請先不要看書，先自己試著製作並編寫符合前述條件的電路還有程式碼。

Tips

示範影片請參考：https://youtu.be/seKkF61OE8U

我猜你會遇到一些挑戰，並疑惑最佳的解決方案是什麼。其實沒有最佳解決方案，不過，經過實作之後－不管有沒有成功－你會得到一些能夠和接下來要介紹的四個方法比較和對照的東西。我相信，如果你自己先試過一遍，將能獲得更深入的理解和更多的領悟。說不定你可以想出更好的解決方案呢！

以下是一些幫助你開始著手的建議：

- 第 2 章第一次討論到 LED 和按鈕開關。
- 第 5 章介紹了電位計和使用 ADS1115 模組的類比輸入。

準備好了嗎？來看看滿足上述條件的電路吧！

12.2.1 製作參考電路

圖 12-1 是符合上述條件要求的電路。它有一顆按鈕、一個連接到 ADS1115 類比數位轉換器的分壓器形式電位計，和兩個由限流電阻連接的 LED。若要增加更多 LED，只需要在 GND 和閒置的 GPIO 腳位之間接上 LED 和電阻的組合就可以了。

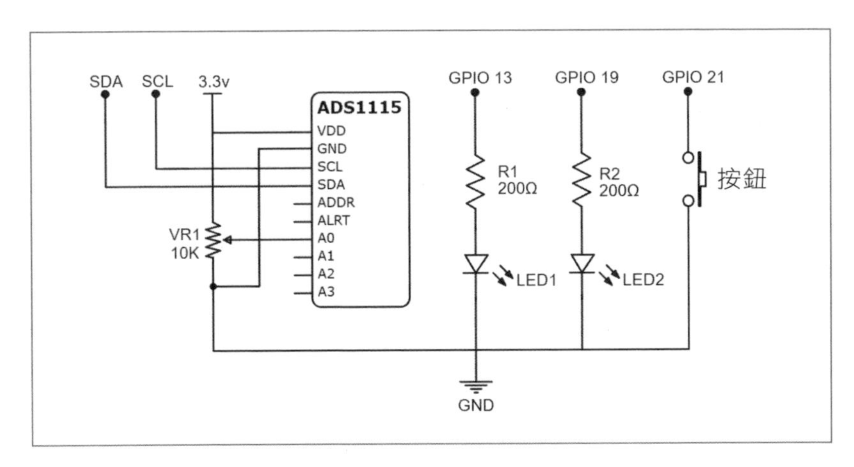

▲ 圖 12-1 參考電路圖

如果你還沒有自己完成過一個類似的電路，接下來我們會在麵包板上建立這個電路，此電路將分成三個部分來完成。

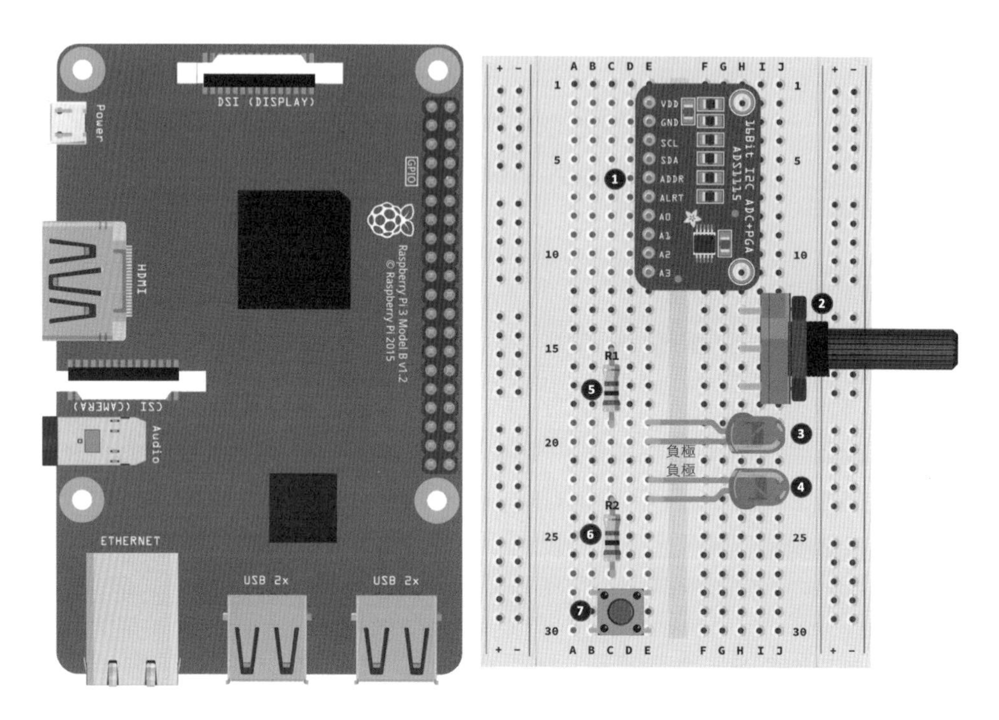

▲ 圖 12-2 參考電路，進度 1/3

請根據以下步驟完成第 1 部分－裝上各種元件。步驟編號對應於圖 12-2 中的黑色圓圈號碼：

01 把 ADS1115 模組接上麵包板。

02 把電位計接上麵包板。

03 把一顆 LED 接上麵包板，請注意 LED 的接腳方向應與圖片相同。

04 把另一顆 LED 接上麵包板，請注意 LED 的接腳方向應與圖片相同。

05 把 200Ω 電阻（R1）接上麵包板，電阻的其中一端需與在步驟 3 中放置的 LED 之正極接腳在同一排。

06 把另一顆 200Ω 電阻（R2）接上麵包板，電阻的其中一端需與在步驟 5 中放置的 LED 之正極接腳在同一排。

07 把按鈕接上麵包板。

元件都裝上麵包板了，開始佈線。

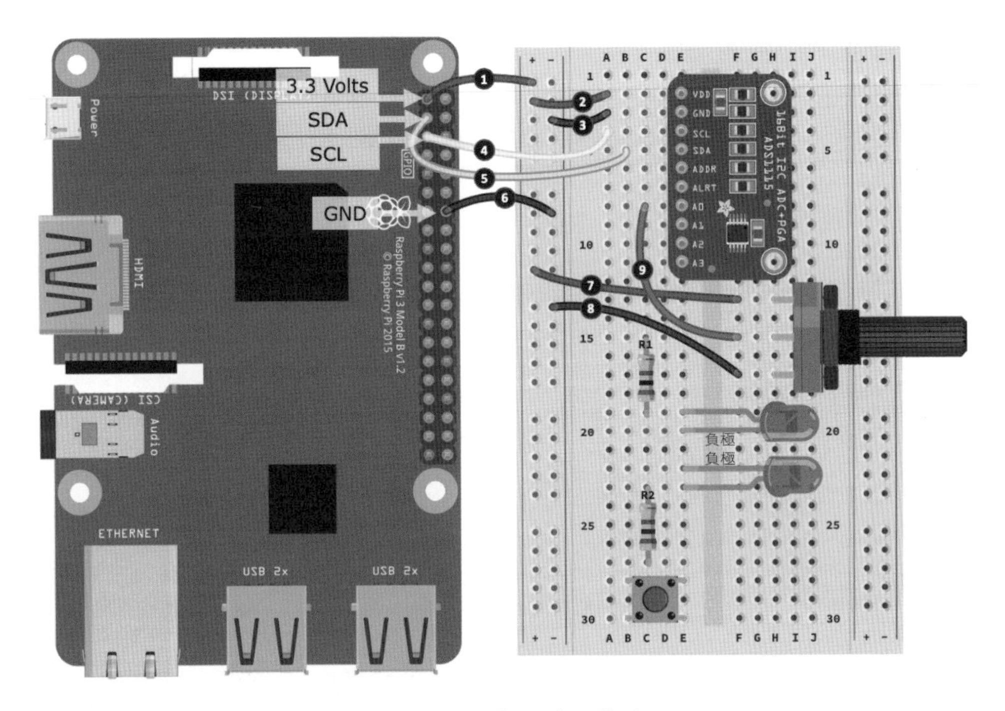

▲ 圖 12-3 參考電路，進度 2/3

請根據以下步驟完成第 2 部分，步驟編號對應於圖 12-3 中的黑色圓圈號碼：

01 把 Raspberry Pi 的 3.3V 接腳接上左排之正電軌。

02 把 ADS1115 的 Vdd 端子接上左排之正電軌。

03 把 ADS1115 的 GND 端子接上左排之負電軌。

04 把 ADS1115 的 SCL 端子接上 Raspberry Pi 的 SCL 接腳。

05 把 ADS1115 的 SDA 端子接上 Raspberry Pi 的 SDA 接腳。

06 把 Raspberry Pi 的 GND 接腳接上左排之負電軌。

07 把電位計的外接端子接上左排之正電軌。

08 把電位計的另一個外接端子接上左側之負電軌。

09 把電位計的中心端子接上 ADS1115 的 A0 連接埠。

還記得這種配置下的電位計會形成變電分壓器嗎？如果忘記了，請複習一下第 6 章，如果你也需要複習 ADS1115 模組的話，請參考第 5 章。

接著繼續佈線：

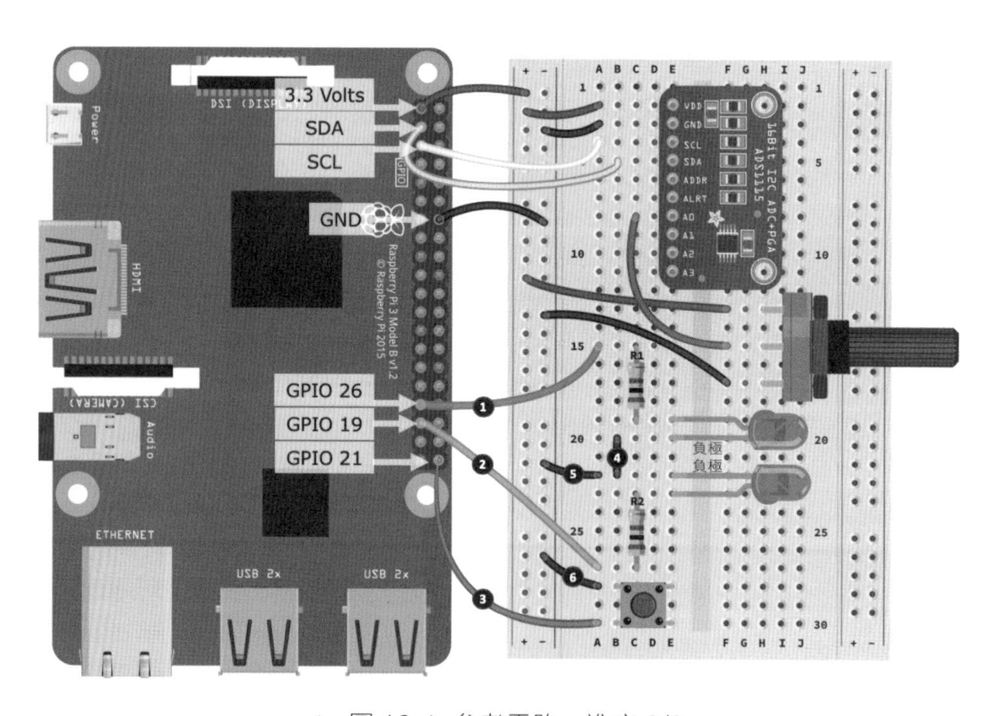

▲ 圖 12-4 參考電路，進度 3/3

請根據以下步驟完成最後一個部分，步驟編號對應於圖 12-4 中的黑色圓圈號碼：

01 把 Raspberry Pi 的 GPIO26 腳位接到 200Ω 電阻（R1）。

02 把 Raspberry Pi 的 GPIO19 腳位接到第二顆 200Ω 電阻（R2）。

03 把 Raspberry Pi 的 GPIO21 腳位接到按鈕的其中一個接腳。

04 把 LED 的兩個負極腳接在一起。

05 把 LED 的負極腳接到左排之負電軌。

06 把按鈕的第二接腳接到左排之負電軌。

佈線到此結束，可以來執行這個電路的範例程式碼了。

12.2.2 執行範例程式碼

本章提供四個不同版本的程式碼，皆適用於圖 12-1 的電路。第 12 章的程式碼依照版本存放於以下資料夾中：

- `chapter12/version1_eventloop` 為事件迴圈的範例程式碼。
- `chapter12/version2_thread` 為執行緒和回呼的範例程式碼。
- `chapter12/version3_pubsub` 為發佈 / 訂閱的範例程式碼。
- `chapter12/version4_asyncio` 為非同步 IO（AsyncIO）的範例程式碼。

所有版本在功能上都是一樣的，不同的是程式碼結構和設計。測試完電路之後會再針對各個版本深入討論。

請根據以下步驟執行各個版本（從版本 1 開始）並測試電路：

01 至 `version1_eventloop` 資料夾。

02 快速地瀏覽一遍 `main.py` 原始檔案，以及資料夾中任何額外的 Python 檔案，讓自己對程式碼的內容和結構有初步的概念。

03 在終端機上執行 `main.py`（請記得先換成本章的虛擬環境）。

info

若在此碰到關於 I2C 或是 ADS11x5 的錯誤，請記得用 i2cdetect 來確認像是 ADS1115 這類型的 I2C 裝置是否接線正確，並已被你的 Raspberry Pi 偵測到。更多資訊請參考第 5 章。

04 轉動電位計指針，觀察第一顆 LED 閃爍頻率的變化。

05 迅速地按一下按鈕。

06 轉動電位計指針，觀察第二顆 LED 閃爍頻率的變化。

07 按住按鈕 0.5 秒，並觀察兩顆 LED 的閃爍頻率是否同步。

以下為終端機輸出範例：

```
(venv) $ cd version1_eventloop
(venv) $ python main.py
INFO:Main:Version 1 - Event Loop Example. Press Control + C To Exit.
INFO:Main:Setting rate for all LEDs to 2.5
INFO:Main:Turning the Potentiometer dial will change the rate for LED #0
INFO:Main:Changing LED #0 rate to 2.6
INFO:Main:Changing LED #0 rate to 2.7
INFO:Main:Turning the Potentiometer dial will change the rate for LED #1
INFO:Main:Changing LED #1 rate to 2.6
INFO:Main:Changing LED #1 rate to 2.5
# 省略
INFO:Main:Changing LED #1 rate to 0.5
INFO:Main:Changing rate for all LEDs to 0.5
```

08 請於終端機按下 Ctrl + C 退出程式。

09 在 version2_threads、version3_pubsub、和 version4_asyncio 各個版本中重複步驟 1 到 8。

現在，你已測試並瀏覽過四個不同的原始程式碼（若你有試著自己寫程式，那就是五個），這幾個版本都用了不同的方式達到相同的目的。

現在，我們要來了解這些程式是如何運作的，從事件迴圈開始。

12.3 認識事件迴圈方法

先從討論在上一節中測試過，並以事件迴圈方法完成的小道具開始介紹程式碼。

事件迴圈方法的程式碼位於 chapter12/version1_eventloop 資料夾中。你會看到一個名為 main.py 的檔案。請暫時放下本書，並仔細閱讀 main.py 中的程式碼，讓自己對程式碼的架構和運作有基本的理解。或者，你也可以在程式碼中加入斷點或是插入 print() 語法，然後再跑一次來看它是如何運作的。

結果如何？你注意到了什麼？如果你覺得程式碼看起來很可怕，或是迷失在一堆迴圈、if 和狀態變數中的話，做得好！這表示你至少有花時間去思考這個方法和它的架構。

#1 處為簡化後的 while True: 迴圈，示範了所謂的事件迴圈方法：

```
# chapter12/version1_eventloop
#
# 先設定與初始化，再進入 while 迴圈
#
if __name__ == "__main__" :
    # 事件迴圈開始
    while True:                                  # (1)
        #
        # ... 程式邏輯主體都位於 while 迴圈中
        #
        sleep(SLEEP_DELAY)
```

當然，我可以透過用函式，甚至外部類別來減少 while 迴圈中的程式碼數量（也許也更容易閱讀），不過，整體設計不變－程式控制的主體就是在一個無窮迴圈之中。

info

如果你熟悉 Arduino，應該很容易理解這個方法。這也是為什麼本節的標題是事件迴圈，因為兩者的相似性還有這個詞很常見。儘管如此，在 Python 中事件迴圈一詞的涵蓋層面更廣，如同接下來在 AsyncIO（版本 4）中會看到的。

你可能也已經意識到，本書許多範例中都用到了這個事件迴圈方法。三個範例如下：

- 執行如 LED 閃爍等的計時事件（第 2 章）。
- 讀取 DHT11 或 DHT22 溫度濕度感測器數值（第 9 章）。
- 讀取與光敏電阻（LDR）連接的 ADS1115 類比數位轉換器數值（同樣為第 9 章）。

在這樣的背景下，事件迴圈在單一重點的範例事件中是說得通的。甚至在你嘗試新點子或是學習新的致動器或感測器時，也可以單純為了便利性而使用事件迴圈。不過，如同 version1_eventloop/main.py 程式中所示範的，一旦你加入多個元件（像是一個電位計、兩個 LED 和一個按鈕）並試圖讓它們為一個明確的目的運作後，程式碼便容易變得很複雜。

舉例來說，請看看以下 #3 處負責所有 LED 閃爍的程式碼，別忘了這個程式碼區塊在每次迴圈更新時都會被做一次，且負責閃爍每一個 LED：

```
#
# LED 閃爍
#
now = time()                                           # (3)
for i in range(len(LED_GPIOS)):
    if led_rates[i] <= 0:
        pi.write(LED_GPIOS[i], pigpio.LOW) # LED 熄滅
    elif now >= led_toggle_at_time[i]:
        pi.write(LED_GPIOS[i], not pi.read(LED_GPIOS[i])) # 切換 LED 狀態
        led_toggle_at_time[i] = now + led_rates[i]
```

把它跟以下的簡易版（類似之後在其他方法中會看到的）做比較，簡易版更加一目了然。

```
while True:
    pi.write(led_gpio, not pi.read(led_gpio)) # 切換 LED 狀態
    sleep(delay)
```

再來看看以下從 #2 處負責偵測按鈕是否被按下這一段，只是為了偵測按鈕的動作，程式碼就多達 40 行（從 main.py 檔案中擷取）：

```
while True:
    button_pressed = pi.read(BUTTON_GPIO) == pigpio.LOW     # (2)

    if button_pressed and not button_held:
        # 按鈕被按下
        # ... 省略 ...
    elif not button_pressed:
        if was_pressed and not button_held:
            # 按鈕被放開
            # ... 省略 ...
    if button_hold_timer >= BUTTON_HOLD_SECS and not button_held:
        # 按鈕被按住
        # ... 省略 ...

    # ... 省略 ...
```

你會發現其中包含了許多變數，如 button_pressed、button_held，全部會在每一次 while 迴圈中被評估，而主要目的只有偵測按鈕狀態一個事件而已。相信你很清楚這樣的程式碼既無聊又容易出錯。

info

可以使用 PiGPiO 回呼在 while 迴圈外處理按鈕是否按下的事件，甚至用 GPIO Zero 的 Button 類別。兩者都可以大幅減少按鈕事件處理邏輯的複雜性。同樣地，我們也能加入 GPIO Zero 的 LED 類別來處理 LED 的閃爍事件。不過，這樣一來就不是一個單純的事件迴圈基礎範例了。

我不是說事件迴圈方法不好或是錯的。它有它的用處，也有非它莫屬的情況，事實上在使用 while 迴圈或其他迴圈架構時，都是在產生一個迴圈。所以基本迴圈的想法無所不在，只是不適合用在較為複雜的程式上，因為它會讓程式更複雜，也比較難以維護和除錯。

當你發現程式碼逐漸走向事件迴圈的不歸路時，請立刻停下來並檢討，因為你可能需要考慮重新構建程式碼以採用其他更容易維護的方法，例如接下來要討論的執行緒 / 回呼方法。

12.4 認識執行緒方法

看完事件迴圈方法後，來看看另一個使用執行緒、回呼和物件導向的方法，以及這個方法如何增進程式碼的易讀性、降低維護難度以及促進程式碼再用性。

執行緒方法的程式碼存放於 chapter12/version2_threads 資料夾中。共有四個檔案－主要程式碼 main.py，和三個類別定義檔案：LED.py、BUTTON.py 和 POT.py。

請暫時放下本書，並仔細閱讀 main.py 中的程式碼，讓自己對程式碼的架構和運作有基本的理解。請同樣瀏覽過一遍 LED.py、BUTTON.py 和 POT.py。

結果如何？你注意到了什麼？我猜在你瀏覽 main.py 的時候，應該有注意到這個版本比較好懂，而且沒有一堆繁複又多餘的 while 迴圈，取而代之的是一個用來防止跳出程式的 pause() 呼叫，如 #3 處所示：

```
# chapter12/version2_threads/main.py
if __name__ == "__main__" :                # (3)
        # 初始化所有 LED
        # ... 省略 ...
        # 不再使用 while 迴圈！
        # 改用 BUTTON、LED 與 POT 等類別與已註冊的回呼函式來完成
        pause()
```

本範例採取了物件導向技術，並用三個類別將程式模組：

- 按鈕類別（BUTTON.py），負責處理所有按鈕邏輯。
- 電位計類別（POT.py），負責所有電位計和類比數位轉換邏輯。
- LED 類別（LED.py），負責 LED 的閃爍。

使用 OOP 方法可以大幅簡化 main.py 程式碼。現在它的功用為建立並初始化一個類別實例，納入讓程式正常運作的回呼處理和邏輯。

請看以下按鈕的 OOP 方法：

```
# chapter12/version2_threads/main.py
# 按鈕被按下、放開與按住時的回呼處理器
def button_handler(the_button, state):
    global led_index
    if state == BUTTON.PRESSED:          # (1)
        #... 省略 ...
    elif state == BUTTON.HOLD:           # (2)
        #... 省略

# 建立按鈕實例
button = BUTTON(gpio=BUTTON_GPIO,
                Pi=Pi,
                Callback=button_handler)
```

相較於事件迴圈範例中處理按鈕的程式碼，這次簡潔好讀多了。程式碼在哪一個部分、如何回應 #1 處的按下按鈕和 #2 處的按住按鈕，相當明確。

再來看看於 BUTTON.py 檔案中定義的 BUTTON 類別。它是一個 PiGPIO 回呼的加強版包裝函式類別，用來轉換 GPIO 腳位的高 / 低狀態為 PRESSED、RELEASED 和 HOLD 事件，如以下在 BUTTON.py 程式碼中的 #1 處所示：

```
# chapter12/version2_threads/BUTTON.py
def _callback_handler(self, gpio, level, tick): # PiGPIO Callback   # (1)

    if level == pigpio.LOW: # 腳位狀態為 LOW -> 按鈕被按下
        if self.callback: self.callback(self, BUTTON.PRESSED)

        # 按鈕被按下時啟動計時器，用於偵測是否被按住超過了 self.hold_secs 時間
        timer = 0                 # (2)
        while (timer < self.hold_secs) and not self.pi.read(self.gpio):
            sleep(0.01)
            timer += 0.01

        # 按鈕經過 self.hold_secs 之後依然被按住
        if not self.pi.read(self.gpio):
```

```
            if self.callback: self.callback(self, BUTTON.HOLD)

    else: # 腳位狀態為 HIGH -> 按鈕被放開
        if self.callback: self.callback(self, BUTTON.RELEASED)
```

不同於事件迴圈範例中處理按鈕的程式碼，在這邊沒有引入或詢問多個狀態變數來偵測按鈕按住事件；相反地，這個邏輯於 #2 處被簡化成一個更線性的方法。

接下來，在研究 POT 類別（定義於 POT.py）以及 LED 類別（定義於 LED.py）時，將會看到程式中出現了執行緒。

info

你知道就算一個 Python 程式當中有多個執行緒，但無論何時都只會執行其中一個嗎？雖然這看似違反直覺，但它其實是 Python 語言在誕生時就有的機制，稱為全域解釋器鎖（GIL）。若你想了解更多有關 GIL 和其他許多可與 Python 並行的方式的話，請參考本章「延伸閱讀」的參考連結。

以下為 POT 類別的執行緒方法，位於 POT.py 檔案中。從 #1 處開始，說明了它是如何不停調查 ADS1115 類比數位轉換器以確認電位計位置的。自從在第 5 章第一次討論到類比數位轉換、ADS1115 模組和電位計之後，我們已經在本書中看過不少次這種輪詢範例：

```
# chapter12/version2_threads/POT.py
def run(self):
    while self.is_polling:                          # (1)
        current_value = self.get_value()
        if self.last_value != current_value:        # (2)
            if self.callback:
                self.callback(self, current_value)  # (3)
            self.last_value = current_value
        timer = 0
        while timer < self.poll_secs: # Sleep for a while
```

```
            sleep(0.01)
            timer += 0.01
    # self.is_polling 已為 False，執行緒結束
    self.__thread = None
```

差別在於這次是為了得知電壓變化（例如使用者調整了電位計），而在 #2 處監控 ADC 並將變化於 #3 處變成回呼。你在瀏覽 main.py 中的原始碼應該就有看到這個處理器。

現在來看看與 LED 相關的 version2 程式碼是如何實行的。如你所知，讓 LED 以特定頻率閃爍的基礎程式碼會牽涉到 while 迴圈和 sleep 語法。這是在 LED 類別中使用的方法，如 LED.py 中 #3 處的 run() 方法：

```
# chapter12/version2_threads/LED.py
def run(self):                               # (3)
    """ 讓 LED 閃爍 ( 這就是執行緒的 run() 方法 ) """
    while self.is_blinking:
        # 切換 LED 亮暗
        self.pi.write(self.gpio, not self.pi.read(self.gpio))

        # 程式碼可執行，但 LED 的回應會變得遲鈍
        # sleep(self.blink_rate_secs)

        # 較好的做法 - LED 的回應近乎即時
        timer = 0
        while timer < self.blink_rate_secs:
            sleep(0.01)
            timer += 0.01

    # self.is_blinking 值為 False，執行緒結束
    self._thread = None
```

相信你會同意這個方法比起上一節的事件迴圈來的更簡單明瞭。不過，請別忘了，事件迴圈方法只在一個程式碼區塊和程式的主執行緒中就可以讓所有 LED 運作，還能改變閃爍頻率。

Tips

請看前段程式碼中的兩個 sleep 方法，雖然第一個方法 sleep(self.blink_rate_secs) 很常見又吸引人，但風險是它會在休眠期間擋掉所有執行緒。結果就是 LED 的閃爍頻率不會即時反應，所以使用者在調整電位計之後會覺得 LED 的反應慢半拍。而第二個被稱作 #Better approach 的方法能夠減緩這個問題，讓 LED 的反應更即時。

version2 範例程式使用了包含內部執行緒的 LED 類別，表示現在有多個執行緒－每個 LED 都搭配了一個－讓所有 LED 都是獨立閃爍。

想到會產生什麼問題了嗎？如果你有先看過 version2 的原始碼，應該很快就能想到－問題在於當按鈕被按住 0.5 秒後，所有 LED 的閃爍頻率都會同步而變成一致了！

透過導入多個執行緒，我們也導入了多個計時器（也就是 sleep() 語法），所以每一個執行緒都會是按照自己的排程獨立閃爍，而非從一個共同的時間參考點開始。

這表示，如果對多個 LED 呼叫 led.set_rate(n)，即使它們都是以頻率 n 閃爍，卻不見得會同步。

一個簡單的解決方案是在以同樣頻率閃爍之前，先同步關閉所有 LED。也就是說，讓它們從一個相同狀態（關閉）開始同步閃爍。

這個方法即為以下 LED.py 的 #1 處開始。由 #2 處的 led._thread.join() 語法完成同步的核心動作：

```
# chapter12/version2_threads/LED.py
@classmethod                          # (1)
def set_rate_all(cls, rate):
    for led in cls.instances: # Turn off all LEDs.
        led.set_rate(0)
```

```
    for led in cls.instances:
        if led._thread:
            led._thread.join()        # (2)

    # 在所有的 LED 執行緒結束（且全數熄滅）之後才會到達這裡
    for led in cls.instances: # Start LED's blinking
        led.set_rate(rate)
```

這是完成同步的第一步，也是符合狀況又實用的做法。如之前所說，我們只是要確保所有 LED 能一起從關閉的狀態開始同步閃爍（至少是幾乎同時，因為 Python 跑完所有 for 迴圈需要時間）。

Tips

試著在前述程式碼的 #2 處註解排除 led._thread.join() 並具體化 for 迴圈後執行程式。先讓 LED 以不同頻率閃爍，接著按住按鈕讓它們同步。有每一次都成功嗎？

不過，需要注意的是，我們還是在處理多個執行緒以及獨立計時器讓 LED 閃爍，因此仍然可能會發生時間漂移。如果是實際發生的問題，那麼就必須探索替代方案來同步每個執行緒中的時間，或者我們可以建立一個單一類別來控制多個 LED（基本上使用事件迴圈範例中的方法，只是將其重構成單一類別和執行緒）。

在此關於執行緒的重點是，當你將執行緒導入應用時可能會產生一些時間差的問題，但也許可以迴避或同步掉。

Tips

如果你是第一次在原型或新程式中加入事件迴圈方法，那麼在把程式碼重構成類別或執行緒時，記得要考慮可能會產生的時間差跟同步問題。在測試時（在產品階段就更慘了）才意外發現同步錯誤是很令人沮喪的事情，因為問題很難正確地重現，且可能導致程式碼需要大幅重寫。

現在我們已經了解如何藉由物件導向技巧、執行緒和回呼來建立範例程式，明白這個方法的程式碼比較容易理解跟維護，也發現為了同步執行緒程式碼而額外產生的需求。接著，我們要來看看程式碼的第三種變化：以發佈 / 訂閱模式為基礎的方式。

12.5 認識發佈 / 訂閱方法

看完使用執行緒、回呼和物件導向技術的方法後，再來看看第三種做法，發佈 / 訂閱模式。

發佈 / 訂閱模式的程式碼位於 chapter12/version3_pubsub 資料夾中。共有四個檔案－主要程式碼 main.py，三個類別定義檔案：LED.py、BUTTON.py 和 POT.py。

請暫時放下本書，並仔細閱讀 main.py 中的程式碼，讓自己對程式碼的架構和運作有基本的理解。接著請同樣看過一遍 LED.py、BUTTON.py 和 POT.py。

你應該會注意到程式碼整體的結構（尤其是類別檔案）跟上一節的 version2 執行緒 / 回呼範例非常類似。

你可能也發現了這個方法和第 4 章中討論過的 MQTT 部署之發佈 / 訂閱概念相當接近。主要差別在於，這個 version3 範例中的發佈 / 訂閱脈絡僅限於程式的執行階段環境，而非如 MQTT 範例一樣，是多組分散於網路上的程式所組成。

我藉由 PyPubSub Python 函式庫在 version3 中導入了發佈 / 訂閱層，此函式庫可由 pypi.org 取得並藉由 pip 安裝。我們不會討論任何關於此函式庫的細節，因為你應該已經相當熟悉此種函式庫的概念和使用方式。就算不是，我也相信你在看過 version3 的原始程式碼檔案後，很快就能理解其運作方式。

Tips

PyPi.org 上有很多可以替代 PubSub 的 Python 函式庫。本範例之所以選擇使用 PyPubSub，是因為它提供的相關文件和範例的品質很不錯。你可以在本章開頭處的技術要求段落找到此函式庫的連結。

由於 version2（執行緒方法）和 version3（發佈 / 訂閱方法）相當類似，在此不會討論各個程式碼檔案的細節，只會點出主要的差異：

- 在 version2（執行緒）方法中，led、button 和 pot 類別實例之間的溝通方式為：
    - 於 main.py 中，在 button 和 pot 類別實例上暫存回呼處理。
    - 透過此回呼機制，button 和 pot 送出事件（例如按鈕被按下或電位計有了調整）。
    - 透過 set_rate() 實例方法和 set_rate_all() 類別方法直接與 LED 類別實例互相作用。
- 在 version3（發佈 / 訂閱）中，類別內部的溝通結構與設計如下：
    - 各個類別實例的配對皆十分鬆散。
    - 沒有回呼。
    - 在類別實例被 PyPubSub 建立與暫存後，不會直接互相作用。
    - 類別與執行緒之間的溝通皆透過 PyPubSub 提供的訊息傳遞層產生。

老實說，發佈 / 訂閱方法在範例程式中沒有太多優勢。在這種小程式上，我個人是偏好用回呼的版本。提供發佈 / 訂閱這個替代方案是為了讓你有個參考，可以根據自己的需求而考慮是否選用此方案。

發佈 / 訂閱方法會在具備較多元件的複雜程式上展現優勢（我指的是軟體元件，不一定是實體的電子元件），能夠以本質為非同步的 PubSub 方式分享資料。

Tips

本章透過四種獨立又特色分明的範例介紹了不同的程式設計方法。不過，實際上在寫程式的時候，將這些方法（或其他的設計模式）混搭在一起使用的情況相當常見。請記得，不管是哪一種方法或組合，只要能符合你的目的便是最適合的方法。

如同之前討論過的，以及你在 version3 程式碼中看到的，發佈 / 訂閱方法其實是一種執行緒和回呼方法的簡易變化，我們將所有程式碼的溝通標準化成訊息傳遞層，而非透過回呼直接與類別實例互動。接下來，我們要來看看範例程式碼的最後一個方案：AsyncIO 方法。

12.6 認識 AsyncIO 方法

本章已討論了三種目的相同但手法不同的程式技巧。第四個也是最後一個方法將由 Python 3 提供的 AsyncIO 函式庫來實作。你會看到這個方法與前幾種之間的相似處和差異性，並且為程式碼及其運作方式加入了額外的彈性。

就個人經驗來看，若你是第一次接觸 Python 的非同步設計，可能會覺得這個方法複雜、累贅又令人困惑。沒錯，非同步設計富有挑戰性（而且本節也只能帶到一點皮毛），不過，當你漸漸熟悉它的概念並逐漸累積實作經驗後，會開始發現它其實是一種相當優雅的開發方式。

Tips

如果你不熟悉 Python 的非同步設計，你可以在「延伸閱讀」中找到精選的教學連結來深入學習。我本來就只打算在本節示範一個針對電子元件介接的簡單 AsyncIO 程式，可做為你之後了解這類型程式時的參考。

非同步模式的程式碼存放在 chapter12/version4_asyncio 資料夾中。共有四個檔案－主要程式碼 main.py，三個類別定義檔案：LED.py、BUTTON.py 和 POT.py。

請暫時放下本書，並仔細閱讀 main.py 中的程式碼，讓自己對程式碼的架構和運作有基本的理解。接著請同樣瀏覽過一遍 LED.py、BUTTON.py 和 POT.py。

Tips

如果你剛好是 JavaScript 的開發者－尤其是 Node.js－應該很清楚 JavaScript 就是一種非同步的程式語言，不過在 Python 中感覺會很不一樣！我可以跟你保證兩者的原則相同。之所以感覺會很不一樣的主要原因在於，JavaScript 是預設非同步。任何一個有經驗的 Node.js 開發者都知道，我們經常得用盡全力（而且常常是不擇手段）才能讓部分的程式碼能夠同步運作。而 Python 則正好相反－它是預設同步，而我們必須努力讓部分程式碼不同步。

在瀏覽程式原始碼的時候，請將 version4 的 AsyncIO 程式視為具備了 version1 的事件迴圈基礎和 version2 的執行緒 / 回呼之元素。以下為主要的差異與相似性：

- 程式碼的整體結構與 version2 的執行緒 / 回呼範例非常類似。
- main.py 的最後幾行是在本書首次出現的程式碼，像是 loop=asyncio.get_event_loop()。
- 如同 version2 之程式碼，我們使用了物件導向技術將元件分解至不同類別中，包含一個 run() 方法，但請注意這些類別中沒有執行緒實例，也沒有啟動執行緒的程式碼。
- 在類別定義檔案 LED.py、BUTTON.py 和 POT.py 中，async 和 await 這兩個關鍵字常常出現，也出現在 run() 函式裡，而 while 迴圈裡有一個 0 秒延遲－也就是 asyncio.sleep(0)－這表示程式實質上根本不會進入睡眠！
- 在 BUTTON.py 檔案中，我們不再使用 PiGPIO 回呼來監控按鈕是否被按下，而是在 while 迴圈中輪詢按鈕的 GPIO 腳位狀態。

Tips

歷經多年，Python 3 的 AsyncIO 函式庫已精進了不少（且仍在持續進化中），有了新的 API 協定、加入許多更高階的功能，也淘汰了一些不合用的。因為這些進化，程式碼可能很快就不適用最新的 API 協定，而兩個說明相同概念的範例程式碼也可能會用到不同的 API。強烈建議你快速地瀏覽一遍最新的 Python AsyncIO 函式庫中的 API 文件，會讓你對於新舊 API 實作的差異有概念，更有助理解範例程式碼。

我會用一個較為簡化的方式帶你看過高階程式的流程，以解釋其工作原理。當你能夠掌握整體的概念時，便已具備 Python 的非同步設計基礎了。

Tips

你還會看到一個名為 chapter12/version4_asyncio/main_py37.py 的檔案。這是在 Python 3.7+ 版本下的程式碼。它使用了搭配 Python 3.7 以上的 API。瀏覽該檔案就會發現其中的顯著差異。

在 main.py 檔案的最後可看到以下程式碼：

```
if __name__ == "__main__":
    # .... 省略 ....

     # 建立事件迴圈
     loop = asyncio.get_event_loop()   # (1)

     # 註冊所有 LED
     for led in LEDS:
         loop.create_task(led.run())   # (2)

     # 註冊按鈕與旋鈕
     loop.create_task(pot.run())       # (3)
     loop.create_task(button.run())    # (4)

     # 啟動事件迴圈
     loop.run_forever()                # (5)
```

Python 中的非同步程式是圍繞著事件迴圈發展，可以看到它在 #1 處被建立並從 #5 處開始執行。讓我們先暫時回到 #2、#3 和 #4 處的暫存。

這個非同步事件迴圈的基本原理其實類似於 Version1 的範例，但是語法不同。兩個版本都是單一執行緒，且兩組程式碼都是在一個迴圈中循環。在 version1 中這個特徵很顯而易見，因為程式碼的主體包含在一個外部的 while 迴圈當中。而非同步的 version4 卻較不明顯，且有個根本性的差異－如果架構正確，迴圈不會被擋住。我們很快就會看到，這就是要在 class run() 方法中呼叫 await asyncio.sleep() 的目的。

如上述，#2、#3 和 #4 處的迴圈中已經暫存了 class run() 方法，當我們在 #5 處開始執行迴圈後，會發生以下情況：

01 第一顆 LED 的 run() 函數被呼叫（如以下程式碼所示）：

```
# version4_asyncio/LED.py
async def run(self):
    """ LED 閃爍 """
    while True:                                              # (1)
        if self.toggle_at > 0 and
              (time() >= self.toggle_at):                    # (2)
            self.pi.write(self.gpio, not self.pi.read(self.gpio))
            self.toggle_at += self.blink_rate_secs

        await asyncio.sleep(0)                               # (3)
```

02 於 #1 處進入 while 迴圈，並於 #2 處根據閃爍頻率來開關 LED。

03 接下來進入 #3 處的 await asyncio.sleep(0) 以及讓出控制權，此時，run() 方法有效暫停，另一個 while 迴圈也不會開始。

04 控制轉移至第二顆 LED 的 run() 函式，並執行一次 while 迴圈直到碰到 await asyncio.sleep(0)。接著讓出控制權。

05 接著，輪到 pot 實例的 run() 方法執行（如以下程式碼所示）：

```
async def run(self):
    """ 輪詢 ADC 以取得電壓變化 """
    while True:
        # 檢查電位計是否被轉動
        current_value = self.get_value()
        if self.last_value != current_value:

            if self.callback:
                self.callback(self, current_value)

            self.last_value = current_value

        await asyncio.sleep(0)
```

06 run() 方法會執行一次 while 迴圈，直到碰到 await asyncio.sleep(0) 為止。接著讓出控制權。

07 控制轉移到 button 實例的 run() 方法（部分程式碼如下所示），其中含多個 await asyncio.sleep(0) 語法：

```
async def run(self):
    while True:
        level = self.pi.read(self.gpio) # LOW(0) or HIGH(1)

        # 等候 GPIO 電位變化
        while level == self.__last_level:
            await asyncio.sleep(0)

            # ... 省略 ...

            while (time() < hold_timeout_at) and \
                  not self.pi.read(self.gpio):
                await asyncio.sleep(0)

        # ... 省略 ...
        await asyncio.sleep(0)
```

08 一旦按鈕的 run() 方法碰到任何 await asyncio.sleep(0) 實例，便會讓出控制權。

09 現在，所有已註冊的 run() 方法都已經跑過一遍了，因此第一顆 LED 的 run() 方法會再度取得控制權並執行一次 while 迴圈直到 await asyncio.sleep(0) 為止。此時它會再次讓出控制權，而第二顆 LED 的 run() 方法將取得再度執行的機會…以此循環下去，讓每一個 run() 方法都得以輪流執行。

現在整理一些你可能會有疑問的地方：

- 如何理解按鈕的 run() 函式和其多個 await asyncio.sleep(0) 語法？

  當控制權在遇到 await asyncio.sleep(0) 語法而被讓出時，函式也在此時被讓出。在 run() 按鈕再度得到控制權時，程式碼會從 await asyncio.sleep(0) 的下一個語法接著開始。

- 延遲時間為何是 0 秒？

  等待一個 0 秒延遲是讓出控制權最簡單的方法（請注意，這裡是 asyncio 函式庫中的 sleep() 函式，而非來自 time 函式庫）。不過，你也可以 await 任何非同步的方法，但這就超出本章的範疇了。

  為求簡單，此範例使用零秒延遲來解釋程式碼的運作方式，你也可以使用非零秒整數的延遲時間。這個秒數只代表在讓出 run() 函式時程式碼會休眠多久－事件迴圈在時間到之前都不會有所動作。

- 那 async 和 await 關鍵字呢？該在哪裡使用它們？

  這需要透過實作來理解，不過以下為基本的設計規則：

  - 若你正在暫存一個帶有事件迴圈的函數（例如 run()），該函式必須由 async 關鍵字開始。
  - 任何 async 函式必須包含至少一個 await 語法。

編寫和學習非同步程式碼需要不斷地練習和嘗試。你可能在一開始的設計中會面臨到的挑戰之一，便是不曉得要把 await 語法放在哪裡、放幾個，還有讓出控制權的時間長度等等。建議你可以玩玩看 version4 程式碼，加入你自己的除錯用 print() 或 log 語法等等，實驗並修補程式碼直到你了解它們到底是如何配合在一起的。總有一天會豁然開朗，到那時你便已打開進一步探索 Python AsyncIO 函式庫各種進階功能的大門。

看完非同步程式碼於執行時間上的架構和運作方式後，我想提供你一些東西來實驗和思考。

12.6.1 非同步之實驗

來做個實驗。你可能有想過為何 version4（AsyncIO）和 version1（事件迴圈）程式碼有點像，只是跟 version2（執行緒）的程式碼一樣依類別重構。既然這樣，是否可以將 version1 while 迴圈依照類別重構，在 while 迴圈中建立並呼叫一個函式（例如 run()）就好，如此一來就不用那些複雜的非同步程式和額外的函式庫及句法了？

來試試看。你會在 chapter12/version5_eventloop2 資料夾中發現一個符合上述情況的程式碼版本。試著執行看看並觀察會發生什麼事。你應該會發現第一顆 LED 在閃爍，而第二顆一直亮著，然後按鈕及電位計都沒有反應。

你能想到原因嗎？

答案就在於 main.py，一旦第一顆 LED 的 run() 函式被呼叫了，程式碼便會永遠被卡在它的 while 迴圈當中！

針對 sleep()（來自 time 函式庫的）的呼叫不會導致控制權被讓出，只會在下一個 while 迴圈發生前，於持續時間內暫停 LED 的 run() 方法。

這就是為什麼我們會說同步程式會阻塞（不會讓出控制權），非同步程式卻不會阻塞（它會讓出控制權讓其他程式碼得以執行）的原因。

希望你喜歡這系列針對電子元件介接程式碼的四種替代方案－外加一種錯誤範例。接下來讓我們回顧本章的內容來總結。

12.7 總結

在本章，我們看到了開發介接電子元件之 Python 程式的四種方法。學到了事件迴圈方法、兩個不同的執行緒方法－回呼和發佈 / 訂閱模式－並以 AsyncIO 的編程方法作結。

四個範例都有很大的不同與特殊性。雖然在討論的過程中曾經提到每個方法相較之下的優勢和缺點，但請記住在實作中，你的專案很可能會混用這些、甚至其他方法，端看你想要達成什麼樣的程式和介接目的。

下一章會將注意力轉向物聯網平台，並討論用於製作物聯網平台的多種不同選項和替代方案。

12.8 問題

在結束本章之前，歡迎挑戰以下問題來驗證你在本章所學到的知識。在本書後面的「附錄」中可找到評量解答。

1. 在什麼情況下，發佈 / 訂閱模式會是個不錯的設計方法？
2. 什麼是 Python GIL ？對一般的執行緒有什麼影響？
3. 為何單純的事件迴圈在複雜的應用中不是一個好選項？
4. 事件迴圈方法是個好主意嗎？為什麼？或為什麼不？
5. `thread.join()` 函式的目的是什麼？
6. 你使用了執行緒來透過類比數位轉換器來輪詢一個新的類比元件，但是發現程式碼在反映該元件的變化上慢半拍，問題出在哪裡呢？
7. 在 Python 中設計物聯網或是電子元件介接的程式時，最好的方法是什麼？事件迴圈？執行緒與回呼？發佈 / 訂閱模式？還是以 AsyncIO 為基礎的方法呢？

12.9 延伸閱讀

reaipython.com 網站提供了一系列關於 Python 共時性的優秀教學，包含以下：

- What Is the Python GIL?
  https://realpython.com/python-gil
- Speed Up Your Python Program with Concurrency：
  https://realpython.com/python-concurrency
- An Intro to Threading in Python：
  https://realpython.com/intro-to-python- threading
- Async IO in Python：A Complete Walkthrough：
  https://realpython.com/async-io-python

以下為擷取自 Python (3.7) 官方網站中的 API 文件連結：

- Threading：
  https://docs.python.org/3.7/library/threading.html
- The AsyncIO library：
  https://docs.python.org/3.7/library/asyncio.htm
- Developing with AsyncIO：
  https://docs.python.org/3.7/library/asyncio-dev.html
- Concurrency in Python：
  https://docs.python.org/3.7/library/concurrency.html

Chapter 13

物聯網資料視覺與自動化平台

上一章介紹了幾種 Python 與電子元件介接的不同方案，包括了事件迴圈、使用回呼和訂閱 / 發佈模式的兩種執行緒做法，以及非同步 I/O 方法。

本章將介紹適用 Raspberry Pi 的物聯網和自動化平台。所謂物聯網平台和自動化平台其實是一個很廣泛的概念，為符合本章的目的，在此指的是任何能夠建立強大、有彈性又好玩的物聯網專案的現成系統，無論是在雲端還是安裝於電腦上。

本章主要會針對 If-This-Then-That（IFTTT）自動化平台做討論，我想你應該有聽過它，還有用於資料視覺化的 ThingSpeak 平台。之所以選擇這兩項服務，是因為它們都提供了一部分的免費服務，讓我們可以建立並探索一些簡單的範例。除此之外，我還會討論一些其他的物聯網和自動化平台，讓你能夠作出更強大的物聯網解決方案。

本章主題如下：

- 從 Raspberry Pi 觸發 IFTTT 的小程式
- 從 IFTTT 小程式來控制 Raspberry Pi
- 用 ThingSpeak 平台進行資料視覺化
- 進階探索其他物聯網與自動化平台

讓我們開始吧！

13.1 技術要求

你需要下列項目來執行本章的範例：

- Raspberry Pi 4 Model B
- Raspbian OS Buster（以及桌機與推薦軟體）
- Python 3.5 版本或以上

這些都是本書範例程式碼的基礎。合理預期，只要你的 Python 版本為 3.5 或更高版本，這些範例程式碼應該不需要修改就能在 Raspberry Pi 3 Model B 或其他版本的 Raspbian OS 中執行才對。

本章範例程式碼請由本書 GitHub 的 chapter13 取得：https://github.com/PacktPublishing/Practical-Python-Programming-for-IoT

請在終端機中執行以下指令來設定虛擬環境和安裝本章程式碼所需的 Python 函式庫：

```
$ cd chapter13                              # 進入本章的資料夾
$ python3 -m venv venv                      # 建立 Python 虛擬環境
$ source venv/bin/activate                  # 啟動 Python 虛擬環境 (venv)
(venv) $ pip install pip --upgrade          # 升級 pip
(venv) $ pip install -r requirements.txt    # 安裝相依套件
```

以下相依套件都是由 `requirements.txt` 所安裝：

- PiGPIO：PiGPIO GPIO 函式庫（`https://pypi.org/project/pigpio`）
- Paho MQTT 函式庫：`https://pypi.org/project/paho-mqtt`
- Requests HTTP 函式庫：`https://pypi.org/project/requests`
- PiGPIO 基礎 DHT 函式庫：`https://pypi.org/project/pigpio-dht`

本章範例需要用到以下電子元件：

- DHT11（準確度較低）或 DHT22（準確度較高）溫度濕度感測器，1 個
- 紅色 LED 燈，1 個
- 電阻：
    - 200Ω 電阻
    - 10kΩ 電阻，1 個（選配）

13.2 從 Raspberry Pi 觸發 IFTTT 的小程式

相信本書大多數的讀者對於 If-This-Than-That（IFTTT）網路服務（`ifttt.com`）都不陌生，你可以在該平台建立名為 applet（後稱為小程式）的簡易自動化工作流程。小程式會對其中一個網路服務（This）的變化做出反應，接著觸發於另一個網路服務（That）上的動作。

以下為幾種常見的小程式設定（又稱為配方）：

- 在 Twitter 上發佈特定標籤時，自動發送電子郵件通知自己
- 於指定時間開啟或關閉智慧燈光
- 透過手機的 GPS 定位，在你快到家時自動開啟聯網的車庫大門
- 自動於試算表上記錄你在辦公室裡的時間
- 其他數以千計的各種範例

我們將在本節以及下一節中了解到，Raspberry Pi 可以同時做為 This 或 That 的角色，要觸發小程式，或是對被觸發的小程式做出反應都可以。

下圖為本節內容的視覺化流程，也就是讓 Raspberry Pi 在 IFTTT 的工作流程中扮演 This 角色：

▲ 圖 13-1 Raspberry Pi 於 IFTTT 小程式的工作流程中作為 This 角色

接下來的 Python 範例為監控目前溫度（This），並於達到特定溫度時請求一個特定的 IFTTT Webhook 網址。網址被請求後將觸發小程式，並寄發電子郵件給使用者（That）。在建立第一個 IFTTT 執小程式的時候將進一步討論 Webhooks。

下一節，要建立並測試範例電路。

13.2.1 建立溫度監控的電路

這個範例會用到第 9 章的 DHT11/DHT22 溫度感測器之電路。

請執行以下步驟：

01 建立如圖 9-2 所示之電路。

02 將資料腳位接到 GPIO 24（第 9 章是接到 GPIO 21 上，但是在本章這個腳位會用來連接 LED 燈）。

建立好電路後，就可以來設定第一個 IFTTT 小程式了。

13.2.2 建立與配置 IFTTT 小程式

建立一個 IFTTT 小程式的步驟雖然不少，但大部分的步驟都很簡單且通用，並且跟要建立的小程式類型無關。接下來會逐步執行這些步驟，但不會討論細節，因為我相信你絕對能理解這些步驟的目的。相反地，我們會將重點放在與 Raspberry Pi 整合的部分。

info

請注意，`https://ifttt.com/` 上提供的免費服務有限制同時可使用的小程式數量，本書撰寫時最多可使用 3 個。在本章及下一章的練習中，總共會使用到 4 個小程式，所以當你進行到下一章時，會需要在 IFTTT 上儲存至少一個小程式才不會被課金。

請執行以下步驟：

01 登入或建立一個 IFTTT 帳戶。如需建立新帳戶，請至 `ifttt.com/join`，並依指示來完成。

info

這些步驟都是在 IFTTT 的電腦版網站 `ifttt.com` 上執行的。手機或平板電腦應用程式的介面會有所不同。

02 登入 IFTTT 後，請點擊你的用戶帳號（如以下畫面所示）來開啟主選單：

▲ 圖 13-2 用戶帳號

03 接著請點擊 **Create**，如下圖：

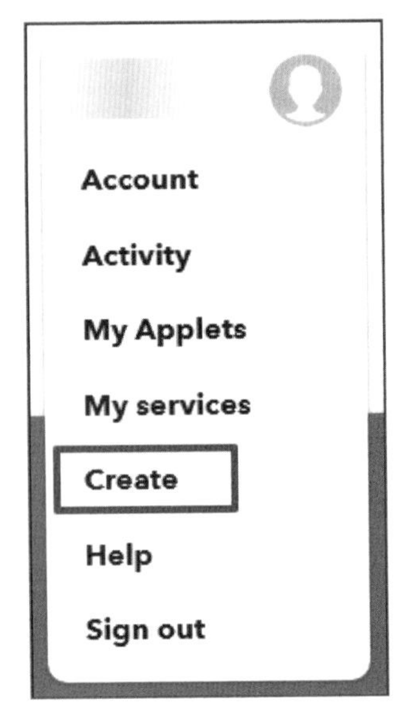

▲ 圖 13-3 用戶主選單

04 你會看到 **Create your own** 的頁面，請點擊位於 If 和 This 之間的 + 符號。

▲ 圖 13-4 Create your own 頁面－第一部分

05 接著會出現 **Choose a service** 的頁面。我們要用 WebHook 服務來整合 Raspberry Pi，如下圖所示：

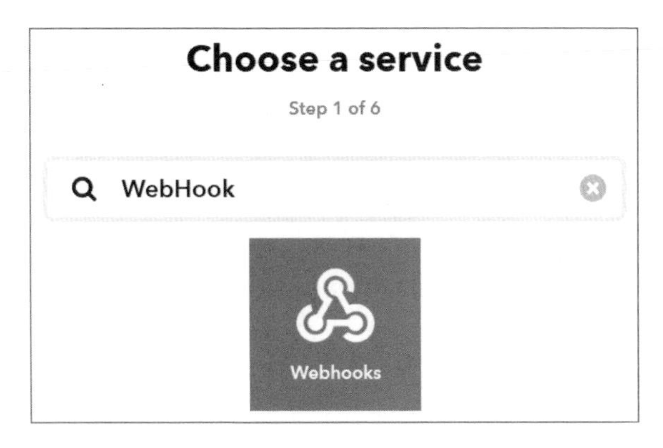

▲ 圖 13-5 Choose a service 頁面

06 找到 Webhook 服務之後，請點擊它的圖示以繼續。

07 會進入 **Choose a trigger** 的頁面，如下圖所示。請點擊 **Receive a web request**。

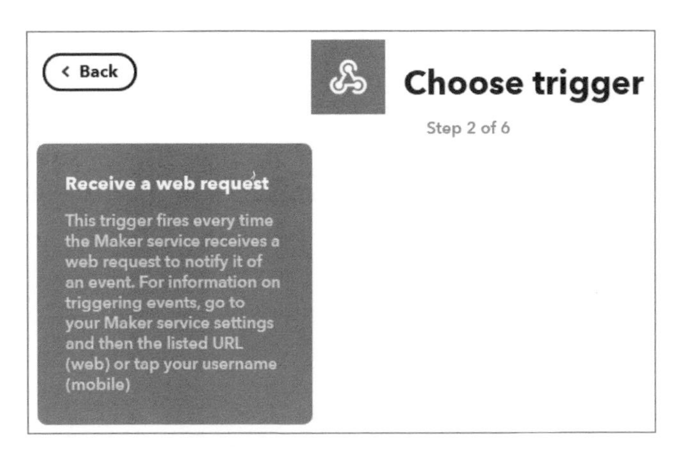

▲ 圖 13-6 Choose trigger 頁面

08 接下來，會進入 **Complete trigger fields** 的頁面，如下圖所示：

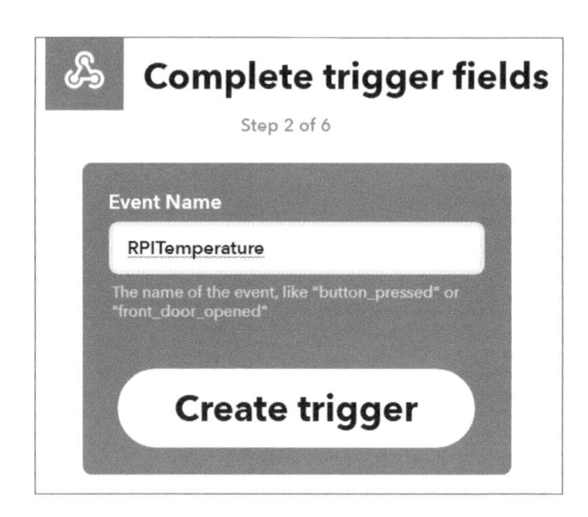

▲ 圖 13-7 Complete trigger fields 頁面

Event Name 這一欄在整合 Raspberry Pi 上很重要。在接下來會討論到的 Python 程式碼中，我們必須確保程式碼中的事件名稱與此頁面輸入的內容一致。本範例使用的事件名稱為 **RPITemperature**。

09 於 **Event Name** 欄位中輸入 **RPITemperature** 之後，請點擊 **Create trigger** 以繼續。

Tips

Webhooks 的 Event Name 是你的 IFTTT 帳戶獨有的識別名稱。若你要建立多個 Webhooks，那麼就必須用不同的 Event Name 來區別它們。

10 再次進入 **Create Your Own** 頁面，不過 This 已經變成了 Webhook 的圖示：

▲ 圖 13-8 Create your own 頁面－第二部分

目前完成配置 IFTTT 小程式一半的步驟了。我們已經設定好 Webhook 觸發器，接下來要設定反應動作，也就是寄發電子郵件。建立好電子郵件的寄送後，會再次回到 Webhook 觸發器，並得知用來觸發 Webhook 事件的網址及參數。

11 接下來，請點擊在 **Then** 和 **That** 之間的＋符號，並進入 **Choose action service** 頁面。請搜尋 **Email** 並點擊圖示：

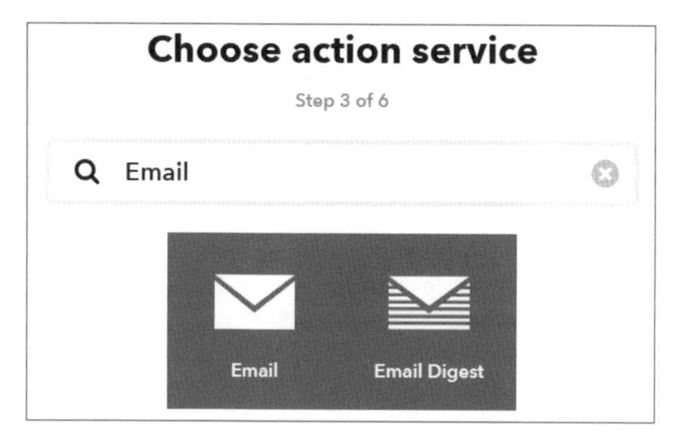

▲ 圖 13-9 Choose action service 頁面

12 進入如下圖的 **Choose action** 頁面後，請選擇 **Send me an email** 選項：

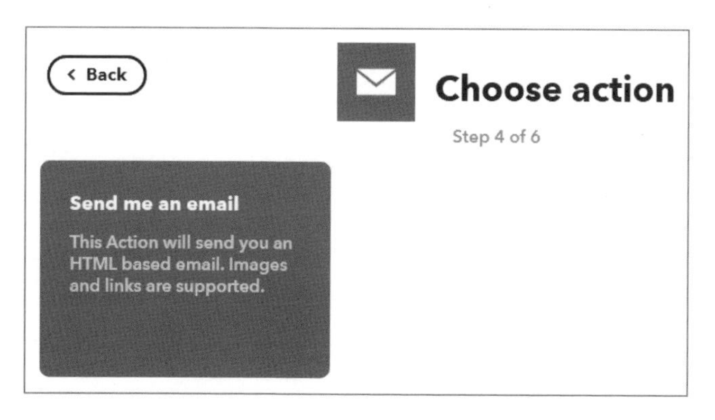

▲ 圖 13-10 Choose action 頁面

13 接著會進入 **Complete action fields** 頁面，請在 **Subject** 和 **Body** 欄中輸入文字，如下圖。後面會看到此動作產生的範例郵件：

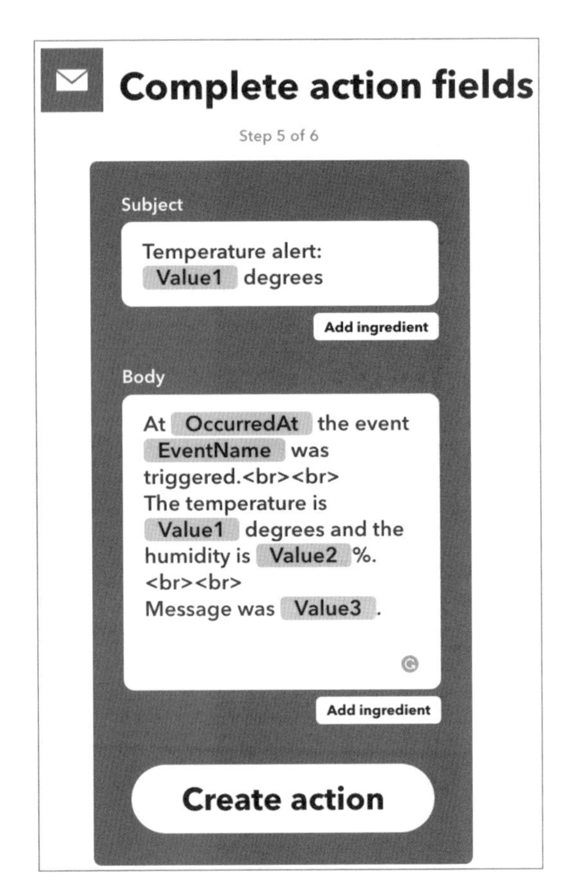

▲ 圖 13-11 Complete action fields 頁面

上圖可看到一些被標為灰色的文字，例如 **Value1** 和 **OccuredAt**。這些灰色標示代表組成要素，當小程式被觸發時會被換成其他數值。在接下來的程式碼中，我們會把這些 **Value1**、**Value2** 和 **Value3** 等組成要素換成目前溫度、濕度和訊息。

14 **Subject** 和 **Body** 文字欄都輸入完畢後，請點擊 **Create action**。

15 最後，於 **Review and finish** 頁面中點擊 **Finish**，如下圖：

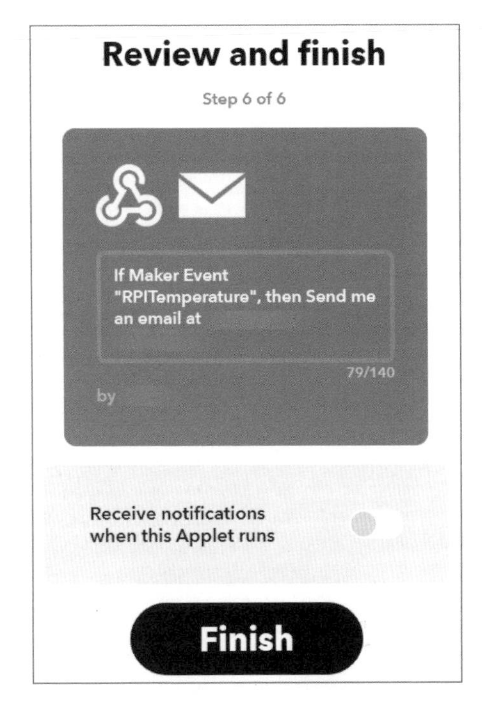

▲ 圖 13-12 Review and finish 頁面

恭喜！你已成功地建立了 IFTTT 小程式，它會在 Raspberry Pi 被觸發後自動寄送電子郵件給你。但具體是怎麼做的呢？下一節會說明。

13.2.3 觸發 IFTTT Webhook

IFTTT 的小程式已建立完畢，接下來還有幾個關於觸發 Webhook 的步驟要做。以下為你整理在 IFTTT 中找到專屬 Webhook 網址的步驟。

請執行以下步驟：

01 首先，請找到 **Webhooks** 頁面。有以下幾個方式，看你要用哪一個都可以：

- 在你的瀏覽器中輸入 Webhook 服務的網址：`ifttt.com/maker_webhook`
- 或者，在 IFTTT 網站中依以下步驟抵達頁面：
  1. 點擊你的用戶帳號（如之前圖 13-2 所示）。
  2. 從主選單中選擇 **My Services**（如圖 13-3）。
  3. 在 **My Service** 頁面中找到並點擊 **Webhook**。

不管用何種方式，你應該都會看到如下圖所示的網頁：

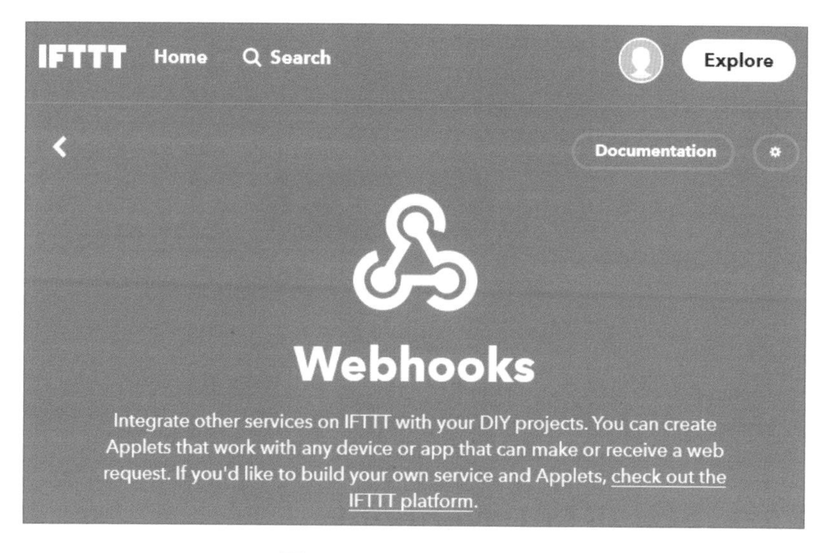

▲ 圖 13-13 Webhooks 頁面

02 請點擊右上方的 **Documentation**，進入 **Webhook** 文件頁面，如下圖：

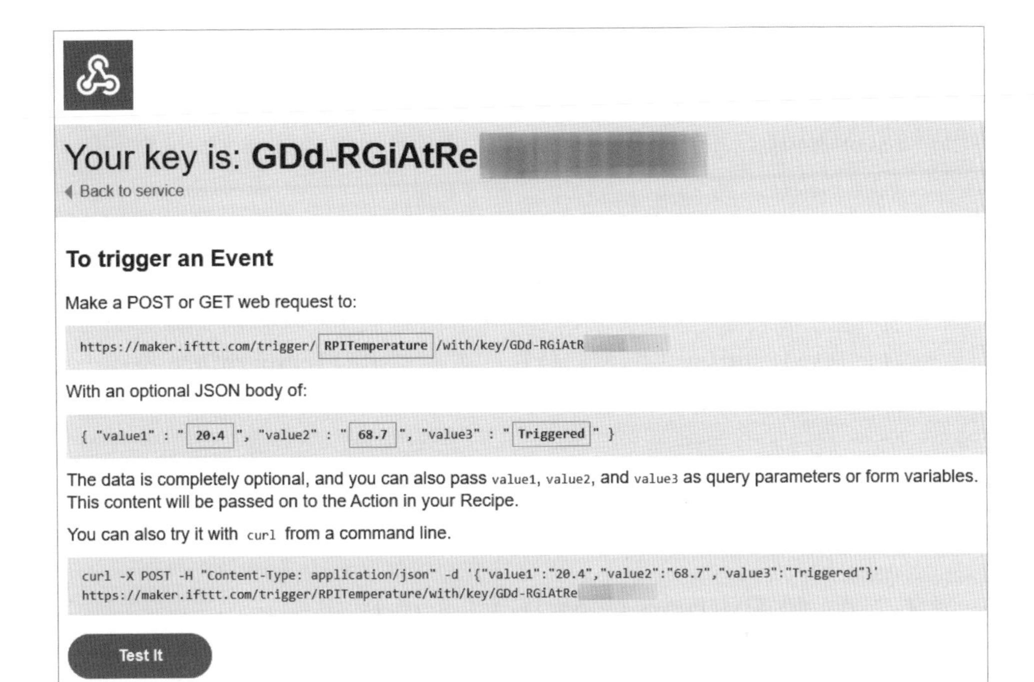

▲ 圖 13-14 Webhook 文件頁面

Tips

請注意，為方便參考，範例頁面已填好 {Event} 和 JSON Body 這兩個欄位，但你的頁面應顯示為空白。

這個頁面顯示了用來整合 Raspberry Pi 和 Webhook 觸發器的關鍵資訊。以下為重點部分：

- **Your key**：帳戶的 Webhook API 金鑰，也是專屬的 Webhook 網址的部分元素。
- **GET 或 POST request URL**：專屬 Webhook 網址。由 API 金鑰與 Event Name 所構成的唯一組合，用來連接網址和 IFTTT 觸發事件。這是我們用來整合 Raspberry Pi 時必須構建並請求的網址，之後在程式碼的部分會再討論。

- **Event name**：觸發事件名稱。
- **JSON body**：每一個 Webhook 觸發器最多可包含三個 JSON 格式的資料參數，名稱須為 value1、value2 和 value3。
- **cURL command-line example**：於終端機執行此範例以觸發 **RPITemperature** 事件（並收到一封電子郵件）。
- **The Test It button**：點擊此按鈕也會觸發 **RPITemperature** 事件（並收到一封電子郵件）。

IFTTT 小程式完成了，也知道要去哪裡找到 Webhook 網址，以及它的架構，接下來要進入觸發 IFTTT 小程式的 Python 程式碼了。

13.2.4 於 Python 觸發 IFTTT 小程式

接下來會示範一個以第 9 章的 DHT 11/DHT 22 之電路和程式碼為基礎的應用程式。此程式碼為 `chapter13/ifttt_dht_trigger_email.py`。

這個程式碼會用 DHT 11 或 DHT 22 來監控溫度，當高於或低於預設的臨界值時，程式碼便會啟動 IFTTT 的 webhook 網址，並寄發一封類似下圖的電子郵件。標題及內容會呼應上一節在步驟 13 所設定的：

▲ 圖 13-15 IFTTT 電子郵件範本

在執行範例程式碼之前，需要先完成幾項配置，先來看看有哪些：

01 開啟 chapter13/ifttt_dht_trigger_email.py 檔案以編輯。

02 找到以下 #1 處和 #2 處的程式碼片段。確認你的 DHT 感測器連接到正確的 GPIO 腳位，且感測器使用了正確的 DHT 11 或 DHT 22 實例：

```
# DHT 溫濕度感測器腳位編號
GPIO = 24
                                                              # (1)
# 根據選用的型號來設定 DHT 感測器
dht = DHT11(GPIO, use_internal_pullup=True, timeout_secs=0.5)   # (2)
#dht = DHT22(GPIO, use_internal_pullup=True, timeout_secs=0.5)
```

03 找到以下 #3、#4 和 #5 處之程式碼片段，依照你所處之環境調整 USE_DEGREES_CELSIUS、HIGH_TEMP_TRIGGER 和 LOW_TEMP_TRIGGER 等變數值：

```
USE_DEGREES_CELSIUS = True # False to use Fahrenheit    # (3)
HIGH_TEMP_TRIGGER   = 20 # 攝氏溫度                      # (4)
LOW_TEMP_TRIGGER    = 19 # 攝氏溫度                      # (5)
```

IFTTT 小程式會在超過 HIGH_TEMP_TRIGGER、或是低於 LOW_TEMP_TRIGGER 設定之溫度時被觸發，並寄發電子郵件。這邊界定溫度的上下限是為了設定一個緩衝區，以免當溫度在特定數值附近震盪時，會不斷地觸發程式並寄送電子郵件。

04 接下來，請找到 #6 處的程式碼片段，並換成上一段步驟 2 中的專屬 IFTTT API 金鑰：

```
EVENT = "RPITemperature"                           # (6)
API_KEY = "<ADD YOUR IFTTT API KEY HERE>"
```

設定完成了。你應該也有注意到 #7 處，由 API 金鑰和事件名稱組成的 IFTTT Webhook 網址：

```
URL = "https://maker.ifttt.com/trigger/{}/with/key/{}".format(EVENT, API_KEY) # (7)
```

接下來的程式碼會詢問 DHT11 或 DHT22 感測器，然後將讀取到的數值與 HIGH_TEMP_TRIGGER 和 HIGH_TEMP_TRIGGER 中的數值做比較，如果超過範圍，便會構建一個 requests 物件並呼叫 IFTTT Webhook 網址以觸發小程式。在此不會進一步討論這個程式碼，因為基於我們之前在 DHT11/DHT22 感測器和 Python requests 函式庫有過的經驗，相信不會太難理解。

程式碼的配置完成，可以在終端機上執行了。你會看到類似以下的輸出內容：

```
(venv) $ python ifttt_dht_trigger_email.py
INFO:root:Press Control + C To Exit.
INFO:root:Sensor result {'temp_c': 19.6, 'temp_f': 67.3, 'humidity': 43.7,
'valid': True}
INFO:root:Sensor result {'temp_c': 20.7, 'temp_f': 69.3, 'humidity': 42.9,
'valid': True}
INFO:root:Temperature 20.7 is >= 20, triggering event RPITemperature
INFO:root:Response Congratulations! You've fired the RPITemperature event
INFO:root:Successful Request.
```

範例中顯示 IFTTT 小程式在溫度超過 20 度時被觸發。

使用 Raspberry Pi 於 This 中以觸發 IFTTT 小程式的範例到此結束。上述所介紹到的基本流程說明了這一點並不難！在範例中我們寄發了電子郵件，但是你可以透過一樣的流程來建立觸發其他動作的 IFTTT 配方，例如開啟智慧光源或電器、自動於 Google 表單中增加行列、或是發佈 Facebook 貼文等等。你可以上 https://ifttt.com/discover 看看其他各式各樣的點子和可能性。請記得，從本書的角度及教學來看，Raspberry Pi 是使用 Webhook 觸發器來實現這些想法的。玩得開心！

接下來，讓我們來看一個相反的情況－如何作動 Raspberry Pi。

13.3 從 IFTTT 小程式作動 Raspberry Pi

上一節說明了如何從 Raspberry Pi 觸發 IFTTT 小程式，本節要來學習如何從 IFTTT 小程式去觸發 Raspberry Pi。

這次的範例要建立一個在收到電子郵件時便會觸發的 IFTTT 小程式，並用電子郵件的標題來控制接在 GPIO 腳位上的 LED 燈。

跟前面一樣，會用到 IFTTT Webhook 服務，不過這次 Webhook 服務是在小程式中的 That 這一邊，並請求由我們指定的網址。流程概念如下圖所示：

▲ 圖 13-16 Raspberry Pi 於 IFTTT 小程式中作為 That 角色

來看看兩個可以透過 IFTTT Webhook 服務請求網址，並顯示於 Raspberry Pi 程式碼中的方法。

13.3.1 方法 1 －使用 dweet.io 服務作為媒介

整合 IFTTT 與 Raspberry Pi 的其中一個方法是利用 dweet.io 服務，第 2 章已討論過 dweet.io 及其 Python 範例程式碼。

以下簡述如何將 dweet.io 與 IFTTT 和 Python 程式碼一起使用：

01 在 IFTTT Webhook 中透過一組 dweet.io 的網址發佈一道 dweet（包含開、關或閃爍等 LED 的控制指令）。

02 Raspberry Pi 執行 Python 程式碼，以接收由 IFTTT Webhook 發佈的 dweet。

03 程式碼依照 dweet 中的指令控制 LED。

以上是本範例會用到的方法。這個方法的優點在於，我們不需要擔心路由器上的防火牆配置或通訊埠轉發規則等問題。而且，這也表示它可以在不同網路環境中執行－例如辦公室等無法配置路由器的環境。

dweet.io 整合基礎的程式碼為 `chapter13/dweet_led.py`，和第 2 章使用過的 `chapter02/dweet_led.py` 一樣。

13.3.2 方法 2 －建立 Flask-RESTful 服務

使用這個方法之前，必須要先建立一個 RESTful 服務，類似在第 3 章討論過的（使用 `chapter02/flask_api_server.py` 中用來改變 LED 燈亮度（而非開、關或閃爍）的程式碼會是一個好的開始）。

我們也需要把 Raspberry Pi 公開於公共網路中，它會要求開啟通訊埠並在本機防火牆或路由器中建立通訊埠轉發規則。接著便可以連同公共 IP（或網域名稱）建立一個網址並與 IFTTT Webhook 服務直接使用。

Tips

如果只是要建立新設計的原型或範例，一個解除防火牆和建立通訊埠轉發規則的簡單方法為利用 Local Tunnels（`localtunnel.github.io/www`）或 ngrok（`ngrok.com`）等服務，幫助你於公共網路中公開裝置。

由於這個方法會需要符合你自身條件的配置和設定，本章便不作討論，僅專注在上一節提到的 dweet.io 方法。

接著要建立適用第二個 IFTTT 小程式的電路。

13.3.3 建立 LED 電路

接下來的範例會用到一顆 LED 跟一組連接 GPIO 腳位的電阻（本範例是用 GPIO 21 腳位）。本書已介紹過多次 LED 相關的電路，相信你一定可以自行完成接線！（如果需要複習的話，請參考第 2 章的圖 2-7）。

Tips

請保留在第一個 IFTTT 小程式範例中所建立的 DHT 11/DHT 22 電路，之後會再用到。

電路完成了，接著要來執行範例程式。

13.3.4 執行 IFTTT 和 LED 的 Python 程式碼

本節將執行程式碼並取得用來與 dweet.io 服務使用的特定 thing 名稱和網址。

請根據以下步驟操作：

01 於終端機執行 `chapter13/dweet_led.py`。你會看到類似以下的輸出內容（你看到的 thing 名稱跟網址會是不一樣的）：

```
(venv) $ python dweet_led.py
INFO:main:Created new thing name 749b5e60
LED Control URLs - Try them in your web browser:
   On : https://dweet.io/dweet/for/749b5e60?state=on
   Off : https://dweet.io/dweet/for/749b5e60?state=off
   Blink : https://dweet.io/dweet/for/749b5e60?state=blink
```

如之前提到過的，`chapter13/dweet_led.py` 和第 2 章討論過的程式碼一模一樣，如果你需要知道更多程式碼執行的背景，請回頭參考該章關於程式碼的說明。

02 請保持程式碼啟動，因為下一節會需要複製其中的一個網址，而且也會需要測試接下來的整合是否成功。

接下來，我們要建立另一個 IFTTT 小程式，並藉由 dweet.io 來整合這份程式碼。

13.3.5 建立 IFTTT 小程式

接著要來建立另一個 IFTTT 小程式。整體的流程跟前一個很像，只是這次 Raspberry Pi（透過 Webhook 的整合）是在小程式的 That 那一邊，如圖 13-16 所示：

請依照以下步驟建立小程式，這次會省略很多與前一次類似之步驟的截圖：

01 登入 IFTTT 後，請點擊你的用戶帳號並從下拉式選單中選擇 **Create**。

02 在 **If + This Then That** 頁面中點擊＋圖示。

03 在 **Choose a service page** 頁面中搜尋並選擇 Email 服務。

04 在 **Choose trigger** 頁面中選擇 **Send IFTTT an email tagged**（請確認你的選項中有 **tagged** 一詞）。

05 於下一頁的 **Tag** 一欄中輸入 **LED**，並點擊 **Create trigger**。

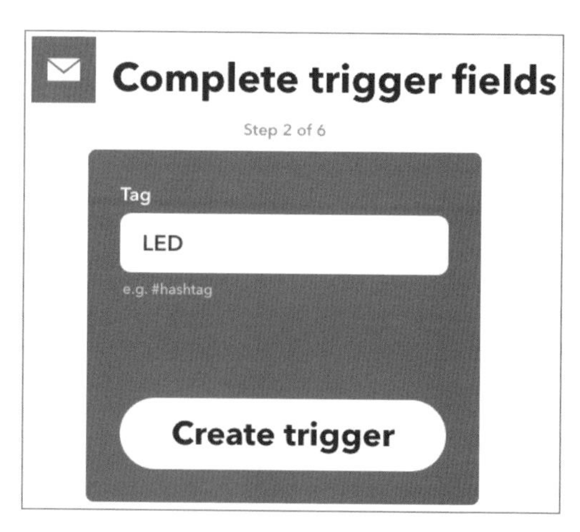

▲ 圖 13-17 Complete trigger fields 頁面

06 在 **If <email icon> This Then + Than** 頁面中點擊＋圖示。

07 在 **Choose action service** 頁面中搜尋並選取 **Webhooks** 服務。

08 接著在 **Choose action** 頁面中選擇 **Make a web request**。

09 你會看到 **Complete action fields** 頁面。這裡會用到上一段程式碼於終端機中輸出的 dweet 網址：

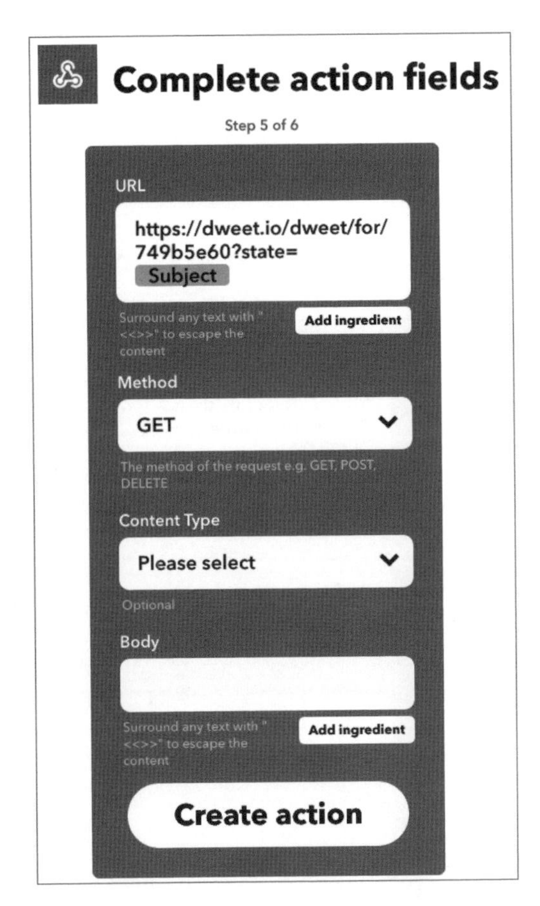

▲ 圖 13-18 Complete action fields 頁面

請根據以下步驟填寫上圖中的資訊：

01 從終端機複製 On 網址（例如我的是 `https://dweet.io/dweet/for/749b5e60?state=on`，你的網址中所顯示的 thing 名稱會不一樣）。

02 將此網址貼在小程式的 URL 欄位中。

03 將 URL 欄位中的網址裡的 on 刪除（此時網址變成 `https://dweet.io/dweet/for/749b5e60?state=`）。

04 點擊位於 URL 欄位下方的 **Add ingredient**，並選擇 **Subject**（網址會變成 `https://dweet.io/dweet/for/749b5e60?state={{Subject}}`）。

05 其他欄位保留預設值即可。

06 點擊 **Create action**。

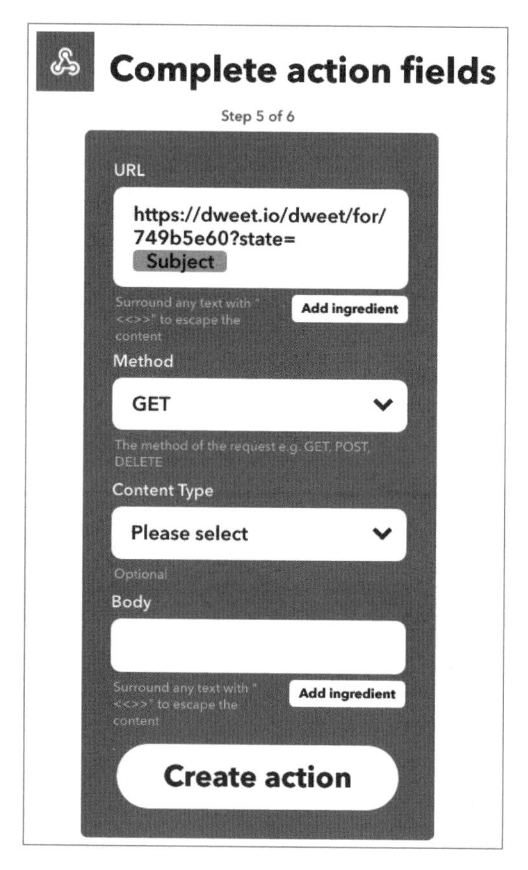

▲ 圖 13-19 Complete action fields 頁面

07 最後，請在 **Review and finish** 頁面中點擊 **Finish**。

做得好！現在第二個小程式也建立好了。接下來，我們要用這個小程式來寄送電子郵件，以控制 LED 開啟、關閉或閃爍。

13.3.6 用電子郵件控制 LED

現在，透過電子郵件來控制 LED 的小程式也完成了，該來測試整合是否成功。

請根據以下步驟建立電子郵件：

01 確認 chapter13/dweet_led.py 的程式仍在執行開啟。

02 開啟你慣用的電子郵件程式並新增一封郵件。

03 在 To（收件人）欄位中輸入 trigger@applet.ifttt.com。

Tips

寄送給 IFTTT 的觸發郵件必須來自於已註冊的帳戶信箱地址，你可以在 https://ifttt.com/settings 確認註冊的信箱地址。

04 輸入以下其中一個信件主旨來控制 LED：

- #LED On
- #LED Off
- #LED Blink

Tips

IFTTT 會剝除 #LED 標籤，所以 dweet_led.py 程式碼只會接收到 On、Off 或 Blink 等文字，而空格則會在 Python 程式碼中被刪除。

以下為指示 LED 閃爍的觸發郵件範例：

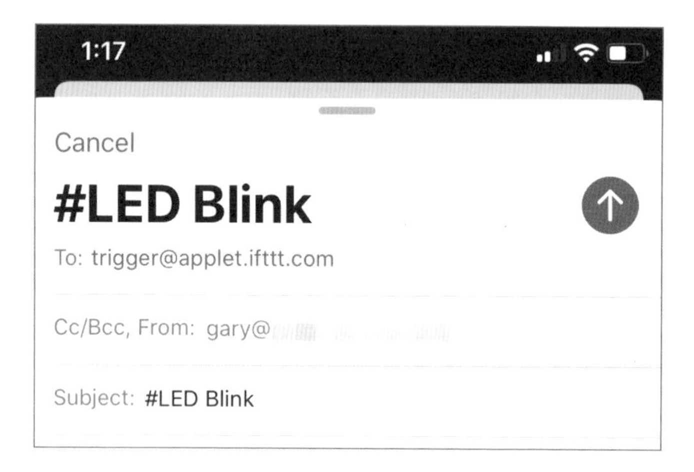

▲ 圖 13.20 觸發郵件範例

05 寄出電子郵件。

06 稍待片刻讓 LED 做出反應。

現在我們學會了如何利用 IFTTT 透過電子郵件來控制 LED，接下來會討論到一些故障排除的要點。

13.3.7 IFTTT 故障排除

如果小程式沒有觸發任何動作，請嘗試以下方法以排除故障：

- 請在 `dweet_led.py` 中嘗試以下操作：
    - 開啟除錯日誌，例如 `logger.setLevel(logging.DEBUG)`。
    - 變更位在原始檔最後面的 dweet 檢索方法。若你使用的是 `stream_dweets_forever()`，試試看改成 `poll_dweets_forever()`，因為它對暫態連接性問題更具彈性。

- 你可以在 IFTTT 網站上查看所有小程式的活動日誌，請依照以下步驟進行：
    1. 進入用戶主選單中的 **My Services**
    2. 選擇**服務**（例如 Webhoooks）
    3. 選擇你要查看的小程式
    4. 點擊 **Settings**
    5. 點擊 **View activity** 或 **Check now**
- 請參考以下 IFTTT 資源：
    - **Common errors and troubleshooting tips**，位於 https://help.ifttt.com/hc/en-us/articles/115010194547-Common-errors-and-troubleshooting-tips
    - **Troubleshooting Applets & Services**，位於 https://help.ifttt.com/hc/en-us/categories/115001569887-Troubleshooting-Applets-Services

Tips

IFTTT 也有提供 Best Practices 參考，位於 https://help.ifttt.com/hc/en-us/categories/115001569787-Best-Practices，可由此取得更多資訊。

如同在 13.2 節中討論到的，就 IFTTT 觸發器而言，你可以透過剛剛的流程搭配任何 IFTTT 配方來操作你的 Raspberry Pi。再次提醒你，請到 https://ifttt.com/discover 看看其他更多的想法，請記得我們在 IFTTT 配方中是用了 Webhooks 動作來控制 Raspberry Pi。舉個例來說，你可以試著透過 Google Assistant 來聲控 Raspberry Pi ！等等，這其實就是下一章的內容！

現在，我們已介紹完兩種整合 Raspberry Pi 和 IFTTT 的方法 — 一個是作為觸發小程式的 This 角色，另一個是在 That 角色中，透過被觸發的小程式來作動 Raspberry Pi。接下來要介紹如何建立一個將資料視覺化的物聯網儀表板。

13.4 用 ThingSpeak 平台視覺化資料

我們剛剛學會了如何利用 IFTTT 平台建立簡單的自動化系統，本節要來討論如何與 ThingSpeak 平台整合，將 DHT 11 或 DHT 22 感測器蒐集到的溫度和濕度數值視覺化。在此會重複利用之前已建立過的 DHT 11/DHT 22 電路。

ThingSpeak（thingspeak.com）為一款資料視覺化、聚合及分析平台。本節將專注在資料視覺化，尤其是整合 Raspberry Pi 的部分。

選擇 ThingSpeak 來示範有幾個原因－它很單純，容易設定和整合，而且可以免費視覺化一些如本章範例這樣簡單的資料。當然還有許多其他的視覺化平台，且各自有其獨特的功能、價格結構和複雜性。在後續 13.5 節也有列出幾個建議供你參考。

Tips

如果你想進一步了解 ThingSpeak 的聚合和分析功能的話，只要在網路上搜尋 ThingSpeak 便可以找到許多優質的範例、教學和參考資料。建議你可以從以下網址開始著手：

https://au.mathworks.com/help/thingspeak

接下來要建立如下圖的儀表板。請留意標籤列中 **Channel Settings** 和 **API Keys** 這兩個項目－我們很快會介紹到它們：

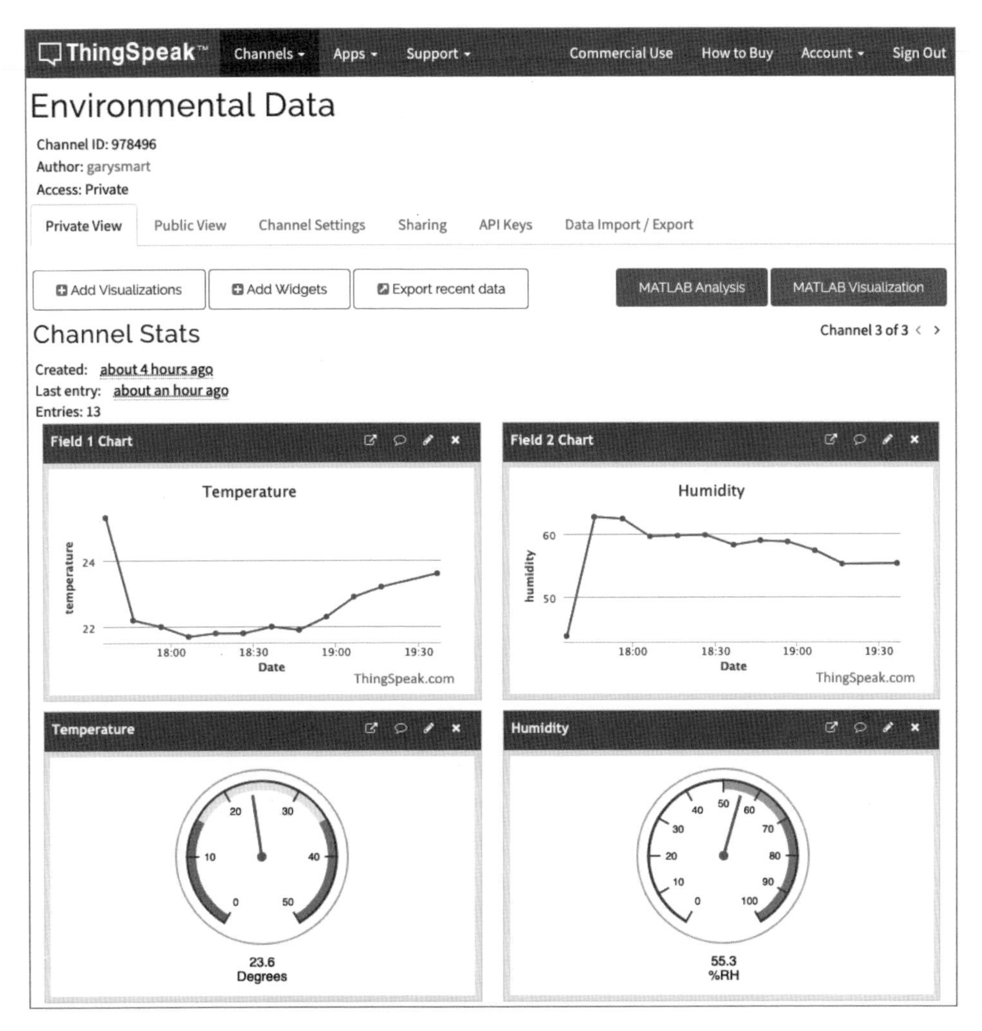

▲ 圖 13-21 ThingSpeak 的頻道儀表板

在整合 Raspberry Pi 並傳送資料之前，首先要設定平台。

13.4.1 配置 ThingSpeak 平台

配置 ThingSpeak 相當簡單。事實上，在同等級的平台中，它在操作上是最直覺的。請執行以下步驟：

01 首先，你需要建立一個 ThingSpeak 帳戶。請進入網站 thingspeak.com，並點擊 **Sign Up**。

02 建立完成、並登入之後，你會看到 **My Channels** 頁面，網址如下：

https://thingspeak.com/channels

Tips

在 ThingSpeak 體系中，channel（頻道）為儲存資料、儀表板和視覺化的虛擬區域，類似於工作空間。

03 接下來，請點擊 **New Channel** 以新增頻道：

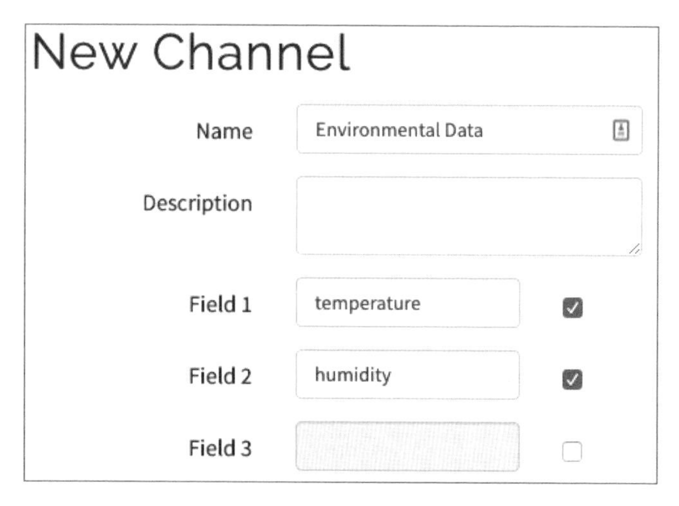

▲ 圖 13-22 ThingSpeak 頻道配置

在 **New Channel** 頁面中輸入以下資訊：

- **Name**：`Environmental Data`（或其他任意名稱）
- **Fieldl**：`temperature`
- **Field2**：`humidity`

其他欄位保留預設值即可。

Tips

如果需要檢視或變更頻道的設定，請切換到圖 13-23 中的 Channel Settings 標籤頁。

04 輸入完畢後請拉到最下面，並點擊 **Save Channel**。接著會進入如圖 13-21 所示的頁面，不過你的頁面會是空白的。

請執行以下步驟以新增兩個如圖 13-21 中的計量表：

1. 點擊 **Add Widgets**。
2. 選擇 **Gauge** 圖示並點擊 **Next** 以繼續。
3. 在 **Configure widget parameters** 對話框中為計量表命名（例如 `temperature`），並選擇適當的場域編號（Field1 為溫度，Field2 為濕度）。
4. 你也可以依照喜好調整計量表的其他參數，像是設定最大 / 最小值、顏色及其他顯示屬性。
5. 請重複相同的步驟來設定第二個計量表。

Tips

如果計量表（或圖表）顯示 Field value unavailable，不用擔心，這很正常。因為我們尚未上傳任何溫度或濕度資料至 ThingSpeak。

05 現在要取得 API key 和頻道 ID，在設定 Python 程式碼的時候會用到。請點擊 API Keys 標籤頁：

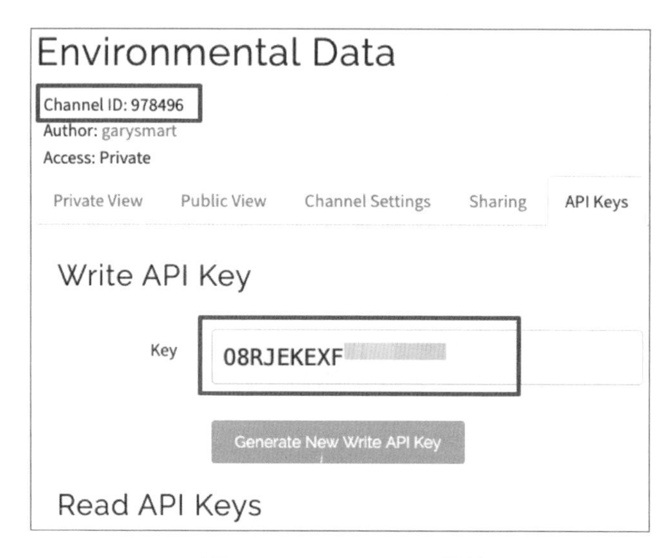

▲ 圖 13-23 API Keys 標籤頁

Python 程式碼會需要用到以下資訊：

- Write API Key（因為我們會將資料寫入平台）
- Channel ID（它會出現在 ThingSpeak 每一頁的上方）

現在已建立並設定好一個簡單的 ThingSpeak 頻道，也獲得了 API key 和頻道 ID，接著要來看 Python 程式碼了。

13.4.2 配置與執行 ThingSpeak 的 Python 程式碼

本書提供兩種整合 ThingSpeak 之程式碼，如下：

- `chapter13/thingspeak_dht_mqtt.py`：藉由 MQTT 傳送資料至 ThingSpeak 頻道的範例程式碼。
- `chapter13/thingspeak_dht_http.py`：透過 Python `request` 函式庫呼叫 RESTful API 以傳送資料至 ThingSpeak 頻道的範例程式碼。

之前都已經討論過這兩種方法的核心概念了，請參考以下：

- MQTT：第 4 章已討論過 Paho-MQTT 函式庫，關鍵差異在於本章使用 Paho-MQTT 簡易客戶端來發佈 MQTT 訊息，而非一個完整週期的範例。
- 第 2 章討論了 RESTful API 和 request 函式庫。
- 第 9 章討論了與 DHT 11/DHT 22 溫度及濕度感測器相關的程式碼。

請配置並執行這些程式碼，然後看看出現在 ThingSpeak 上的資料。接下來會介紹 chapter13/thingspeak_dht_mqtt.py 的程式碼，但是不會討論 chapter13/thingspeak_dht_http.py，因為流程大致相同：

01 開啟 chapter13/thingspeak_dht_mqtt.py 檔案以編輯。

02 在檔案一開始的部分找到以下 #1 處開始的程式碼，確認 DHT 感測器接在正確的 GPIO 腳位上，並且在程式碼中啟用正確的感測器實例：

```
# DHT 溫度 / 濕度感測器
GPIO = 24                                                          # (1)
#dht = DHT11(GPIO, use_internal_pullup=True, timeout_secs=0.5)
dht = DHT22(GPIO, use_internal_pullup=True, timeout_secs=0.5)
```

03 接下來，請找到從 #2 處開始的程式碼片段，並代入你的 ThingSpeak write API key、頻道 ID 和時區。請注意 CHANNEL_ID 只會用在 MQTT 整合當中（因此它不會出現在 thingspeak_dht_http.py 檔案中）：

```
# ThingSpeak 設定
WRITE_API_KEY = "" # <<<< ADD YOUR WRITE API KEY HERE          # (2)
CHANNEL_ID = ""    # <<<< ADD YOUR CHANNEL ID HERE

# 根據您所在時區修改以下數值
https://au.mathworks.com/help/thingspeak/time-zones-reference.html
TIME_ZONE = "Australia/Melbourne"
```

04 存檔並執行程式碼。你會看到類似於以下的輸出：：

```
(venv) $ python thing_speak_dht_mqtt.py
INFO:root:Collecting Data and Sending to ThingSpeak every 600
seconds. Press Control + C to Exit
INFO:root:Sensor result {'temp_c': 25.3, 'temp_f': 77.5,
'humidity': 43.9, 'valid': True}
INFO:root:Published to mqtt.thingspeak.com
```

05 幾秒後，就能看到資料出現在 ThingSpeak 儀表板上了！

恭喜！就這樣，你建立了一個 ThingSpeak 儀表板以視覺化 Raspberry Pi 蒐集到的資料。資料視覺化在監控型物聯網專案中是很常見的需求，無論是像計量表這種簡單的指標顯示，還是生成歷史圖表將趨勢視覺化等等。要如何視覺化資料完全取決於你的需求，唯一的共同點是，有許多像是 ThingSpeak 等現成的服務可以幫助你實現目標，不需要從頭做儀表板和視覺化應用程式了。

接下來會簡單地討論其他幾種常見的物聯網平台作為本章的結尾，你也許會想要探索看看或使用於之後的專案上。

13.5 其他物聯網與自動化平台

截至目前為止，我們已實際操作過了 IFTTT 和 ThingSpeak，以及與 Raspberry 整合的方法，也學會了如何利用 IFTTT 來建立簡單的工作流程，和透過 ThingSpeak 視覺化資料－兩者概念很不一樣，但都是物聯網平台。

兩個平台都十分強大，提供廣泛的功能與各種可能性，僅用一個章節根本討論不完，建議你可以去看看它們的參考資料和其他範例來加深你的學習。

市面上還有許多其他物聯網平台、應用程式和架構來提供許多現成的服務。本節將根據我的自身經驗提供一份珍藏清單，相當適合本書的 Python 及 Raspberry Pi 之基礎專案。

13.5.1 Zapier

我們已經實際使用過了 IFTTT。IFTTT 在支援的服務上比較是以消費者為中心，而且如你所知，每次僅能建立單個 This 觸發器和 That 動作。

Zappier 在工作原理上和 IFTTT 非常接近，但更以業務為導向，包括一系列 IFTTT 無法提供的服務和整合功能（當然，某些服務和整合功能是只有 IFTTT 才有）。此外，Zapier 也能支援觸發事件和動作更為複雜的工作流程。

你會發現，要將本章中的兩個 IFTTT 範例換成 Zappier，其實還蠻簡單的。

網址：`https://zapier.com`

13.5.2 IFTTT 平台

本章使用了 IFTTT 作為最終用戶並藉由 Webhooks 來執行整合。如果你的目標是希望建立一流的 IFTTT 服務機制的話，建議你去 IFTTT 平台看看。

網址：`https://platform.ifttt.com`

13.5.3 ThingsBoard 物聯網平台

ThingsBoard 是一個開放原始碼的物聯網平台，可下載並執行於 Raspberry Pi。表面上它跟 ThingSpeak 一樣，提供你建立儀表板和視覺化資料。相較於 ThingSpeak，你會發現第一次在 ThingsBoard 上建立儀表板比較困難，不過你也會發現它提供更多小工具和客製化的選項。而且，不像 ThingSpeak 只能呈現資料，ThingsBoard 還可以在儀表板上加入控制功能，讓你可以透過 MQTT 與 Raspberry Pi 互動。

就自身經驗來看，如果想要學會如何使用 ThingsBoard 平台的話，一定要先看過它的相關資料和教學（很多影片），因為第一次看到它的介面通常都不知道要怎麼做。

以下是一些來自 ThingsBoard 網站的特定資源：

- Raspberry Pi 安裝教學：`https://thingsboard.io/docs/user-guide/install/rpi`（雖然上面寫 Raspberry Pi 3，不過 4 也適用）。
- 入門指南：`https://thingsboard.io/docs/getting-started-guides/helloworld`

雖然在它的入門指南當中沒有特定於 Python 的範例，卻有 Mosquito MQTT 和 cURL 示範的 RESTful API。建議你可以利用本章中的兩個 ThingSpeak 範例程式碼做為起點，將它們改編成可以使用特定於 ThingBoard 的 MQTT 和 RESTful API 的程式碼。

網址：`https://thingsboard.io`

13.5.4 Home Assistant

Home Assistant 完全是 Python 家庭自動化套件。主打開箱即用，Home Assistant 可以與各種具備網路支援的設備連線，像是燈、門、冰箱和咖啡機等等，不勝枚舉。

這裡會提到 Home Assistant，不僅是因為它由 Python 所組成，還因為它能夠直接與 Raspberry Pi 主機的 GPIO 腳位整合，透過 PiGPIO 的遠端 GPIO 功能來遠端控制 Raspberry Pi 的 GPIO 腳位。甚至還具備 MQTT 和 RESTful API 整合選項。

雖然概念和終端用戶的操作都很簡單，配置 Home Assistant 卻不是那麼容易（還需要大量的嘗試），因為大部分的操作都需要手動編輯 YAML Ain't Markup language （YAML）檔案。

我從 Home Assistant 的網站上挑選了一些關於 GPIO 的資源來幫助你入門。建議你可以先從詞彙表開始，它將幫助你了解 Home Assistant 的術語，讓你更容易理解資料的其他部分：

- 安裝：Home Assistant 的安裝方法有很多種。如果要測試平台和建立 GPIO 整合，建議你使用 "Virtual Environment" 選項，相關資訊如以下網址：https://www.home-assistant.io/docs/installation/virtualenv
- 詞彙表：https://www.home-assistant.io/docs/glossary
- Raspberry Pi 可用整合：https://www.home-assistant.io/integrations/#search/Raspberry%20Pi

網址：https://www.home-assistant.io

13.5.5 Amazon Web Services（AWS）

另一個推薦是 Amazon Web Services，尤其是其中的 IoT Core 和 Elastic Beanstalk 服務。這兩個服務針對物聯網應用程式提供了強大的靈活度和幾乎數不完的選項。IoT Core 屬於 Amazon 的物聯網平台，你可以建立儀表板、工作流程和系統整合，而 Elastic Beanstalk 為雲端平台，你可以從雲端控制包括 Python 等程式碼。

Amazon Web Services 是一個相當進階的開發平台，所以你可能會需要花上數週的時間研究它的運作方式，才能知道如何利用它來建構與佈署應用程式。不過我相信在這個過程中你一定可以學到很多！而且它們提供的資料和教學的品質都非常好。

Amazon IoT Core：https://aws.amazon.com/iot-core

Amazon Elastic Beanstalk：https://aws.amazon.com/elasticbeanstalk

13.5.6 Microsoft Azure、IBM Watson 和 Google Cloud

最後，我也想稍微提一下其他 IT 巨頭，他們同樣提供了自己的雲端和物聯網平台。之所以會推薦 AWS 純粹是因為我對這個平台比較熟悉。Microsoft、IBM 和 Google 等提供的平台也同樣非常棒，且具備完善的資料和教學資源，所以如果你偏好這些供應商的話，也完全沒有問題。

13.6 總結

本章學會了如何在 IFTTT 和 ThingSpeak 物聯網平台來與 Raspberry Pi 互動。我們建立了兩個 IFTTT 範例，Raspberry Pi 先扮演了 IFTTT 小程式中的 This 角色，並啟動了一個 IFTTT 工作流程。另外也學會了如何讓 Raspberry Pi 做為 That 角色，讓它可藉由 IFTTT 小程式作動。接下來，我們也看到如何整合 ThingSpeak 物聯網平台，將 Raspberry Pi 蒐集到的溫度和濕度資料視覺化。最後討論了幾個其他你可能也會有興趣的物聯網平台選項。

無庸置疑的，本章僅僅討論了視覺化與自動化平台的基本知識。鼓勵你尋找其他能夠嘗試的 IFTTT 範例和想法，並探索之前提及的眾多平台。請記得，雖然每個平台都有所不同，並且有自己的系統整合考量。一個普遍被大家所接受、評量整合是否成功的標準，就是 RESTful API 和 MQTT，而這兩者你都已經體驗過了！

下一章，將討論一個整合了本書曾經涵蓋過的概念和範例的全方位範例。

13.7 問題

在結束本章之前，歡迎挑戰以下問題來驗證你在本章所學到的知識。在本書最後的「附錄」中可找到評量解答：

1. 在第一個監控溫度的 IFTTT 小程式中，為何使用了不同的高溫和低溫數值來觸發小程式並寄送電子郵件？
2. 將 dweet.io 等媒介服務與 IFTTT Webhook 服務結合使用的好處是什麼？
3. IFTTT 和 Zapier 的重點差異有哪些？
4. 你可以從 ThingSpeak 儀表板控制 Raspberry Pi 嗎？
5. 在資料方面，IFTTT Webhook 服務作為動作（也就是小程式中的 That 角色）時的限制是什麼？
6. 你希望製作一個根據 Raspberry Pi 的 GPIO 腳位狀態來控制櫃台燈光的原型，應該用哪一個平台比較好呢？

Chapter 14

融會貫通－物聯網聖誕樹

歡迎來到本書的最後一章！本章將融會貫通先前的各種專案和想法，建構出一個多方位的物聯網應用程式。具體來說，我們要打造一棵可以透過網路控制的聖誕樹，一棵 IoTree！

聖誕樹的燈光（APA102 LED 燈條）將再次運用先前章節中的兩套電路，外加一組晃動聖誕樹並發出叮噹聲的機制（這邊會用伺服機，如果我們掛上鈴鐺，樹在晃動的時候就會發出叮噹聲了，對吧！）。接著會複習並應用 RESTful API 和 MQTT，建立兩種透過區域網路或網際網路來控制燈光和伺服機的方式。我們還會複習 dweet.io 和 If-This-Then-That（IFTTT），建立一個可以透過電子郵件或是 Google Assistant 控制聖誕樹的 IFTTT 小程式！

本章主題如下：

- 物聯網聖誕樹簡介
- 建立 IoTree 電路
- 設定、執行與使用 Tree API 服務
- 設定、執行與使用 Tree MQTT 服務

- 整合 IoTree 與 dweet.io
- 藉由 IFTTT 與電子郵件和 Google Assistant 整合
- IoTree 專案延伸建議

14.1 技術要求

你需要下列項目來執行本章的範例：

- Raspberry Pi 4 Model B
- Raspbian OS Buster（以及桌機和推薦軟體）
- Python 3.5 版本或以上

這些都是本書範例程式碼的基礎。合理預期，只要你的 Python 為 3.5 以上版本，這些範例程式碼應該不需要修改就能在 Raspberry Pi 3 Model B 或其他版本的 Raspbian OS 中執行才對。

為了能夠完成 14.7.2 節的內容，請至少具備以下條件：

- 一個 Google 帳戶（只要有 Gmail 信箱即可）
- 一台 Android 手機或 iOS 版本的 Google Assistant 應用程式

本章範例程式碼請由本書 GitHub 的 `chapter14` 資料夾中取得：

https://github.com/PacktPublishing/Practical-Python-Programming-for-IoT

請在終端機中執行以下指令來設定虛擬環境和安裝本章程式碼所需的 Python 函式庫：

```
$ cd chapter14                               # 進入本章的資料夾
$ python3 -m venv venv                       # 建立 Python 虛擬環境
$ source venv/bin/activate                   # 啟動 Python 虛擬環境 (venv)
(venv) $ pip install pip --upgrade           # 升級 pip
(venv) $ pip install -r requirements.txt     # 安裝相依套件
```

以下相依套件都是由 `requirements.txt` 所安裝：

- PiGPIO：PiGPIO GPIO 函式庫（https://pypi.org/project/pigpio）
- Flask-RESTful：為建立 RESTful API 服務的 Flask 擴充套件（https://pypi.org/project/Flask-RESTful）
- Paho MQTT 用戶端：https://pypi.org/project/paho-mqtt
- Pillow：Python 影像處理庫（PIL）（https://pypi.org/project/Pillow）
- Luma LED Matrix 函式庫：https://pypi.org/project/luma.led_matrix
- Requests：用以產生 HTTP 請求的高階 Python 函式庫（https://pypi.org/project/requests）
- PyPubSub：行程間訊息傳送和事件（https://pypi.org/project/PyPubSub）

本章範例所需之電子元件如下：

- MG90S 業餘伺服機，1 顆（或其他 3 線型的 5V 業餘伺服機）
- APA102 RGB LED 燈條，1 組
- 邏輯準位轉換模組，1 個
- 外部電源（至少須為可安裝在麵包板上的 3.3/5V 之電源）

info

聖誕樹實際運作的影片連結如下。請注意，這棵樹的燈光採用 RGB LED 且為輪流閃爍。本章將改用 APA102 LED 燈條來產生更棒的燈光效果。範例中的聖誕樹還會發出一小段音樂，但本章不會討論到（不過，藉由第 8 章的 RTTTL 範例，你應該可以輕鬆地自行加入這個功能）。

https://youtu.be/15Xfuf_99Io

14.2 物聯網聖誕樹簡介

在進入電路與程式碼等內容之前，我們先花點時間來了解這棵 IoTree 的功能以及製作方法。完成本章內容後，你就可以做出一棵如圖 14-1 的聖誕樹了：

▲ 圖 14-1 IoTree 範例

我必須先說，本章只會討論 IoTree 的電子元件和程式碼。你會需要運用一些創意與自造技能來完成這棵樹。我會建議你用小型的桌上型聖誕樹，因為專案有一部分是用伺服機搖晃聖誕樹。雖然業餘伺服機的強度確實足夠晃動小型的聖誕樹，但要搖晃正常尺寸的樹就不太夠了（若你想要升級成大棵的聖誕樹，需要換顆更強力的馬達－如果你真的升級了，請務必與我分享照片）。

入門款的聖誕樹會用到以下電子元件：

- 作為燈光裝飾的 APA102 LED 燈條（第 8 章）。
- 用來搖晃聖誕樹，好讓它發出聲響的伺服機－你會需要自行掛上幾個鈴鐺吊飾，這樣在樹搖晃的時候才會叮噹作響（第 10 章）。

在程式碼和結構上，聖誕樹的程式碼將利用以下學過的概念：

- dweet.io 服務：第 2 章及第 13 章。
- RESTful API 搭配 Flask-RESTful：第 3 章。
- 訊息佇列遙測傳輸（MQTT）：第 4 章。
- 物聯網程式的執行緒與發佈 / 訂閱（PubSub）模式：第 12 章。
- IFTTT 物聯網平台：第 13 章。

本章的討論過程中將假設你已經清楚了解上述每一章的概念，也已完成各章的範例，包括電路建立及其原理和相關程式碼的運作。

接下來的第一項任務便是建立 IoTree 的電路。

14.3 建立 IoTree 電路

是時候來建立電路了！請根據圖 14-2 建立你的電路：

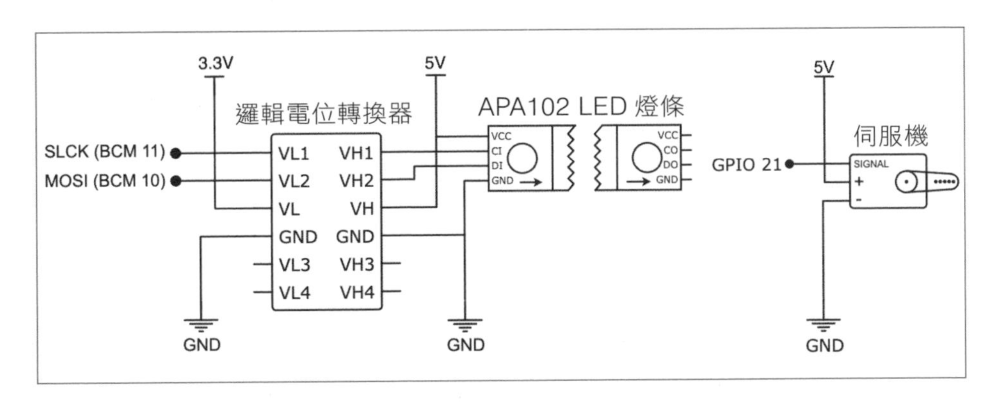

▲ 圖 14-2 IoTree 電路示意圖

希望你會覺得這個電路很眼熟，它其實是由兩個先前的電路組合而成：

- 第 8 章圖 8-4 的 APA102 電路（搭配邏輯準位轉換）。
- 第 10 章圖 10-2 的伺服機電路。

如果你需要這兩個電路的詳細步驟說明來建立電路的話，請參閱這兩章的對應內容。

Tips

別忘了，還需要一個外部電源來為 APA102 和伺服機供電。因為，若直接使用 Raspberry Pi 的 5V 腳位的話，它們會汲取太多電源。

電路完成之後，接著簡單討論三種控制此電路的程式。

14.3.1 三種 IoTree 服務的程式碼

搭配 IoTree 的程式碼總共有三種，每個程式都採用些微不同的方法來操作燈光和伺服機。三種程式碼如下：

- Tree API 服務（位於 `chapter14/tree_api_service` 資料夾中）：此程式碼提供一個用 Flask-RESTful 建立的 RESTful API 來控制燈光和伺服機。它也包括一個使用 API 的基本 HTML 和 JavaScript 網路應用程式。在 14.4 節會進一步說明。

- Tree MQTT 服務（位於 `chapter14/tree_mqtt_service` 資料夾中）：此程式碼可以藉由發佈 MQTT 訊息來控制燈光和伺服機。在 14.5 節會進一步說明。

- dweet 整合服務（位於 `chapter14/dweet_integration_service` 資料夾中）：此程式碼會接收 dweets 並以 MQTT 訊息的格式重新發佈。它可以和 Tree MQTT 服務並用，讓我們可以透過 dweet.io 來控制燈光和伺服機，並輕鬆整合 IoTree 與 IFTTT 等服務。在 14.6 節會進一步說明。

大致看過組成本章範例的程式碼之後，接著要設定並執行 Tree API 服務來控制燈光和伺服機。

14.4 設定、執行與使用 Tree API 服務

Tree API 服務程式碼提供了一個 RESTful API 服務來控制 IoTree 的 APA102 LED 燈條和伺服機。Tree API 服務的程式碼位於 chapter14/tree_api_service 資料夾中，並包含以下檔案：

- README.md：包含 Tree API 服務範例程式碼的完整 API 資料。
- main.py：程式碼的主進入點。
- config.py：程式碼設定。
- apa102.py：與 APA 102 LED 燈條整合的 Python 類別。此程式碼的核心與第 8 章討論過的 APA 102 Python 程式碼非常類似，只是現在它被建構成一個 Python 類別，並透過執行緒來執行燈光效果，外加一些額外的功能，例如讓 LED 閃爍。
- apa102_api.py：提供 APA102 API 的 Flask-RESTful 資源類別，參考了第 3 章的 Flask-RESTful 程式碼和範例。
- servo.py：控制伺服機的 Python 類別，參考了第 10 章的伺服機程式碼。
- servo_api.py：提供伺服機 API 的 Flask-RESTful 資源類別。
- templates：包含網路應用程式範例的 index.html 檔案。
- static：包含靜態 JavaScript 函式庫以及一張網路應用程式會用到的圖片。

圖 14-3 為 Tree API 服務程式架構的示意圖：

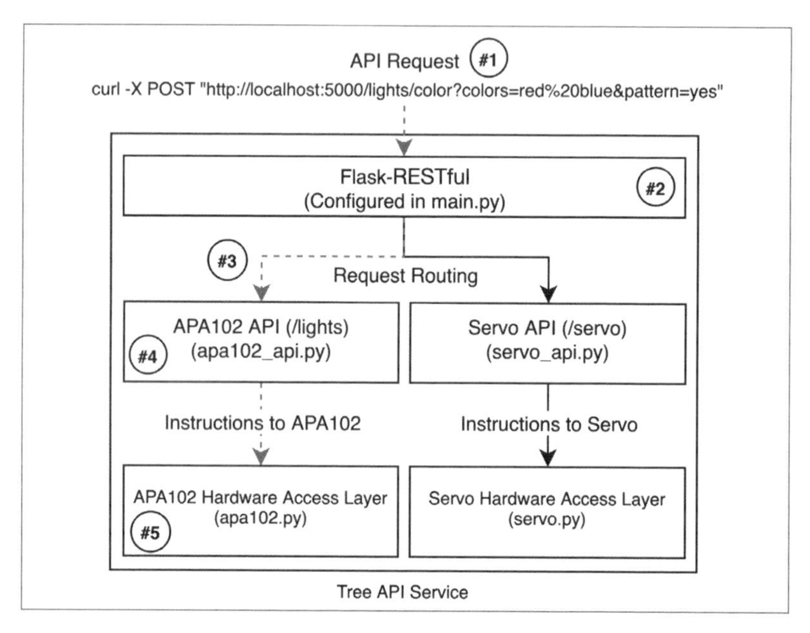

▲ 圖 14-3 Tree API 服務架構示意圖

以下為 Tree API 服務針對上圖虛線所示之 API 請求的高階執行過程：

01 在 #1 處，外部用戶端對 `/lights/colors` 端點發出 POST 請求。

02 這個請求在 #2 處經由 Flask framework.server 處理（在 `main.py` 中可找到 Flask 和 Flask-RESTful 的設定）。

03 `/lights/*` 端點在 #3 處被引導到適當的 Flask-RESTful 資源（APA102 資源－也就是燈光－定義於 `apa102_api.py` 中）。`main.py` 中可找到端點設定和 Flask-RESTful 的資源暫存。

04 #4 處呼叫適當的資源（在此範例中為 `ColorControl.post()`），並驗證解析查詢字串的參數（也就是 `colors=red%20blue&pattern=yes`）。

05 最後在 #5 處，`ColorControl.post()` 會在 APA102 的實例中呼叫適當的方法（定義於 `apa102.py`，且設定於 `main.py`），直接介接 APA 102 LED 燈條，並更新為紅色藍色輪流閃爍。

現在我們已大致了解 Tree API 服務是如何運作的，在執行它之前，先來看看如何設定它。

14.4.1 設定 Tree API 服務

Tree API 服務設定位於 chapter14/tree_api_service/config.py 檔案中。其中包含許多設定選項，且主要與 APA 102（第 8 章）和伺服機（第 10 章）的設定有關。這個檔案與其設定選項都包含了相當完整的註釋。

在 Raspberry Pi 本機上執行範例的話，使用預設設定即可，不過請留意 APA102_NUM_LEDS = 60 這個設定參數。另外，如果你的 APA102 LED 燈條上的 LED 數量不同的話，別忘了一併更新這個參數值。

執行 Tree API 服務程式碼來產生一些燈光效果（和動作）吧！

14.4.2 執行 Tree API 服務

現在要執行 Tree API 服務程式碼並傳送 RESTful API 請求讓它運作了。以下為執行與測試 Tree API 服務的步驟：

01 請至 chapter14/tree_api_service 資料夾並執行 main.py 程式，如下：

```
# Terminal 1
(venv) $ cd tree_api_service
(venv) $ python main.py
* Serving Flask app "main" (lazy loading)
... 省略 ...
INFO:werkzeug: * Running on http://0.0.0.0:5000/ (Press CTRL+C to quit)
```

02 開啟第二個終端機並執行以下 curl 指令，以設定燈光重複的順序為 red, blue, black：

```
# Terminal 2
$ curl -X POST "http://localhost:5000/lights/color?colors=red,blue,black&pattern
=y es"
```

03 同樣在第二個終端機中，執行以下指令來啟動燈光效果：

```
# Terminal 2
$ curl -X POST "http://localhost:5000/lights/animation?mode=left&speed=5"
```

除了 left 之外，其他可用在 mode 參數中的效果模式還有 right、blink、rainbow 和 stop。speed 的參數範圍為 1 到 10。

04 在第二個終端機中再次執行以下指令，藉此清除或重置 LED 燈條：

```
# Terminal 2
$ curl -X POST "http://localhost:5000/lights/clear"
```

05 於第二個終端機執行以下指令，讓伺服機擺動（也就是晃動聖誕樹）：

```
# Terminal 2
$ curl -X POST "http://localhost:5000/servo/sweep"
```

執行指令後，伺服機會前後搖晃幾下。如果希望伺服機多搖幾次或幅度大一點的話，請調整在 chapter14/tree_api_service/config.py 檔案中的 servo_SWEEP_count 和 servo_SWEEP_degrees 等參數。

Tips

如果 LED 在伺服機作動的時候出現變暗、閃爍或其他不正常的反應，又或者在變更 APA 102 LED 燈條的效果時，伺服機會亂抖的話，那麼很可能是因為你的外部電源無法同時為 LED 和伺服機提供足夠的電流。如果沒有其他的電源，那麼應急的做法為減少 LED 的數量（調整 config.py 中的 APA102_NUM_LEDS 參數），或者降低 LED 的對比度（調整 APA102_DEFAULT_CONTRAST 的參數，同樣在 config.py 檔案中）。這可降低 LED 燈條的電流需求。

06 最後，開啟網路應用程式並用它來控制 IoTree。請在 Raspberry Pi 桌面上開啟網頁瀏覽器並輸入以下網址：http://localhost:5000。你會看到一個類似於下圖的網頁：

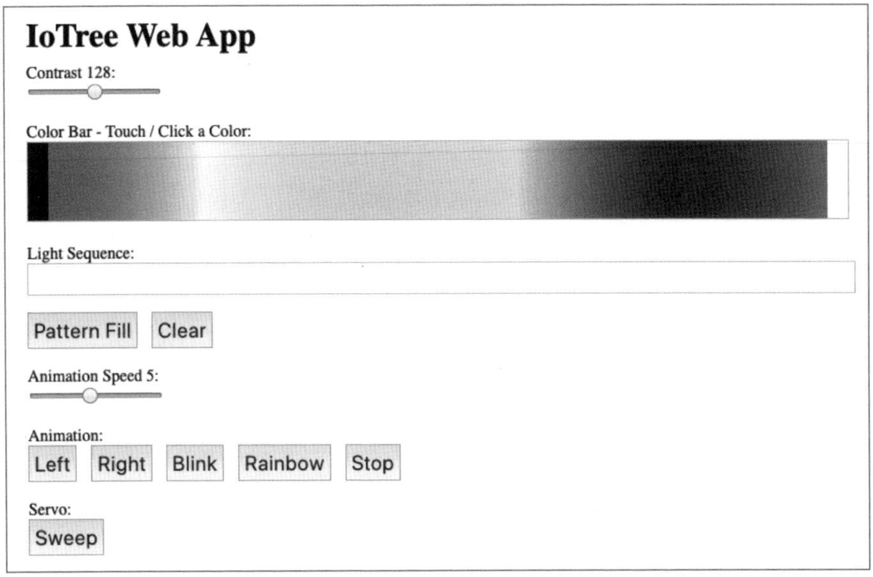

IoTree Web App
Contrast 128:
Color Bar - Touch / Click a Color:
Light Sequence:
Pattern Fill Clear
Animation Speed 5:
Animation:
Left Right Blink Rainbow Stop
Servo:
Sweep

▲ 圖 14-4 IoTree 網路應用程式範例

試試看以下幾個動作：

- 在 **color bar** 選取一個顏色，並觀察 APA 102 LED 燈條有沒有變成選取的顏色。
- 點擊 **Pattern Fill**，並觀察整條 APA102 LED 燈條有沒有變成選取的顏色。
- 點擊 **Left** 以開始燈光效果。

此網路應用程式的 JavaScript（位於 `chapter14/tree_api_service/templates/index.html`）只是單純地呼叫了 IoTree 的 API，類似於之前的 `curl` 所做的，差別在於這裡改用 jQuery。雖然 jQuery 和 JavaScript 超出了本書的範疇，不過第 3 章有簡單討論一下。

Tips

請在 `chapter14/tree_api_service/README.md` 檔案中找到關於 curl 範例的完整 IoTree API 文件。

這套 RESTful API 提供了本章所需的基本 API 端點。不過，我相信你一定可以為自己的專案、或是為 IoTree 增添新功能來擴充和修改此範例。14.8 節會根據本書所學知識提供幾個擴充 IoTree 的建議。

執行並了解如何透過 RESTful API 來控制 IoTree 的燈光和伺服機之後，接著要來看另一個可透過 MQTT 控制 IoTree 的服務實作。

14.5 設定、執行與使用 Tree MQTT 服務

Tree MQTT 服務程式碼提供了一個 MQTT 接口，發佈 MQTT 訊息到指定 MQTT 主題，就能控制聖誕樹的 APA102 LED 燈條和伺服機。Tree MQTT 服務的程式碼位於 chapter14/tree_mqtt_service 資料夾中，並包含以下檔案：

- README.md：控制 IoTree 的 MQTT 主題和訊息格式的完整清單。
- main.py：程式碼的主進入點。
- config.py：程式碼設定。
- apa102.py：與 chapter14/tree_api_service/apa102.py 檔案完全相同。
- servo.py：與 chapter14/tree_api_service/servo.py 檔案完全相同。
- mqtt_listener_client.py：此類別將連接至 MQTT 代理，訂閱與接收控制 APA 102 和伺服機的訊息之主題。接收到 MQTT 訊息後，會將它轉換成 PubSub 訊息並透過 PyPubSub 函式庫發佈，相關概念在第 12 章討論過。
- apa102_controller.py：接收來自 mqtt_listener_client.py 的 PubSub 訊息，並根據內容更新 APA102 LED 燈條的狀態。
- servo_controller.py：接收來自 mqtt_listener_client.py 的 PubSub 訊息，並控制伺服機。

圖 14-5 為 Tree MQTT 服務程式架構的示意圖：

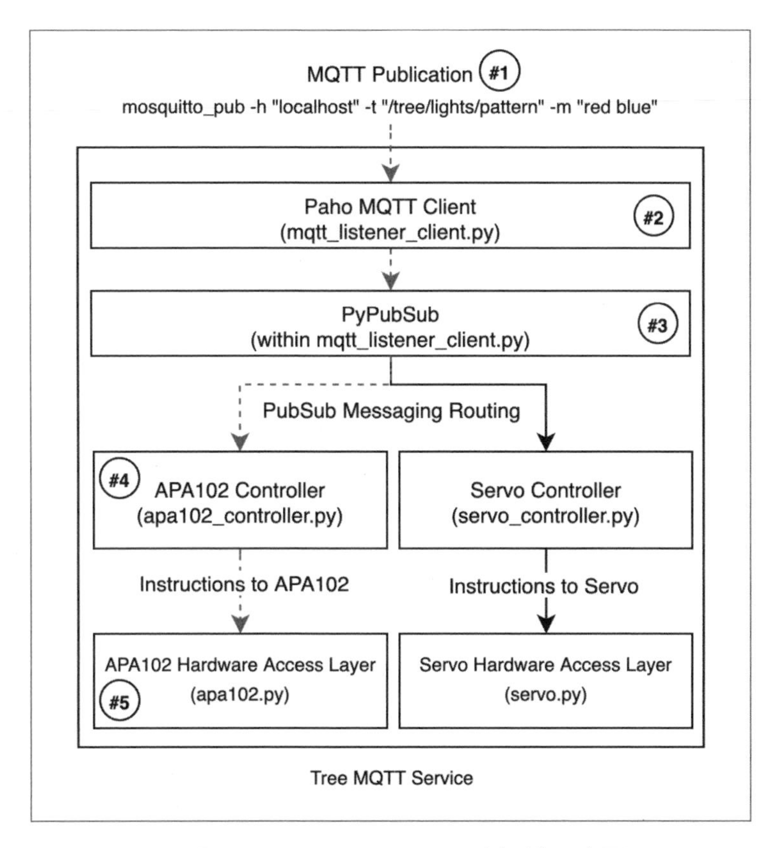

▲ 圖 14-5 Tree MQTT 服務架構示意圖

以下為 Tree MQTT 服務針對上圖虛線所示之 API 請求的高階執行過程：

01 一條 `red blue` 訊息在 #1 處被發佈到 `tree/lights/pattern` 主題上。

02 訊息在 #2 處由 Paho-MQTT 用戶端接收。接著 `mqtt_listener_client.py` 中的 `on_message()` 方法解析主題與訊息，並根據 `config.py` 檔案中的 `MQTT_TO_PUBSUB_TOPIC_MAPPINGS` 對照字典，將其對應至名為 pattern 的本機 PubSub 主題上。

03 對應訊息與經解析的資料會在 #3 處透過 PyPubSub 函式庫進行分配。

04 於 #4 處，apa102_controller.py 中的 PyPubSub 訂閱接收到 pattern 主題與負載資料。

05 於 #5 處，apa102_controller.py 處理訊息和資料，並於 APA 102 實例（定義於 apa102.py）中呼叫適當的方法，直接介接並更新 APA 102 LED 燈條的效果為輪流閃爍紅色與藍色。

順道一題，在 mqtt_listener_client.py 中使用 PyPubSub 以及重新分配 MQTT 訊息是基於我的個人偏好而做的決定，用來分離 MQTT 和硬體控制相關的程式碼，目的是讓應用程式更容易閱讀和維護。另一個替代方案為－效果相同－在 mqtt_listener_client.py 中使用 apa102.py 和 servo.py 來直接回應所收到的 MQTT 訊息。

了解了 Tree MQTT 服務的工作原理之後，先檢查一下設定再執行這個服務。

14.5.1 設定 Tree MQTT 服務

Tree MQTT 服務設定位於 chapter14/tree_mqtt_service/config.py 檔案中。與 Tree API 服務相同，大部分都是有關 APA 102 燈條和伺服機的設定。這個檔案及其設定選項都有相當完整的註釋。

若只是在 Raspberry Pi 本機上執行範例的話，使用預設設定即可。不過，如同在 Tree API 服務的做法，請檢查並根據實際需求來修改 APA102_NUM_LEDS = 60 的參數值。

如果在執行 Tree API 範例時變更了任何 APA102_DEFAULT_CONTRAST、SERVO_SWEEP_COUNT 或 SERVO_SWEEP_DEGREES 的參數，現在也為 MQTT 範例這麼做。

完成設定所需的變更之後，接著要來執行 Tree MQTT 服務程式碼，並發佈控制 IoTree 的 MQTT 訊息了。

14.5.2 執行 Tree MQTT 服務程式碼

已經準備好執行 Tree MQTT 服務程式碼和發佈控制 IoTree 的 MQTT 訊息了，以下為執行與測試 Tree MQTT 服務之步驟：

01 Raspberry Pi 需要安裝並執行 Mosquitto MQTT 代理服務，還有 Mosquitto MQTT 用戶端的工具。如需檢查安裝，請參考第 4 章。

02 請至 chapter14/tree_mqtt_service 資料夾並開啟 main.py 程式，如下：

```
# Terminal 1
(venv) $ cd tree_mqtt_service
(venv) $ python main.py
INFO:root:Connecting to MQTT Broker localhost:1883
INFO:MQTTListener:connected to MQTT Broker
```

03 開啟第二個終端機並透過以下指令送出 MQTT 訊息：

```
# Terminal 2
$ mosquitto_pub -h "localhost" -t "tree/lights/pattern" -m "red blue black"
```

LED 燈條應會依照紅、藍、黑（代表熄滅）的順序不斷重複。

Tips

試著在 mosquirro_pub 中用看看 --retain 或 -r 保留訊息選項。當你發佈保留訊息時，它會在連線至 MQTT 代理並訂閱 tree/# 主題時被重新傳送到 Tree MQTT 服務，讓 IoTree 在重新啟動時，可以回復到關閉前的狀態。

04 在第二個終端機執行以下指令，以啟動 LED 燈條的燈光效果：

```
# Terminal 2
$ mosquitto_pub -h "localhost" -t "tree/lights/animation" -m "left"
```

05 若要清除或重置 LED 燈條的狀態，可再次於第二個終端機輸入以下指令：

```
# Terminal 2
$ mosquitto_pub -h "localhost" -t "tree/lights/clear" -m ""
```

info

本範例（以及下面的步驟 6）不會產生任何訊息內容，不過我們仍然需要傳送一條含有 -m "" 選項（也可以用 -n）的空白訊息，否則 mosquitto_pub 會中止服務。

06 最後，輸入以下指令讓伺服機轉動：

```
# Terminal 2
$ mosquitto_pub -h "localhost" -t "tree/servo/sweep" -m ""
```

伺服機會根據 chapter14/tree_mqtt_service/config.py 中的 SERVO_SWEEP_COUNT 或 SERVO_SWEEP_DEGREES 參數值而來回轉動。

Tips

請在 chapter14/tree_mqtt_service/README.md 檔案中找到 Tree MQTT 服務可識別的完整 MQTT 主題和訊息格式，以及 mosquitto_pub 範例。

類似於 RESTful API 範例，MQTT 範例提供了本章所需的基本功能，為你日後的新專案或是擴充 IoTree 功能提供了一個基本架構。

執行並看過 MQTT 如何控制 IoTree 的燈光和伺服機後，接著來看結合 Tree MQTT 和 dweet.io 的整合性服務。

14.6 整合 IoTree 與 dweet.io

dweet 整合服務位於 chatper14/dweet_integration_service 資料夾中，它是一個 Python 基礎的整合服務，可以接收 dweets 並重新以訊息格式發佈至 MQTT 主題。此服務提供了整合 Tree MQTT 服務與 IFTTT 等服務之方法。

dweet 整合服務包含以下檔案：

- main.py：程式碼的主進入點。
- config.py：程式碼設定。
- thing_name.txt：存放程式所需之 thing 名稱，本檔案會在首次執行程式碼時被建立。
- dweet_listener.py：主要程式碼。

dweet 服務的核心程式為 dweet_listener.py。如果你仔細閱讀過此檔案，會發現它跟第 2 章和第 13 章討論過的 dweet_led.py 檔案幾乎一模一樣（只是在本章被包裝成了 Python 類別）。

主要差異是在 process_dweet() 方法中，也就是以下程式碼的 #1 處，在此改成攔截 dweet 並重新發佈到 MQTT 主題，而非直接控制 LED：

```
def process_dweet(self, dweet):                                # (1)

    # ... 省略 ..
    # command is "<action> <data1> <data2> ... <dataN>"
    command = dweet['command'].strip()
    # ... 省略 ...

    # elements (List) <action>,<data1>,<data2>,...,<dataN>
    elements = command.split(" ")
    action = elements[0].lower()
    data = " ".join(elements[1:])

    self.publish_mqtt(action, data)                            # (2)
```

上述程式碼的 #2 處及底下 #3 處中的 `publish_mqtt()` 方法會將解析後的命令字串，根據 `chapter14/dweet_mqtt_service/config.py` 中的 `ACTION_TOPIC_MAPPINGS` 設定轉換成 MQTT 主題並發佈訊息：

```
def publish_mqtt(self, action, data):                    # (3)
    if action in self.action_topic_mappings:
        # 將動作對應到 MQTT 主題
        # ( 例如 mode --> tree/lights/mode).
        # 對應方式請參考 config.py

        topic = self.action_topic_mappings[action]
        retain = topic in self.mqtt_topic_retain_message   # (4)
        # ... 省略 ...
        publish.single(topic, data, qos=0,                # (5)
                    client_id=self.mqtt_client_id,
                    retain=retain, hostname=self.mqtt_host,
                    port=self.mqtt_port)
# ... 省略 ...
```

請注意，#5 處所用的 `Paho-MQTT publish.single()` 方法非常方便，但它不是在第 4 章使用過的完整 MQTT 用戶端方法（後者在 Tree MQTT 服務程式碼中也有用過）。

在此我想先指出設定 `retain` 變數的 #4 處（並請留意它在 `publish.single()` 中的用途）。在下一節討論服務設定檔案的時候，會進一步討論這個訊息的保留機制。

圖 14-6 為 Tree 服務程式架構的示意圖：

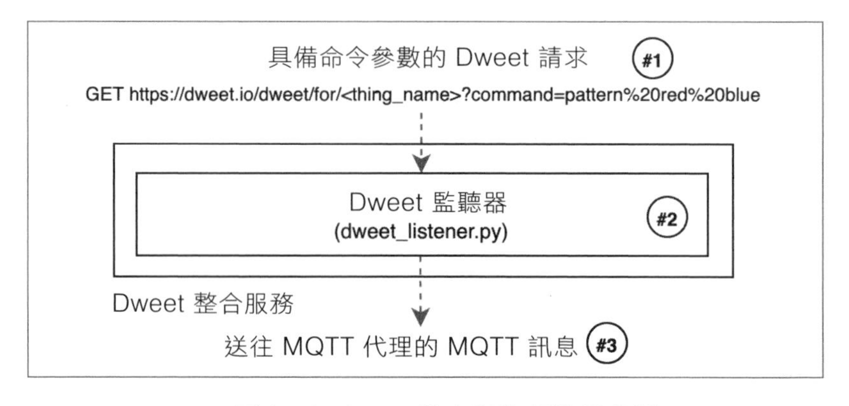

▲ 圖 14-6 dweet 整合服務架構示意圖

以下為 dweet 整合服務針對上圖虛線所示之 API 請求的高階執行過程：

01 於 #1 處建立一條 dweet。

02 dweet_listener.py 於 #2 處接收到這條 dweet 並解析在 command 參數中的數據。指令中包含的動作根據 config.py 中的 ACTION_TOPIC_MAPPINGS 對照字典對應到 MQTT 主題。

03 訊息被發佈至 MQTT 代理再到 #3 處的對應 MQTT 主題。訊息中的保留旗標會根據 config.py 中的 TOPIC_RETAIN_MESSAGE 對照字典來設定。

在發佈 MQTT 訊息後，如果你的 Tree MQTT 服務仍然是連線到同一個 MQTT 代理，那麼將接收到 MQTT 訊息並更新 IoTree。

了解 dweet 整合服務的工作原理之後，先檢查一下設定再執行這個服務。

14.6.1 設定 Tree MQTT 服務

dweet 整合服務設定位於 chapter14/dweet_integration_service/config.py 檔案中。其中有好幾種關於服務運作的設定選項，只是在 Raspberry Pi 本機上執行範例與執行 Mosquitto MQTT 代理的話，使用預設設定即可。檔案中關於設定參數的註釋同樣相當詳細，在此稍微說明 ACTION_TOPIC_MAPPINGS 和 TOPIC_RETAIN_MESSAGE 參數。

```
ACTION_TOPIC_MAPPINGS = {
    "clear": "tree/lights/clear",
    "push": "tree/lights/push",
    ... 省略 ...
}
```

dweet 整合服務會將指令對應至適當的 MQTT 主題，而 ACTION_TOPIC_MAPPINGS 參數內容將決定指令如何對應到 MQTT 主題。下一節會進一步討論這個指令的概念。

Tips

由 dweet 整合服務而對應與使用的 MQTT 主題必須與 Tree MQTT 主題使用的一致。每個服務的預設設定必須使用相同的主題。

以下程式碼中的 TOPIC_RETAIN_MESSAGE 設定會決定哪些 MQTT 主題的訊息會被標上保留旗幟。它就是上一節中用來在 single.publish() 中設定 retained 參數的設定（True 或 False）：

```
TOPIC_RETAIN_MESSAGE = {
    "tree/lights/clear": False,
    "tree/lights/animation": True,
    ... 省略 ...
}
```

看完設定檔案後，來開始執行 dweet 整合服務並傳送控制 IoTree 的 dweets 訊息吧！

14.6.2 執行 dweet 整合服務程式碼

如上一節討論過的，dweet 整合服務接收到預設格式的 dweets 後，會將它們根據設定參數轉換成 MQTT 主題和訊息。在執行與測試 dweet 整合服務的時候便會討論到這個 dweet 格式。請依照以下步驟執行：

01 首先，請確保上一段中的 Tree MQTT 服務程式已於終端機中運作，Tree MQTT 服務會接收並處理由 dweet 整合服務發佈的 MQTT 訊息。

02 接下來，在另一個終端機開啟 chapter14/dweet_integration_service 資料夾，並執行 main.py 程式，執行畫面如下（別忘了你的 thing 名稱會跟我的不一樣）：

```
(venv) $ cd dweet_service
(venv) $ python main.py
INFO:DweetListener:Created new thing name ab5f2504
INFO:DweetListener:Dweet Listener initialized. Publish command
dweets to 'https://dweet.io/dweet/for/ab5f2504?command=...'
```

03 將以下網址複製到你的網頁瀏覽器來控制 IoTree。請將 `<thing_name>` 中的文字換成終端機上輸出的 thing 名稱：

- `https://dweet.io/dweet/for/<thing_name>?command=pattern%20red%20blue%20black`
- `https://dweet.io/dweet/for/<thing_name>?command=animation%20left`
- `https://dweet.io/dweet/for/<thing_name>?command=speed%2010`
- `https://dweet.io/dweet/for/<thing_name>?command=clear`
- `https://dweet.io/dweet/for/<thing_name>?command=sweep`

Tips

從呼叫網址到 dweet 整合服務接收訊息，可能會需要一些時間。

如上述網址中的 command 參數所示，你可以看到 dweet 格式為 `<action> <data1> <data2> <dataN>`。

Tips

`chapter14/dweet_integration_service/README.md` 檔案中包含了可由 `config.py` 預設設定所識別的完整 dweet 指令字串以及範例網址。

做得好！恭喜你建立了一個 dweet.io 與 MQTT 的簡易整合服務，並學會了簡單的非侵入式方式透過網路來控制聖誕樹，還不需要煩惱任何網路或防火牆設定。

在設計物聯網專案以及思考如何在網路間傳遞資料時，時常會發現需要設計並建立某種形式的整合，才能連接在不同傳送機制上的系統。本節示範了如何連接 MQTT 服務（IoTree MQTT 服務）和輪詢基礎的 RESTful API 服務（dweet.io）。雖然每一個整合都有其特殊的需求，我仍然希望這個範例能提供一個大致的流程和做法，讓你日後在碰到類似的情況時可以變通應用。

在確認 dweet 整合服務順利運作之後，接著來看看如何與 IFTTT 平台一起使用。

14.7 藉由 IFTTT 整合電子郵件與 Google Assistant

好玩的部分要來了－我們要透過網路來控制聖誕樹。先聲明，這裡不會一步步詳述，因為結合 dweet.io 和 IFTTT 的核心概念在第 13 章已經詳細討論過了。尤其當時的範例已經是整合 Raspberry Pi 與 IFTTT，並透過電子郵件控制 LED。

本節的做法是提供一連串我的 IFTTT 設定畫面，好讓你確定自己的設定正確。我另外還會提供如何整合 Google Assistant 的提示和截圖，讓你可以聲控 IoTree ！

info

撰寫本書之際，IFTTT 有提供一項 Google Assistant 的服務，可接收任意的語音文字（在 IFTTT 中被稱為要素，ingredient）。我也有查看 Alexa 的整合作法，但可惜的是，Alexa 的 IFTTT 服務無法接收任意的輸入，所以不適用於本範例。

首先，來瞧瞧整合 IoTree 與電子郵件的幾項要點吧！

14.7.1 整合電子郵件

整合電子郵件或 Twitter 的流程其實與第 13 章的做法一樣，除了以下：

01 將標籤從 `LED` 改成 `TREE`（IFTTT 中的 Complete Trigger Fields Page 步驟）。這麼一來，你的電子郵件主題就可以用 `#TREE pattern red blue` 或 `#TREE animation blink` 等等。

02 在設定 **That** webhook 服務時，需要用到之前 dweet 整合服務中產生的 dweet 網址。設定內容如下圖，別忘了你的網址中的 thing 名稱不會跟我的一樣：

▲ 圖 14-7 Webhook 設定

03 設定好 IFTTT 小程式後，試著用以下主題寄電子郵件到 `trigger@applet.ifttt.com` 看看：

- `#TREE pattern red blue black`
- `#TREE animation left`

透過電子郵件或 Twitter 送出 `#TREE pattern red blue black` 指令沒多久後，你的聖誕樹燈光應該會依照指令輪流重複這些顏色。同樣的，在送出 `#TREE animation left` 指令後，聖誕樹便會開始執行設定的燈光效果。

info

請記得，Tree MQTT 服務和 dweet 整合服務必須同時在終端機上執行，這個範例才能正常運作。在送出指令後可能也會需要一點時間才會看到 IoTree 做出反應。

成功地透過電子郵件控制 IoTree 之後，接著來看加入 Google Assistant 的聲控功能需要哪些步驟。

14.7.2 與 Google Assistant 整合

本節要說明如何透過 Google Assistant 聲控 IoTree。

Tips

Google Assistant 有很多不同的款式，例如 Google Home、Google Nest 和 Google Mini。只要登入的帳號跟你的 IFTTT 相同，這些產品都適用於 IFTTT Google Assistant 整合和 IoTree。

為了順利整合，必須先將你的 Google 帳號與 IFTTT Google Assistant 服務串起來，並在它收到指令的時候呼叫一個 dweet.io 網址。大致步驟如下：

01 登入你的 IFTTT 帳號。

02 建立一個新的小程式。

03 在 This 部分選擇 Google Assistant Service。

04 網頁會詢問你是否同意 IFTTT 連接並使用你的 Google 帳號。請依照頁面指示來串接連接 IFTTT 與 Google 帳號。

05 接著要來選擇 Google Assistant 觸發器。請選擇 **Say a phrase with a text ingredient**。觸發器設定範例如下圖 14-8 所示：

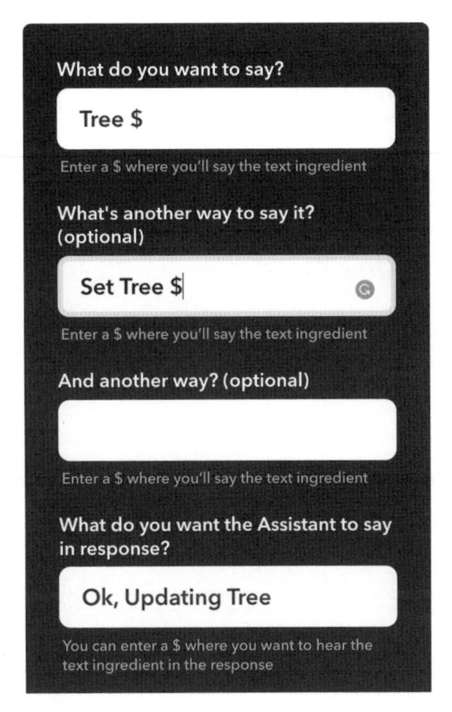

▲ 圖 14-8 Google Assistant 觸發器範例

上圖中 Tree $ 的 $ 符號會被轉換成與 webhook 服務（在之後的步驟會看到）使用的 IFTTT 要素。

這個觸發設定可以透過口述以下指令來控制 IoTree：

- "Tree pattern red blue black"
- "Set tree animation blink"
- "Tree clear"

06 接下來要設定 IFTTT 小程式的 That 部分。請搜尋並選擇 Webhook。

07 webhook 服務的設定步驟跟之前的步驟 2 整合電子郵件一樣，如圖 14-7 所示。

08 依步驟建立完成 IFTTT 小程式。

09 對著你的 Google Assistant 說出以下指令：

- "Tree pattern red blue black"
- "Tree animation blink"
- "Tree clear"
- "Tree sweep"（或 "tree jingle"）
- 或其他任何在 `chapter14/dweet_integration_service/README.md` 檔案中的指令。

Tips

請記得，從 Google Assistant 確認請求到 IoTree 做出反應可能會需要一點時間。

以下是我與 Google Assistant 在 iPhone 手機上的對話：

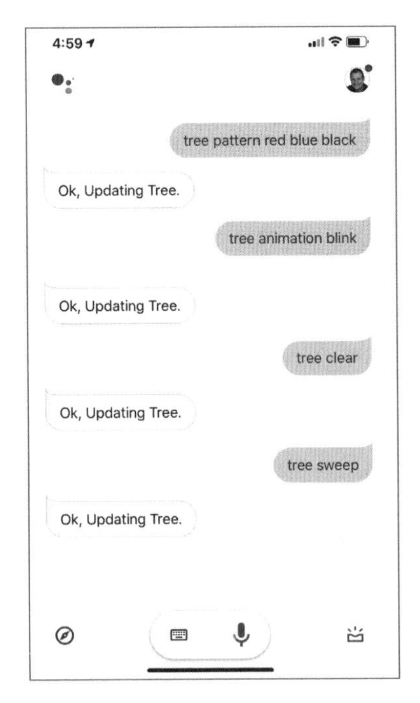

▲ 圖 14-9 與 Google Assistant 的控制 IoTree 對話

如果整合成功，Google Assistant 會回覆 "Ok, Updating Tree"（或任何其他你在步驟 5 中輸入的文字），接著很快地你便會看到 IoTree 做出反應。

Tips

請記住，重點是必須要說出完全按照 dweet 整合服務解釋的指令－例如出現在 dweet 網址的指令參數中一樣的指令：

```
https://dweet.io/dweet/for/<thing_name>?command=pattern Red blue black
```

請記得要在指令前面置入 "Tree"（或 "Set Tree"）前置詞。前置詞負責觸發 IFTTT 小程式，沒說前指令是不會觸發小程式的。

Tips

如果你使用 Android 手機，或是 iOS 專用的 Google Assistant 應用程式，會看到說出來的指令被轉換成文字，方便你在指令被誤解或無法正常執行時進行除錯。

現在你已經學會了三種不同的 IFTTT 整合方式，可以透過電子郵件和聲控來控制 IoTree，相信你也可以輕易地將同樣的想法和流程套用在控制或自動化其他在本書中出現過的電子產品上。

此外，如在第 13 章討論過的，IFTTT 提供各種不同的觸發器和動作，讓你可以結合使用以建立自動化的工作流程 — 也就是 applet 小程式。從上一章到現在，你已經建立了多個小程式，我相信你已經可以自行探索 IFTTT 的生態系統，並建立各種適用 Raspberry Pi 的有趣又好玩的小程式。

在結束本章（以及本書）之前，我想多介紹幾個擴充 IoTree 功能的想法和實驗。

14.8 IoTree 專案延伸建議

本章的程式碼和電子元件提供了一個建構基礎，可幫助你延伸 IoTree 或其他物聯網專案。

試試看以下幾個提案：

- 加上一個 PIR 感測器，讓 IoTree 在有人經過時發出一段 RTTTL 旋律。畢竟，任何關於聖誕節的電子產品都要能夠重複播放同一段讓人抓狂的旋律才算是完整的產品。
- 在樹頂加上一個 RGB LED（可以裝在透明的星星裝飾裡），也可以代替或與 APA102 LED 燈條一起使用。
- 做出多個 IoTree，再透過 MQTT 讓它們同步！
- 建立 WebSocket 整合和搭配的網路應用程式。
- 目前這個 dweet Google Assistant 整合方式，需要你一字不漏地說出正確指令。你可以讓它升級成不用那麼一板一眼嗎？ — 換句話說，可以自行解析字句並分辨出指令嗎？
- 本章 IFTTT 範例中使用了 dweet.io（搭配 MQTT），因此不需要擔心防火牆設定。你可能會想為了自己的主機研究一下如何打通防火牆通訊埠或像是 LocalTunnels（`https://localtunnel.github.io/www`）或 ngrok（`https://ngrok.com`）等服務。這些辦法將讓你可以直接使用 IFTTT webhooks 與 IoTree 的 RESTful API 通訊。不過，請記得我們的 RESTful API 範例其實沒有保護機制－它們並非使用 HTTPS，也沒有任何像是使用者名稱或密碼等認證機制來限制 API 的存取，所以你可能也會想要知道如何保護 Flask 基礎的 API，並優先執行此項升級。

當然啦，這都只是提議而已。一路上我們討論了許多電路，所以請發揮你的想像力，創造驚奇，好好享受！

14.9 總結

恭喜！我們已經來到本章，同時也是本書的尾聲。

本章介紹了用於製作物聯網聖誕樹的旋律電子產品並且測試了控制它們的程式碼。我們知道如何透過 RESTful API 控制 IoTree 的燈光和伺服機，以及實作 MQTT 達到相同的效果。我們也看到了 dweet.io 轉 MQTT 的整合服務，並搭配 IFTTT 建立一個可以透過電子郵件和 Google Assistant 來控制 IoTree 的機制。

這趟旅程為你講述了許多概念和技術，包括各種網路技術、電子元件與介接基礎、以及一系列在 Raspberry Pi 上使用感測器和制動器的實際範例。我們也認識了自動化與資料視覺平台，最後在本章範例中融會貫通所有學習作為總結。

本書核心目標有兩個，一個是分享並解釋於 Raspberry Pi 上使用感測器和致動器時背後運作的原理，以及為什麼需要另外搭配像是電阻或分壓器等元件。另一個是提供你各種適用於物聯網專案的網路技術和選項。

相信你在本書中學習到的軟體和硬體基礎，以及相關的實作範例能帶給你許多技巧和觀察，不只在設計更為複雜的物聯網專案上有所幫助，也能從根本上理解目前各種物聯網專案在軟體、網路以及電子元件層面上的運作。

真心希望你喜歡本書的內容，不只學到很多知識，也在過程中得到許多實用的技巧！祝你接下來的物聯網奇幻之旅一切順利，並創造出許多美好事物！

14.10 問題

在結束本章之前，歡迎挑戰以下問題來驗證你在本章所學到的知識。在本書後面的「附錄」中可找到評量解答。

1. 在 MQTT 服務範例中，為何要使用 PyPubSub 重新發佈 MQTT 訊息？
2. 在整合 IFTTT 的 Google Assistant 小程式時，為何在開發階段使用手機（或平板電腦）上的 Google Assistant 應用程式會很有幫助？
3. 你正在處理一個既有的天氣監測專案，它使用了 MQTT 作為網路傳輸層來連接許多分散的裝置。你被要求要與 IFTTT 服務做整合，該如何進行呢？
4. 你製作了很多顆 IoTree，並希望它們完全同步。可以透過哪兩種方式達成這個目的呢？
5. 本章為何使用了免費的 dweet.io 服務？你會在商用物聯網專案中使用同樣的方法嗎？
6. 你想要從命令列測試 RESTful API 服務，可以使用哪一個命令列工具呢？
7. MQTT 的哪一項功能可以讓 IoTree 在 Raspberry Pi 開啟或重新啟動時自動初始化呢？
8. 承上題，為了達成目的，在 Mosquitto MQTT 代理的設置和部署上有哪些要注意的地方呢？

評量解答

第 1 章

1. 讓專案所使用的 Python 套件與相依套件與其他專案以及系統層級的 Python 套件彼此區隔開來，不會彼此干擾。

2. 否。你隨時可以重新建立虛擬環境，並再次安裝所有套件。

3. 維護一份你的專案會用到的所有 Python 套件（與其版本）的清單。一份良好維護的 `requirements.txt` 檔案只要透過 `pip install -r requirements.txt` 指令就能重新安裝所有套件。

4. 請確認你是在 Python 直譯器中使用絕對路徑，也就是所建立之虛擬環境下的 `bin` 資料夾。

5. 這樣會啟用指定的虛擬環境，之後所有的 Python 使用者與 pip 都會進入虛擬環境的沙箱中。

6. `deactivate`。如果輸入 `exit`（還真的常常這樣！）的話，就會關閉終端機視窗或結束你的遠端 SSH 連線！吼！

7. 是，請切換到 `project` 資料夾並啟動虛擬環境。

8. Python IDLE，但別忘了你需要在虛擬環境使用 `python -m idlelib.idle [filename] &` 指令。

9. 請確認 Raspbian 作業系統已啟用 I2C 介面。

第 2 章

1. 除非你清楚了解不同電阻值對於電子電路的影響，也知道這樣做是否安全，否則還是要找到正確的規格，這樣才不會損壞其他元件或電阻。

2. 否。GPIO Zero 算是其他 GPIO 函式庫的頂層封裝結果。它的設計理念是把低階 GPIO 介接一些瑣碎之處隱藏起來，好讓初學者更容易使用。

3. 否。多數情況下，建議你使用成熟的高階套件，這有助於更快開發完成。Python API 官方文件也是這麼說的。

4. 否。LED 有正極（陽極）與負極（陰極）端子（接腳），並且一定要按照正確的方式連接才行。

5. 可能是裝置的時區設定錯誤。

6. `signal.pause()`

第 3 章

1. 可以建立並設定一個 `RequestParser` 實例，並將這個實例用於 `.get()` 或 `.post()` 這類控制器處理器方法，以便驗證用戶端的請求。

2. WebSocket – 使用 Web Socket 所建立的用戶 – 伺服架構可以雙向發出請求。這與 RESTful API 服務是不同的，因為後者只能由用戶端對伺服器發出請求。

3. Flask-SocketIO 不同於 Flask-RESTful，前者並不具備內建的驗證類別。你需要手動執行輸入驗證。或者，你可由 PyPi.org 網站上找一個合適的第三方套件來試試看。

4. Flask 架構的模板檔案預設路徑為 `template` 資料夾，我們會在其中存放各種 HTML 頁面與模板。
5. 應該是在文件備妥函式中初始化事件監聽器與網頁內容，會在載入網頁完成之後呼叫一次該函式。
6. 要用的指令為 `curl`。多數 Unix 作業系統預設已安裝好了。
7. 修改 `value` 屬性值等於修改 LED 的 PWM 工作週期，看起來就如同 LED 亮度發生了變化。

第 4 章

1. MQTT，或稱訊息佇列遙測傳輸（Message Queue Telemetry Transport），是一種常用於分散式物聯網的輕量化訊息通訊協定。
2. 檢查 QoS 等級，確認是否為等級 1 或 2。
3. 如果該用戶端沒有先關閉連線而意外與代理斷線的話，會以用戶端的角色發出一則 `Will` 訊息。
4. 發佈訊息的用戶端與訂閱的用戶端，兩者的 QoS 等級需至少為 1，這樣才能確保訊息可被一或多次發送。
5. 由於 MQTT 屬於開放標準，理想情況下除了代理的主機位址與埠號之外， Python 程式碼應該不必再修改了。這個做法有一個附帶條件，就是新的代理在設定上要與先前的代理相似 – 例如兩個代理都以類似的設定方式來對用戶端提供訊息保留或持久性連接功能。
6. 應該在一個成功的連線類型處理器中訂閱主題。這樣一來，如果用戶端與代理斷線的話，之後可再重新連上時自動重新建立專題訂閱。

第 5 章

1. SPI（序列周邊介面電路），常見的這類裝置為 LED 燈條與矩陣模組。
2. 請參閱該裝置的原廠規格表或是用 `i2cdetect` 命令列工具，後者會列出所有已連接的 I2C 裝置位址。
3. 請確認你所使用的腳位編碼格式與函式庫是對應的，如果函式庫具備該選項的話，也要（可能非必須）設定函式庫才能使用該編碼格式。
4. 這個驅動程式函式庫並未基於 PiGPIO 來建置，因此也不支援遠端 GPIO。
5. 否。所有 GPIO 腳位之額定電壓皆為 3.3V。使用任何高於這個數字的電壓都有可能造成 Raspberry Pi 損壞。
6. 你選用的伺服機驅動函式庫很可能是採用軟體 PWM 方式來對伺服機發送 PWM 訊號。當 Raspberry Pi 的 CPU 為高負載時，軟體 PWM 訊號可能會失真。
7. 如果你是由 Raspberry Pi 的 5V 腳位來為伺服機供電的話，這個狀況代表伺服機抽走太多電力了，甚至影響到了 Raspberry Pi。理想情況下，伺服機應透過外部電源來供電。

第 6 章

1. 一般來說，是的。之所以安全是因為高電阻值會使得電路中的電流變小（歐姆定律），且 330Ω 與我們所希望使用的 200Ω 電阻相當接近。
2. 高電阻值會讓電流變小，代表電路所取得的電流不足以讓其穩定運作。
3. 這是因為電阻所消耗的功率超過了其額定功率。除了要根據歐姆定律來決定電阻值之外，你還要計算該店組的預期功率消耗，並確認電阻的額定功率（瓦特）高於你的計算結果。
4. 讀取結果為 1。輸入 GPIO 接腳只要接到 +3.3V，就會是邏輯高電位。

5. GPIO 21 發生了浮動狀況。它並未透過實體電阻，或透過 `set_pull_up_down(21, pigpio.PUD_UP)` 之程式語法來上拉到 +3.3V。

6. 必須使用邏輯準位轉換器。可使用由電阻構成的簡易分壓器、專用的邏輯準位轉換器 IC 或模組，或任何可將 5V 降到 3.3V 的合適形式。

7. 否。電阻型分壓器只能降低電壓。但別忘了 5V 裝置會把 3.3V 視為邏輯高電位，因此可以透過 3.3V 來驅動 5V 邏輯準位裝置。

第 7 章

1. MOSFET 是由電壓所控制的元件，而 BJT 則是由電流所控制的元件。

2. MOSFET 的閘極（G）腳位並未連接下拉電阻，所以它發生了浮動。MOSFET 會慢慢放電，因而造成馬達緩慢減速。使用下拉可確保 MOSFET 正常放電並順利停下來。

3. （1）檢查 G、S 與 D 等腳位都正確連接，因為不同型號的套件（例如 T092 與 TP220）的腳位順序不同。（2）檢查所用的 MOSFET 的邏輯準位，使得它可由 3.3V 電壓來控制。（3）確認下拉電阻與限流電阻所產生的分壓器，讓 MOSFET 的閘極（G）可取得高於 3V 的電壓。

4. 光耦合器與繼電器可電氣性隔絕電路的輸入與輸出兩端。電晶體則是電路的一部分，並可讓低電流的裝置得以控制高電流的裝置，但兩者依然電氣性連接（例如你會看到共地連接）。

5. 低態有效代表當 GPIO 接腳為低電位時觸發（或開啟）所連接的電路。高態有效則剛好相反，它會在 GPIO 接腳為高電位時可觸發所連接的電路。

6. 由程式啟動的下拉只有在程式執行時才會真的下拉，所以 MOSFET 的閘極（G）在執行程式之前都會是浮動的。

7. 堵轉電流是指馬達在卡住時所消耗的電流 – 例如強制讓它停止轉動。這也是馬達所需的最大電流。

8. 無差異 – 這兩個名詞都是用來描述當轉軸在無任何負載且順暢轉動時，馬達所消耗的電流。

第 8 章

1. 請確認你的電源供應器可對 LED 燈條提供足夠的電流與電壓。需要多少電流與你希望點亮的 LED 數量、顏色與亮度成正比。電流不足會使得其內部的紅、綠、藍色 LED 無法正確點亮，而產生出非預期的顏色。
2. 沒有 Slave Select 或 Client Enable 接腳的話，代表 APA102 可完整取用 SPI 介面。這同時也代表你無法在單一 SPI 腳位上連接多於一個的 SPI 從端裝置（除非透過其他電子產品來做到）。
3. 首先，檢查邏輯準位轉換器是否正確連接。再來，也有可能是邏輯準位轉換器的邏輯準位轉換速度跟不上 SPI 介面。試著降低 SPI 匯流排的速度看看。
4. 使用 PIL（Python Imaging 函式庫）來產生一個可置於記憶體中的圖案，也就是所要呈現的內容。接著會把這個圖案送給 OLED 模組進行彩現。
5. RTTTL 代表 Ring Tone Text Transfer Language，是一款由 Nokia 公司所制定的鈴聲音樂格式。

第 9 章

1. DHT22 是更為準確的感測器，它在量測溫度與濕度的數值範圍也更大。
2. 外部上拉電阻並非必須使用，因為 Raspberry Pi 有其內建的上拉電阻。
3. LDR 是一種光敏電阻。當其作為分壓器電路的一部分時，就能把電阻的變化轉換為電壓的變化。這樣一來，電壓變化就可被接在 Raspberry Pi 上的 ADS1115 這類的類比 - 數位轉換器偵測到。
4. 試著換掉分壓器電路中的固定電阻。電阻值變大會讓 LDR 在較暗的情況下更為敏感。電阻值變小則可讓 LDR 在較亮的情況下更為敏感。
5. 以所量測到的結果來說，無法找到兩個完全相同的 LDR。如果你替換了電路中的 LDR，記得要重新校正程式碼。

6. 水可以導電，它等於是連接兩個探針之間的電阻。而水的電阻變化會被分壓器轉換為電壓變化，之後就能被 ADS1115 ADC 偵測到了。

第 10 章

1. 一般來說，1 ms 的脈衝寬度會讓伺服機向左轉動、2 ms 則是向右轉動。但實際上則需要微調脈衝寬度才能讓伺服機轉動到兩端極點。
2. 你所施加的脈衝寬度使得伺服機轉動超過了其物理限制。
3. H 橋晶片不但可以改變馬達轉動方向，還可以施加煞車，讓馬達快速停止轉動。
4. 許多因素都會影響煞車，包括 IC 與馬達。也可透過 PWM 技術來達到煞車的替代方案。
5. L293D 會產生大約 2V 的壓降，所以馬達實際取得的電壓只有 3V。為了抵銷這個壓降，你需要使用約 7V 的電源。
6. 步進馬達只抖動但無法轉動，通常是線圈激磁順序與步進順序對應錯誤。請檢查並確認步進馬達線圈都正確連接，步進順序也對應正確。你選用的步進馬達資料表就是解答所在。
7. 否。GPIO 接腳只能提供 3.3V 電壓。雖然電壓可能剛好足以讓 5V 步進馬達轉起來，但步進馬達所需的電流將遠超過 Raspberry Pi GPIO 接腳所能提供的安全上限。

第 11 章

1. 否。被動式紅外線（PIR）感測器只能偵測到有沒有動作發生。你需要使用熱成像攝影機這類的主動型紅外線感測器（或裝置），並搭配更進階的程式碼來取得詳細的移動資訊。
2. 超音波感測器是藉由測量一次超音波脈衝的往返時間來計算距離。超音波脈衝計時方式或所用的音速常數都會影響到距離計算結果。另外音速還包括溫度（影響音速）、所要測距的物體材質（例如是否吸音？）、物體大小以及感測器與物體的相對角度。

3. 栓鎖式和非栓鎖式霍爾效應感測器都是輸出數位訊號 – 其輸出腳位只有 HIGH 或 LOW。相較之下，比例型霍爾效應感測器則會根據與磁場的接近程度來輸出類比訊號（電壓變化）。

4. 只要 GPIO 狀態從 HIGH 轉為 LOW 或從 LOW 轉為 HIGH，都會呼叫 `callback_handler` 函式。

5. 橫跨 5V 電源與分壓器輸出（兩個電阻）兩者之間的電阻，其所產生的相對壓降為 3.3V，也就是 5V * 2kΩ / (1kΩ + 2kΩ) = ~3.3V。如果電阻順序調換的話，分壓器輸出會變成 ~1.7V，也就是 5V * 1kΩ / (1kΩ + 2kΩ) = ~1.7V。

6. 查閱過 HC-SR501 PIR 感測器的資料表之後，可知即便感測器是由 5V 供電，其輸出腳位皆是以 3.3V 運作，因此無須使用分壓器（但實務上來說，最好還是量一下比較保險）。

第 12 章

1. 發佈 - 訂閱是一種高度解耦合的程式技巧。當你有許多會發佈資料的元件（例如感測器），並會在之後的某一時間點來取用時，這個做法相當便利。

2. GIL 代表全域直譯器鎖（Global Interpreter Lock）。從 Python 程式語言來說，代表單位時間中只有一個執行緒可以存取 Python 譯碼器。

3. 單純的事件迴圈（例如一個相當長的 `while` 迴圈）會隨著程式碼慢慢變大時而變得複雜無比。過多狀態變數、冗餘且互相干擾的條件測試（例如 `if`）只會讓程式根本難以追蹤與除錯。

4. 否。每個辦法都有其目的。事件迴圈在小而單純時還不錯，但是當它們逐漸變大且要執行許多動作時，就會變得複雜起來。

5. 當使用執行緒時，對其他執行緒呼叫 join()，將後者與你當下所用的執行緒結合起來。你當下所使用的執行緒會在所有被結合的執行緒都完成之前被阻擋起來。這是一個簡單的多執行緒同步方法。

6. 你可能使用了例如 sleep(duration) 這類的 sleep 語法（屬於 time 函式庫），這會影響到持續時間 。試試看以下做法，可讓程式在 duration 指定的時間中依然可以做出回應：

```
duration = 1 # 1 second
timer = 0
while timer < duration:
    timer += 0.01
    sleep(0.01)
```

7. 沒有哪個辦法是絕對最好的。透過 Python 來達成目標的方式向來不會只有一種。最佳方法都是根據你的專案與所要達成的目標而定，或者是最符合你個人偏好或程式風格。

第 13 章

1. 我們使用不同的溫度值來建立一個緩衝區，這樣當溫度在某個數值附近上下震盪時，就不會產生多個觸發器了（也不會產生一堆電子郵件）。

2. 使用中介服務代表不用再煩惱通訊埠轉發以及讓 Raspberry Pi 連上網際網路所需的組態設定。

3. IFTTT 較為消費者導向，而 Zapper 從所提供的整合選項來看，較為企業導向。Zapper 可讓你建立更複雜的工作流程、觸發與動作情境。

4. 否。ThingSpeak 只會取用資料並顯示於儀表板。其他平台，例如 ThingBoard，可讓你把資料回送給裝置，這樣就能控制該裝置了。

5. 可用的 JSON 屬性最多只有三個：Value1、Value2 與 Value3。

6. 從加速與簡化開發的角度來說，IFTTT 或 Zapper 會是個好選項， 不過你當然可以改用 AWS 或其他主流的物聯網平台，試試看 Home Assistant 平台也不錯。

第 14 章

1. 使用 PyPubSub 是為了讓 MQTT 相關的程式邏輯能與硬體控制的程式邏輯兩者脫鉤（正式說法為解耦合），好讓程式碼更清爽與方便維護。

2. 使用 Google Assistant app 時，你所說出的指令會視為文字顯示於裝置上， 這樣很容易就能看到 Google Assistant 對你所說指令的辨識結果，以及對 IFTTT Applet 到底發送了怎樣的文字指令。

3. 你需要寫一個整合服務來處理 MQTT 與 RESTful API 之間的資料傳輸（或另外找一個相同功能的第三方服務 – 例如可以參考 https://io.adafruit.com 與其 IFTTT 服務）。IFTTT 提供了 RESTful webhook 來進行客製化整合，但它目前沒有提供 MQTT。

4. 選項之一就是使用 MQTT，如本章範例所述。如果透過 MQTT 讓多個 IoTree 都連到同一個 MQTT 代理的話，這些 IoTree 都會同步收到指令。另一個作法就是透過 WebSocket（請參閱第 3 章）。

5. 之所以使用免費的 dweet.io 服務當然是為了方便，這樣就先不用擔心防火牆的通訊埠轉發，以及你所在地的路由器組態 s at your place（因為你很可能根本沒經驗）。dweet.io 免費服務無法保證任何安全性或隱私，所以無法滿足某些專案。如果你喜歡 dweet.io 的風格，可以參考 dweetpro.io，後者為需付費的替代方案，提供了免費版不具備的安全性與諸多功能。

6. CURL 是一款用來測試 RESTful API 的常用命令列工具。Postman（getpostman.com）則是另一款功能相同的流行 GUI 工具。

7. 如果使用 MQTT 代理的保留訊息功能，所有 IoTree 在連上線之後都會收到最後一筆訊息（例如要顯示的顏色）並可用於初始化本身。保留訊息相關內容請參閱第 4 章。

8. 如果你的 MQTT 代理與 IoTree 是執行在同一台 Raspberry Pi，當這台 Pi 重新開機時，除非 Mosquitto MQTT 代理已啟用保留訊息功能，否則所有的保留訊息都會遺失（如何啟用保留訊息功能請參閱第 4 章）。

Python 與物聯網程式開發終極實戰寶典

作　　者：Gary Smart
譯　　者：CAVEDU 教育團隊 曾吉弘
企劃編輯：莊吳行世
文字編輯：江雅鈴
設計裝幀：張寶莉
發 行 人：廖文良

發 行 所：碁峰資訊股份有限公司
地　　址：台北市南港區三重路 66 號 7 樓之 6
電　　話：(02)2788-2408
傳　　真：(02)8192-4433
網　　站：www.gotop.com.tw
書　　號：ACH023400
版　　次：2022 年 03 月初版
建議售價：NT$620

國家圖書館出版品預行編目資料`

Python 與物聯網程式開發終極實戰寶典 / Gary Smart 原著；曾吉弘譯. -- 初版. -- 臺北市：碁峰資訊, 2022.03
面；　公分
ISBN 978-626-324-064-3(平裝)
1.CST：Python(電腦程式語言)　2.CST：物聯網　3.CST：電腦程式設計
312.32P97　　110022309

讀者服務

- 感謝您購買碁峰圖書，如果您對本書的內容或表達上有不清楚的地方或其他建議，請至碁峰網站:「聯絡我們」\「圖書問題」留下您所購買之書籍及問題。(請註明購買書籍之書號及書名，以及問題頁數，以便能儘快為您處理)
http://www.gotop.com.tw
- 售後服務僅限書籍本身內容，若是軟、硬體問題，請您直接與軟體廠商聯絡。
- 若於購買書籍後發現有破損、缺頁、裝訂錯誤之問題，請直接將書寄回更換，並註明您的姓名、連絡電話及地址，將有專人與您連絡補寄商品。